# 张宇带你学

# 概率论与数理统计

**浙大四版**　　主编○张宇

U0233327

**张宇数学教育系列丛书编委**（按姓氏拼音排序）

北京理工大学出版社
BEIJING INSTITUTE OF TECHNOLOGY PRESS

**图书在版编目(CIP)数据**

张宇带你学概率论与数理统计：浙大四版 / 张宇主编. —北京：北京理工大学出版社，2018.9

ISBN 978 – 7 – 5682 – 6330 – 6

Ⅰ. ①张… Ⅱ. ①张… Ⅲ. ①概率论 – 研究生 – 入学考试 – 自学参考资料 ②数理统计 – 研究生 – 入学考试 – 自学参考资料 Ⅳ. ①O21

中国版本图书馆 CIP 数据核字(2018)第 211490 号

---

出版发行 / 北京理工大学出版社有限责任公司

社　　址 / 北京市海淀区中关村南大街 5 号

邮　　编 / 100081

电　　话 / (010)68914775(总编室)
　　　　　　(010)82562903(教材售后服务热线)
　　　　　　(010)68948351(其他图书服务热线)

网　　址 / http://www.bitpress.com.cn

经　　销 / 全国各地新华书店

印　　刷 / 三河市鑫鑫科达彩色印刷包装有限公司

开　　本 / 787 毫米 × 1092 毫米　1/16

印　　张 / 13.25　　　　　　　　　　　　责任编辑 / 王玲玲

字　　数 / 331 千字　　　　　　　　　　　文案编辑 / 王玲玲

版　　次 / 2018 年 9 月第 1 版　2018 年 9 月第 1 次印刷　　责任校对 / 周瑞红

定　　价 / 32.80 元　　　　　　　　　　　责任印制 / 边心超

前言

PREFACE

刚开始准备考研数学复习的同学通常都会面临两个重要问题：基础复习阶段看什么教材？怎么看？

先说第一个问题——看什么教材？虽然考研数学没有指定教材，全国各高校的大学教材又是五花八门，但特别值得关注的一套教材是同济大学数学系编写的《高等数学(第七版)》《线性代数(第六版)》、浙江大学编写的《概率论与数理统计(第四版)》。这套教材是全国首批示范性教材，是众多高校教学专家集体智慧的结晶，我建议同学们把这套教材作为考研基础复习阶段的资料。

再说第二个问题——怎么看这套教材？看什么，一句话就能说清楚；怎么看，才是学问。这里有两个关键点。

第一，这套教材是按照教育部的《本科教学大纲》编写的，而考研试题是按照教育部的《全国硕士研究生招生考试数学考试大纲》命制的，这两个大纲不完全一样。比如说，高等数学第一章用极限的定义求函数极限可能在本科阶段就是同学们首先遇到的一个难以理解的问题，甚至很多人看到那里就已经在心里深深地埋下了一种可怕的恐惧感，但事实上，这个问题于考研基本是不作要求的；再如斜渐近线的问题在本科阶段基本不作为重点内容考查，但在考研大纲里却是命题人手里的"香饽饽"，类似问题还有很多。第二，针对考研，这套教材里的例题与习题有重点、非重点，也有难点、非难点。有些知识点配备的例题与习题重复了，有些知识点配备的例题与习题还不够。

"张宇带你学系列丛书"就是为了让同学们读好这套教材而编写的。细致说来，其有如下四个版块。

**一、章节同步导学。** 本书在每一章开篇给同学们列出了此章每一节的教材内容与相应的考研要求。用以体现本科教学要求与考研要求的差异，同时精要地指出每一节及章末必做的例题和习题，可针对性地增强重点内容的复习。

**二、知识结构网图。** 本部分列出了本章学习的知识体系。宏观上把握各知识点的内容与联系，同时简明扼要地指出了本章学习的重点与难点。

**三、课后习题全解。** 这一部分主要是为同学们做习题提供一个参照与提示。本部分给出了课后习题的全面解析，其中有的解答方法是我们众多老师在辅导过程中自己总结归纳的，具有灵活性与新颖性。但我还是建议同学们先自己认真独立思考习题，再去翻看解答，以作对比或提示之用。

**四、经典例题选讲。**每章节的最后一部分都配有不同数量的经典例题，这部分例题较之课后习题不论在综合性上还是灵活性上都有所提高，目的也正如上面所谈及的，让同学们慢慢了解考研类试题的特点与深度。本部分例题及部分理论的说明等内容希望同学们认真体会并化为己有。

需要指出的是，考研大纲和本科教学大纲均不作要求的章节，本书也未收录。

总之，本书作为"张宇考研数学系列丛书"的基础篇，既可作为大学本科学习的一个重要参考，也是架起教材与《张宇高等数学 18 讲》《张宇线性代数 9 讲》《张宇概率论与数理统计 9 讲》，以及后续书籍的一座重要"桥梁"。我深信，认真研读学习本书的同学在基础阶段的复习必会事半功倍。

张宇

2018 年 8 月　于北京

# 目录
## CONTENTS

# 第一章  概率论的基本概念

## 章节同步导学

| 章节 | 教材内容 | 考纲要求 | 必做例题 | 必做习题(P24－P29) |
|---|---|---|---|---|
| §1.1 随机试验 | 随机试验的概念和特点 | 考研不作要求 | | |
| §1.2 样本空间、随机事件 | 样本空间、样本点的概念和表示 | 了解 | | 习题 2 |
| | 随机事件的概念 | 理解 | 例 1 | |
| | 事件间的关系与事件的运算 | 掌握(能结合文氏图分析) | 例 2 | |
| §1.3 频率与概率 | 频率的定义和性质，频率的稳定性 | 考研不作要求 | | |
| | 概率的定义(三个条件) | 理解 | | |
| | 概率的性质:性质 ⅰ～ⅵ | 掌握(会证明) | | 习题 3,4 |
| §1.4 等可能概型(古典概型) | 等可能概型的两个特点及计算公式 | 会(简单问题穷举，复杂问题排列组合) | 例 1 | 习题 6,7 |
| | 放回抽样和不放回抽样的概率计算 | 掌握摸球问题、分房问题 | 例 2～8 | 习题 10,11,13 |
| | 实际推断原理 | 了解 | | |
| §1.5 条件概率 | 条件概率的定义和性质 | 理解【重点】 | 例 1 | 习题 14,15,27 |
| | 乘法定理 | 掌握 | 例 4 | 习题 17 |
| | 全概率公式和贝叶斯公式 | 掌握【难点】 | 例 5～8 | 习题 22,39 |
| §1.6 独立性 | 两个事件相互独立的定义和定理一与二；三个事件相互独立的定义 | 理解【重点 难点】 | 例 1 | 习题 30(3)(4),31 |
| | 利用独立性计算概率 | 掌握【重点】 | 例 3,4 | 习题 28,36,37 |

# 知识结构网图

基本概念
- 随机试验 $E$: 重复性、所有结果已知和不确定性
- 样本空间 $S$: 所有可能结果组成的集合
- 随机事件 $A$: 样本空间的子集
  - 关系: 包含、互斥、对立、独立
  - 表示: 和事件、积事件、差事件、逆事件
  - 运算: 交换律、结合律、分配律、德摩根律

概率概念
- 统计概念: 频率
- 公理化概念: 非负性、规范性和可列可加性
- 古典概型与几何概型: 等可能概型
- 计算公式
  - 加法公式 $\begin{cases} P(A \bigcup B) = P(A) + P(B) - P(AB) \\ P(A \bigcup B) = P(A) + P(B) \ (若事件\ A\ 与\ B\ 互斥) \end{cases}$
  - 减法公式 $\begin{cases} P(A - B) = P(A) - P(AB) = P(A\overline{B}) \\ P(A - B) = P(A) - P(B) \ (若事件\ A \supseteq B) \end{cases}$
  - 求逆公式: $P(\overline{A}) = 1 - P(A)$

条件概率概念
- 定义: 当 $P(A) > 0$ 时, $P(B|A) = \dfrac{P(AB)}{P(A)}$, 且满足概率性质与上述公式 (非负性、规范性和可列可加性)
- 计算: 定义法, 缩小样本空间方法
- 应用
  - 乘法公式: 当 $P(A) > 0$ 时, $P(AB) = P(A)P(B|A)$
  - 全概率公式: $P(A) = \displaystyle\sum_{i=1}^{n} P(A \mid B_i)P(B_i)$
  - 贝叶斯公式: $P(B_i \mid A) = \dfrac{P(A \mid B_i)P(B_i)}{\displaystyle\sum_{j=1}^{n} P(A \mid B_j)P(B_j)}$
  - (其中 $B_1, B_2, \cdots, B_n$ 是样本空间的一个划分, $P(A) > 0, P(B_i) > 0$)

独立性
- 定义
  - 两个事件: $P(AB) = P(A)P(B) \Leftrightarrow P(B|A) = P(B) \Leftrightarrow P(B|A) = P(B|\overline{A})$
  - 多个事件: 相互独立 $\rightleftarrows$ 两两独立
- 性质
  - 相互独立的事件中部分事件间相互独立
  - 相互独立的事件中部分事件的逆事件与其余事件仍相互独立
- 应用
  - 计算多个事件的和事件概率转化为逆事件概率乘积
  - 伯努利试验: 试验只有两个结果 $A$ 与 $\overline{A}$, 每次 $A$ 发生的概率 $P(A) = p$, $n$ 次试验相互独立

# 课后习题全解

1. 写出下列随机试验的样本空间 $S$:

(1) 记录一个班一次数学考试的平均分数(设以百分制记分);

(2) 生产产品直到有 10 件正品为止, 记录生产产品的总件数;

(3) 对某工厂出厂的产品进行检查, 合格的记上"正品", 不合格的记上"次品", 如连续查出了 2 件次品就停止检查, 或检查了 4 件产品就停止检查, 记录检查的结果;

(4) 在单位圆内任意取一点, 记录它的坐标.

【解析】(1)记 $n$ 为此班学生的人数,一次数学考试的平均分数为

$$S_1 = \left\{\frac{k}{n}\,\middle|\,其中 k 为此班学生一次数学考试的成绩总和, k = 0,1,2,\cdots,100n\right\}.$$

(2)生产产品直到有 10 件正品,生产的总件数为

$$S_2 = \{10,11,\cdots,n,\cdots\}.$$

(3)记 0 为出厂的产品是"次品",记 1 为出厂的产品为"正品",检查了 4 件产品就停止检查,其结果为

$$\{0000,0001,0010,0100,1000,0011,0101,1001,0110,1010,1100,1110,1101,1011,0111,1111\}.$$

连续查出两件次品就停止检查,则上述结果中去除样本点 $\{0000,0001,0010,1000,0011,1001\}$,换为 $\{00,100\}$,即样本空间为

$$S_3 = \{00,0100,100,0101,0110,1010,1100,1110,1101,1011,0111,1111\}.$$

(4)单位圆内任意取一点,它的坐标集合为

$$S_4 = \{(x,y)\mid x^2+y^2<1\}.$$

2. 设 $A,B,C$ 为三个事件,用 $A,B,C$ 的运算关系表示下列各事件:

(1)$A$ 发生,$B$ 与 $C$ 不发生;　　(2)$A$ 与 $B$ 都发生,而 $C$ 不发生;

(3)$A,B,C$ 中至少有一个发生;　　(4)$A,B,C$ 都发生;

(5)$A,B,C$ 都不发生;　　(6)$A,B,C$ 中不多于一个发生;

(7)$A,B,C$ 中不多于两个发生;　　(8)$A,B,C$ 中至少有两个发生.

【解析】(1)$A\bar{B}\bar{C}$.　　(2)$AB\bar{C}$.　　(3)$A\cup B\cup C$.

(4)$ABC$.　　(5)$\bar{A}\bar{B}\bar{C}$.　　(6)$\bar{A}\bar{B}\bar{C}\cup A\bar{B}\bar{C}\cup \bar{A}B\bar{C}\cup \bar{A}\bar{B}C$.

(7)$S-ABC$ 或 $\bar{A}\bar{B}\bar{C}\cup A\bar{B}\bar{C}\cup \bar{A}B\bar{C}\cup \bar{A}\bar{B}C\cup AB\bar{C}\cup A\bar{B}C\cup \bar{A}BC$,其中 $S$ 为样本空间.

(8)$AB\cup AC\cup BC$

3. (1)设 $A,B,C$ 是三个事件,且 $P(A)=P(B)=P(C)=\frac{1}{4}$,$P(AB)=P(BC)=0$,$P(AC)=\frac{1}{8}$,求 $A,B,C$ 至少有一个发生的概率.

(2)已知 $P(A)=\frac{1}{2}$,$P(B)=\frac{1}{3}$,$P(C)=\frac{1}{5}$,$P(AB)=\frac{1}{10}$,$P(AC)=\frac{1}{15}$,$P(BC)=\frac{1}{20}$,$P(ABC)=\frac{1}{30}$,求 $A\cup B$,$\overline{AB}$,$A\cup B\cup C$,$\overline{ABC}$,$\overline{ABC}$,$\bar{A}B\cup C$ 的概率.

(3)已知 $P(A)=\frac{1}{2}$,(i)若 $A,B$ 互不相容,求 $P(A\bar{B})$;(ii)若 $P(AB)=\frac{1}{8}$,求 $P(A\bar{B})$.

【解析】(1)因为 $ABC\subseteq AB$,所以 $0\leqslant P(ABC)\leqslant P(AB)=0$,即 $P(ABC)=0$,于是

$$P(A\cup B\cup C)=P(A)+P(B)+P(C)-P(AB)-P(AC)-P(BC)+P(ABC)$$
$$=\frac{1}{4}+\frac{1}{4}+\frac{1}{4}-\frac{1}{8}=\frac{5}{8}.$$

(2)$P(A\cup B)=P(A)+P(B)-P(AB)=\frac{1}{2}+\frac{1}{3}-\frac{1}{10}=\frac{11}{15}$,

$P(\overline{AB})=P(\overline{A\cup B})=1-P(A\cup B)=\frac{4}{15}$,

$P(A\cup B\cup C)=P(A)+P(B)+P(C)-P(AB)-P(AC)-P(BC)+P(ABC)$
$$=\frac{1}{2}+\frac{1}{3}+\frac{1}{5}-\frac{1}{10}-\frac{1}{15}-\frac{1}{20}+\frac{1}{30}=\frac{51}{60}=\frac{17}{20},$$

$$P(\overline{ABC}) = P(\overline{A \cup B \cup C}) = 1 - P(A \cup B \cup C) = \frac{3}{20},$$

$$P(\overline{AB}C) = P[(\overline{A \cup B})C] = P(C) - P[(A \cup B)C]$$

$$= P(C) - P(AC) - P(BC) + P(ABC)$$

$$= \frac{1}{5} - \frac{1}{15} - \frac{1}{20} + \frac{1}{30} = \frac{7}{60},$$

$$P(\overline{AB} \cup C) = P(\overline{AB}) + P(C) - P(\overline{AB}C) = \frac{4}{15} + \frac{1}{5} - \frac{7}{60} = \frac{7}{20}.$$

(3)若 $A, B$ 互不相容, $P(A\overline{B}) = P(A) - P(AB) = P(A) = \frac{1}{2}.$

若 $P(AB) = \frac{1}{8}$, 则

$$P(A\overline{B}) = P(A) - P(AB) = \frac{1}{2} - \frac{1}{8} = \frac{3}{8}.$$

> **【注】** 掌握概率的加法公式、减法公式.
>
> 加法公式: $P(A \cup B) = P(A) + P(B) - P(AB)$, 当 $A, B$ 互不相容时, $P(A \cup B) = P(A) + P(B)$.
>
> 减法公式: $P(A - B) = P(A) - P(AB)$, 当 $A, B$ 互不相容时, $P(A - B) = P(A)$; 当 $A \supseteq B$ 时, $P(A - B) = P(A) - P(B)$.

4. 设 $A, B$ 是两个事件.

(1)已知 $A\overline{B} = \overline{A}B$, 验证 $A = B$;

(2)验证事件 $A$ 和事件 $B$ 恰有一个发生的概率为 $P(A) + P(B) - 2P(AB)$.

**【证明】** (1)因为 $A\overline{B} = \overline{A}B$, 于是 $A\overline{B} \cup AB = \overline{A}B \cup AB$, 等式左边 $A\overline{B} \cup AB = A$, 等式右边 $\overline{A}B \cup AB = B$, 即 $A = B$.

(2)事件 $A$ 和事件 $B$ 恰有一个发生, 表示为 $A\overline{B} \cup \overline{A}B$, $A\overline{B}$ 与 $\overline{A}B$ 互不相容, 于是,

$$P(A\overline{B} \cup \overline{A}B) = P(A\overline{B}) + P(\overline{A}B)$$

$$= P(A) - P(AB) + P(B) - P(AB)$$

$$= P(A) + P(B) - 2P(AB).$$

5. 10 片药片中有 5 片是安慰剂.

(1)从中任意抽取 5 片, 求其中至少有 2 片是安慰剂的概率;

(2)从中每次取一片, 作不放回抽样, 求前 3 次都取到安慰剂的概率.

**【解析】** (1)10 片药片任取 5 片的基本事件数为 $C_{10}^5$, 事件 5 片中至少有 2 片是安慰剂的基本事件数为 $C_5^2 C_5^3 + C_5^3 C_5^2 + C_5^4 C_5^1 + C_5^5$ 或 $C_{10}^5 - C_5^0 C_5^5 - C_5^1 C_5^4$, 即任取 5 片药片, 其中至少有 2 片安慰剂的概率为

$$\frac{C_5^2 C_5^3 + C_5^3 C_5^2 + C_5^4 C_5^1 + C_5^5}{C_{10}^5} = \frac{113}{126}.$$

(2)依次不放回抽取 3 次药片的基本事件数为 $A_{10}^3$, 前 3 次取得安慰剂的基本事件数为 $A_5^3$, 于是前 3 次取到安慰剂的概率为

$$\frac{A_5^3}{A_{10}^3} = \frac{1}{12}.$$

6. 在房间里有 10 个人, 分别佩戴从 1 号到 10 号的纪念章, 任选 3 人记录其纪念章的号码.

(1)求最小号码为 5 的概率;

(2)求最大号码为 5 的概率.

**【解析】**(1)从 10 人中任选 3 人记录其纪念章号的基本事件数为 $C_{10}^3=120$,事件最小号码为 5 等价于其中有 1 人佩戴 5 号纪念章,其余 2 人佩戴纪念章号均大于 5,即事件最小号码为 5 的基本事件数为 $C_5^2=10$,于是最小号码为 5 的概率为

$$\frac{C_5^2}{C_{10}^3}=\frac{1}{12}.$$

(2)事件最大号码为 5 等价于有 1 人佩戴 5 号纪念章,其余 2 人佩戴纪念章的号码小于 5,所含基本事件数为 $C_4^2=6$,于是最大号码为 5 的概率为

$$\frac{C_4^2}{C_{10}^3}=\frac{1}{20}.$$

7. 某油漆公司发出 17 桶油漆,其中白漆 10 桶、黑漆 4 桶、红漆 3 桶,在搬运中所有标签脱落,交货人随意将这些油漆发给顾客.问一个订货为 4 桶白漆、3 桶黑漆和 2 桶红漆的顾客,能按所订颜色如数得到订货的概率为多少?

**【解析】**从 17 桶油漆中任取 9 桶的基本事件数为 $C_{17}^9$,其中 9 桶含有 4 桶白漆、3 桶黑漆和 2 桶红漆的基本事件数为 $C_{10}^4 C_4^3 C_3^2$,于是,商家如数得到订货的概率为

$$\frac{C_{10}^4 C_4^3 C_3^2}{C_{17}^9}=\frac{252}{2\,431}.$$

8. 在 1 500 件产品中有 400 件次品、1 100 件正品.任取 200 件.

(1)求恰有 90 件次品的概率;

(2)求至少有 2 件次品的概率.

**【解析】**(1)$\dfrac{C_{400}^{90} C_{1\,100}^{110}}{C_{1\,500}^{200}}.$

(2)事件至少有 2 件次品的对立事件为 200 件产品中全部为正品或恰有一件次品,于是至少有 2 件次品的概率为

$$1-\frac{C_{1\,100}^{200}}{C_{1\,500}^{200}}-\frac{C_{1\,100}^{199} C_{400}^{1}}{C_{1\,500}^{200}}.$$

9. 从 5 双不同的鞋子中任取 4 只,问这 4 只鞋子中至少有两只配成一双的概率是多少?

**【解析】**事件 $A$ 为至少有两只能配成一双,从 5 双不同的鞋中任取 4 只种数为 $n=C_{10}^4=210$,4 只鞋中至少有两只能配成一双,可以理解为 4 只鞋恰能配成 1 双鞋(记为事件 $B$),4 只鞋恰能配成 2 双鞋(记为事件 $C$),则有 $A=B\cup C$,事实上

$$n_B=C_5^1 C_4^2 C_2^1 C_2^1=120,\ n_C=C_5^2=10,$$

于是

$$n_A=n_B+n_C=130,$$

所以

$$P(A)=\frac{n_A}{n}=\frac{130}{210}=\frac{13}{21}.$$

另外一种解法,考虑事件 $A$ 的逆事件 $\overline{A}$,即事件 $\overline{A}$ 为 4 只鞋中没有成对的鞋,此时 $n_{\overline{A}}=C_5^4 C_2^1 C_2^1 C_2^1 C_2^1=80$,于是 $n_A=n-n_{\overline{A}}=130$,即得相同的答案.

10. 在 11 张卡片上分别写上 probability 这 11 个字母,从中任意连抽 7 张,求其排列结果为 ability 的概率.

**【解析】**设事件 $A$ 为抽取字母排列为 ability,11 个字母中任意连续抽取 7 张的基本事件数为 $n_S=A_{11}^7$,又在字母中共有两个 b,两个 i,则 $n_A=4$,所以

$$P(A)=\frac{n_A}{n_S}=\frac{4}{A_{11}^7}=2.4\times10^{-6}.$$

11. 将 3 只球随机地放入 4 个杯子中去,求杯子中球的最大个数分别为 1,2,3 的概率.

**【解析】** 3 只球随机放入 4 个杯中的基本事件数为 $4^3 = 64$.

事件 $A_1$:杯中球的最大数为 1,等价于 4 个杯中有 3 个杯中各有一个球,事件 $A_1$ 含有基本事件数为 $A_4^3 = 24$,于是

$$P(A_1) = \frac{24}{64} = \frac{3}{8}.$$

事件 $A_2$:杯中球的最大数为 2,等价于 4 个杯中有 2 个杯中各有 1,2 个球,事件 $A_2$ 含有基本事件数为 $C_4^2 A_3^2 = 36$,即

$$P(A_2) = \frac{36}{64} = \frac{9}{16}.$$

事件 $A_3$:杯中球的最大数为 3,等价于 4 个杯中仅有一个杯中含有 3 个球,即 $A_3$ 的基本事件数为 $C_4^1 = 4$,于是

$$P(A_3) = \frac{4}{64} = \frac{1}{16}.$$

12. 50 只铆钉随机地取来用在 10 个部件上,其中有 3 只铆钉强度太弱.每个部件用 3 只铆钉.若将 3 只强度太弱的铆钉都装在一个部件上,则这个部件强度就太弱.问发生一个部件强度太弱的概率是多少?

**【解析】** 记事件 $A_i (i = 1, 2, \cdots, 10)$ 为第 $i$ 个部件强度太弱,由题意可知 $P(A_i) = \dfrac{1}{C_{50}^3}$,且这里满足 $A_1, A_2, \cdots, A_{10}$ 互不相容,所以发生一个部件强度太弱的概率为

$$P(A_1 \bigcup A_2 \bigcup \cdots \bigcup A_{10}) = P(A_1) + P(A_2) + \cdots + P(A_{10}) = \frac{10}{C_{50}^3} = \frac{1}{1\,960}.$$

13. 一俱乐部有 5 名一年级学生,2 名二年级学生,3 名三年级学生,2 名四年级学生.
(1) 在其中任选 4 名学生,求一、二、三、四年级的学生各一名的概率;
(2) 在其中任选 5 名学生,求一、二、三、四年级的学生均包含在内的概率.

**【解析】** (1) 任选 4 名学生共有 $C_{12}^4 = 495$ 种选法,其中一、二、三、四年级的学生各一名共有 $C_5^1 C_2^1 C_3^1 C_2^1 = 60$ 种选法,因此所求的概率为

$$\frac{C_5^1 C_2^1 C_3^1 C_2^1}{C_{12}^4} = \frac{4}{33}.$$

(2) 任选 5 名学生共有 $C_{12}^5 = 792$ 种选法,其中一、二、三、四年级的学生均包含在内,则该事件等价于选自某一年级学生 2 人、其余年级学生各 1 人,所以共有

$$C_5^2 C_2^1 C_3^1 C_2^1 + C_5^1 C_2^2 C_3^1 C_2^1 + C_5^1 C_2^1 C_3^2 C_2^1 + C_5^1 C_2^1 C_3^1 C_2^2 = 240$$

种选法,因此所求的概率为 $\dfrac{10}{33}$.

14. (1) 已知 $P(\overline{A}) = 0.3, P(B) = 0.4, P(A\overline{B}) = 0.5$,求条件概率 $P(B | A \bigcup \overline{B})$;

(2) 已知 $P(A) = \dfrac{1}{4}, P(B | A) = \dfrac{1}{3}, P(A | B) = \dfrac{1}{2}$,求 $P(A \bigcup B)$.

**【解析】** (1) $P(\overline{A}) = 0.3$,则 $P(A) = 1 - P(\overline{A}) = 0.7$,又 $P(B) = 0.4, P(\overline{B}) = 1 - P(B) = 0.6$,由减法公式可得 $P(A\overline{B}) = P(A) - P(AB) = 0.5$,即 $P(AB) = 0.2$,所以

$$P(A \bigcup \overline{B}) = P(A) + P(\overline{B}) - P(A\overline{B}) = 0.8,$$

$$P(B | A \bigcup \overline{B}) = \frac{P[B(A \bigcup \overline{B})]}{P(A \bigcup \overline{B})} = \frac{P(AB)}{P(A \bigcup \overline{B})} = \frac{1}{4}.$$

(2)由乘法公式得 $P(AB) = P(A)P(B|A) = \dfrac{1}{12}$,再由公式得 $P(B) = \dfrac{P(AB)}{P(A|B)} = \dfrac{1}{6}$,所以

$$P(A \bigcup B) = P(A) + P(B) - P(AB) = \frac{1}{3}.$$

15. 掷两颗骰子,已知两颗骰子点数之和为7,求其中有一颗为1点的概率(用两种方法).

**【解析】方法一** 记事件 $A$ 为两颗骰子点数之和为7,事件 $B$ 为其中一颗为1点,

$$A = \{(1,6),(2,5),(3,4),(4,3),(5,2),(6,1)\}, P(A) = \frac{1}{6},$$

$$AB = \{(1,6),(6,1)\}, P(AB) = \frac{1}{18},$$

则

$$P(B|A) = \frac{P(AB)}{P(A)} = \frac{1}{3}.$$

**方法二** 采用缩小样本空间法,事件 $A = \{(1,6),(2,5),(3,4),(4,3),(5,2),(6,1)\}$,事件 $A$ 中有一颗为1点的事件 $\{(1,6),(6,1)\}$,于是已知两颗骰子点数之和为7,其中有一颗为1点的概率为 $\dfrac{1}{3}$.

16. 据以往资料表明,某一 3 口之家,患某种传染病的概率有以下规律:

$$P\{\text{孩子得病}\} = 0.6, P\{\text{母亲得病} | \text{孩子得病}\} = 0.5,$$

$$P\{\text{父亲得病} | \text{母亲及孩子得病}\} = 0.4,$$

求母亲及孩子得病但父亲未得病的概率.

**【解析】** 记 $A$ 为孩子得病,$B$ 为母亲得病,$C$ 为父亲得病,由条件可知

$$P(A) = 0.6, P(B|A) = 0.5, P(C|AB) = 0.4.$$

母亲及孩子得病但父亲未得病的事件为 $AB\bar{C}$,则 $P(AB\bar{C}) = P(AB) - P(ABC)$,由乘法公式可得

$$P(AB) = P(A)P(B|A) = 0.3,$$

$$P(ABC) = P(A)P(B|A)P(C|AB) = 0.12,$$

于是

$$P(AB\bar{C}) = P(AB) - P(ABC) = 0.18.$$

17. 已知在 10 件产品中有 2 件次品,在其中取两次,每次任取一件,作不放回抽样,求下列事件的概率:

(1)两件都是正品;

(2)两件都是次品;

(3)一件是正品,一件是次品;

(4)第二件取出的是次品.

**【解析】** 记 $A_i$ 为第 $i$ 次取出次品($i = 1,2$).

(1)两件正品的事件为 $\bar{A}_1\bar{A}_2$,于是 $P(\bar{A}_1\bar{A}_2) = P(\bar{A}_1)P(\bar{A}_2|\bar{A}_1) = \dfrac{8}{10} \times \dfrac{7}{9} = \dfrac{28}{45}$.

(2)两件次品的事件为 $A_1 A_2$,于是 $P(A_1 A_2) = P(A_1)P(A_2|A_1) = \dfrac{2}{10} \times \dfrac{1}{9} = \dfrac{1}{45}$.

(3)一件是正品和一件是次品的事件为 $\bar{A}_1 A_2 \bigcup A_1 \bar{A}_2$,则

$$P(\bar{A}_1 A_2 \bigcup A_1 \bar{A}_2) = \frac{8}{10} \times \frac{2}{9} + \frac{2}{10} \times \frac{8}{9} = \frac{16}{45}.$$

(4)第二件取出的是次品的事件为 $A_2$,则由抽签原理可得

$$P(A_2) = P(A_1 A_2) + P(\overline{A}_1 A_2)$$
$$= P(A_1)P(A_2 \mid A_1) + P(\overline{A}_1)P(A_2 \mid \overline{A}_1)$$
$$= \frac{2}{10} \times \frac{1}{9} + \frac{8}{10} \times \frac{2}{9}$$
$$= \frac{1}{5}.$$

18. 某人忘记了电话号码的最后一个数字,因而他随意地拨号.求他拨号不超过三次而接通所需电话的概率. 若已知最后一个数字是奇数,那么此概率是多少?

【解析】记 $A_i$ 为第 $i$ 次接通所需要的号码($i=1,2,3$),拨号不超过三次而接通的事件表示为 $A_1 \cup \overline{A}_1 A_2 \cup \overline{A}_1 \overline{A}_2 A_3$,则

$$P(A_1 \cup \overline{A}_1 A_2 \cup \overline{A}_1 \overline{A}_2 A_3)$$
$$= P(A_1) + P(\overline{A}_1 A_2) + P(\overline{A}_1 \overline{A}_2 A_3). \quad (A_1, \overline{A}_1 A_2, \overline{A}_1 \overline{A}_2 A_3 \text{ 两两互不相容})$$

由题意可知

$$P(A_1) = \frac{1}{10}, P(\overline{A}_1 A_2) = \frac{9}{10} \times \frac{1}{9} = \frac{1}{10}, P(\overline{A}_1 \overline{A}_2 A_3) = \frac{9}{10} \times \frac{8}{9} \times \frac{1}{8} = \frac{1}{10},$$

则拨号不超过三次而接通的概率为

$$P(A_1 \cup \overline{A}_1 A_2 \cup \overline{A}_1 \overline{A}_2 A_3) = \frac{3}{10}.$$

若最后一个数字是奇数,则

$$P(A_1) = \frac{1}{5}, P(\overline{A}_1 A_2) = \frac{4}{5} \times \frac{1}{4} = \frac{1}{5}, P(\overline{A}_1 \overline{A}_2 A_3) = \frac{4}{5} \times \frac{3}{4} \times \frac{1}{3} = \frac{1}{5},$$

则拨号不超过三次而接通的概率为

$$P(A_1 \cup \overline{A}_1 A_2 \cup \overline{A}_1 \overline{A}_2 A_3) = \frac{3}{5}.$$

19.(1)设甲袋中装有 $n$ 只白球、$m$ 只红球;乙袋中装有 $N$ 只白球、$M$ 只红球.今从甲袋中任意取一只球放入乙袋中,再从乙袋中任意取一只球.问取到白球的概率是多少?

(2)第一只盒子装有 5 只红球,4 只白球;第二只盒子装有 4 只红球,5 只白球.先从第一盒中任取 2 只球放入第二盒中去,然后从第二盒中任取一只球.求取到白球的概率.

【解析】(1)记事件 $A$ 为从乙袋中任意取白球,事件 $B$ 为从甲袋中任意取白球,则

$$P(A) = P(B)P(A \mid B) + P(\overline{B})P(A \mid \overline{B})$$
$$= \frac{n}{m+n} \times \frac{N+1}{N+M+1} + \frac{m}{m+n} \times \frac{N}{N+M+1} = \frac{nN+n+mN}{(m+n)(N+M+1)}.$$

(2)记事件 $A$ 为从第二盒中任意取一只白球,事件 $B_1$ 为从第一盒中取出两个白球,事件 $B_2$ 为从第一盒中取出一个白球和一个黑球,事件 $B_3$ 为从第一盒中取出两个黑球,由全概率公式得

$$P(A) = P(B_1)P(A \mid B_1) + P(B_2)P(A \mid B_2) + P(B_3)P(A \mid B_3)$$
$$= \frac{C_4^2}{C_9^2} \times \frac{C_7^1}{C_{11}^1} + \frac{C_4^1 C_5^1}{C_9^2} \times \frac{C_6^1}{C_{11}^1} + \frac{C_5^2}{C_9^2} \times \frac{C_5^1}{C_{11}^1} = \frac{53}{99}.$$

20. 某种产品的商标为"MAXAM",其中有两个字母脱落,有人捡起随意放回,求放回后仍为"MAXAM"的概率.

【解析】记事件 $B_1$ 表示脱落的字母为"AA",事件 $B_2$ 表示脱落的字母为"MM",事件 $B_3$ 表示脱落的字母为"AM",事件 $B_4$ 表示脱落的字母为"AX",事件 $B_5$ 表示脱落的字母为"MX",事件 $A$ 为放回后仍为"MAXAM",即

$$P(B_1) = P(B_2) = \frac{C_2^2}{C_5^2} = \frac{1}{10}, P(B_3) = \frac{C_2^1 C_2^1}{C_5^2} = \frac{4}{10}, P(B_4) = P(B_5) = \frac{C_2^1 C_1^1}{C_5^2} = \frac{2}{10},$$

$$P(A|B_1) = P(A|B_2) = 1, P(A|B_3) = P(A|B_4) = P(A|B_5) = \frac{1}{2},$$

由全概率公式可得

$$P(A) = \sum_{i=1}^{5} P(B_i)P(A|B_i) = \frac{3}{5} = 0.6.$$

21. 已知男子有 5% 是色盲患者,女子有 0.25% 是色盲患者. 今从男女人数相等的人群中随机地挑选一人,恰好是色盲患者,问此人是男性的概率是多少?

【解析】记事件 $A$ 为此人是色盲患者,事件 $B$ 为此人是男性,由条件可知

$$P(B) = P(\bar{B}) = \frac{1}{2}, P(A|B) = 0.05, P(A|\bar{B}) = 0.0025.$$

利用贝叶斯公式可得

$$P(B|A) = \frac{P(B)P(A|B)}{P(B)P(A|B) + P(\bar{B})P(A|\bar{B})} = \frac{\frac{1}{2} \times 0.05}{\frac{1}{2} \times 0.05 + \frac{1}{2} \times 0.0025} = \frac{20}{21}.$$

22. 一学生接连参加同一课程的两次考试. 第一次及格的概率为 $p$,若第一次及格则第二次及格的概率也为 $p$;若第一次不及格则第二次及格的概率为 $\frac{p}{2}$.

(1)若至少有一次及格则他能取得某种资格,求他取得该资格的概率;

(2)若已知他第二次已经及格,求他第一次及格的概率.

【解析】记事件 $A_i (i=1,2)$ 为该学生参加第 $i$ 次考试及格,$A$ 为取得某种资格.

(1)至少有一次及格的事件表示为 $A = A_1 \bigcup (\bar{A_1} A_2)$,此时 $A_1, \bar{A_1} A_2$ 互不相容,于是

$$P(A) = P[A_1 \bigcup (\bar{A_1} A_2)] = P(A_1) + P(\bar{A_1} A_2)$$
$$= p + \frac{p}{2}(1-p) = \frac{3}{2}p - \frac{1}{2}p^2.$$

(2)已知他第二次已经及格,则第一次及格的概率为

$$P(A_1|A_2) = \frac{P(A_1 A_2)}{P(A_2)} = \frac{P(A_1)P(A_2|A_1)}{P(A_1)P(A_2|A_1) + P(\bar{A_1})P(A_2|\bar{A_1})}$$

$$= \frac{p^2}{p^2 + \frac{p}{2}(1-p)} = \frac{2p}{p+1}.$$

23. 将两信息分别编码为 $A$ 和 $B$ 传送出去,接收站收到时,$A$ 被误收作 $B$ 的概率为 0.02,而 $B$ 被误收作 $A$ 的概率为 0.01. 信息 $A$ 与信息 $B$ 传送的频繁程度为 2:1. 若接收站收到的信息是 $A$,问原发信息是 $A$ 的概率是多少?

【解析】记事件 $H$ 为传送信息 $A$,事件 $\bar{H}$ 为传送信息 $B$,事件 $I$ 为接收信息 $A$,事件 $\bar{I}$ 为接收信息 $B$,由题意可知

$$P(H) = \frac{2}{3}, P(\bar{H}) = \frac{1}{3}, P(\bar{I}|H) = 0.02, P(I|\bar{H}) = 0.01,$$

于是
$$P(H|I) = \frac{P(HI)}{P(I)} = \frac{P(H)P(I|H)}{P(H)P(I|H) + P(\bar{H})P(I|\bar{H})}$$

$$=\frac{\frac{2}{3}\times0.98}{\frac{2}{3}\times0.98+\frac{1}{3}\times0.01}=\frac{196}{197}.$$

**24.** 有两箱同种类的零件,第一箱装 50 只,其中 10 只一等品;第二箱装 30 只,其中 18 只一等品. 今从两箱中任挑出一箱,然后从该箱中取零件两次,每次任取一只,作不放回抽样. 求:

(1)第一次取到的零件是一等品的概率;

(2)在第一次取到的零件是一等品的条件下,第二次取到的也是一等品的概率.

**【解析】** 设事件 $H_i(i=1,2)$ 为零件取自第 $i$ 箱,$A_i(i=1,2)$ 为第 $i$ 次取出一等品,其中

$$P(H_1)=P(H_2)=\frac{1}{2}.$$

(1)$P(A_1)=P(H_1)P(A_1\mid H_1)+P(H_2)P(A_1\mid H_2)=\frac{1}{2}\times\frac{10}{50}+\frac{1}{2}\times\frac{18}{30}=\frac{2}{5}.$

(2)$P(A_2\mid A_1)=\frac{P(A_1A_2)}{P(A_1)},$

其中 $P(A_1A_2)=P(H_1)P(A_1A_2\mid H_1)+P(H_2)P(A_1A_2\mid H_2)$

$$=\frac{1}{2}\times\frac{10}{50}\times\frac{9}{49}+\frac{1}{2}\times\frac{18}{30}\times\frac{17}{29}.$$

于是 $P(A_2\mid A_1)=\frac{P(A_1A_2)}{P(A_1)}\approx0.486.$

**25.** 某人下午 5:00 下班,他所积累的资料表明:

| 到家时间 | 5:35~5:39 | 5:40~5:44 | 5:45~5:49 | 5:50~5:54 | 迟于 5:54 |
|---|---|---|---|---|---|
| 乘地铁的概率 | 0.10 | 0.25 | 0.45 | 0.15 | 0.05 |
| 乘汽车的概率 | 0.30 | 0.35 | 0.20 | 0.10 | 0.05 |

某日他抛一枚硬币决定乘地铁还是乘汽车,结果他是 5:47 到家的. 试求他是乘地铁回家的概率.

**【解析】** 记事件 $B$ 为乘地铁回家,事件 $\bar{B}$ 为乘汽车回家,事件 $A$ 为到家时间在 5:45~5:49 之间,由题意可知 $P(B)=P(\bar{B})=\frac{1}{2},P(A\mid B)=0.45,P(A\mid\bar{B})=0.20$,所以

$$P(B\mid A)=\frac{P(AB)}{P(A)}=\frac{P(B)P(A\mid B)}{P(B)P(A\mid B)+P(\bar{B})P(A\mid\bar{B})}=\frac{9}{13}.$$

**26.** 病树的主人外出,委托邻居浇水,设已知如果不浇水,树死去的概率为 0.8. 若浇水,则树死去的概率为 0.15. 有 0.9 的把握确定邻居记得浇水.

(1)求主人回来树还活着的概率;

(2)若主人回来树已死去,求邻居忘记浇水的概率.

**【解析】** 记事件 $B$ 为邻居记得浇水,事件 $A$ 为树还活着,由题意可知

$$P(B)=0.9,P(\bar{B})=0.1,P(A\mid B)=0.85,P(A\mid\bar{B})=0.20.$$

(1)$P(A)=P(B)P(A\mid B)+P(\bar{B})P(A\mid\bar{B})=0.85\times0.9+0.20\times0.1=0.785.$

(2)$P(\bar{B}\mid\bar{A})=\frac{P(\bar{A}\bar{B})}{P(\bar{A})}=\frac{P(\bar{B})P(\bar{A}\mid\bar{B})}{1-P(A)}=\frac{0.1\times0.8}{1-0.785}\approx0.372.$

**27.** 设本题涉及的事件均有意义,设 $A,B$ 都是事件.

(1)已知 $P(A)>0$,证明 $P(AB\mid A)\geqslant P(AB\mid A\cup B)$;

(2)若 $P(A\mid B)=1$,证明 $P(\bar{B}\mid\bar{A})=1$;

(3)若设 $C$ 也是事件,且有 $P(A|C) \geqslant P(B|C)$, $P(A|\bar{C}) \geqslant P(B|\bar{C})$,证明 $P(A) \geqslant P(B)$.

【证明】(1)因为 $P(AB|A) = \dfrac{P(AB)}{P(A)}$, $P(AB|A \bigcup B) = \dfrac{P(AB)}{P(A \bigcup B)}$,事实上, $P(A \bigcup B) \geqslant P(A)$,于是即得证 $P(AB|A) \geqslant P(AB|A \bigcup B)$.

(2)由 $P(A|B) = 1$,可得 $P(A|B) = \dfrac{P(AB)}{P(B)} = 1$,即 $P(AB) = P(B)$,则

$$P(\bar{B}|\bar{A}) = \frac{P(\bar{A} \bigcup \bar{B})}{P(\bar{A})} = \frac{1 - P(A \bigcup B)}{1 - P(A)} = \frac{1 - P(A) - P(B) + P(AB)}{1 - P(A)}$$

$$= \frac{1 - P(A)}{1 - P(A)} = 1.$$

(3)由 $P(A|C) \geqslant P(B|C)$,可得 $P(AC) \geqslant P(BC)$,同理由 $P(A|\bar{C}) \geqslant P(B|\bar{C})$,可得
$$P(A\bar{C}) \geqslant P(B\bar{C}),$$
化简可得 $\qquad P(A\bar{C}) = P(A) - P(AC) \geqslant P(B\bar{C}) = P(B) - P(BC).$
于是 $\qquad P(A) - P(B) \geqslant P(AC) - P(BC) \geqslant 0.$

28.有两种花籽,发芽率分别为 0.8,0.9,从中各取一颗,设各花籽是否发芽相互独立.求
(1)这两颗花籽都能发芽的概率;
(2)至少有一颗能发芽的概率;
(3)恰有一颗发芽的概率.

【解析】记事件 $A,B$ 为两种花籽发芽, $P(A) = 0.9$, $P(B) = 0.8$.
(1)两颗花籽都能发芽的概率为
$$P(AB) = P(A)P(B) = 0.72.$$
(2)至少有一颗能发芽的概率为
$$P(A \bigcup B) = P(A) + P(B) - P(AB) = 0.98.$$
(3)恰有一颗发芽的概率为
$$P(\bar{A}B \bigcup A\bar{B}) = P(A) + P(B) - 2P(AB) = 0.26.$$

29. 根据报道美国人血型的分布近似地为:A 型为 37%,O 型为 44%,B 型为 13%,AB 型为 6%.夫妻拥有的血型是相互独立的.
(1)B 型的人只有输入 B、O 两种血型才安全.若妻为 B 型,夫为何种血型未知,求夫是妻的安全输血者的概率;
(2)随机地取一对夫妇,求妻为 B 型夫为 A 型的概率;
(3)随机地取一对夫妇,求其中一人为 A 型,另一人为 B 型的概率;
(4)随机地取一对夫妇,求其中至少有一人是 O 型的概率.

【解析】记事件 $A$ 为某人血型为 A 型,事件 $O$ 为某人血型为 O 型,事件 $B$ 为某人血型为 B 型,事件 $C$ 为某人血型为 AB 型,且 $P(A) = 0.37$, $P(O) = 0.44$, $P(B) = 0.13$, $P(C) = 0.06$.
(1)夫是妻的安全输血者的概率为
$$P(B) + P(O) = 0.57.$$
(2)妻为 B 型,夫为 A 型的概率为
$$P(AB) = P(A)P(B) = 0.048\ 1.$$
(3)其中一人为 A 型,另一人为 B 型的概率为
$$2P(AB) = 2P(A)P(B) = 0.096\ 2.$$
(4)至少有一人是 O 型,即夫妇两人仅有一人为 O 型和两人全为 O 型血,所以至少有一人是 O

型的概率为

$$2P(O)P(\overline{O}) + P(O)P(O) = 0.686\ 4.$$

30.(1)给出事件 $A,B$ 的例子,使得

(i) $P(A|B) < P(A)$ ；   (ii) $P(A|B) = P(A)$ ；   (iii) $P(A|B) > P(A)$ .

(2)设事件 $A,B,C$ 相互独立,证明(i) $C$ 与 $AB$ 相互独立;(ii) $C$ 与 $A \bigcup B$ 相互独立.

(3)设事件 $A$ 的概率 $P(A)=0$ ,证明对于任意另一事件 $B$ ,有 $A,B$ 相互独立.

(4)证明事件 $A,B$ 相互独立的充要条件是 $P(A|B) = P(A|\overline{B})$ .

(1)【解析】随机试验 $E$ 为抛掷硬币 3 次.

(i)设事件 $A$ 为第 1 次抛掷硬币为正面,事件 $B$ 为三次都是反面,于是

$$P(A) = \frac{1}{2}, P(A|B) = 0,$$

即得

$$P(A|B) < P(A).$$

(ii)设事件 $A$ 为第 1 次抛掷硬币为正面,事件 $B$ 为第 2 次抛掷硬币为正面,于是

$$P(A) = \frac{1}{2}, P(A|B) = \frac{1}{2},$$

即得

$$P(A|B) = P(A).$$

(iii)设事件 $A$ 为第 1 次抛掷硬币为正面,事件 $B$ 为至少有两个正面,于是

$$P(A) = \frac{1}{2}, P(A|B) = \frac{3}{4},$$

即得

$$P(A|B) > P(A).$$

(2)【证明】若事件 $A,B,C$ 相互独立,则 $\begin{cases} P(AB)=P(A)P(B), \\ P(BC)=P(B)P(C), \\ P(AC)=P(A)P(C), \\ P(ABC)=P(A)P(B)P(C) \end{cases}$ 成立,于是

$$P(C \bigcap AB) = P(ABC) = P(A)P(B)P(C)$$
$$= P(C)P(AB),$$

$$P[C \bigcap (A \bigcup B)] = P(AC \bigcup BC) = P(AC) + P(BC) - P(ABC)$$
$$= P(A)P(C) + P(B)P(C) - P(A)P(B)P(C)$$
$$= P(C)[P(A) + P(B) - P(A)P(B)]$$
$$= P(C)P(A \bigcup B).$$

(3)【证明】事件 $A$ 的概率 $P(A)=0$ ,因为 $AB \subseteq A$ ,于是 $P(AB) \leqslant P(A)=0$ ,即 $P(AB)=0$ ,所以 $P(AB)=P(A)P(B)$ .

(4)【证明】充分性:若 $P(A|B) = P(A|\overline{B})$ ,而 $P(A|B) = \frac{P(AB)}{P(B)}, P(A|\overline{B}) = \frac{P(A\overline{B})}{P(\overline{B})} = \frac{P(A) - P(AB)}{1 - P(B)}$ ,解得 $P(AB)=P(A)P(B)$ ,所以事件 $A,B$ 相互独立.

必要性:若事件 $A,B$ 相互独立,则 $P(AB)=P(A)P(B)$ ,即 $P(A|B) = P(A) = P(A|\overline{B})$ .

31. 设事件 $A,B$ 的概率均大于零,说明以下的叙述(1)必然对,(2)必然错,(3)可能对.并说明理由.

(1)若 $A$ 与 $B$ 互不相容,则它们相互独立;

(2)若 $A$ 与 $B$ 相互独立,则它们互不相容;

(3) $P(A)=P(B)=0.6$, 且 $A,B$ 互不相容;

(4) $P(A)=P(B)=0.6$, 且 $A,B$ 相互独立.

**【解析】**(1) 必然错. 若 $A$ 与 $B$ 互不相容, 则 $AB=\varnothing$, 即 $P(AB)=0$, 事实上 $P(A)>0$, $P(B)>0$, 于是 $P(A)P(B)\neq P(AB)=0$, 所以 $A$ 与 $B$ 不是相互独立的.

(2) 必然错. 若 $A$ 与 $B$ 相互独立, 则 $P(A)P(B)=P(AB)>0$, 于是 $A$ 与 $B$ 不可能互不相容.

(3) 必然错. 若 $P(A)=P(B)=0.6$, 则
$$P(AB)=P(A)+P(B)-P(A\bigcup B), \text{其中} 0\leqslant P(A\bigcup B)\leqslant 1,$$
于是 $P(AB)\geqslant 0.2$, 所以 $A$ 与 $B$ 不可能互不相容.

(4) 可能对.

32. 有一种检验艾滋病毒的检验法, 其结果有概率 0.005 报道为假阳性(即不带艾滋病毒者, 经此检验法有 0.005 的概率被认为带艾滋病毒). 今有 140 名不带艾滋病毒的正常人全部接受此种检验, 被报道至少有一人带艾滋病毒的概率为多少?

**【解析】**设事件 $A_i(i=1,2,\cdots,140)$ 为第 $i$ 人艾滋病毒检验结果正常, 且认为检查结果是相互独立的, $P(A_i)=0.995$, 于是 140 名不带艾滋病毒的正常人全部接受此种检验, 被报道至少有一人带艾滋病毒的概率为
$$P(\overline{A}_1\bigcup \overline{A}_2\bigcup\cdots\bigcup\overline{A}_{140})=1-P(A_1A_2\cdots A_{140})=1-0.995^{140}\approx 0.504.$$

33. 盒中有编号为 1,2,3,4 的 4 只球, 随机地自盒中取一只球, 事件 $A$ 为"取得的是 1 号或 2 号球", 事件 $B$ 为"取得的是 1 号或 3 号球", 事件 $C$ 为"取得的是 1 号或 4 号球", 验证:
$$P(AB)=P(A)P(B), P(AC)=P(A)P(C), P(BC)=P(B)P(C),$$
但 $P(ABC)\neq P(A)P(B)P(C)$, 即事件 $A,B,C$ 两两独立, 但 $A,B,C$ 不是相互独立的.

**【证明】**记 $A_i(i=1,2,3,4)$ 为取得的是第 $i$ 号球, 则有 $P(A_i)=\dfrac{1}{4}$, 且 $A_1,A_2,A_3,A_4$ 互不相容,
$$P(A)=P(A_1\bigcup A_2)=P(A_1)+P(A_2)-P(A_1A_2)=\dfrac{1}{4}+\dfrac{1}{4}=\dfrac{1}{2}.$$

同理 $P(B)=P(C)=\dfrac{1}{2}$, 另一方面,
$$P(AB)=P(A_1)=\dfrac{1}{4}, P(AC)=P(A_1)=\dfrac{1}{4},$$
$$P(BC)=P(A_1)=\dfrac{1}{4}, P(ABC)=P(A_1)=\dfrac{1}{4},$$

所以
$$\begin{cases} P(AB)=P(A)P(B), \\ P(BC)=P(B)P(C), \\ P(AC)=P(A)P(C), \\ P(ABC)\neq P(A)P(B)P(C). \end{cases}$$

即事件 $A,B,C$ 两两独立, 但 $A,B,C$ 不是相互独立的.

34. 试分别求以下两个系统的可靠性:

(1) 设有 4 个独立工作的元件 1,2,3,4, 它们的可靠性分别为 $p_1,p_2,p_3,p_4$, 将它们按图 1-1(1) 所示的方式连接(称为并串联系统);

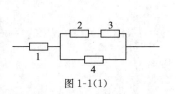

图 1-1(1)

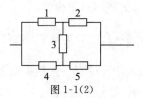

图 1-1(2)

(2)设有 5 个独立工作的元件 1,2,3,4,5. 它们的可靠性均为 $p$,将它们按图 1-1(2)所示的方式连接(称为桥式连接).

**【解析】**(1)记 $A_i(i=1,2,3,4)$ 为第 $i$ 只元件正常工作,事件 $A$ 为系统正常工作,四个元件工作相互独立,且 $P(A_i)=p_i$,由图 1-1(1)可知 $A=A_1(A_2A_3\bigcup A_4)$,所以

$$P(A) = P[A_1(A_2A_3 \bigcup A_4)] = P(A_1A_2A_3 \bigcup A_1A_4)$$
$$= P(A_1A_2A_3) + P(A_1A_4) - P(A_1A_2A_3A_4)$$
$$= p_1p_2p_3 + p_1p_4 - p_1p_2p_3p_4.$$

(2)记 $A_i(i=1,2,3,4,5)$ 为第 $i$ 只元件正常工作,事件 $A$ 为系统正常工作,五个元件工作相互独立,且 $P(A_i)=p$,由图 1-1(2)可知 $A=A_1A_2\bigcup A_4A_5\bigcup A_1A_3A_5\bigcup A_2A_3A_4$,所以

$$P(A) = P(A_1A_2 \bigcup A_4A_5 \bigcup A_1A_3A_5 \bigcup A_2A_3A_4)$$
$$= P(A_1A_2) + P(A_4A_5) + P(A_1A_3A_5) + P(A_2A_3A_4) - P(A_1A_2A_4A_5) -$$
$$P(A_1A_2A_3A_5) - P(A_1A_2A_3A_4) - P(A_1A_3A_4A_5) - P(A_2A_3A_4A_5) -$$
$$P(A_1A_2A_3A_4A_5) + P(A_1A_2A_3A_4A_5) + P(A_1A_2A_3A_4A_5) +$$
$$P(A_1A_2A_3A_4A_5) + P(A_1A_2A_3A_4A_5) - P(A_1A_2A_3A_4A_5)$$
$$= 2p^2 + 2p^3 - 5p^4 + 2p^5.$$

35. 如果一危险情况 $C$ 发生时,一电路闭合并发出警报,我们可以借用两个或多个开关并联以改善可靠性. 在 $C$ 发生时这些开关每一个都应闭合,且若至少一个开关闭合了,警报就发出. 如果两个这样的开关并联连接,它们每个具有 0.96 的可靠性(即在情况 $C$ 发生时闭合的概率),问这时系统的可靠性(即电路闭合的概率)是多少? 如果需要有一个可靠性至少为 0.999 9 的系统,则至少需要用多少只开关并联? 设各开关闭合与否是相互独立的.

**【解析】**记 $A_i(i=1,2,\cdots,n)$ 为第 $i$ 只开关闭合,$P(A_i)=0.96$,于是两个这样的开关并联连接时系统的可靠性为

$$P(A_1 \bigcup A_2) = P(A_1) + P(A_2) - P(A_1A_2) = 2 \times 0.96 - 0.96^2 = 0.998\ 4.$$

设需要 $n$ 只开关并联,则系统的可靠性为

$$P\left(\bigcup_{i=1}^{n} A_i\right) = 1 - P\left(\overline{\bigcup_{i=1}^{n} A_i}\right) = 1 - P\left(\bigcap_{i=1}^{n} \overline{A_i}\right) = 1 - (0.04)^n.$$

要使系统可靠性至少为 0.999 9,即 $P\left(\bigcup_{i=1}^{n} A_i\right) \geqslant 0.999\ 9$,化简得 $1-(0.04)^n \geqslant 0.999\ 9$,求解得

$$n \geqslant \frac{\ln 0.000\ 1}{\ln 0.04} \approx 2.86,$$

所以至少需要 3 只开关并联,才能使系统可靠性至少为 0.999 9.

36. 三人独立地去破译一份密码,已知各人能译出的概率分别为 $\frac{1}{5}, \frac{1}{3}, \frac{1}{4}$. 问三人中至少有一人能将此密码译出的概率是多少?

**【解析】**记 $A_i(i=1,2,3)$ 为第 $i$ 人破译密码,$P(A_1)=\frac{1}{5}$,$P(A_2)=\frac{1}{3}$,$P(A_3)=\frac{1}{4}$,且 $A_1, A_2, A_3$ 相互独立,于是三人中至少有一人能将此密码译出的概率为

$$P(A_1 \bigcup A_2 \bigcup A_3) = P(A_1) + P(A_2) + P(A_3) - P(A_1A_2) - P(A_1A_3) -$$
$$\qquad\qquad\qquad P(A_2A_3) + P(A_1A_2A_3)$$
$$= \frac{1}{5} + \frac{1}{3} + \frac{1}{4} - \frac{1}{5} \times \frac{1}{3} - \frac{1}{3} \times \frac{1}{4} - \frac{1}{5} \times \frac{1}{4} + \frac{1}{5} \times \frac{1}{3} \times \frac{1}{4}$$
$$= \frac{3}{5}.$$

或 $\quad P(A_1 \bigcup A_2 \bigcup A_3) = 1 - P(\overline{A_1 \bigcup A_2 \bigcup A_3}) = 1 - P(\overline{A_1}\overline{A_2}\overline{A_3})$
$$= 1 - P(\overline{A_1})P(\overline{A_2})P(\overline{A_3})$$
$$= 1 - \left(1 - \frac{1}{5}\right)\left(1 - \frac{1}{3}\right)\left(1 - \frac{1}{4}\right) = \frac{3}{5}.$$

37. 设第一只盒子中装有 3 只蓝球,2 只绿球,2 只白球;第二只盒子中装有 2 只蓝球,3 只绿球,4 只白球.独立地分别在两只盒子中各取一只球.

(1)求至少有一只蓝球的概率;

(2)求有一只蓝球一只白球的概率;

(3)已知至少有一只蓝球,求有一只蓝球一只白球的概率.

【解析】记 $A_i(i=1,2)$ 为从第 $i$ 只盒子中取得一只蓝球,$B_i(i=1,2)$ 为从第 $i$ 只盒子中取得一只白球,在两只盒子中各取一只球是相互独立的.

(1)至少有一只蓝球的概率为

$$P(A_1 \bigcup A_2) = P(A_1) + P(A_2) - P(A_1A_2) = \frac{3}{7} + \frac{2}{9} - \frac{3}{7} \times \frac{2}{9} = \frac{5}{9}.$$

(2)有一只蓝球一只白球的概率为

$$P(A_1B_2 \bigcup A_2B_1) = P(A_1B_2) + P(A_2B_1) = P(A_1)P(B_2) + P(A_2)P(B_1)$$
$$= \frac{3}{7} \times \frac{4}{9} + \frac{2}{7} \times \frac{2}{9} = \frac{16}{63}.$$

(3)已知至少有一只蓝球,则有一只蓝球一只白球的概率为

$$P[(A_1B_2 \bigcup A_2B_1) \mid (A_1 \bigcup A_2)] = \frac{P[(A_1B_2 \bigcup A_2B_1)(A_1 \bigcup A_2)]}{P(A_1 \bigcup A_2)}.$$

事实上,$A_1B_2 \bigcup A_2B_1 \subseteq A_1 \bigcup A_2$,于是

$$P[(A_1B_2 \bigcup A_2B_1) \mid (A_1 \bigcup A_2)] = \frac{P(A_1B_2 \bigcup A_2B_1)}{P(A_1 \bigcup A_2)} = \frac{\frac{16}{63}}{\frac{5}{9}} = \frac{16}{35}.$$

38. 袋中装有 $m$ 枚正品硬币、$n$ 枚次品硬币(次品硬币两面均印有国徽),在袋中任取一枚,将它投掷 $r$ 次,已知每次都得到国徽.问这枚硬币是正品的概率为多少?

【解析】记 $A$ 为将硬币投掷 $r$ 次都是国徽,$B$ 为这枚硬币是正品,这里

$$P(B) = \frac{m}{m+n}, P(\overline{B}) = \frac{n}{m+n}, P(A|B) = \frac{1}{2^r}, P(A|\overline{B}) = 1.$$

于是利用全概率公式可得

$$P(A) = P(B)P(A|B) + P(\overline{B})P(A|\overline{B}) = \frac{m}{2^r(m+n)} + \frac{n}{m+n}.$$

所以
$$P(B|A) = \frac{P(AB)}{P(A)} = \frac{P(B)P(A|B)}{P(B)P(A|B) + P(\overline{B})P(A|\overline{B})}$$

$$= \frac{\dfrac{m}{2^r(m+n)}}{\dfrac{m}{2^r(m+n)} + \dfrac{n}{m+n}} = \frac{m}{2^r n + m}.$$

39. 设根据以往记录的数据分析,某船只运输的某种物品损坏的情况共有三种:损坏 2%(这一事件记为 $A_1$),损坏 10%(事件 $A_2$),损坏 90%(事件 $A_3$),且知 $P(A_1)=0.8, P(A_2)=0.15, P(A_3)=0.05$. 现在从已被运输的物品中随机地取 3 件,发现这 3 件都是好的(这一事件记为 $B$). 试求 $P(A_1|B), P(A_2|B), P(A_3|B)$(这里设物品件数很多,取出一件后不影响取后一件是否为好品的概率).

**【解析】** 由题意可知
$$P(B|A_1) = 0.98^3, P(B|A_2) = 0.9^3, P(B|A_3) = 0.1^3,$$

由全概率公式可得

$$P(B) = \sum_{i=1}^{3} P(A_i)P(B|A_i) = 0.86.$$

由贝叶斯公式可得

$$P(A_1|B) = \frac{P(A_1 B)}{P(B)} = \frac{P(A_1)P(B|A_1)}{P(B)} = \frac{0.8 \times 0.98^3}{0.86} \approx 0.873\ 1;$$

$$P(A_2|B) = \frac{P(A_2 B)}{P(B)} = \frac{P(A_2)P(B|A_2)}{P(B)} = \frac{0.15 \times 0.9^3}{0.86} \approx 0.126\ 8;$$

$$P(A_3|B) = \frac{P(A_3 B)}{P(B)} = \frac{P(A_3)P(B|A_3)}{P(B)} = \frac{0.05 \times 0.1^3}{0.86} \approx 0.000\ 1.$$

40. 将 A、B、C 三个字母之一输入信道,输出为原字母的概率为 $\alpha$,而输出为其他一字母的概率都是 $\dfrac{1-\alpha}{2}$. 今将字母串 AAAA,BBBB,CCCC 之一输入信道,输入 AAAA,BBBB,CCCC 的概率分别为 $p_1, p_2, p_3 (p_1 + p_2 + p_3 = 1)$,已知输出为 ABCA,问输入的是 AAAA 的概率是多少?(设信道传输各个字母的工作是相互独立的)

**【解析】** 记 $A_1, A_2, A_3$ 分别为输入字母串 AAAA,BBBB,CCCC,事件 $B$ 表示输出为 ABCA,其中
$$P(A_1) = p_1, P(A_2) = p_2, P(A_3) = p_3,$$
$$P(B|A_1) = \alpha^2 \left(\frac{1-\alpha}{2}\right)^2, P(B|A_2) = \alpha \left(\frac{1-\alpha}{2}\right)^3, P(B|A_3) = \alpha \left(\frac{1-\alpha}{2}\right)^3.$$

由贝叶斯公式可得

$$P(A_1|B) = \frac{P(A_1 B)}{P(B)} = \frac{P(A_1)P(B|A_1)}{\sum_{i=1}^{3} P(A_i)P(B|A_i)}$$

$$= \frac{p_1 \alpha^2 \left(\dfrac{1-\alpha}{2}\right)^2}{p_1 \alpha^2 \left(\dfrac{1-\alpha}{2}\right)^2 + p_2 \alpha \left(\dfrac{1-\alpha}{2}\right)^3 + p_3 \alpha \left(\dfrac{1-\alpha}{2}\right)^3}$$

$$= \frac{2\alpha p_1}{(3\alpha - 1)p_1 + 1 - \alpha}.$$

## 经典例题选讲

### 1. 古典概型与几何概型

古典概型的计算步骤:

(1)确定随机试验出现的所有可能基本事件数 $n$;(2)在同一试验下确定事件 $A$ 中可能的基本事件数 $n_A$;(3)根据公式 $P(A) = \dfrac{n_A}{n}$ 求解事件 $A$ 的概率.

古典概型中要注意如下几点:

(1)区分几对概念:排列与组合、有放回与无放回和依次与任取.

(2)熟悉几个模型:抽签模型、摸球模型、掷骰子模型、配对模型.

熟练掌握在不同模型不同方式下的计算方法.

几何概型的计算步骤:

(1)选取适当的模型,在坐标系中正确表示 $S$ 与所求事件 $A$ 所在的区域;(2)计算 $S$ 与 $A$ 的几何度量;(3)根据几何概型概率的定义式得到 $P(A)$.

几何概型可以结合后两章中的均匀分布来理解,如果几何概型中涉及一个变量,则可将几何型理解为一维均匀分布,事件的几何测度为区间的长度;如果几何概型中涉及两个变量,则可将几何概型理解为二维均匀分布,事件的几何测度为区域的面积;自然地,几何概型中涉及三个变量,则几何概型中事件的几何测度为空间区域的体积.

**例 1** (摸球问题)口袋中有 6 只白球和 2 只黑球,白球、黑球之间无差异,分别按下列三种方式摸球:

(a)逐次有放回:每次摸一只,摸后放回;

(b)逐次无放回:每次摸一只,摸后不放回;

(c)一次取两球.

分别计算如下事件的概率:$A_1 = \{$两只球全是白球$\}$;$A_2 = \{$一只白球、一只黑球$\}$.

**【解析】**列出下列表格

| 摸球方式 | $A_1 = \{$两只球全是白球$\}$的概率 | $A_2 = \{$一只白球、一只黑球$\}$的概率 |
|---|---|---|
| (a)逐次有放回 | $\dfrac{C_6^1 C_6^1}{C_8^1 C_8^1} = \dfrac{6^2}{8^2} = \dfrac{9}{16}$ | $\dfrac{C_6^1 C_2^1 A_2^2}{C_8^1 C_8^1} = \dfrac{6 \times 2 \times 2}{8^2} = \dfrac{3}{8}$ |
| (b)逐次无放回 | $\dfrac{C_6^1 C_5^1}{C_8^1 C_7^1} = \dfrac{A_6^2}{A_8^2} = \dfrac{15}{28}$ | $\dfrac{C_6^1 C_2^1 A_2^2}{C_8^1 C_7^1} = \dfrac{C_6^1 C_2^1 A_2^2}{A_8^2} = \dfrac{3}{7}$ |
| (c)一次取两球 | $\dfrac{C_6^2}{C_8^2} = \dfrac{15}{28}$ | $\dfrac{C_6^1 C_2^1}{C_8^2} = \dfrac{3}{7}$ |

**【注】**(1)逐次抽样有顺序,实质为排列 A;一次取样无顺序,实质为组合 C;

(2)在摸球问题中"一次取出 $k$ 个球"与"逐次无放回取出 $k$ 个球"所对应事件的概率是相同的(注意概率相同,组合数不同),但与"逐次有放回取出 $k$ 个球"是不同的.

**例 2** (抽签与次序无关)袋中有 $a$ 只黑球,$b$ 只白球,它们除颜色不同外其余无差异,现随机地把球一只一只地摸出(不放回),求 $A = \{$第 $k$ 次摸出的一只球为黑球$\}$的概率($1 \leqslant k \leqslant a+b$).

**【解析】方法一** 将 $a$ 只黑球看作没有区别,$b$ 只白球也看作没有区别,将 $a+b$ 只球一一摸出排

在 $a+b$ 个位置上,所有不同的摸法对应着 $a+b$ 个位置中取出 $a$ 个位置来摸黑球(其余为摸白球)的取法,即样本点总数 $n=C_{a+b}^a$,而 $A$ 所含样本点数对应着不考虑第 $k$ 个位置(第 $k$ 个位置固定为黑球)的其余 $a+b-1$ 个位置中取出 $a-1$ 个来摸黑球的取法,即为 $C_{a+b-1}^{a-1}$,于是

$$P(A)=\frac{C_{a+b-1}^{a-1}}{C_{a+b}^a}=\frac{a}{a+b}.$$

**方法二** 设想将 $a$ 只黑球及 $b$ 只白球编号后(球之间有区别)一一取出排成一排,则所有可能的排法为 $n=A_{a+b}^{a+b}=(a+b)!$,事件 $A$ 发生当且仅当第 $k$ 个位置上是 $a$ 只黑球中取出一个排进,其余 $a+b-1$ 个位置是剩下的 $a-1$ 只黑球和 $b$ 只白球来排列,于是 $A$ 所含样本点数为 $C_a^1 A_{a+b-1}^{a+b-1}=a\times(a+b-1)!$,故

$$P(A)=\frac{a\times(a+b-1)!}{(a+b)!}=\frac{a}{a+b}.$$

**方法三** 仍设想把 $a$ 只黑球,$b$ 只白球依次编号为 $1,\cdots,a+b$,记 $\omega_i=\{$第 $k$ 次摸球摸到第 $i$ 号球$\}$,则样本空间 $S=\{\omega_1,\cdots,\omega_{a+b}\}$,其中各 $\omega_i$ 是等可能出现的,显然 $A$ 含 $S$ 中 $a$ 个样本点,故

$$P(A)=\frac{a}{a+b}.$$

**【注】**(1)同一随机事件构造出了 3 种不同的样本空间.

方法一:同一种颜色的球是没有区别的,故不需要编号,用组合.

方法二:球是有区别的,且按次序排列,用排列.

方法三:构造的样本空间最简单、最小,再小就不能保证等可能性了.

(2)上例结论告诉我们,"仅仅"考虑第 $k$ 次摸到黑球的概率与 $k$ 并无关系,这一有趣的结果具有现实意义,比如日常生活中人们常爱用"抽签"的办法解决难以确定的问题,本题结果告诉我们,抽到"中签"的概率与"抽签"的先后次序无关.

抽签原理:袋中有 $a$ 只黑球和 $b$ 只白球(它们除颜色不同外其余无差异),不放回地从中任意依次将球摸出,则第 $k$ 次摸出的一只球为黑球的概率为 $\frac{a}{a+b}$(与 $k$ 无关),在选择题和填空题中可以直接应用.

(3)古典概型问题,分子和分母计算方法要一致,要么都用组合,要么都用排列,否则容易出现错误.

**例 3** (分房问题)将 $n$ 个人等可能地分到 $N(n\leqslant N)$ 间房中去,试求下列事件的概率:

$A=\{$某指定的 $n$ 个房间中各有 1 人$\}$;

$B=\{$恰有 $n$ 间房中各有一人$\}$;

$C=\{$某指定的房中恰有 $m(m\leqslant n)$ 人$\}$.

**【解析】** 将 $n$ 个人等可能地分到 $N$ 间房中的每一间去,共有 $N^n$ 种分法(用乘法原理).

对于事件 $A=\{$某指定的 $n$ 个房间中各有 1 人$\}$,第一个人可分配到其中的任一间,因而有 $n$ 种分法,第 2 个人分配到余下 $n-1$ 间中的任意一间,有 $n-1$ 种分法,依此类推,事件 $A$ 包含的基本事件总数为 $n!$,于是 $\qquad P(A)=\frac{n!}{N^n}.$

对于事件 $B=\{$恰有 $n$ 间房中各有一人$\}$,由于"恰有 $n$ 间房"可在 $N$ 间房中任意选取,且并不是指定的,故第一个步骤是从 $N$ 间房中选取 $n$ 个房间,有 $C_N^n$ 种选法,对于选出的 $n$ 间房,按上面的分析,事件 $B$ 共有 $C_N^n\cdot n!$ 个基本事件,因此 $P(B)=\frac{C_N^n n!}{N^n}.$

对于事件 $C=\{$某指定的房中恰有 $m(m\leqslant n)$ 人$\}$,由于"恰有 $m$ 人",可从 $n$ 个人中任意选出,并

不是指定的,因此第一步先选这 $m$ 个人,共有 $C_n^m$ 种选法,而其余 $n-m$ 个人可任意分配到其余 $N-1$ 间房中,有 $(N-1)^{n-m}$ 种分法,因此事件 C 包含的基本事件数为 $C_n^m(N-1)^{n-m}$,因此

$$P(C)=\frac{C_n^m(N-1)^{n-m}}{N^n}.$$

**【注】** $n$ 个人的生日问题、投信问题都属于分房问题,要分清什么是"人",什么是"房",且一般不能颠倒.

**例 4** (几何概型)从 $[0,1]$ 中随机地取两个数,求其积大于 $\frac{1}{4}$,其和小于 $\frac{5}{4}$ 的概率.

**【解析】** 从 $[0,1]$ 中随机地取两个数 $x$ 与 $y$ 可以看成从图 1-2 所示正方形区域中任取两点,满足几何概型的两个特点, $S=\{(x,y)\,|\,0\leqslant x\leqslant 1,0\leqslant y\leqslant 1\}$, $A=\left\{(x,y)\,\middle|\,x+y<\frac{5}{4},xy>\frac{1}{4}\right\}$,对应阴影部分.

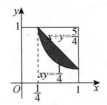

图 1-2

所以 $P(A)=\dfrac{\displaystyle\int_{\frac{1}{4}}^{1}\left(\dfrac{5}{4}-x-\dfrac{1}{4x}\right)\mathrm{d}x}{1}=\left(\dfrac{5}{4}x-\dfrac{1}{2}x^2-\dfrac{1}{4}\ln x\right)\Big|_{\frac{1}{4}}^{1}=\dfrac{15}{32}-\dfrac{1}{2}\ln 2.$

**2. 事件关系与概率性质**

事件的关系与运算是概率论的基础,要重视事件间的关系,掌握事件的运算律.

概率计算公式需要熟练掌握,在用公式时注意公式适用的前提条件."和事件的概率等于事件概率之和,差事件的概率等于事件概率之差,积事件的概率等于事件概率之积".但是要注意这些概率公式适用的前提,否则就是错误的.

**例 5** (事件表示) $A,B$ 为任意两事件,则事件 $(A-B)\bigcup(B-C)$ 等于事件(　　).

(A) $A-C$ 　　　　　　　　　　(B) $A\bigcup(B-C)$

(C) $(A-B)-C$ 　　　　　　　　(D) $(A\bigcup B)-BC$

**【解析】方法一** 从图 1-3 所示文氏图可以看出 $(A-B)\bigcup(B-C)$ 与(D)等价.

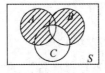

图 1-3

**方法二** 因 $A-B=A\overline{B}$,故 $(A-B)\bigcup(B-C)=A\overline{B}\bigcup B\overline{C}$.

而　$(A\bigcup B)-BC=(A\bigcup B)\overline{BC}=(A\bigcup B)(\overline{B}\bigcup\overline{C})$

$\qquad\qquad\quad =A\overline{B}\bigcup A\overline{C}\bigcup B\overline{B}\bigcup B\overline{C}$

$\qquad\qquad\quad =A\overline{B}\bigcup(A\overline{B}\bigcup AB)\overline{C}\bigcup\varnothing\bigcup B\overline{C}$

$\qquad\qquad\quad =(A\overline{B}\bigcup A\overline{B}\,\overline{C})\bigcup(AB\overline{C}\bigcup B\overline{C})=A\overline{B}\bigcup B\overline{C}.$

所以答案应选(D).

【注】对于事件之间的关系,我们可以利用文氏图直观分析.

**例 6** (概率公式与事件关系) 随机事件 $A,B$ 满足 $P(A)=P(B)=\frac{1}{2}$ 和 $P(A\bigcup B)=1$,则有
( ).

(A) $A\bigcup B=S$　　　　　　　　(B) $AB=\varnothing$

(C) $P(\overline{A}\bigcup\overline{B})=1$　　　　(D) $P(A-B)=0$

【解析】根据加法公式 $P(A\bigcup B)=P(A)+P(B)-P(AB)$,将已知条件代入得

$$1=\frac{1}{2}+\frac{1}{2}-P(AB),即 P(AB)=0,$$

从而 $P(\overline{A}\bigcup\overline{B})=P(\overline{AB})=1-P(AB)=1$,选(C).

【注】本题很容易犯的错误是:
(1)因为 $P(A\bigcup B)=1$,所以 $A\bigcup B=S$;
(2)因为 $P(AB)=0$,所以 $AB=\varnothing$.
注意:$P(A)=1$ 不能推出 $A=S$;$P(B)=0$ 也不能推出 $B=\varnothing$.

**3. 条件概率计算**

(1)定义法;(2)缩小样本空间法.

条件概率 $P(B|A)$ 本质上为事件 $A,B$ 同时发生占事件 $A$ 发生的概率的比例,缩小样本空间法就是将 $P(B|A)$ 理解为仅在事件 $A$ 中讨论 $A,B$ 同时发生的概率,即样本空间为 $A$,求 $A,B$ 同时发生的概率. 提醒一点,要区别 $P(AB)$,$P(AB)$ 为样本空间 $S$ 中 $A,B$ 同时发生的概率,显见有 $P(AB)\leqslant P(B|A)$ 成立.

**例 7** (条件概率计算)设 10 件产品中有 3 件次品,7 件正品,现每次从中任选一件,取后不放回,试求下列事件的概率:

(1)第三次取得次品;

(2)第三次才取得次品;

(3)已知前两次没有取得次品,第三次取得次品.

【解析】设 $A_i=\{$第 $i$ 次取得次品$\},i=1,2,\cdots,10.$

(1)利用抽签原理得 $P(A_3)=\frac{3}{10}.$

(2)第三次才取得次品,说明第一、第二次取得的都是正品且第三次取得次品,这是一个积事件的概率,利用乘法公式得

$$P(\overline{A_1}\,\overline{A_2}A_3)=P(\overline{A_1})P(\overline{A_2}|\overline{A_1})P(A_3|\overline{A_1}\,\overline{A_2})=\frac{7}{10}\times\frac{6}{9}\times\frac{3}{8}=\frac{7}{40}.$$

(3)"已知前两次没有取得次品,第三次取得次品"这是一个条件概率,由缩小样本空间的方法可得 $P(A_3|\overline{A_1}\,\overline{A_2})=\frac{3}{8}.$

【注】本题三个事件的理解与表述是第一步,也是至关重要的一步.

**4. 独立性判定与应用**

本考点主要考查用定义或者性质判定独立性,也常考查利用独立性条件计算概率.

**例 8** (独立的等价定义)设 $P(A|B)=P(A|\overline{B})$,证明:$P(B|A)=P(B|\overline{A}).$

**【证明】** 由等式 $P(A|B)=P(A|\overline{B})$ 及条件概率的定义得

$$\frac{P(AB)}{P(B)}=\frac{P(A\overline{B})}{P(\overline{B})},P(\overline{B})P(AB)=P(B)P(A\overline{B}),$$

代入 $P(A\overline{B})=P(A)-P(AB),P(\overline{B})=1-P(B)$，得

$$[1-P(B)]P(AB)=P(B)[P(A)-P(AB)],$$

两边消去相同的项得

$$P(AB)=P(A)P(B),$$

在上式两边减去 $P(A)P(AB)$，得

$$P(AB)-P(A)P(AB)=P(A)[P(B)-P(AB)],$$

上式可化为

$$P(\overline{A})P(AB)=P(A)P(\overline{A}B),\frac{P(AB)}{P(A)}=\frac{P(\overline{A}B)}{P(\overline{A})},$$

即得

$$P(B|A)=P(B|\overline{A}).$$

> **【注】** 两事件独立的直观含义是其中一个事件的发生不影响另一个事件的发生．实际中常根据经验来判断，也可以用下面的充要条件来判断：
>
> (1) $P(AB)=P(A)P(B)$．
>
> (2) $P(B|A)=P(B)$．　$(P(A)>0)$
>
> (3) $P(B|A)=P(B|\overline{A})$．　$(1>P(A)>0)$
>
> (4) $P(B|A)+P(\overline{B}|\overline{A})=1$．　$(1>P(A)>0)$
>
> 结合上述独立性等价定义，你能理解本题的概率意义吗？

**例 9** （结合独立性计算概率）已知事件 $A,B$ 满足概率 $P(A)=0.4,P(B)=0.2,P(A|\overline{B})=P(A|B)$，则 $P(A\bigcup B)=$ _____．

**【解析】**

$$P(A\bigcup B)=P(A)+P(B)-P(AB),$$

又因为 $P(A|\overline{B})=P(A|B)\Leftrightarrow\dfrac{P(A\overline{B})}{P(\overline{B})}=\dfrac{P(AB)}{P(B)}\Leftrightarrow\dfrac{P(A)-P(AB)}{1-P(B)}=\dfrac{P(AB)}{P(B)}$

$$\Leftrightarrow P(AB)=P(A)P(B),$$

因此

$$P(AB)=0.4\times0.2=0.08.$$

得

$$P(A\bigcup B)=P(A)+P(B)-P(AB)=0.4+0.2-0.08=0.52.$$

> **【注】** 本题也可直接利用独立性的定义，由 $P(A|\overline{B})=P(A|B)$ 可知事件 $B$ 的发生与否对事件 $A$ 的发生无影响，从而 $A$ 与 $B$ 独立．

**例 10** （伯努利与独立性综合运用）某乒乓球男子单打决赛在甲、乙两选手间进行，用 7 局 4 胜制．已知每局比赛甲选手战胜乙选手的概率为 0.7，则甲选手以 4∶1 战胜乙选手的概率为（　　）．

　　(A) $0.84\times0.7^3$　　　(B) $0.7\times0.7^3$　　　(C) $0.3\times0.7^3$　　　(D) $0.9\times0.7^3$

**【解析】** 甲选手以 4∶1 获胜，共比赛了 5 局，甲选手仅输了 1 局，且赢了第 5 局，则甲选手前 4 局赢了 3 局的概率为 $p=C_4^3\times0.7^3\times0.3^1=4\times0.7^3\times0.3$，而赢了第 5 局的概率为 0.7．根据乘法原理，所求的概率为 $p=4\times0.7^3\times0.3\times0.7=0.84\times0.7^3$，故选(A)．

> **【注】** 做 $n$ 次伯努利试验，直到第 $n$ 次才成功 $k$ 次的概率为 $C_{n-1}^{k-1}p^k(1-p)^{n-k}$．

**5. 全概率与贝叶斯公式**

全概率与贝叶斯公式要点：两阶段＋完备事件组．

一般地，若试验分为先后两个阶段，我们将第一个阶段的所有可能结果构成一个完备事件组，称

为"原因"$A_k$,要求第二个阶段的某一"结果"$B$,常常用全概率公式.所以全概率公式是"由因导果".

若结果$B$发生了,要求由原因$A_k$引起的概率$P(A_k|B)$,则应使用贝叶斯公式,即$P(A_k|B)=\dfrac{P(A_k)P(B|A_k)}{P(B)}$,贝叶斯公式是"由果溯因".

全概率公式和贝叶斯公式的应用首先要对问题中所涉及的事件作假设,如$A_i$,$B$等;其次,也是最重要的,需要确定$S$的完备事件组,余下就是根据题设条件,计算相应概率,代入公式求出结果.

**例 11** (全概率公式)一批产品中共有 8 个正品和 2 个次品,随机抽取两次,每次抽一个,抽出后不放回,则第二次抽出的是正品的概率为_____.

**【解析】**$A$表示第一次取得正品,$B$表示第二次取得正品,因$P(A)=\dfrac{4}{5}$,$P(\overline{A})=\dfrac{1}{5}$,由全概率公式

$$P(B)=P(A)\cdot P(B|A)+P(\overline{A})\cdot P(B|\overline{A})$$
$$=\frac{4}{5}\times\frac{7}{9}+\frac{1}{5}\times\frac{8}{9}=\frac{4}{5}.$$

**【注】**由抽签原理可以直接得到答案为$\dfrac{4}{5}$.

**例 12** (全概率与贝叶斯公式,完备事件组的构造方法)有两个盒子,第一盒中装有 2 只红球 1 只白球,第二盒中装有一半红球一半白球.现从两盒中各任取一球放在一起,再从中取一球,问:

(1)这只球是红球的概率;

(2)若发现这只球是红球,问第一盒中取出的球是红球的概率.

**【解析】**(1)设事件$A_i$为从第$i$个盒中取出一只红球,$i=1,2$.事件$B$为最后取红球.

$$P(A_1A_2)=P(A_1)P(A_2)=\frac{2}{3}\times\frac{1}{2}=\frac{1}{3},P(B|A_1A_2)=1,$$
$$P(A_1\overline{A_2})=\frac{2}{3}\times\frac{1}{2}=\frac{1}{3},P(B|A_1\overline{A_2})=\frac{1}{2},$$

同理

$$P(\overline{A_1}A_2)=\frac{1}{3}\times\frac{1}{2}=\frac{1}{6},P(B|\overline{A_1}A_2)=\frac{1}{2},$$
$$P(\overline{A_1}\,\overline{A_2})=\frac{1}{3}\times\frac{1}{2}=\frac{1}{6},P(B|\overline{A_1}\,\overline{A_2})=0.$$

由全概率公式有

$$P(B)=P(B|A_1A_2)P(A_1A_2)+P(B|A_1\overline{A_2})P(A_1\overline{A_2})+$$
$$P(B|\overline{A_1}A_2)P(\overline{A_1}A_2)+P(B|\overline{A_1}\,\overline{A_2})P(\overline{A_1}\,\overline{A_2})=\frac{7}{12}.$$

$(2)P(A_1|B)=P[(A_1A_2+A_1\overline{A_2})|B]=P(A_1A_2|B)+P(A_1\overline{A_2}|B)$
$$=\frac{P(B|A_1A_2)P(A_1A_2)+P(B|A_1\overline{A_2})P(A_1\overline{A_2})}{P(B)}=\frac{6}{7}.$$

**【注】**完备事件组的合理构造可以简化问题.

本题第二盒中红球、白球各占一半,故$P(A_2)=P(\overline{A_2})=\dfrac{1}{2}$,且$A_1$,$A_2$是相互独立的.有时$S$的完备事件组的恰当选取可使求解过程更简单.在本题中可以设事件$A$为最后取的球来自第一盒,则$\overline{A}$就是最后的球来自第二盒.

$$P(B)=P(A)P(B|A)+P(\overline{A})P(B|\overline{A})=\frac{1}{2}\times\frac{2}{3}+\frac{1}{2}\times\frac{1}{2}=\frac{7}{12}.$$

# 第二章　随机变量及其分布

## 章节同步导学

| 章节 | 教材内容 | 考纲要求 | 必做例题 | 必做习题(P55—59) |
|---|---|---|---|---|
| §2.1 随机变量 | 随机变量的概念 | 理解 | 例1 | |
| §2.2 离散型随机变量及其分布律 | 离散型随机变量的分布律必须满足的两个条件 | 理解(会应用性质求待定参数) | 例1 | 习题2,4 |
| | (0—1)分布、伯努利试验、二项分布、泊松分布的分布律 | 掌握(特别注意分布的背景,随机变量取值、参数的意义) | 例2,3,4 | 习题5,7,10,12 |
| | 泊松定理 | 了解(证明不要求) | 例5 | 习题16 |
| §2.3 随机变量的分布函数 | 分布函数的概念,基本性质,应用 | 理解(分布函数定义(必考),会利用分布函数求概率) | 例1,2 | 习题17,18 |
| §2.4 连续型随机变量及其概率密度 | 连续型随机变量的概率密度函数的基本性质 | 理解 | 例1 | 习题20,21 |
| | 均匀分布、指数分布、正态分布,分位点定义 | 掌握【重点】(概率密度函数及其性质) | 例2,3 | 习题23,24,25,26,28,30 |
| §2.5 随机变量的函数的分布 | 离散型随机变量函数的分布的解法 | 会(关键取值和对应概率) | 例1 | 习题33 |
| | 连续型随机变量函数的分布的两种解法 | 会【重点、难点】(核心分布函数法,了解公式法) | 例2,3,4 | 习题34,35,36 |

## 知识结构网图

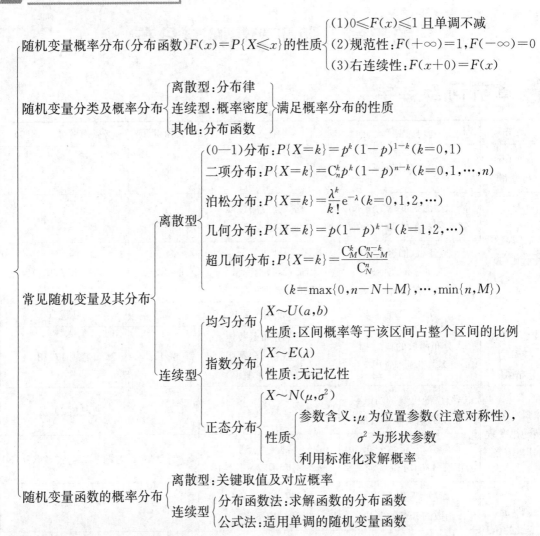

$$\text{随机变量概率分布(分布函数)} F(x)=P\{X\leqslant x\}\text{的性质} \begin{cases} (1)\ 0\leqslant F(x)\leqslant 1\text{且单调不减} \\ (2)\ \text{规范性}:F(+\infty)=1,F(-\infty)=0 \\ (3)\ \text{右连续性}:F(x+0)=F(x) \end{cases}$$

$$\text{随机变量分类及概率分布} \begin{cases} \text{离散型:分布律} \\ \text{连续型:概率密度} \\ \text{其他:分布函数} \end{cases} \text{满足概率分布的性质}$$

$$\text{常见随机变量及其分布} \begin{cases} \text{离散型} \begin{cases} (0\!-\!1)\text{分布}:P\{X=k\}=p^k(1-p)^{1-k}(k=0,1) \\ \text{二项分布}:P\{X=k\}=C_n^k p^k(1-p)^{n-k}(k=0,1,\cdots,n) \\ \text{泊松分布}:P\{X=k\}=\dfrac{\lambda^k}{k!}e^{-\lambda}(k=0,1,2,\cdots) \\ \text{几何分布}:P\{X=k\}=p(1-p)^{k-1}(k=1,2,\cdots) \\ \text{超几何分布}:P\{X=k\}=\dfrac{C_M^k C_{N-M}^{n-k}}{C_N^n} \\ \qquad (k=\max\{0,n-N+M\},\cdots,\min\{n,M\}) \end{cases} \\ \text{连续型} \begin{cases} \text{均匀分布} \begin{cases} X\sim U(a,b) \\ \text{性质:区间概率等于该区间占整个区间的比例} \end{cases} \\ \text{指数分布} \begin{cases} X\sim E(\lambda) \\ \text{性质:无记忆性} \end{cases} \\ \text{正态分布} \begin{cases} X\sim N(\mu,\sigma^2) \\ \text{参数含义}:\mu\text{为位置参数(注意对称性)}, \\ \qquad\qquad \sigma^2\text{为形状参数} \\ \text{性质} \\ \text{利用标准化求解概率} \end{cases} \end{cases} \end{cases}$$

$$\text{随机变量函数的概率分布} \begin{cases} \text{离散型:关键取值及对应概率} \\ \text{连续型} \begin{cases} \text{分布函数法:求解函数的分布函数} \\ \text{公式法:适用单调的随机变量函数} \end{cases} \end{cases}$$

## 课后习题全解

1. 考虑为期一年的一张保险单,若投保人在投保后一年内因意外死亡,则公司赔付 20 万元,若投保人因其他原因死亡,则公司赔付 5 万元,若投保人在投保期末生存,则公司无需付给任何费用. 若投保人在一年内因意外死亡的概率为 0.000 2,因其他原因死亡的概率为 0.001 0,求公司赔付金额的分布律.

【解析】设 $X$(以万元计)为公司赔付金额,$X$ 的可能取值为 20,5,0,随机变量 $X$ 的分布律为

| $X$ | 20 | 5 | 0 |
| --- | --- | --- | --- |
| $p$ | 0.000 2 | 0.001 0 | 0.998 8 |

【注】直接根据题意,写出随机变量的概率分布.

2.(1)一袋中装有 5 只球,编号为 1,2,3,4,5. 在袋中同时取 3 只,以 $X$ 表示取出的 3 只球中的最大号码,写出随机变量 $X$ 的分布律;

(2)将一颗骰子抛掷两次,以 $X$ 表示两次中得到的小的点数,试求 $X$ 的分布律.

**【解析】**(1)随机变量 $X$ 的可能取值为 $3,4,5$,事件 $\{X=3\}$ 为 5 只球同时取 3 只球,编号为 $1,2,$ $3$,即 $P\{X=3\}=\dfrac{1}{C_5^3}=\dfrac{1}{10}$;事件 $\{X=4\}$ 为 5 只球取 3 只球中有 4 号球,其余两球取自 $1,2,3$ 号球,即 $P\{X=4\}=\dfrac{C_3^2}{C_5^3}=\dfrac{3}{10}$;事件 $\{X=5\}$ 为 5 只球取 3 只球中有 5 号球,其余两球取自 $1,2,3,4$ 号球,即 $P\{X=4\}=\dfrac{C_4^2}{C_5^3}=\dfrac{3}{5}$.所以随机变量 $X$ 的分布律为

| $X$ | 3 | 4 | 5 |
|---|---|---|---|
| $p$ | $\dfrac{1}{10}$ | $\dfrac{3}{10}$ | $\dfrac{3}{5}$ |

(2)随机变量 $X$ 的可能取值为 $1,2,3,4,5,6$.

事件 $\{X=1\}$ 为掷骰子两次至少有一个点数为 1,等价于第一次点数为 1,或第二次点数为 1,或第一次与第二次都为 1,又第一次和第二次点数为 1 的概率均为 $\dfrac{1}{6}$,则

$$P\{X=1\}=\frac{1}{6}+\frac{1}{6}-\frac{1}{36}=\frac{11}{36}.$$

事件 $\{X=2\}$ 为掷骰子两次至少有一个点数为 2,且两次点数均大于等于 2,若第一次点数为 2,第二次点数大于等于 2,或是第二次点数为 2,第一次点数大于等于 2,则

$$P\{X=2\}=\frac{1}{6}\times\frac{5}{6}+\frac{1}{6}\times\frac{5}{6}-\frac{1}{36}=\frac{9}{36}=\frac{1}{4}.$$

依次可以求随机变量 $X$ 的取值为 $3,4,5,6$ 的概率为

$$P\{X=3\}=\frac{1}{6}\times\frac{4}{6}+\frac{1}{6}\times\frac{4}{6}-\frac{1}{36}=\frac{7}{36};$$

$$P\{X=4\}=\frac{1}{6}\times\frac{3}{6}+\frac{1}{6}\times\frac{3}{6}-\frac{1}{36}=\frac{5}{36};$$

$$P\{X=5\}=\frac{1}{6}\times\frac{2}{6}+\frac{1}{6}\times\frac{2}{6}-\frac{1}{36}=\frac{3}{36}=\frac{1}{12};$$

$$P\{X=6\}=\frac{1}{6}\times\frac{1}{6}=\frac{1}{36}.$$

综上所述,随机变量 $X$ 的分布律为

| $X$ | 1 | 2 | 3 | 4 | 5 | 6 |
|---|---|---|---|---|---|---|
| $p$ | $\dfrac{11}{36}$ | $\dfrac{1}{4}$ | $\dfrac{7}{36}$ | $\dfrac{5}{36}$ | $\dfrac{1}{12}$ | $\dfrac{1}{36}$ |

**【注】**古典概型中随机变量的概率分布是对学生的基础要求.

3. 设在 15 只同类型零件中有 2 只是次品,在其中取 3 次,每次任取 1 只,作不放回抽样,以 $X$ 表示取出的次品的只数.

(1)求 $X$ 的分布律;

(2)画出分布律的图形.

**【解析】**(1)随机变量 $X$ 的可能取值为 $0,1,2$,由题意可知

$$P\{X=0\}=\frac{A_{13}^3}{A_{15}^3}=\frac{22}{35},P\{X=1\}=\frac{C_3^1 A_{13}^2 A_2^1}{A_{15}^3}=\frac{12}{35},P\{X=2\}=\frac{C_3^2 A_{13}^1 A_2^2}{A_{15}^3}=\frac{1}{35}.$$

于是随机变量 $X$ 的分布律为

| $X$ | 0 | 1 | 2 |
|---|---|---|---|
| $p$ | $\frac{22}{35}$ | $\frac{12}{35}$ | $\frac{1}{35}$ |

(2)分布律的图形如图2-1所示.

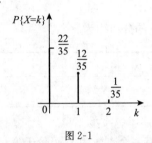

图 2-1

【注】本题中的随机变量为依次不放回抽样,但随机变量仍为常见分布中的超几何分布.

4. 进行重复独立试验,设每次试验的成功概率为 $p$,失败概率为 $q=1-p(0<p<1)$.

(1)将试验进行到出现一次成功为止,以 $X$ 表示所需的试验次数,求 $X$ 的分布律;(此时称 $X$ 服从以 $p$ 为参数的**几何分布**.)

(2)将试验进行到出现 $r$ 次成功为止,以 $Y$ 表示所需的试验次数,求 $Y$ 的分布律;(此时称 $Y$ 服从以 $r,p$ 为参数的**负二项分布**或**帕斯卡分布**.)

(3)一篮球运动员的投篮命中率为 $45\%$.以 $X$ 表示他首次投中时累计已投篮的次数,写出 $X$ 的分布律,并计算 $X$ 取偶数的概率.

【解析】(1)记事件 $\{X=n\}$ 表示直至第 $n$ 次试验才成功,即前面 $n-1$ 次试验都失败,于是
$$P\{X=n\}=q^{n-1}p,n=1,2,\cdots.$$

(2)记事件 $\{Y=n\}$ 表示第 $n$ 次试验为第 $r$ 次试验成功,即前面 $n-1$ 次试验中共成功次数为 $r-1$ 次,失败的次数为 $n-r$ 次,于是
$$P\{X=n\}=C_{n-1}^{r-1}p^{r-1}q^{n-r}p=C_{n-1}^{r-1}p^rq^{n-r},n=r,r+1,\cdots.$$

(3)由题意可知 $X$ 服从参数为 0.45 的几何分布,即 $X$ 的分布律为
$$P\{X=n\}=0.55^{n-1}\times0.45,n=1,2,\cdots.$$

$X$ 取偶数的概率为
$$\sum_{n=1}^{\infty}P\{X=2n\}=\sum_{n=1}^{\infty}0.55^{2n-1}\times0.45=\frac{0.45\times0.55}{1-0.55^2}=\frac{11}{31}.$$

【注】几何分布和帕斯卡分布是概率中常见的分布.

5. 一房间有3扇同样大小的窗子,其中只有一扇是打开的.有一只鸟自开着的窗子飞入了房间,它只能从开着的窗子飞出去.鸟在房子里飞来飞去,试图飞出房间.假定鸟是没有记忆的,它飞向各扇窗子是随机的.

(1)以 $X$ 表示鸟为了飞出房间试飞的次数,求 $X$ 的分布律;

(2)户主声称,他养的一只鸟是有记忆的,它飞向任一窗子的尝试不多于一次.以 $Y$ 表示这只聪明的鸟为了飞出房间试飞的次数.如户主所说是确实的,试求 $Y$ 的分布律;

(3)求试飞次数 $X$ 小于 $Y$ 的概率和试飞次数 $Y$ 小于 $X$ 的概率.

【解析】(1)记事件 $\{X=n\}$ 为鸟试飞的次数为 $n$ 才飞出房间,每次试飞飞出房间的概率为 $\frac{1}{3}$,则 $X$

服从参数为 $\frac{1}{3}$ 的几何分布,即 $X$ 的分布律为

$$P\{X=n\}=\left(\frac{2}{3}\right)^{n-1}\times\frac{1}{3},n=1,2,\cdots.$$

(2)根据题意,随机变量 $Y$ 的可能取值为 1,2,3,事件 $\{Y=1\}$ 为鸟第一次试飞就飞出房间,即 $P\{Y=1\}=\frac{1}{3}$;事件 $\{Y=2\}$ 为鸟第二次试飞飞出房间,即第一次试飞没有飞出房间,即 $P\{Y=2\}=\frac{2}{3}\times\frac{1}{2}=\frac{1}{3}$;事件 $\{Y=3\}$ 为鸟第三次试飞飞出房间,即第一和第二次试飞都没有飞出房间,即 $P\{Y=3\}=\frac{2}{3}\times\frac{1}{2}\times1=\frac{1}{3}$,综上所述,随机变量 $Y$ 的分布律为

| $Y$ | 1 | 2 | 3 |
|---|---|---|---|
| $p$ | $\frac{1}{3}$ | $\frac{1}{3}$ | $\frac{1}{3}$ |

(3)事件 $\{X<Y\}$ 可分为:当 $Y=2$ 时,$X$ 的取值为 1;当 $Y=3$ 时,$X$ 的取值为 1 或 2,即 $\{X<Y\}=\{X=1,Y=2\}+\{X=1,Y=3\}+\{X=2,Y=3\}$,等式右边的三个事件两两互不相容,且鸟儿的行动是相互独立的,所以

$$P\{X<Y\}=P\{X=1,Y=2\}+P\{X=1,Y=3\}+P\{X=2,Y=3\}$$
$$=P\{X=1\}P\{Y=2\}+P\{X=1\}P\{Y=3\}+P\{X=2\}P\{Y=3\}$$
$$=\frac{1}{3}\times\frac{1}{3}+\frac{1}{3}\times\frac{1}{3}+\frac{2}{9}\times\frac{1}{3}=\frac{8}{27}.$$

另一方面,$P\{X>Y\}=1-P\{X\leqslant Y\}=1-P\{X<Y\}-P\{X=Y\}$,

其中 
$$P\{X=Y\}=P\{X=1,Y=1\}+P\{X=2,Y=2\}+P\{X=3,Y=3\}$$
$$=\frac{1}{3}\times\frac{1}{3}+\frac{2}{9}\times\frac{1}{3}+\frac{4}{27}\times\frac{1}{3}=\frac{19}{81}.$$

于是 
$$P\{X>Y\}=1-\frac{8}{27}-\frac{19}{81}=\frac{38}{81}.$$

6. 一大楼装有 5 台同类型的供水设备,设备台设备是否被使用相互独立. 调查表明在任一时刻 $t$ 每台设备被使用的概率均为 0.1,问在同一时刻,

(1)恰有 2 台设备被使用的概率是多少?

(2)至少有 3 台设备被使用的概率是多少?

(3)至多有 3 台设备被使用的概率是多少?

(4)至少有 1 台设备被使用的概率是多少?

**【解析】** 记 $X$ 为任一时刻设备使用的个数,则 $X$ 服从参数为 5,0.1 的二项分布,即

$$X\sim b(5,0.1),P\{X=k\}=C_5^k 0.1^k 0.9^{5-k},k=0,1,2,3,4,5.$$

(1)$P\{X=2\}=C_5^2 0.1^2 0.9^3=0.072\,9.$

(2)$P\{X\geqslant3\}=P\{X=3\}+P\{X=4\}+P\{X=5\}=0.008\,56.$

(3)$P\{X\leqslant3\}=1-P\{X=4\}-P\{X=5\}=0.999\,54.$

(4)$P\{X\geqslant1\}=1-P\{X=0\}=0.409\,51.$

7. 设事件 $A$ 在每次试验发生的概率为 0.3. $A$ 发生不少于 3 次时,指示灯发出信号.

(1)进行了 5 次重复独立试验,求指示灯发出信号的概率;

(2)进行了 7 次重复独立试验,求指示灯发出信号的概率.

【解析】设每次试验有两个结果 $A$ 与 $\bar{A}$,试验次数重复进行了 $n$ 次,每次试验的结果相互独立,记 $X$ 为事件 $A$ 发生的次数,则 $X \sim b(n, 0.3)$,即 $X$ 的分布律为

$$P\{X = k\} = C_n^k 0.3^k 0.7^{n-k}, k = 0, 1, \cdots, n.$$

指示灯发出信号的概率为

$$P\{X \geqslant 3\}.$$

(1)当 $n = 5$ 时,$P\{X \geqslant 3\} = P\{X = 3\} + P\{X = 4\} + P\{X = 5\} = 0.163$.

(2)当 $n = 7$ 时,$P\{X \geqslant 3\} = 1 - P\{X = 0\} - P\{X = 1\} - P\{X = 2\} = 0.353$.

8. 甲、乙两人投篮,投中的概率分别为 $0.6, 0.7$,各投 3 次. 求

(1)两人投中次数相等的概率;

(2)甲比乙投中次数多的概率.

【解析】记随机变量 $X$ 和 $Y$ 分别为甲、乙两人三次独立重复投篮投中的次数,则

$$X \sim b(3, 0.6), Y \sim b(3, 0.7).$$

(1) $P\{X = Y\} = \sum_{i=0}^{3} P\{X = i, Y = i\} = \sum_{i=0}^{3} P\{X = i\} P\{Y = i\} = 0.321$.

(2) $P\{X > Y\} = \sum_{i=1}^{3} P\{X = i, Y \leqslant i - 1\}$

$$= P\{X = 1, Y = 0\} + P\{X = 2, Y \leqslant 1\} + P\{X = 3, Y \leqslant 2\}$$

$$= 0.243.$$

9. 有一大批产品,其验收方案如下,先作第一次检验:从中任取 10 件,经检验无次品接受这批产品,次品数大于 2 拒收;否则作第二次检验,其做法是从中再任取 5 件,仅当 5 件中无次品时接受这批产品,若产品的次品率为 $10\%$,求

(1)这批产品经第一次检验就能接受的概率;

(2)需作第二次检验的概率;

(3)这批产品按第二次检验的标准被接受的概率;

(4)这批产品在第一次检验未能作决定且第二次检验时被通过的概率;

(5)这批产品被接受的概率.

【解析】产品多抽检的数目少时,任取方式抽检可以看成有放回抽样近似计算,记 $X$ 为第一次抽检任取 10 件产品中次品数,则 $X \sim b(10, 0.1)$,$Y$ 为第二次抽检任取 5 件产品中次品数,则 $Y \sim b(5, 0.1)$.

(1)第一次检验就能接受的概率为

$$P\{X = 0\} = (1 - 0.1)^{10} = 0.349.$$

(2)需作第二次检验的概率为

$$P\{1 \leqslant X \leqslant 2\} = C_{10}^1 \times 0.1 \times (1 - 0.1)^9 + C_{10}^2 \times 0.1^2 \times (1 - 0.1)^8 = 0.581.$$

(3)这批产品按第二次检验的标准被接受的概率为

$$P\{Y = 0\} = (1 - 0.1)^5 = 0.590.$$

(4)这批产品在第一次检验未能做决定且第二次检验时被通过的概率为

$$P\{1 \leqslant X \leqslant 2, Y = 0\} = P\{1 \leqslant X \leqslant 2\} \cdot P\{Y = 0\} = 0.343.$$

(5)这批产品被接受的概率为

$$P\{X = 0\} + P\{1 \leqslant X \leqslant 2, Y = 0\} = 0.692.$$

10. 有甲、乙两种味道和颜色都极为相似的名酒各 4 杯. 如果从中挑 4 杯,能将甲种酒全部挑出

来,算是试验成功一次.

(1)某人随机地去猜,问他试验成功一次的概率是多少?

(2)某人声称他通过品尝能区分两种酒.他连续试验 10 次,成功 3 次.试推断他是猜对的,还是他确有区分的能力(设各次试验是相互独立的).

**【解析】**(1)8 杯酒任取 4 杯酒的基本事件数为 $C_8^4$,其中 4 杯酒均为甲种酒的可能性只有一种,即试验成功一次的概率是

$$\frac{1}{C_8^4} = \frac{1}{70}.$$

(2)若记 $X$ 为连续试验 10 次成功的次数,则 $X \sim b\left(10, \frac{1}{70}\right)$,得

$$P\{X=3\} = C_{10}^3 \left(\frac{1}{70}\right)^3 \left(1 - \frac{1}{70}\right)^7 = 3.16 \times 10^{-4}.$$

且 $\qquad P\{X \geqslant 3\} = 1 - P\{X=0\} - P\{X=1\} - P\{X=2\} = 3.24 \times 10^{-4}.$

而此人连续试验 10 次,成功 3 次,说明小概率事件出现了,可以认为此人确有区分的能力.

11. 尽管在几何教科书中已经讲过仅用圆规和直尺三等分一个任意角是不可能的,但每一年总是有一些"发明者"撰写关于仅用圆规和直尺将角三等分的文章.设某地区每年撰写此类文章的篇数 $X$ 服从参数为 6 的泊松分布.求明年没有此类文章的概率.

**【解析】**由题意可知 $X \sim \pi(6)$,所以明年没有此类文章的概率为

$$P\{X=0\} = e^{-6} = 2.5 \times 10^{-3}.$$

12. 一电话总机每分钟收到呼唤的次数服从参数为 4 的泊松分布.求

(1)某一分钟恰有 8 次呼唤的概率;

(2)某一分钟的呼唤次数大于 3 的概率.

**【解析】**(1)某一分钟恰有 8 次呼唤的概率为

$$P\{X=8\} = \frac{4^8}{8!} e^{-4} = 1.626e^{-4} = 0.029\,8.$$

(2)某一分钟的呼唤次数大于 3 的概率为

$$P\{X>3\} = 1 - P\{X=0\} - P\{X=1\} - P\{X=2\} - P\{X=3\} = 0.566\,5.$$

13. 某公安局在长度为 $t$ 的时间间隔内收到的紧急呼救的次数 $X$ 服从参数为 $\frac{1}{2}t$ 的泊松分布,而与时间间隔的起点无关(时间以小时计).

(1)求某一天中午 12 时至下午 3 时未收到紧急呼救的概率;

(2)求某一天中午 12 时至下午 5 时至少收到 1 次紧急呼救的概率.

**【解析】**由题意可知

$$X \sim \pi\left(\frac{1}{2}t\right).$$

(1)当 $t=3$ 时,$X \sim \pi\left(\frac{3}{2}\right)$,所以未收到紧急呼救的概率为

$$P\{X=0\} = e^{-\frac{3}{2}} = 0.223\,1.$$

(2)当 $t=5$ 时,$X \sim \pi\left(\frac{5}{2}\right)$,至少收到 1 次紧急呼救的概率为

$$P\{X \geqslant 1\} = 1 - P\{X=0\} = 1 - e^{-\frac{5}{2}} = 0.917\,9.$$

14. 某人家中在时间间隔 $t$(小时)内接到电话的次数 $X$ 服从参数为 $2t$ 的泊松分布.

(1)若他外出计划用时 10 分钟,问期间有电话铃响一次的概率是多少?

(2)若他希望外出时没有电话的概率至少为 0.5,问他外出应控制最长时间是多少?

**【解析】**由题意可知 $X \sim \pi(2t)$.

(1)当 $t = \frac{1}{6}$ 时,$X \sim \pi\left(\frac{1}{3}\right)$,所以期间有电话铃响一次的概率为

$$P\{X=1\} = \frac{1}{3}\mathrm{e}^{-\frac{1}{3}} = 0.238\ 8.$$

(2)设外出时间最长时间为 $t$,$X \sim \pi(2t)$,期间没有电话的概率为

$$P\{X=0\} = \mathrm{e}^{-2t}.$$

欲使外出时间没有电话的概率至少为 0.5,即 $P\{X=0\} = \mathrm{e}^{-2t} \geqslant 0.5$,解得 $t \leqslant \frac{1}{2}\ln 2 = 0.346\ 5$,

即外出时间最长时间为 20.79 分钟.

15. 保险公司在一天内承保了 5 000 张相同年龄,为期一年的寿险保单,每人一份. 在合同有效期内若投保人死亡,则公司需赔付 3 万元. 设在一年内,该年龄段的死亡率为 0.001 5,且各投保人是否死亡相互独立. 求该公司对于这批投保人的赔付总额不超过 30 万元的概率(利用泊松定理计算).

**【解析】**记 $X$ 为投保人在一年内死亡的人数,则 $X \sim b(5\ 000, 0.001\ 5)$,由泊松定理得 $X$ 近似服从 $X \sim \pi(7.5)$,于是

$$P\{X \leqslant 10\} \approx \sum_{i=0}^{10} P\{X=i\} = \sum_{i=0}^{10} \frac{7.5^i}{i!}\mathrm{e}^{-7.5} = 0.862.$$

16. 有一繁忙的汽车站,每天有大量汽车通过,设一辆汽车在一天的某段时间内出事故的概率为 0.000 1. 在某天的该时间段内有 1 000 辆汽车通过. 问出事故的车辆数不小于 2 的概率是多少?(利用泊松定理计算)

**【解析】**记 $X$ 为汽车站某天时间段内汽车出事故的车辆数,则 $X \sim b(1\ 000, 0.000\ 1)$,由泊松定理得 $X$ 近似服从 $X \sim \pi(0.1)$,所以出事故的车辆数不小于 2 的概率为

$$P\{X \geqslant 2\} = 1 - P\{X=0\} - P\{X=1\} = 1 - \mathrm{e}^{-0.1} - 0.1\mathrm{e}^{-0.1} = 1 - 1.1\mathrm{e}^{-0.1}.$$

17. (1)设 $X$ 服从(0-1)分布,其分布律为 $P\{X=k\} = p^k(1-p)^{1-k}$,$k=0,1$,求 $X$ 的分布函数,并作出其图形;

(2)求第 2 题(1)中的随机变量的分布函数.

**【解析】**(1)$P\{X=0\} = 1-p$,$P\{X=1\} = p$,则

当 $x < 0$ 时,$F(x) = 0$;

当 $0 \leqslant x < 1$ 时,$F(x) = P\{X=0\} = 1-p$;

当 $x \geqslant 1$ 时,$F(x) = P\{X=0\} + P\{X=1\} = 1$.

综上所述,$X$ 的分布函数为

$$F(x) = \begin{cases} 0, & x < 0, \\ 1-p, & 0 \leqslant x < 1, \\ 1, & x \geqslant 1. \end{cases}$$

分布函数 $F(x)$ 的图像如图 2-2 所示.

(2)随机变量 $X$ 的分布律为

| $X$ | 3 | 4 | 5 |
|---|---|---|---|
| $p$ | $\frac{1}{10}$ | $\frac{3}{10}$ | $\frac{3}{5}$ |

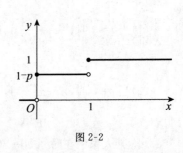

图 2-2

当 $x<3$ 时，$F(x)=0$；当 $3\leqslant x<4$ 时，$F(x)=P\{X=3\}=0.1$；

当 $4\leqslant x<5$ 时，$F(x)=P\{X=3\}+P\{X=4\}=0.4$；当 $x\geqslant5$ 时，$F(x)=1$.

综上所述，$X$ 的分布函数为

$$F(x)=\begin{cases}0, & x<3,\\0.1, & 3\leqslant x<4,\\0.4, & 4\leqslant x<5,\\1, & x\geqslant5.\end{cases}$$

**18.** 在区间 $[0,a]$ 上任意投掷一个质点，以 $X$ 表示这个质点的坐标. 设这个质点落在 $[0,a]$ 中任意小区间内的概率与这个小区间的长度成正比. 试求 $X$ 的分布函数.

**【解析】**随机变量 $X$ 的分布函数 $F(x)=P\{X\leqslant x\}$，下面将讨论事件 $\{X\leqslant x\}$ 的概率.

(1)当 $x<0$ 时，$\{X\leqslant x\}=\varnothing$，则 $F(x)=0$；

(2)当 $0\leqslant x<a$ 时，事件 $\{X\leqslant x\}$ 为质点落在区间 $[0,x]$ 上，发生的概率与区间长度成正比，即 $P\{X\leqslant x\}=kx$，其中 $k$ 为常数；

(3)当 $x\geqslant a$ 时，$\{X\leqslant x\}$ 为必然事件，则 $F(x)=1$.

于是随机变量 $X$ 的分布函数为

$$F(x)=\begin{cases}0, & x<0,\\kx, & 0\leqslant x<a,\\1, & x\geqslant a.\end{cases}$$

由题意知，$P\{x=a\}=0$，所以分布函数的图像在 $x=a$ 处连续，即 $F(a-0)=F(a)=F(a+0)$，即 $ka=1$，解得 $k=\dfrac{1}{a}$，综上所述，可得 $X$ 的分布函数为

$$F(x)=\begin{cases}0, & x<0,\\\dfrac{1}{a}x, & 0\leqslant x<a,\\1, & x\geqslant a.\end{cases}$$

**19.** 以 $X$ 表示某商店从早晨开始营业起直到第一个顾客到达的等待时间(以分计)，$X$ 的分布函数是

$$F_X(x)=\begin{cases}1-e^{-0.4x}, & x>0,\\0, & x\leqslant0.\end{cases}$$

求下述概率：

(1)$P\{$至多 3 分钟$\}$；  (2)$P\{$至少 4 分钟$\}$；

(3)$P\{$3 分钟至 4 分钟之间$\}$；  (4)$P\{$至多 3 分钟或至少 4 分钟$\}$；

(5)$P\{$恰好 2.5 分钟$\}$.

**【解析】**若 $X$ 服从参数为 $\lambda$ 的指数分布，对任意的实数 $b>a>0$，有 $P\{X\leqslant b\}=1-e^{-b\lambda}$；$P\{a\leqslant X\leqslant b\}=e^{-a\lambda}-e^{-b\lambda}$；$P\{X\geqslant a\}=e^{-a\lambda}$. 本题中的参数 $\lambda=0.4$.

(1)$P\{X\leqslant3\}=1-e^{-1.2}$.

(2)$P\{X\geqslant4\}=e^{-1.6}$.

(3)$P\{3\leqslant X\leqslant4\}=e^{-1.2}-e^{-1.6}$.

(4)设 $A=\{X\leqslant3\}$，$B=\{X\geqslant4\}$，事件"至多 3 分钟或至少 4 分钟"为 $A\cup B$，于是利用加法公式可得

$$P(A\cup B)=P(A)+P(B)-P(AB)=P\{X\leqslant3\}+P\{X\geqslant4\}$$

$$=1-\mathrm{e}^{-1.2}+\mathrm{e}^{-1.6}.$$

(5) $P\{X=2.5\}=0.$

20. 设随机变量 $X$ 的分布函数为

$$F_X(x)=\begin{cases}0, & x<1, \\ \ln x, & 1\leqslant x<\mathrm{e}, \\ 1, & x\geqslant\mathrm{e}.\end{cases}$$

(1) 求 $P\{X<2\}$，$P\{0<X\leqslant3\}$，$P\left\{2<X<\dfrac{5}{2}\right\}$；

(2) 求概率密度 $f_X(x)$.

**【解析】** 分布函数为连续函数，则 $X$ 在任一点处的概率为 0，则

(1)
$$P\{X<2\}=P\{X\leqslant2\}=F_X(2)=\ln 2.$$
$$P\{0<X\leqslant3\}=F_X(3)-F_X(0)=1.$$
$$P\left\{2<X<\frac{5}{2}\right\}=F_X\left(\frac{5}{2}\right)-F_X(2)=\ln\left(\frac{5}{2}\right)-\ln 2=\ln\left(\frac{5}{4}\right).$$

(2) 对分布函数求导得概率密度为

$$f_X(x)=F_X'(x)=\begin{cases}\dfrac{1}{x}, & 1<x<\mathrm{e}, \\ 0, & \text{其他}.\end{cases}$$

21. 设随机变量 $X$ 的概率密度为

$$(1)\,f(x)=\begin{cases}2\left(1-\dfrac{1}{x^2}\right), & 1\leqslant x\leqslant2, \\ 0, & \text{其他}; \end{cases} \qquad (2)\,f(x)=\begin{cases}x, & 0\leqslant x<1, \\ 2-x, & 1\leqslant x<2, \\ 0, & \text{其他}.\end{cases}$$

求 $X$ 的分布函数 $F(x)$，并画出 (2) 中的 $f(x)$ 及 $F(x)$ 的图形.

**【解析】** 分布函数 $F(x)=\displaystyle\int_{-\infty}^{x}f(t)\mathrm{d}t$，下面将讨论 $x$ 的取值范围，求解分布函数.

(1) 当 $x<1$ 时，$F(x)=0$；

当 $1\leqslant x<2$ 时，

$$F(x)=\int_{-\infty}^{x}f(t)\mathrm{d}t=2\int_{1}^{x}\left(1-\frac{1}{t^2}\right)\mathrm{d}t=2\left(t+\frac{1}{t}\right)\Big|_{1}^{x}=2\left(x+\frac{1}{x}-2\right);$$

当 $x\geqslant2$ 时，$F(x)=1$.

综上所述，$X$ 的分布函数为

$$F(x)=\begin{cases}0, & x<1, \\ 2\left(x+\dfrac{1}{x}-2\right), & 1\leqslant x<2, \\ 1, & x\geqslant2.\end{cases}$$

(2) 直接利用定义求解分布函数.

当 $x<0$ 时，$F(x)=0$；

当 $0\leqslant x<1$ 时，$F(x)=\displaystyle\int_{-\infty}^{x}f(t)\mathrm{d}t=\int_{0}^{x}t\mathrm{d}t=\dfrac{x^2}{2}$；

当 $1\leqslant x<2$ 时，

$$F(x)=\int_{-\infty}^{x}f(t)\mathrm{d}t=\int_{0}^{1}t\mathrm{d}t+\int_{1}^{x}(2-t)\mathrm{d}t=-\frac{x^2}{2}+2x-1;$$

当 $x \geqslant 2$ 时，$F(x) = 1$.

综上所述，$X$ 的分布函数为

$$F(x) = \begin{cases} 0, & x < 0, \\ \dfrac{x^2}{2}, & 0 \leqslant x < 1, \\ -\dfrac{x^2}{2} + 2x - 1, & 1 \leqslant x < 2, \\ 1, & x \geqslant 2. \end{cases}$$

$f(x)$ 与 $F(x)$ 的图形如图 2-3 所示.

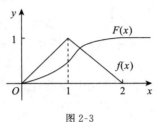

图 2-3

22.(1)分子运动速度的绝对值 $X$ 服从麦克斯韦(Maxwell)分布，其概率密度为

$$f(x) = \begin{cases} Ax^2 e^{-\frac{x^2}{b}}, & x > 0, \\ 0, & \text{其他}; \end{cases}$$

其中 $b = \dfrac{m}{2kT}$，$k$ 为玻尔兹曼(Boltzmann)常数，$T$ 为绝对温度，$m$ 是分子的质量，试确定常数 $A$.

(2)通过研究英格兰在 1875 年—1951 年期间，在矿山发生导致不少于 10 人死亡的事故的频繁程度，得知相继两次事故之间的时间 $T$(日)服从指数分布，其概率密度为

$$f_T(t) = \begin{cases} \dfrac{1}{241} e^{-\frac{t}{241}}, & t > 0, \\ 0, & \text{其他}. \end{cases}$$

求分布函数 $F_T(t)$，并求概率 $P\{50 < T < 100\}$.

【解析】(1)概率密度满足规范性，即

$$\int_{-\infty}^{+\infty} f(x)\,\mathrm{d}x = 1,$$

$$1 = \int_0^{+\infty} Ax^2 e^{-\frac{x^2}{b}}\,\mathrm{d}x.$$

等式右边积分表达式可借助 $\Gamma$ 函数求解，

$$\Gamma(x) = \int_0^{+\infty} t^{x-1} e^{-t}\,\mathrm{d}t, \Gamma(x+1) = x\Gamma(x), \text{且 } \Gamma(1) = 1, \Gamma\left(\frac{1}{2}\right) = \sqrt{\pi}.$$

令　　　　　$\dfrac{x^2}{b} = t,$

解得　　　　$x^2 = bt, x = \sqrt{bt}, \mathrm{d}x = \dfrac{\sqrt{b}}{2\sqrt{t}}\mathrm{d}t,$

于是　　$\displaystyle\int_0^{+\infty} Ax^2 e^{-\frac{x^2}{b}}\,\mathrm{d}x = \frac{Ab^{\frac{3}{2}}}{2}\int_0^{+\infty} t^{\frac{1}{2}} e^{-t}\,\mathrm{d}t = \frac{Ab^{\frac{3}{2}}}{2}\Gamma\left(\frac{3}{2}\right) = \frac{Ab^{\frac{3}{2}}}{2} \cdot \frac{\sqrt{\pi}}{2} = 1,$

所以　　　　　　　　　　　　　　$A = \dfrac{4}{b^{\frac{3}{2}}\sqrt{\pi}}.$

(2)$T$ 服从参数为 $\dfrac{1}{241}$ 的指数分布,于是 $T$ 的分布函数为

$$F_T(t)=\begin{cases}1-\mathrm{e}^{-\frac{t}{241}}, & t>0,\\ 0, & \text{其他}.\end{cases}$$

由公式可得

$$P\{50<T<100\}=\mathrm{e}^{-\frac{50}{241}}-\mathrm{e}^{-\frac{100}{241}}.$$

23. 某种型号器件的寿命 $X$(以小时计)具有概率密度

$$f(x)=\begin{cases}\dfrac{1\,000}{x^2}, & x>1\,000,\\ 0, & \text{其他}.\end{cases}$$

现有一大批此种器件(设各器件损坏与否相互独立),任取 5 只,问其中至少有 2 只寿命大于 1 500 小时的概率是多少?

【解析】记 $Y$ 为 5 次抽检中寿命大于 1 500 小时的器件的只数,当器件数很大,抽检数目较小时,$Y$ 近似服从二项分布,$Y\sim b(5,p)$,其中 $p=\displaystyle\int_{1\,500}^{+\infty}\dfrac{1\,000}{x^2}\mathrm{d}x=-\left.\dfrac{1\,000}{x}\right|_{1\,500}^{+\infty}=\dfrac{2}{3}$,即 $Y\sim b\left(5,\dfrac{2}{3}\right)$,故所求的概率为

$$P\{Y\geqslant 2\}=1-P\{Y=0\}-P\{Y=1\}=1-\left(\dfrac{1}{3}\right)^5-5\left(\dfrac{2}{3}\right)\left(\dfrac{1}{3}\right)^4=\dfrac{232}{243}.$$

24. 设顾客在某银行的窗口等待服务的时间 $X$(min)服从指数分布,其概率密度为

$$f_X(x)=\begin{cases}\dfrac{1}{5}\mathrm{e}^{-\frac{x}{5}}, & x>0,\\ 0, & \text{其他}.\end{cases}$$

某顾客在窗口等待服务,若超过 10 min,他就离开.他一个月要到银行 5 次.以 $Y$ 表示一个月内他未等到服务而离开窗口的次数.写出 $Y$ 的分布律,并求 $P\{Y\geqslant 1\}$.

【解析】随机变量 $Y$ 服从二项分布,$Y\sim b(5,p)$,其中 $p$ 为顾客在窗口等待时间超过 10 min 而离开的概率,即 $p=P\{X>10\}$,因为 $X\sim E\left(\dfrac{1}{5}\right)$,则 $p=\mathrm{e}^{-2}$,所以 $Y\sim b(5,\mathrm{e}^{-2})$,$Y$ 的分布律为 $P\{X=k\}=\mathrm{C}_5^k(\mathrm{e}^{-2})^k(1-\mathrm{e}^{-2})^{5-k}(k=0,1,2,3,4,5)$,且

$$P\{Y\geqslant 1\}=1-P\{Y=0\}=1-(1-\mathrm{e}^{-2})^5=0.516\,7.$$

25. 设 $K$ 在 $(0,5)$ 服从均匀分布,求 $x$ 的方程

$$4x^2+4Kx+K+2=0$$

有实根的概率.

【解析】方程有实根需要满足 $\Delta=(4K)^2-4\times4\times(K+2)\geqslant0$,即 $K^2-K-2\geqslant0$,于是方程有实根的概率

$$p=P\{\Delta\geqslant0\}=P\{K^2-K-2\geqslant0\}$$
$$=P\{\{K\leqslant-1\}\bigcup\{K\geqslant2\}\}=P\{K\leqslant-1\}+P\{K\geqslant2\}.$$

因为 $K$ 在 $(0,5)$ 服从均匀分布,$P\{K\geqslant2\}=\dfrac{3}{5}$,$P\{K\leqslant-1\}=0$,则方程有实根的概率为 $\dfrac{3}{5}$.

26. 设 $X\sim N(3,2^2)$.

(1)求 $P\{2<X\leqslant5\}$,$P\{-4<X\leqslant10\}$,$P\{|X|>2\}$,$P\{X>3\}$;

(2)确定 $c$,使得 $P\{X>c\}=P\{X\leqslant c\}$;

(3)设 $d$ 满足 $P\{X>d\}\geqslant0.9$,问 $d$ 至多为多少?

【解析】(1) $P\{2<X\leqslant5\}=\Phi(1)-\Phi(-0.5)=\Phi(1)+\Phi(0.5)-1=0.532\,8,$

$\qquad P\{-4<X\leqslant10\}=\Phi(3.5)-\Phi(-3.5)=2\Phi(3.5)-1=0.999\,6,$

$\qquad P\{|X|>2\}=1-P\{|X|\leqslant2\}=1-P\{-2\leqslant X\leqslant2\}=1+\Phi(0.5)-\Phi(2.5)$

$\qquad\qquad =0.697\,7,$

$\qquad P\{X>3\}=1-P\{X\leqslant3\}=1-\Phi(0)=0.5.$

(2)若 $P\{X>c\}=P\{X\leqslant c\}$,等式左边可化为

$$P\{X>c\}=1-P\{X\leqslant c\}=1-\Phi\left(\frac{c-3}{2}\right),$$

等式右边可化为 $P\{X\leqslant c\}=\Phi\left(\frac{c-3}{2}\right)$,即 $1-\Phi\left(\frac{c-3}{2}\right)=\Phi\left(\frac{c-3}{2}\right)$,整理得 $\Phi\left(\frac{c-3}{2}\right)=\frac{1}{2}$,进而满足

$\frac{c-3}{2}=0$,即得 $c=3.$

(3)当 $P\{X>d\}\geqslant0.9$ 时,则 $P\{X\leqslant d\}\leqslant0.1$,即 $P\left\{\frac{X-3}{2}\leqslant\frac{d-3}{2}\right\}\leqslant0.1$,解得 $\Phi\left(\frac{d-3}{2}\right)\leqslant0.1$,

经查表可得 $\Phi(1.282)=0.9,\Phi(-1.282)=0.1$,由于标准正态分布的分布函数为单调递增函数,于

是有 $\frac{d-3}{2}\leqslant-1.282$ 成立,所以 $d\leqslant0.436.$

27. 某地区 18 岁的女青年的血压(收缩压,以 mmHg 计)服从 $N(110,12^2)$ 分布. 在该地区任选一 18 岁的女青年,测量她的血压 $X$.求

(1) $P\{X\leqslant105\}$,$P\{100<X\leqslant120\}$;

(2)确定最小的 $x$,使 $P\{X>x\}\leqslant0.05.$

【解析】(1) $P\{X\leqslant105\}=\Phi\left(-\frac{5}{12}\right)=1-\Phi\left(\frac{5}{12}\right)=1-0.661\,7=0.338\,3$;

$\qquad P\{100<X\leqslant120\}=\Phi\left(\frac{10}{12}\right)-\Phi\left(-\frac{10}{12}\right)=2\Phi\left(\frac{5}{6}\right)-1=2\times0.797\,6-1=0.595\,2.$

(2)若 $P\{X>x\}\leqslant0.05$,则 $1-\Phi\left(\frac{x-110}{12}\right)\leqslant0.05$,整理得 $\Phi\left(\frac{x-110}{12}\right)\geqslant0.95$,经查表得

$\Phi(1.645)=0.95$,因标准正态分布的分布函数为单调递增函数,即 $\frac{x-110}{12}\geqslant1.645$,解得 $x\geqslant129.74$,

所以 $x$ 的最小值为 129.74.

28. 由某机器生产的螺栓的长度(cm)服从参数为 $\mu=10.05,\sigma=0.06$ 的正态分布. 规定长度在范围 $10.05\pm0.12$ 内为合格品,求一螺栓为不合格品的概率.

【解析】螺栓不合格的概率为

$$P\{|X-10.05|\geqslant0.12\}=1-P\{|X-10.05|<0.12\}$$

$$=1-\left[2\Phi\left(\frac{0.12}{0.06}\right)-1\right]=2[1-\Phi(2)]$$

$$=0.045\,6.$$

29. 一工厂生产的某种元件的寿命 $X$(以小时计)服从参数为 $\mu=160,\sigma(\sigma>0)$ 的正态分布.若要求 $P\{120<X\leqslant200\}\geqslant0.80$,允许 $\sigma$ 最大为多少?

【解析】若 $P\{120<X\leqslant200\}\geqslant0.80$,即 $2\Phi\left(\frac{40}{\sigma}\right)-1\geqslant0.80$,解得 $\Phi\left(\frac{40}{\sigma}\right)\geqslant0.9.$

经查表可得 $\Phi(1.282)=0.9$,于是由标准正态分布函数的单调性可得 $\frac{40}{\sigma}\geqslant1.282$,解得 $\sigma\leqslant\frac{40}{1.282}=$

31.2,即允许 $\sigma$ 最大为 31.2.

30. 设在一电路中,电阻两端的电压(V)服从 $N(120,2^2)$,今独立测量了 5 次,试确定有 2 次测定值落在区间[118,122]之外的概率.

**【解析】** 电压测量值在区间[118,122]内的概率为
$$P\{118 \leqslant V \leqslant 122\} = 2\varPhi(1) - 1 = 0.682\ 6.$$

于是电压测量值在区间[118,122]之外的概率为
$$p = 1 - P\{118 \leqslant V \leqslant 122\} = 0.317\ 4.$$

记 $X$ 为 5 次独立测量中电压测量值在区间[118,122]之外的次数,则 $X$ 服从二项分布,即 $X \sim b(5,p)$,所以有 2 次测量值落在区间[118,122]之外的概率为
$$P\{X = 2\} = C_5^2 p^2 (1-p)^3 = 0.320\ 4.$$

31. 某人上班,自家里去办公楼要经过一交通指示灯,这一指示灯有 80% 时间亮红灯,此时他在指示灯旁等待直至绿灯亮. 等待时间在区间[0,30](以秒计)服从均匀分布. 以 $X$ 表示他的等待时间,求 $X$ 的分布函数 $F(x)$. 画出 $F(x)$ 的图形,并问 $X$ 是否为连续型随机变量,是否为离散型的?(要说明理由)

**【解析】** 记事件 $A$ 为经过交通指示灯为绿灯,事件 $\bar{A}$ 为经过交通指示灯为红灯,下面将讨论事件 $\{X \leqslant x\}$ 的概率.

当 $x < 0$ 时,$\{X \leqslant x\}$ 为不可能事件,则 $F(x) = 0$;

当 $x \geqslant 30$ 时,$\{X \leqslant x\}$ 为必然事件,则 $F(x) = 1$;

当 $0 \leqslant x < 30$ 时,若交通指示灯为绿灯,则等待时间为 $X = 0$,即得 $P\{X \leqslant x | A\} = 1$,若交通指示灯为红灯,等待时间 $X$ 为[0,30]上的均匀分布,$P\{X \leqslant x | \bar{A}\} = \dfrac{x}{30}$,于是
$$P\{X \leqslant x\} = P(A)P\{X \leqslant x | A\} + P(\bar{A})P\{X \leqslant x | \bar{A}\}$$
$$= 0.2 \times 1 + 0.8 \times \frac{x}{30} = 0.2 + \frac{0.8x}{30}.$$

综上所述,随机变量 $X$ 的分布函数为
$$F(x) = \begin{cases} 0, & x < 0, \\ 0.2 + \dfrac{0.8}{30}x, & 0 \leqslant x < 30, \\ 1, & x \geqslant 30. \end{cases}$$

分布函数的图像如图 2-4 所示.

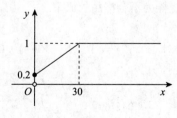

图 2-4

根据分布函数的定义可得 $P\{X = 0\} = F(0) - F(0-) = 0.2$,分布函数在点 $x = 0$ 处不连续,事实上,连续型随机变量的分布函数为连续函数,所以随机变量 $X$ 不是连续型随机变量;另一方面,离散型随机变量的分布函数为阶梯函数,所以随机变量 $X$ 不是离散型随机变量.

32. 设 $f(x),g(x)$ 都是概率密度函数,求证
$$h(x) = \alpha f(x) + (1-\alpha)g(x), 0 \leqslant \alpha \leqslant 1$$

也是一个概率密度函数.

【证明】证明函数为概率密度函数需满足非负性和规范性性质,由题意知 $h(x)$ 为非负函数,另一方面,$f(x),g(x)$ 都是概率密度函数,所以 $\int_{-\infty}^{+\infty} f(x)\mathrm{d}x = 1$,$\int_{-\infty}^{+\infty} g(x)\mathrm{d}x = 1$,下面将验证复合函数 $h(x)$ 满足规范性,事实上,

$$\int_{-\infty}^{+\infty} h(x)\mathrm{d}x = \int_{-\infty}^{+\infty} \left[\alpha f(x) + (1-\alpha)g(x)\right]\mathrm{d}x$$

$$= \alpha\int_{-\infty}^{+\infty} f(x)\mathrm{d}x + (1-\alpha)\int_{-\infty}^{+\infty} g(x)\mathrm{d}x = \alpha + 1 - \alpha = 1.$$

33. 设随机变量 $X$ 的分布律为

| $X$ | $-2$ | $-1$ | $0$ | $1$ | $3$ |
|---|---|---|---|---|---|
| $p_k$ | $\frac{1}{5}$ | $\frac{1}{6}$ | $\frac{1}{5}$ | $\frac{1}{15}$ | $\frac{11}{30}$ |

求 $Y = X^2$ 的分布律.

【解析】随机变量 $Y$ 的可能取值为 $0,1,4,9$,下面将确定随机变量 $Y$ 可能取值下对应的概率.

$$P\{Y=0\} = P\{X^2=0\} = P\{X=0\} = \frac{1}{5};$$

$$P\{Y=1\} = P\{X^2=1\} = P\{X=1\} + P\{X=-1\} = \frac{1}{15} + \frac{1}{6} = \frac{7}{30};$$

$$P\{Y=4\} = P\{X^2=4\} = P\{X=-2\} = \frac{1}{5};$$

$$P\{Y=9\} = P\{X^2=9\} = P\{X=3\} = \frac{11}{30}.$$

于是随机变量 $Y$ 的分布律为

| $Y$ | $0$ | $1$ | $4$ | $9$ |
|---|---|---|---|---|
| $p_k$ | $\frac{1}{5}$ | $\frac{7}{30}$ | $\frac{1}{5}$ | $\frac{11}{30}$ |

34. 设随机变量 $X$ 在区间 $(0,1)$ 服从均匀分布.

(1)求 $Y = \mathrm{e}^X$ 的概率密度;

(2)求 $Y = -2\ln X$ 的概率密度.

【解析】设随机变量 $X$ 在区间 $(0,1)$ 服从均匀分布,则 $X$ 的概率密度函数为

$$f_X(x) = \begin{cases} 1, & 0 < x < 1, \\ 0, & \text{其他.} \end{cases}$$

(1)**方法一**　分布函数法.

随机变量 $Y$ 的取值范围为 $(1,\mathrm{e})$,于是

当 $y < 1$ 时,$F_Y(y) = 0$;当 $y \geqslant \mathrm{e}$ 时,$F_Y(y) = 1$;

当 $1 \leqslant y < \mathrm{e}$ 时,$F_Y(y) = P\{Y \leqslant y\} = P\{\mathrm{e}^X \leqslant y\} = P\{X \leqslant \ln y\} = F_X(\ln y)$,则随机变量 $Y$ 的分布函数为

$$F_Y(y) = \begin{cases} 0, & y < 1, \\ F_X(\ln y), & 1 \leqslant y < \mathrm{e}, \\ 1, & y \geqslant \mathrm{e}. \end{cases}$$

对分布函数求导得随机变量 $Y$ 的概率密度为

$$f_Y(y) = F_Y'(y) = \begin{cases} f_X(\ln y) \cdot \dfrac{1}{y}, & 1 \leqslant y < e, \\ 0, & \text{其他} \end{cases} = \begin{cases} \dfrac{1}{y}, & 1 < y < e, \\ 0, & \text{其他}. \end{cases}$$

**方法二** 公式法.

函数 $y = e^x$ 为单调递增函数,函数的值域为 $(1, e)$,反函数为 $x = \ln y$,且 $\dfrac{dx}{dy} = \dfrac{1}{y}$,根据公式法可得

$$f_Y(y) = \begin{cases} \dfrac{1}{y}, & 1 < y < e, \\ 0, & \text{其他}. \end{cases}$$

(2)**方法一** 分布函数法.

随机变量 $Y$ 的取值范围为 $(0, +\infty)$,于是当 $y \leqslant 0$ 时,$F_Y(y) = 0$;当 $y > 0$ 时,

$$F_Y(y) = P\{Y \leqslant y\} = P\{-2\ln X \leqslant y\} = P\{\ln X \geqslant -\dfrac{1}{2} y\}$$

$$= P\{X \geqslant e^{-\frac{1}{2}y}\} = 1 - P\{X < e^{-\frac{1}{2}y}\} = 1 - F_X(e^{-\frac{1}{2}y}).$$

则随机变量 $Y$ 的分布函数为

$$F_Y(y) = \begin{cases} 1 - F_X(e^{-\frac{y}{2}}), & y > 0, \\ 0, & y \leqslant 0. \end{cases}$$

对分布函数求导得随机变量 $Y$ 的概率密度为

$$f_Y(y) = F_Y'(y) = \begin{cases} f_X(e^{-\frac{y}{2}}) \left| (e^{-\frac{y}{2}})' \right|, & y > 0, \\ 0, & \text{其他} \end{cases} = \begin{cases} \dfrac{1}{2} e^{-\frac{y}{2}}, & y > 0, \\ 0, & \text{其他}. \end{cases}$$

**方法二** 公式法.

函数 $y = -2\ln x$ 为单调递增函数,函数的值域为 $(0, +\infty)$,反函数为 $x = e^{-\frac{y}{2}}$,且 $\dfrac{dx}{dy} = -\dfrac{1}{2} e^{-\frac{y}{2}}$,根据公式法可得

$$f_Y(y) = \begin{cases} \dfrac{1}{2} e^{-\frac{y}{2}}, & y > 0, \\ 0, & \text{其他}. \end{cases}$$

35. 设 $X \sim N(0, 1)$.

(1)求 $Y = e^X$ 的概率密度;

(2)求 $Y = 2X^2 + 1$ 的概率密度;

(3)求 $Y = |X|$ 的概率密度.

【解析】下面将给出两种方法求解.

(1)**方法一** 分布函数法.

随机变量 $Y$ 的取值范围为 $(0, +\infty)$,于是当 $y \leqslant 0$ 时,$F_Y(y) = 0$;当 $y > 0$ 时,$F_Y(y) = P\{Y \leqslant y\} = P\{e^X \leqslant y\} = P\{X \leqslant \ln y\} = F_X(\ln y)$,则随机变量 $Y$ 的分布函数为

$$F_Y(y) = \begin{cases} F_X(\ln y), & y > 0, \\ 0, & y \leqslant 0. \end{cases}$$

对分布函数求导得随机变量 $Y$ 的概率密度为

$$f_Y(y) = F_Y'(y) = \begin{cases} f_X(\ln y) \cdot \dfrac{1}{y}, & y > 0, \\ 0, & \text{其他} \end{cases} = \begin{cases} \dfrac{1}{y\sqrt{2\pi}}\mathrm{e}^{-\frac{(\ln y)^2}{2}}, & y > 0, \\ 0, & \text{其他.} \end{cases}$$

**方法二** 公式法.

函数 $y = \mathrm{e}^x$ 为单调递增函数,函数的值域为 $(0, +\infty)$,反函数为 $x = \ln y$,且 $\dfrac{\mathrm{d}x}{\mathrm{d}y} = \dfrac{1}{y}$,根据公式法可得

$$f_Y(y) = \begin{cases} \dfrac{1}{\sqrt{2\pi}}\mathrm{e}^{-\frac{(\ln y)^2}{2}} \cdot \dfrac{1}{y}, & y > 0, \\ 0, & \text{其他.} \end{cases}$$

(2)**方法一** 分布函数法.

随机变量 $Y$ 的取值范围为 $[1, +\infty)$,于是当 $y \leqslant 1$ 时,$F_Y(y) = 0$;当 $y > 1$ 时,

$$F_Y(y) = P\{Y \leqslant y\} = P\{2X^2 + 1 \leqslant y\}$$

$$= P\left\{-\sqrt{\dfrac{y-1}{2}} \leqslant X \leqslant \sqrt{\dfrac{y-1}{2}}\right\} = \Phi\left(\sqrt{\dfrac{y-1}{2}}\right) - \Phi\left(-\sqrt{\dfrac{y-1}{2}}\right)$$

$$= 2\Phi\left(\sqrt{\dfrac{y-1}{2}}\right) - 1,$$

则随机变量 $Y$ 的分布函数为

$$F_Y(y) = \begin{cases} 2\Phi\left(\sqrt{\dfrac{y-1}{2}}\right) - 1, & y > 1, \\ 0, & y \leqslant 1. \end{cases}$$

对分布函数求导得随机变量 $Y$ 的概率密度为

$$f_Y(y) = F_Y'(y) = \begin{cases} 2\varphi\left(\sqrt{\dfrac{y-1}{2}}\right) \cdot \dfrac{1}{\sqrt{2(y-1)}} \cdot \dfrac{1}{2}, & y > 1, \\ 0, & \text{其他} \end{cases}$$

$$= \begin{cases} \dfrac{1}{2\sqrt{\pi(y-1)}}\mathrm{e}^{-\frac{y-1}{4}}, & y > 1, \\ 0, & \text{其他.} \end{cases}$$

**方法二** 公式法.

函数 $y = 2x^2 + 1$ 的值域为 $[1, +\infty)$,当 $y > 1$ 时,函数有两个单调区间,分别为 $(-\infty, 0)$ 和 $(0, +\infty)$,在两个单调区间上对应的反函数分别为 $x = -\sqrt{\dfrac{y-1}{2}}$ 和 $x = \sqrt{\dfrac{y-1}{2}}$,且 $\left|\dfrac{\mathrm{d}x}{\mathrm{d}y}\right| = \dfrac{1}{2\sqrt{2(y-1)}}$,根据公式法可得

$$f_Y(y) = \varphi\left(-\sqrt{\dfrac{y-1}{2}}\right)\left|\left(-\sqrt{\dfrac{y-1}{2}}\right)'\right| + \varphi\left(\sqrt{\dfrac{y-1}{2}}\right)\left|\left(\sqrt{\dfrac{y-1}{2}}\right)'\right|,$$

所以随机变量 $Y$ 的概率密度为

$$f_Y(y) = \begin{cases} \dfrac{1}{2\sqrt{\pi(y-1)}}\mathrm{e}^{-\frac{y-1}{4}}, & y > 1, \\ 0, & \text{其他.} \end{cases}$$

(3)**方法一** 分布函数法.

随机变量 $Y$ 的取值范围为 $[0,+\infty)$，于是当 $y \leqslant 0$ 时，$F_Y(y)=0$；当 $y>0$ 时，$F_Y(y)=P\{Y \leqslant y\}=P\{|X| \leqslant y\}=P\{-y \leqslant X \leqslant y\}=\Phi(y)-\Phi(-y)=2\Phi(y)-1$，则随机变量 $Y$ 的分布函数为

$$F_Y(y)=\begin{cases} 2\Phi(y)-1, & y>0, \\ 0, & y \leqslant 0. \end{cases}$$

对分布函数求导得随机变量 $Y$ 的概率密度为

$$f_Y(y)=F_Y'(y)=\begin{cases} 2\varphi(y), & y>0, \\ 0, & 其他 \end{cases}=\begin{cases} \sqrt{\dfrac{2}{\pi}}e^{-\frac{y^2}{2}}, & y>0, \\ 0, & 其他. \end{cases}$$

**方法二** 公式法.

函数 $y=|x|$ 的值域为 $[0,+\infty)$，当 $y>0$ 时，函数有两个单调区间，分别为 $(-\infty,0)$ 和 $(0,+\infty)$，在两个单调区间上对应的反函数分别为 $x=-y$ 和 $x=y$，且 $\left|\dfrac{\mathrm{d}x}{\mathrm{d}y}\right|=1$，根据公式法可得 $f_Y(y)=\varphi(-y)|y'|+\varphi(y)|y'|=\varphi(-y)+\varphi(y)$，所以随机变量 $Y$ 的概率密度为

$$f_Y(y)=\begin{cases} \varphi(y)+\varphi(-y), & y>0, \\ 0, & 其他 \end{cases}=\begin{cases} \sqrt{\dfrac{2}{\pi}}e^{-\frac{y^2}{2}}, & y>0, \\ 0, & 其他. \end{cases}$$

36.(1)设随机变量 $X$ 的概率密度为 $f(x)$，$-\infty<x<+\infty$. 求 $Y=X^3$ 的概率密度；

(2)设随机变量 $X$ 的概率密度为

$$f(x)=\begin{cases} e^{-x}, & x>0, \\ 0, & 其他. \end{cases}$$

求 $Y=X^2$ 的概率密度.

【解析】下面用公式法求解.

(1)函数 $y=x^3$ 在 $x \in \mathbf{R}$ 时为单调递增函数，反函数 $x=y^{\frac{1}{3}}$，且 $\left|\dfrac{\mathrm{d}x}{\mathrm{d}y}\right|=\dfrac{1}{3}y^{-\frac{2}{3}}$，于是 $Y$ 的概率密度为 $f_Y(y)=\dfrac{1}{3} \cdot y^{-\frac{2}{3}} \cdot f(y^{\frac{1}{3}})$，$y \neq 0$.

(2)函数 $y=x^2$ 在区间 $x>0$ 上单调递增，反函数 $x=y^{\frac{1}{2}}$，且 $\left|\dfrac{\mathrm{d}x}{\mathrm{d}y}\right|=\dfrac{1}{2}y^{-\frac{1}{2}}$，于是 $Y$ 的概率密度为

$$f_Y(y)=\begin{cases} \dfrac{1}{2\sqrt{y}}e^{-\sqrt{y}}, & y>0, \\ 0, & 其他. \end{cases}$$

37. 设随机变量 $X$ 的概率密度为

$$f(x)=\begin{cases} \dfrac{2x}{\pi^2}, & 0<x<\pi, \\ 0, & 其他. \end{cases}$$

求 $Y=\sin X$ 的概率密度.

【解析】下面将采用两种方法求解.

**方法一** 分布函数法.

随机变量 $Y$ 的取值范围为 $(0,1)$，于是当 $y \leqslant 0$ 时，$F_Y(y)=0$；当 $y \geqslant 1$ 时，$F_Y(y)=1$；当 $0<y<1$ 时，

$$F_Y(y) = P\{Y \leqslant y\} = P\{\sin X \leqslant y\} = P\{0 < X \leqslant \arcsin y\} + P\{\pi - \arcsin y \leqslant X < \pi\}$$

$$= \int_0^{\arcsin y} \frac{2x}{\pi^2} \mathrm{d}x + \int_{\pi-\arcsin y}^{\pi} \frac{2x}{\pi^2} \mathrm{d}x = \frac{x^2}{\pi^2} \Big|_0^{\arcsin y} + \frac{x^2}{\pi^2} \Big|_{\pi-\arcsin y}^{\pi} = \frac{2}{\pi} \arcsin y.$$

则随机变量 $Y$ 的分布函数为

$$F_Y(y) = \begin{cases} 0, & y \leqslant 0, \\ \dfrac{2}{\pi} \arcsin y, & 0 < y < 1, \\ 1, & y \geqslant 1. \end{cases}$$

对分布函数求导得随机变量 $Y$ 的概率密度为

$$f_Y(y) = F'_Y(y) = \begin{cases} \dfrac{2}{\pi} \cdot \dfrac{1}{\sqrt{1-y^2}}, & 0 < y < 1, \\ 0, & \text{其他.} \end{cases}$$

**方法二** 公式法.

函数 $y = \sin x$ 的值域为 $(0,1)$, 存在两个单调区间 $\left(0, \dfrac{\pi}{2}\right)$ 和 $\left(\dfrac{\pi}{2}, \pi\right)$, 其上的反函数分别为 $x = \arcsin y$ 和 $x = \pi - \arcsin y$, 且 $\left|\dfrac{\mathrm{d}x}{\mathrm{d}y}\right| = \dfrac{1}{\sqrt{1-y^2}}$, 根据公式法可得

当 $y \in (0,1)$ 时, $f_Y(y) = f(\arcsin y) \cdot \dfrac{1}{\sqrt{1-y^2}} + f(\pi - \arcsin y) \cdot \dfrac{1}{\sqrt{1-y^2}} = \dfrac{2}{\pi} \cdot \dfrac{1}{\sqrt{1-y^2}}$, 所以

$$f_Y(y) = \begin{cases} \dfrac{2}{\pi} \cdot \dfrac{1}{\sqrt{1-y^2}}, & 0 < y < 1, \\ 0, & \text{其他.} \end{cases}$$

38. 设电流 $I$ 是一个随机变量, 它均匀分布在 9 A～11 A 之间. 若此电流通过 2 Ω 的电阻, 在其上消耗的功率 $W = 2I^2$. 求 $W$ 的概率密度.

【解析】设 $I$ 服从 $[9,11]$ 上的均匀分布, 即得 $I$ 的概率密度为

$$f_I(i) = \begin{cases} \dfrac{1}{2}, & 9 \leqslant i \leqslant 11, \\ 0, & \text{其他.} \end{cases}$$

函数 $w = 2i^2$ 在区间 $[9,11]$ 上为单调递增函数, 值域为 $[162,242]$, 其上反函数为 $i = \sqrt{\dfrac{w}{2}}$, 且 $\dfrac{\mathrm{d}i}{\mathrm{d}w} = \dfrac{1}{2\sqrt{2w}}$, 于是直接利用公式法可得

$$f_W(w) = \begin{cases} \dfrac{1}{2} \cdot \dfrac{1}{2\sqrt{2w}}, & 162 \leqslant w \leqslant 242, \\ 0, & \text{其他} \end{cases} = \begin{cases} \dfrac{1}{4\sqrt{2w}}, & 162 \leqslant w \leqslant 242, \\ 0, & \text{其他.} \end{cases}$$

39. 某物体的温度 $T(\mathrm{℉})$ 是随机变量, 且有 $T \sim N(98.6, 2)$, 已知 $\Theta = \dfrac{5}{9}(T - 32)$, 试求 $\Theta(\mathrm{℃})$ 的概率密度.

【解析】设 $T \sim N(98.6, 2)$, 则 $T$ 的概率密度函数为 $f_T(t) = \dfrac{1}{2\sqrt{\pi}} \mathrm{e}^{-\frac{(t-98.6)^2}{4}}$, $-\infty < t < +\infty$,

$\theta = \dfrac{5}{9}(t - 32)$ 在区间 $(-\infty, +\infty)$ 上为单调递增函数, 值域为 $\mathbf{R}$, 其上的反函数为 $t = \dfrac{9\theta}{5} + 32$, 且 $\dfrac{\mathrm{d}\theta}{\mathrm{d}t} =$

$\dfrac{9}{5}$,利用公式法可得

$$f_\Theta(\theta)=\frac{9}{5}\cdot\frac{1}{2\sqrt{\pi}}e^{-\frac{\left(\frac{9\theta}{5}+32-98.6\right)^2}{4}}=\frac{9}{10\sqrt{\pi}}e^{\frac{81(\theta-37)^2}{100}},\ -\infty<\theta<+\infty.$$

## 经典例题选讲

**1. 分布函数与概率密度**

分布函数的定义及其三个性质(满足三个性质即为分布函数)非常重要. 常见的考法有:(1)具体求分布函数;(2)分布函数的判定;(3)分布函数中参数的待定;(4)利用分布函数求概率. 密度函数的定义与两个性质也常考,还要注意分布函数与密度函数之间的关系.

**例1** 袋中有 5 只同样大小的球,编号分别为 1,2,3,4,5. 从中同时取出 3 只球,用 $Y$ 表示取出球的最大号码,求 $Y$ 的概率分布律及分布函数,并画出分布函数的图像,进一步求 $P\{Y\leqslant3.5\}$, $P\{3<Y\leqslant4.5\}$,$P\{3\leqslant Y\leqslant4.5\}$.

**【解析】** 由题意可知 $Y$ 的可能取值为 3,4,5.

事件 $\{Y=3\}$ 意味着所取到的三个球只能为 1,2,3,故 $P\{Y=3\}=\dfrac{1}{C_5^3}=0.1$.

事件 $\{Y=4\}$ 意味着所取到的三个球中有一个为 4,另两个从 1,2,3 号球中选取,故

$$P\{Y=4\}=\frac{C_3^2}{C_5^3}=0.3.$$

同理,事件 $\{Y=5\}$ 意味着所取到的三个球中有一个为 5,另两个从其余四个球中任意选取,故 $P\{Y=5\}=\dfrac{C_4^2}{C_5^3}=0.6$.

所以分布律为

| $Y$ | 3 | 4 | 5 |
|---|---|---|---|
| $p$ | 0.1 | 0.3 | 0.6 |

由分布函数的定义可得 $Y$ 的分布函数 $F(y)=P\{Y\leqslant y\}=\begin{cases}0,&y<3,\\0.1,&3\leqslant y<4,\\0.4,&4\leqslant y<5,\\1,&5\leqslant y.\end{cases}$ 图像如图 2-5 所示.

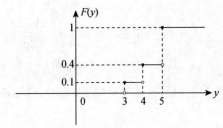

图 2-5

进一步求 $P\{Y\leqslant3.5\}$,$P\{3<Y\leqslant4.5\}$,$P\{3\leqslant Y\leqslant4.5\}$.

**方法一** $P\{Y\leqslant3.5\}=P\{Y=3\}=0.1,P\{3<Y\leqslant4.5\}=P\{Y=4\}=0.3,$

$$P\{3 \leqslant Y \leqslant 4.5\} = P\{Y=3\} + P\{Y=4\} = 0.1 + 0.3 = 0.4.$$

**方法二** 利用分布函数,得

$$P\{Y \leqslant 3.5\} = F(3.5) = 0.1, P\{3 < Y \leqslant 4.5\} = F(4.5) - F(3) = 0.4 - 0.1 = 0.3,$$

$$P\{3 \leqslant Y \leqslant 4.5\} = F(4.5) - F(3-0) = 0.4 - 0 = 0.4.$$

**【注】**对这类问题,快速求出分布函数并画出其图像,可以按照以下三个步骤:

(1)分段:要分成 $n+1$ 段,其中 $n$ 为离散型随机变量取值个数;

(2)根据"右连续",列出变量取值范围,$x$ 的左边永远是"$\leqslant$",右边永远是"$<$";

(3)$F(x) = P\{X \leqslant x\} = \sum\limits_{x_i \leqslant x} P\{X=x_i\}$ 为各段累计求和.

**例 2** 设随机变量 $X$ 的分布函数为

$$F(x) = P\{X \leqslant x\} = \begin{cases} 0, & x < -1, \\ 0.4, & -1 \leqslant x < 1, \\ 0.8, & 1 \leqslant x < 3, \\ 1, & x \geqslant 3. \end{cases}$$

则 $X$ 的概率分布为_____.

**【解析】**因为 $P\{X=x\} = P\{X \leqslant x\} - P\{X < x\} = F(x) - F(x-0)$.

所以,只有在 $F(x)$ 的不连续点 $x = -1, 1, 3$ 上 $P\{X=x\}$ 不为零,且

$$P\{X=-1\} = F(-1) - F(-1-0) = 0.4,$$

$$P\{X=1\} = F(1) - F(1-0) = 0.8 - 0.4 = 0.4,$$

$$P\{X=3\} = F(3) - F(3-0) = 1 - 0.8 = 0.2.$$

所以 $X$ 的概率分布为:

| $X$ | $-1$ | $1$ | $3$ |
|---|---|---|---|
| $P\{X=x\}$ | 0.4 | 0.4 | 0.2 |

**【注】**离散型随机变量单点处概率等于分布函数"跳跃度":$P\{X=x\} = F(x) - F(x-0)$.

**例 3** 如果 $f(x)$ 是某随机变量的概率密度,则可以判断也为概率密度的是(    ).

(A)$f(2x)$      (B)$f^2(x)$      (C)$2xf(x^2)$      (D)$3x^2 f(x^3)$

**【解析】**根据概率密度充要条件,

$$3x^2 f(x^3) \geqslant 0, \int_{-\infty}^{+\infty} 3x^2 f(x^3) \mathrm{d}x = \int_{-\infty}^{+\infty} f(x^3) \mathrm{d}(x^3) = \int_{-\infty}^{+\infty} f(t) \mathrm{d}t = 1;$$

而

$$\int_{-\infty}^{+\infty} f(2x) \mathrm{d}x = \frac{1}{2} \int_{-\infty}^{+\infty} f(t) \mathrm{d}t = \frac{1}{2};$$

$\int_{-\infty}^{+\infty} f^2(x) \mathrm{d}x = 1$ 不一定成立;$2xf(x^2) \geqslant 0$ 不一定成立. 选(D).

**例 4** 设 $F_1(x), F_2(x)$ 为两个分布函数,其相应的概率密度 $f_1(x), f_2(x)$ 是连续函数,则必为概率密度的是(    ).

(A)$f_1(x)f_2(x)$.      (B) $2f_2(x)F_1(x)$.

(C)$f_1(x)F_2(x)$.      (D) $f_1(x)[1-F_2(x)] + f_2(x)[1-F_1(x)]$.

**【解析】** $\int_{-\infty}^{+\infty} \{f_1(x)[1-F_2(x)] + f_2(x)[1-F_1(x)]\} \mathrm{d}x$

$$= \int_{-\infty}^{+\infty} f_1(x)\mathrm{d}x + \int_{-\infty}^{+\infty} f_2(x)\mathrm{d}x - \int_{-\infty}^{+\infty} [f_1(x)F_2(x) + F_1(x)f_2(x)]\mathrm{d}x$$

$$= 1 + 1 - F_1(x)F_2(x)\big|_{-\infty}^{+\infty} = 1, 选(D).$$

**【注】**概率密度的规范性是其重要性质,考试中经常用到.

**例 5** 设连续型随机变量 $X$ 的分布函数为 $F(x)=\begin{cases} 0, & x<-a, \\ A+B\arcsin \dfrac{x}{a}, & -a\leqslant x<a, \\ 1, & x\geqslant a. \end{cases}$ 其中 $a>0$,试

求:(1)常数 $A,B$;(2)$P\left\{|X|<\dfrac{a}{2}\right\}$;(3)密度函数 $f(x)$.

**【解析】**(1)易知 $A-\dfrac{\pi}{2}B=0, A+\dfrac{\pi}{2}B=1$,所以 $A=\dfrac{1}{2}, B=\dfrac{1}{\pi}$.

$$(2)\, P\left\{|X|<\frac{a}{2}\right\} = P\left\{-\frac{a}{2}<X<\frac{a}{2}\right\} = F\left(\frac{a}{2}\right) - F\left(-\frac{a}{2}\right)$$

$$= \frac{1}{2} + \frac{1}{\pi}\arcsin\frac{1}{2} - \left[\frac{1}{2} + \frac{1}{\pi}\arcsin\left(-\frac{1}{2}\right)\right] = \frac{1}{3}.$$

$$(3) \qquad\qquad f(x)=F'(x)=\begin{cases} \dfrac{1}{\pi\sqrt{a^2-x^2}}, & |x|<a, \\ 0, & 其他. \end{cases}$$

**2. 离散型随机变量与连续型随机变量**

离散型随机变量的要点是随机变量取值和对应的概率计算,连续型随机变量计算要用到积分,需要学生对常见积分比较熟悉.

**例 6** 设随机变量 $X$ 的概率分布为 $P\{X=k\}=\dfrac{c}{k!}, k=1,2,\cdots$,则 $P\{X>1\}=$ _____.

**【解析】**由规范性 $\displaystyle\sum_{k=1}^{\infty} P\{X=k\} = \sum_{k=1}^{\infty} \frac{c}{k!} = c(\mathrm{e}-1) = 1$,因而 $c=\dfrac{1}{\mathrm{e}-1}$.

$$P\{X>1\} = 1 - P\{X\leqslant 1\} = 1 - P\{X=1\} = 1 - \frac{1}{\mathrm{e}-1} = \frac{\mathrm{e}-2}{\mathrm{e}-1}.$$

**【注】**凡分布律中含参数,必须通过规范性算出参数,然后再求概率.

**例 7** 设随机变量 $X$ 的密度函数 $f(x)=\begin{cases} kx, & 0\leqslant x<1, \\ 2-x, & 1\leqslant x<2, \\ 0, & 其他, \end{cases}$ 求:(1)$k$;(2)$X$ 的分布函数 $F(x)$;

$(3)P\left\{\dfrac{1}{4}<X\leqslant\dfrac{5}{4}\right\}$.

**【解析】**(1)由于 $\displaystyle\int_{-\infty}^{+\infty} f(x)\mathrm{d}x = 1$,于是 $\displaystyle\int_0^1 kx\mathrm{d}x + \int_1^2 (2-x)\mathrm{d}x = 1$,从中解得 $k=1$.

$(2)X$ 的分布函数为 $F(x)=\displaystyle\int_{-\infty}^x f(t)\mathrm{d}t = \begin{cases} 0, & x<0, \\ \displaystyle\int_0^x t\mathrm{d}t, & 0\leqslant x<1, \\ \displaystyle\int_0^1 t\mathrm{d}t + \int_1^x (2-t)\mathrm{d}t, & 1\leqslant x<2, \\ 1, & x\geqslant 2. \end{cases}$

而 $\int_0^x t\mathrm{d}t = \dfrac{x^2}{2}$, $\int_0^1 t\mathrm{d}t + \int_1^x (2-t)\mathrm{d}t = 2x-1-\dfrac{x^2}{2}$,

因此

$$F(x)=\begin{cases}0, & x<0,\\[2mm] \dfrac{x^2}{2}, & 0\leqslant x<1,\\[2mm] 2x-1-\dfrac{x^2}{2}, & 1\leqslant x<2,\\[2mm] 1, & x\geqslant 2.\end{cases}$$

(3) $P\left\{\dfrac{1}{4}<X\leqslant\dfrac{5}{4}\right\}=F\left(\dfrac{5}{4}\right)-F\left(\dfrac{1}{4}\right)=\dfrac{11}{16}$.

**3. 常用分布**

要求熟悉常用分布的背景、概率分布(离散分布律、连续概率密度) 函数. 分布的特性和关系往往是考试的重点.

**例 8**　$X\sim U(a,b)(a>0)$ 且 $P\{0<X<3\}=\dfrac{1}{4}$, $P\{X>4\}=\dfrac{1}{2}$, 求: (1)$X$ 的概率密度; (2)$P\{1<X<5\}$.

**【解析】**如图 2-6 所示,$a>0$, $P\{0<X<3\}=\dfrac{1}{4}$, $P\{X>4\}=\dfrac{1}{2}$, $X\sim U(a,b)$.

由 $P\{X>4\}=\dfrac{1}{2}$, 可以看出 $P\left\{X>\dfrac{a+b}{2}\right\}=\dfrac{1}{2}$, 即 $\dfrac{a+b}{2}=4$.

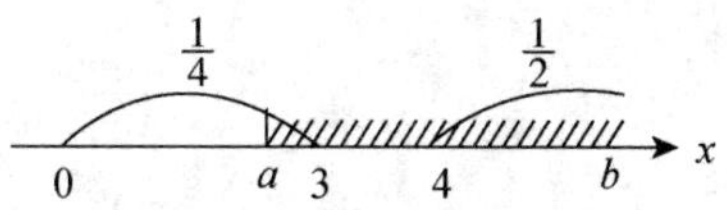

图 2-6

$$P\{3<X<4\}=1-P\{X\geqslant 4\}-P\{X\leqslant 3\}=1-P\{X>4\}-P\{0<X<3\}$$
$$=1-\dfrac{1}{2}-\dfrac{1}{4}=\dfrac{1}{4},$$

又 $P\{3<X<4\}=\dfrac{4-3}{b-a}$, 从而 $\dfrac{4-3}{b-a}=\dfrac{1}{4}$ 解得 $b-a=4$.

联立 $\begin{cases}a+b=8,\\ b-a=4,\end{cases}$ 解得 $\begin{cases}a=2,\\ b=6.\end{cases}$

(1)$X$ 的密度函数 $f(x)=\begin{cases}\dfrac{1}{4}, & 2\leqslant x\leqslant 6,\\[2mm] 0, & 其他.\end{cases}$

(2) $$P\{1<X<5\}=P\{2<X<5\}=\dfrac{5-2}{6-2}=\dfrac{3}{4}.$$

**例 9**　设某地在任何长为 $t$ 的时间间隔内发生地震的次数 $X\sim\pi(\lambda t)$(时间以周记,参数 $\lambda>0$), (1) 设 $T$ 为两次地震之间的间隔时间(单位:周),求 $T$ 的概率分布;(2) 求在相邻两周内至少发生 3 次地震的概率;(3) 求连续 8 周无地震的条件下,在未来 6 周内仍无地震的概率.

**【解析】**(1) 因为经一次地震后,"在时间 $t$ 内无地震"这一事件可表示为 $\{T>t\}$ 或 $\{X=0\}$,即 $P\{T>t\}=P\{X=0\}=\mathrm{e}^{-\lambda t}$,所以 $T$ 的分布函数为

$$F_T(t)=P\{T\leqslant t\}=1-P\{T>t\}=1-\mathrm{e}^{-\lambda t}, t>0.$$

$T$ 的密度函数为 $f_T(t)=F'_T(t)=\lambda\mathrm{e}^{-\lambda t}, t>0$,即 $T$ 服从参数为 $\lambda$ 的指数分布 $E(\lambda)$.

（2）所求概率为 $t=2$ 时的 $P\{X \geqslant 3\}$，此时 $X \sim \pi(2\lambda)$，故

$$P\{X \geqslant 3\} = 1 - P\{X=0\} - P\{X=1\} - P\{X=2\} = 1 - (1 + 2\lambda + 2\lambda^2)\mathrm{e}^{-2\lambda}.$$

（3）所求的是条件概率 $P\{T \geqslant 14 \mid T \geqslant 8\} = \dfrac{P\{T \geqslant 14\}}{P\{T \geqslant 8\}} = \dfrac{\mathrm{e}^{-14\lambda}}{\mathrm{e}^{-8\lambda}} = \mathrm{e}^{-6\lambda} = P\{T \geqslant 6\}$，即有

$$P\{T \geqslant 14 \mid T \geqslant 8\} = P\{T \geqslant 8+6 \mid T \geqslant 8\} = P\{T \geqslant 6\},$$

此即所谓的指数分布的无记忆性.

**例 10** 设随机变量 $X$ 的概率密度 $f(x) = A\mathrm{e}^{-x^2+x}(-\infty < x < +\infty)$，试求常数 $A$.

**【分析】** 本题可用条件 $\displaystyle\int_{-\infty}^{+\infty} f(x)\mathrm{d}x = 1$ 来确定 $A$（方法一）比较麻烦. 方法二根据 $f(x)$ 的形式主要取决于变量 $x$ 的结构部分 $\mathrm{e}^{-(x-\frac{1}{2})^2}$，比较正态分布 $N(\mu,\sigma)$ 的密度 $\dfrac{1}{\sqrt{2\pi}\sigma}\mathrm{e}^{-\frac{(x-\mu)^2}{2\sigma^2}}$，可以看出 $x$ 的结构部分相同，系数也应相等，可以定出 $A$.

**【解析】方法一** 依题意有 $\displaystyle\int_{-\infty}^{+\infty} A\mathrm{e}^{-x^2+x}\mathrm{d}x = 1$，又

$$\int_{-\infty}^{+\infty} A\mathrm{e}^{-x^2+x}\mathrm{d}x = A\int_{-\infty}^{+\infty}\mathrm{e}^{-(x-\frac{1}{2})^2+\frac{1}{4}}\mathrm{d}x = A\mathrm{e}^{\frac{1}{4}}\int_{-\infty}^{+\infty}\mathrm{e}^{-(x-\frac{1}{2})^2}\mathrm{d}x = A\mathrm{e}^{\frac{1}{4}}\int_{-\infty}^{+\infty}\mathrm{e}^{-t^2}\mathrm{d}t = A\sqrt{\pi}\mathrm{e}^{\frac{1}{4}} = 1,$$

于是

$$A = \frac{1}{\sqrt{\pi}}\mathrm{e}^{-\frac{1}{4}}.$$

**【注】** 如果不熟悉泊松积分 $\displaystyle\int_{-\infty}^{+\infty}\mathrm{e}^{-t^2}\mathrm{d}t = \sqrt{\pi}$，可以将被积函数配成标准正态密度来做，即

$$\int_{-\infty}^{+\infty}\mathrm{e}^{-(x-\frac{1}{2})^2}\mathrm{d}x = \int_{-\infty}^{+\infty}\frac{1}{\sqrt{2}}\mathrm{e}^{-\frac{t^2}{2}}\mathrm{d}t = \sqrt{\pi}.$$

**方法二** $\qquad f(x) = A\mathrm{e}^{-x^2+x} = A\mathrm{e}^{-(x^2-x+\frac{1}{4})+\frac{1}{4}} = A\mathrm{e}^{\frac{1}{4}} \cdot \mathrm{e}^{-\frac{(x-\frac{1}{2})^2}{2\times\frac{1}{2}}}.$

对比正态分布概率密度 $f(x) = \dfrac{1}{\sqrt{2\pi}\sigma}\mathrm{e}^{-\frac{(x-\mu)^2}{2\sigma^2}}$，可以看出 $\mu = \dfrac{1}{2}, \sigma^2 = \dfrac{1}{2}$，且

$$A\mathrm{e}^{\frac{1}{4}} = \frac{1}{\sqrt{2\pi}\sigma} = \frac{1}{\sqrt{2\pi}\sqrt{\frac{1}{2}}} = \frac{1}{\sqrt{\pi}},$$

所以

$$A = \frac{\mathrm{e}^{-\frac{1}{4}}}{\sqrt{\pi}}.$$

**【注】** 显然方法二计算量小，体现概率思维.

**例 11** 测量某一目标的距离时发生的随机误差 $X$（米）具有密度函数

$$f(x) = \frac{1}{40\sqrt{2\pi}}\mathrm{e}^{\frac{(x-20)^2}{3\,200}}, \quad -\infty < x < +\infty,$$

求在三次测量中至少有一次误差的绝对值不超过 30 米的概率.

**【解析】** 易知 $X \sim N(20, 40^2)$，则 $\dfrac{X-20}{40} \sim N(0,1)$，设 $A_i$ 表示第 $i$ 次测量中误差值不超过 30 米的事件，$i = 1, 2, 3$. 于是

$$P(A_i) = P\{|X| \leqslant 30\} = P\{-30 \leqslant X \leqslant 30\}$$

$$= P\left\{\frac{-30-20}{40} \leqslant \frac{X-20}{40} \leqslant \frac{30-20}{40}\right\}$$

$$= \Phi(0.25) - \Phi(-1.25) = 0.493\,1, i = 1,2,3.$$

三次测量中至少有一次误差的绝对值不超过 30 米,它的对立事件是三次测量的误差绝对值都超过 30 米,其概率为:$P(\overline{A_1}\,\overline{A_2}\,\overline{A_3}) = P(\overline{A_1})P(\overline{A_2})P(\overline{A_3}) = (1 - 0.493\,1)^3 \approx 0.130\,2.$

所求概率为: $$1 - P(\overline{A_1}\,\overline{A_2}\,\overline{A_3}) \approx 0.869\,8.$$

**4. 随机变量函数的分布**

一维离散型随机变量函数的分布的求法为逐点法,即首先确定函数的所有可能取值,其次求解函数在各个可能取值处的概率.若随机变量可能取值为有限个时,求解其函数的分布律比较简单;若随机变量可能取值为可列无穷个时,求解其函数分布律有一定的难度,解题方法仍为逐点法.

对于连续型随机变量,我们可以用分布函数法或公式法,其中分布函数法是核心方法.

求解步骤为:首先确定随机变量函数 $Y = g(X)$ 的取值范围,其次由分布函数定义

$$F_Y(y) = P\{Y \leqslant y\} = P\{g(X) \leqslant y\},$$

求解随机变量 $Y = g(X)$ 的分布函数,最后对分布函数求导得密度函数.

**例 12** 设随机变量 $X$ 的概率分布为

| $X$ | $-2$ | $-1$ | $0$ | $1$ | $2$ | $3$ |
|---|---|---|---|---|---|---|
| $p$ | 0.1 | 0.2 | 0.1 | 0.3 | 0.2 | 0.1 |

求随机变量 $Y = 2X + 1$ 及随机变量 $Z = X^2$ 的概率分布律.

**【解析】** $Y$ 的分布律为

| $Y$ | $-3$ | $-1$ | $1$ | $3$ | $5$ | $7$ |
|---|---|---|---|---|---|---|
| $p$ | 0.1 | 0.2 | 0.1 | 0.3 | 0.2 | 0.1 |

$Z$ 的分布律为

| $Z$ | $0$ | $1$ | $4$ | $9$ |
|---|---|---|---|---|
| $p$ | 0.1 | 0.5 | 0.3 | 0.1 |

**例 13** 设连续型随机变量 $X$ 的概率密度为 $f_X(x) = \begin{cases} 2x, & 0 \leqslant x < 1, \\ 0, & 其他, \end{cases}$ 求:(1) $Y = \sqrt{X}$ 的密度函数;(2) $Y = 3X + 5$ 的密度函数;(3) $Y = \ln X$ 的密度函数;(4) 以 $Y$ 表示对 $X$ 的三次独立重复观察中事件 "$X \leqslant 0.5$" 出现的次数,求 $P\{Y = 2\}$.

**【解析】**(1) $y = \sqrt{x}, 0 \leqslant x < 1$ 是单调递增函数,反函数 $x = h(y) = y^2$ 存在,$h'(y) = 2y$.

可得 $Y = \sqrt{X}$ 的密度函数为

$$f_Y(y) = \begin{cases} f_X[h(y)]|h'(y)|, & 0 \leqslant y < 1, \\ 0, & 其他 \end{cases} = \begin{cases} 4y^3, & 0 \leqslant y < 1, \\ 0, & 其他. \end{cases}$$

(2) 当 $5 \leqslant y < 8$ 时,$F_Y(y) = P\{Y \leqslant y\} = P\{3X + 5 \leqslant y\} = P\left\{X \leqslant \frac{y-5}{3}\right\} = F_X\left(\frac{y-5}{3}\right),$

则 $Y$ 的密度函数为 $f_Y(y) = F_Y'(y) = \begin{cases} \dfrac{2y-10}{9}, & 5 \leqslant y < 8, \\ 0, & 其他. \end{cases}$

(3) 当 $y < 0$ 时, $F_Y(y) = P\{Y \leqslant y\} = P\{\ln X \leqslant y\} = P\{X \leqslant e^y\} = F_X(e^y),$

则 $$f_Y(y) = \begin{cases} 2e^{2y}, & y < 0, \\ 0, & 其他. \end{cases}$$

(4) $P\{X \leqslant 0.5\} = \int_0^{0.5} 2x\,\mathrm{d}x = 0.25,$ 故 $P\{Y = 2\} = C_3^2\, 0.25^2 \times 0.75 = \dfrac{9}{64}.$

**例 14** 设随机变量 $X \sim U(-1, 1)$，函数 $y = g(x) = \begin{cases} \sqrt{x}, & 0 \leqslant x \leqslant 1 \\ 0, & -1 \leqslant x < 0 \end{cases}$，求 $Y = g(X)$ 的分布函数．

【解析】$X$ 的密度函数为 $f(x) = \begin{cases} \dfrac{1}{2}, & -1 < x < 1, \\ 0, & \text{其他.} \end{cases}$

当 $y < 0$ 时，$F_Y(y) = P\{Y \leqslant y\} = 0$；当 $y \geqslant 1$ 时，$F_Y(y) = 1$；

当 $0 \leqslant y < 1$ 时，$F_Y(y) = P\{Y \leqslant y\} = P\{Y \leqslant 0\} + P\{0 < Y \leqslant y\} = \dfrac{1}{2} + P\{0 < \sqrt{X} \leqslant y\}$

$$= \dfrac{1}{2} + P\{0 < X \leqslant y^2\} = \dfrac{1}{2} + \int_0^{y^2} \dfrac{1}{2} \mathrm{d}x = \dfrac{y^2 + 1}{2}.$$

即 $$F_Y(y) = \begin{cases} 0, & y < 0, \\ \dfrac{y^2 + 1}{2}, & 0 \leqslant y < 1, \\ 1, & y \geqslant 1. \end{cases}$$

**例 15** 设 $X$ 的密度函数为 $f_X(x)(-\infty < x < +\infty)$，求 $Y = X^2$ 的密度函数 $f_Y(y)$ 表达式；如果 $f_X(x)(-\infty < x < +\infty)$ 为偶函数时，$f_Y(y)$ 表达式又如何？并用 $X \sim N(0,1)$ 说明之．

【解析】采用"分布函数法"．$X$ 的取值范围为 $(-\infty, +\infty)$，故 $Y$ 的取值范围为 $[0, +\infty)$，则

当 $y \leqslant 0$ 时，$F_Y(y) = 0$．

当 $y > 0$ 时，$F_Y(y) = P\{X^2 \leqslant y\} = P\{-\sqrt{y} \leqslant X \leqslant \sqrt{y}\} = F_X(\sqrt{y}) - F_X(-\sqrt{y})$，

两边对 $y$ 求导得 $f_Y(y) = f_X(\sqrt{y}) \dfrac{1}{2\sqrt{y}} + f_X(-\sqrt{y}) \dfrac{1}{2\sqrt{y}}$．

从而 $Y = X^2$ 的密度函数为 $f_Y(y) = \begin{cases} \dfrac{1}{2\sqrt{y}}\left[f_X(\sqrt{y}) + f_X(-\sqrt{y})\right], & y > 0, \\ 0, & \text{其他.} \end{cases}$

特别地，当 $f_X(x)(-\infty < x < +\infty)$ 为偶函数时 $f_Y(y) = \begin{cases} \dfrac{f_X(\sqrt{y})}{\sqrt{y}}, & y > 0, \\ 0, & \text{其他.} \end{cases}$

若 $X \sim N(0,1)$，则 $f_X(x) = \dfrac{1}{\sqrt{2\pi}} \mathrm{e}^{-\frac{x^2}{2}}$，则 $Y = X^2$ 的密度函数为 $f_Y(y) = \begin{cases} \dfrac{1}{\sqrt{2\pi}} y^{-\frac{1}{2}} \mathrm{e}^{-\frac{y}{2}}, & y > 0, \\ 0, & \text{其他.} \end{cases}$

# 第三章　多维随机变量及其分布

## 章节同步导学

| 章节 | 教材内容 | 考纲要求 | 必做例题 | 必做习题(P84-89) |
|---|---|---|---|---|
| §3.1 二维<br>随机变量 | 二维随机变量分布<br>函数的概念和性质 | 理解 | | |
| | $n$ 维随机变量联合分<br>布函数的概念和性质 | | | |
| | 二维离散型随机变量联<br>合分布律的定义和性质 | 理解【重点】<br>(二维离散"一表搞定") | 例1 | 习题1,2 |
| | 二维连续型随机变量<br>联合概率密度<br>的定义和性质 | 理解【重点】<br>(二维连续"核心密度") | 例2 | 习题3 |
| §3.2 边<br>缘分布 | 边缘分布函数的定义 | 理解(数一)掌握(数三) | | |
| | 边缘分布律和边缘概<br>率密度的计算公式 | 理解(数一)掌握(数三)<br>【重点】 | 例1,2 | 习题6,9 |
| | 二维正态分布的概率<br>密度和边缘分布 | 了解(数一)<br>掌握(数三) | 例3(重要,<br>重点做) | |
| §3.3 条<br>件分布 | 条件分布律的<br>定义和性质 | 理解 | | |
| | 条件概率密度<br>和条件分布函数 | 理解(数一)掌握(数三)<br>【重点、难点】 | 例1,3 | 习题10,13 |
| | 二维均匀分布 | 掌握 | 例4 | 习题14,15 |
| §3.4 相互<br>独立的<br>随机变量 | 随机变量相互<br>独立的概念 | 理解 | P73 中间 | 习题16,17 |
| | 服从二维正态随机变量<br>相互独立的充<br>要条件为参数 $\rho=0$ | 掌握【重点】 | P74 上方 | 习题18,20 |
| | $n$ 维随机变量相互<br>独立的概念及定理 | 掌握<br>(只要会二维即可) | P74 例(运用<br>独立性求<br>联合密度) | |

| 章节 | 教材内容 | 考纲要求 | 必做例题 | 必做习题(P84-89) |
|---|---|---|---|---|
| §3.5 两个随机变量的函数的分布 | 加减乘除分布函数及概率密度的求解方法及结论 | 会【重点、难点】(公式记忆,证明不作要求) | 例1,2,4 | 习题21,22,24,27,34 |
| | 例1结论:有限个独立正态随机变量线性组合仍然服从正态分布 | 掌握【重点】 | | |
| | $M=\max\{X,Y\}$ 及 $N=\min\{X,Y\}$ 的分布函数的推导过程及计算公式 | 会【重点】 | 例5 | 习题29,36 |

## ▩ 知识结构网图

二维随机变量的概念:二维平面中随机点的坐标

二维随机变量的概率分布定义及性质 $\begin{cases}(1)\text{ 单调不减性}\\(2)\text{ 规范性}\\(3)\text{ 右连续性}\end{cases}$ 及 $\begin{cases}\text{边缘分布}\\\text{条件分布}\end{cases}$

二维离散型 $\begin{cases}\text{联合分布律}:P\{X=x_i,Y=y_j\}=p_{ij};p_{ij}\geqslant 0,\sum_j\sum_i p_{ij}=1\\\text{边缘分布律}:p_{i\cdot}=P\{X=x_i\}=\sum_j p_{ij};p_{\cdot j}=P\{Y=y_j\}=\sum_i p_{ij}\\\text{条件分布律}:P\{X=x_i|Y=y_j\}=\dfrac{p_{ij}}{p_{\cdot j}};P\{Y=y_j|X=x_i\}=\dfrac{p_{ij}}{p_{i\cdot}}\end{cases}$

二维连续型 $\begin{cases}\text{联合概率密度}:(X,Y)\sim f(x,y),f(x,y)\geqslant 0,\displaystyle\int_{-\infty}^{+\infty}\int_{-\infty}^{+\infty}f(x,y)\mathrm{d}x\mathrm{d}y=1\\\text{边缘概率密度}:f_X(x)=\displaystyle\int_{-\infty}^{+\infty}f(x,y)\mathrm{d}y;f_Y(y)=\int_{-\infty}^{+\infty}f(x,y)\mathrm{d}x\\\text{条件概率密度}:f_{X|Y}(x|y)=\dfrac{f(x,y)}{f_Y(y)};f_{Y|X}(y|x)=\dfrac{f(x,y)}{f_X(x)}\end{cases}$

随机变量的独立性 $\begin{cases}\text{离散型}:p_{ij}=p_{i\cdot}\cdot p_{\cdot j}\\\text{连续型}:f(x,y)=f_X(x)\cdot f_Y(y)\end{cases}\Bigg\}F(x,y)=F_X(x)\cdot F_Y(y)$

二维随机变量函数的概率分布 $\begin{cases}\text{离散型}:\text{逐点法或表格法}\\\text{连续型}:\text{分布函数法或卷积公式法}\end{cases}$

## ▩ 课后习题全解

1. 在一箱子中装有 12 只开关,其中 2 只是次品,在其中取两次,每次任取一只. 考虑两种试验:(1)放回抽样;(2)不放回抽样. 我们定义随机变量 $X,Y$ 如下:

$$X=\begin{cases}0,\text{若第一次取出的是正品,}\\1,\text{若第一次取出的是次品;}\end{cases}\qquad Y=\begin{cases}0,\text{若第二次取出的是正品,}\\1,\text{若第二次取出的是次品.}\end{cases}$$

试分别就(1)、(2)两种情况,写出 $X$ 和 $Y$ 的联合分布律.

【解析】(1)放回抽样试验.

二维随机变量 $(X, Y)$ 的可能取值为 $(0,0),(0,1),(1,0),(1,1)$,且

$$P\{X=0\}=\frac{5}{6}, P\{Y=0\}=\frac{5}{6},$$

$$P\{X=1\}=\frac{1}{6}, P\{Y=1\}=\frac{1}{6}.$$

事实上,做放回抽样试验随机抽取两只开关,两次抽取中第一次和第二次抽取正品或是次品的概率相等,且抽取的结果相互独立,$P\{X=0\}=\frac{5}{6}, P\{X=1\}=\frac{1}{6}$,利用独立性可得

$$P\{X=0, Y=0\}=P\{X=0\} \cdot P\{Y=0\}=\frac{5}{6} \times \frac{5}{6}=\frac{25}{36},$$

$$P\{X=0, Y=1\}=P\{X=0\} \cdot P\{Y=1\}=\frac{5}{6} \times \frac{1}{6}=\frac{5}{36},$$

$$P\{X=1, Y=0\}=P\{X=1\} \cdot P\{Y=0\}=\frac{1}{6} \times \frac{5}{6}=\frac{5}{36},$$

$$P\{X=1, Y=1\}=P\{X=1\} \cdot P\{Y=1\}=\frac{1}{6} \times \frac{1}{6}=\frac{1}{36}.$$

于是随机变量 $(X, Y)$ 的联合分布律为

| Y \ X | 0 | 1 |
|---|---|---|
| 0 | $\frac{25}{36}$ | $\frac{5}{36}$ |
| 1 | $\frac{5}{36}$ | $\frac{1}{36}$ |

(2)不放回抽样试验.

二维随机变量 $(X, Y)$ 的可能取值为 $(0,0),(0,1),(1,0),(1,1)$,且

$$P\{X=0, Y=0\}=\frac{5}{6} \times \frac{9}{11}=\frac{15}{22}, P\{X=0, Y=1\}=\frac{5}{6} \times \frac{2}{11}=\frac{5}{33},$$

$$P\{X=1, Y=0\}=\frac{1}{6} \times \frac{10}{11}=\frac{5}{33}, P\{X=1, Y=1\}=\frac{1}{6} \times \frac{1}{11}=\frac{1}{66}.$$

于是随机变量 $(X, Y)$ 的联合分布律为

| Y \ X | 0 | 1 |
|---|---|---|
| 0 | $\frac{15}{22}$ | $\frac{5}{33}$ |
| 1 | $\frac{5}{33}$ | $\frac{1}{66}$ |

2.(1)盒子里装有 3 只黑球、2 只红球、2 只白球,在其中任取 4 只球. 以 $X$ 表示取到黑球的只数,以 $Y$ 表示取到红球的只数. 求 $X$ 和 $Y$ 的联合分布律.

(2)在(1)中求 $P\{X>Y\}, P\{Y=2X\}, P\{X+Y=3\}, P\{X<3-Y\}$.

【解析】(1)随机变量 $X$ 的可能取值为 $0,1,2,3,Y$ 的可能取值为 $0,1,2$,则

$$P\{X=0, Y=0\}=P\{X=0, Y=1\}=P\{X=1, Y=0\}=0,$$

$$P\{X=0, Y=2\}=\frac{C_2^2 C_2^2}{C_7^4}=\frac{1}{35}, P\{X=1, Y=1\}=\frac{C_3^1 C_2^1 C_2^2}{C_7^4}=\frac{6}{35},$$

$$P\{X=1,Y=2\}=\frac{C_3^1 C_2^2 C_2^1}{C_7^4}=\frac{6}{35}, P\{X=2,Y=0\}=\frac{C_3^2 C_2^2}{C_7^4}=\frac{3}{35},$$

$$P\{X=2,Y=1\}=\frac{C_3^2 C_2^1 C_2^1}{C_7^4}=\frac{12}{35}, P\{X=2,Y=2\}=\frac{C_3^2 C_2^2}{C_7^4}=\frac{3}{35},$$

$$P\{X=3,Y=0\}=\frac{C_3^3 C_2^1}{C_7^4}=\frac{2}{35}, P\{X=3,Y=1\}=\frac{C_3^3 C_2^1}{C_7^4}=\frac{2}{35},$$

$$P\{X=3,Y=2\}=0.$$

于是随机变量$(X,Y)$的联合分布律为

| Y\X | 0 | 1 | 2 | 3 |
|-----|---|---|---|---|
| 0 | 0 | 0 | $\frac{3}{35}$ | $\frac{2}{35}$ |
| 1 | 0 | $\frac{6}{35}$ | $\frac{12}{35}$ | $\frac{2}{35}$ |
| 2 | $\frac{1}{35}$ | $\frac{6}{35}$ | $\frac{3}{35}$ | 0 |

(2)由联合分布律得

$$P\{X>Y\}=\sum_{i=1}^{3}P\{X=i,Y=0\}+\sum_{i=2}^{3}P\{X=i,Y=1\}+P\{X=3,Y=2\}=\frac{19}{35}.$$

$$P\{Y=2X\}=P\{X=0,Y=0\}+P\{X=1,Y=2\}=\frac{6}{35}.$$

$$P\{X+Y=3\}=P\{X=1,Y=2\}+P\{X=2,Y=1\}+P\{X=3,Y=0\}=\frac{20}{35}.$$

$$P\{X<3-Y\}=\sum_{j=0}^{2}P\{X=j,Y=0\}+\sum_{j=0}^{1}P\{X=j,Y=1\}+P\{X=0,Y=2\}=\frac{10}{35}.$$

3. 设随机变量$(X,Y)$的概率密度为

$$f(x,y)=\begin{cases}k(6-x-y), & 0<x<2,2<y<4,\\ 0, & \text{其他}.\end{cases}$$

(1)确定常数$k$.

(2)求$P\{X<1,Y<3\}$.

(3)求$P\{X<1.5\}$.

(4)求$P\{X+Y\leqslant 4\}$.

【解析】(1)由联合概率密度的性质可得$\int_0^2 \mathrm{d}x \int_2^4 k(6-x-y)\mathrm{d}y=1$,

即
$$1=k\int_0^2 \left(6y-xy-\frac{y^2}{2}\right)\Big|_2^4 \mathrm{d}x=k\int_0^2 (6-2x)\mathrm{d}x=k(6x-x^2)\Big|_0^2=8k,$$

于是得$k=\frac{1}{8}$.

(2)区域上的概率为该区域与联合概率密度非零区域交集上的二重积分,区域$D\{(x,y)|0<x<1,2<y<3\}$如图3-1所示的阴影部分区域.

$$P\{X<1,Y<3\}=\frac{1}{8}\int_0^1 \mathrm{d}x \int_2^3 (6-x-y)\mathrm{d}y$$

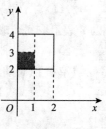

图 3-1

$$= \frac{1}{8}\int_0^1 \left(6y - xy - \frac{y^2}{2}\right)\Big|_2^3 \mathrm{d}x$$

$$= \frac{1}{8}\int_0^1 \left(\frac{7}{2} - x\right)\mathrm{d}x$$

$$= \frac{1}{8}\left(\frac{7}{2}x - \frac{x^2}{2}\right)\Big|_0^1 = \frac{3}{8}.$$

(3)区域 $D\{(x,y)\,|\,0<x<1.5, 2<y<4\}$ 如图 3-2 所示的阴影部分区域.

$$P\{X<1.5\} = \frac{1}{8}\int_0^{1.5}\mathrm{d}x\int_2^4 (6-x-y)\mathrm{d}y$$

$$= \frac{1}{8}\int_0^{1.5}\left(6y - xy - \frac{y^2}{2}\right)\Big|_2^4 \mathrm{d}x$$

$$= \frac{1}{8}\int_0^{1.5}(6-2x)\mathrm{d}x = \frac{1}{8}\left(6x - x^2\right)\Big|_0^{1.5} = \frac{27}{32}.$$

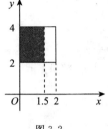

图 3-2

(4)区域 $D\{(x,y)\,|\,0<x<2, 2<y<4-x\}$ 如图 3-3 所示的阴影部分区域.

$$P\{X+Y\leqslant 4\} = \frac{1}{8}\int_0^2\mathrm{d}x\int_2^{4-x}(6-x-y)\mathrm{d}y$$

$$= \frac{1}{8}\int_0^2\left(\frac{x^2}{2} - 4x + 6\right)\mathrm{d}x = \frac{2}{3}.$$

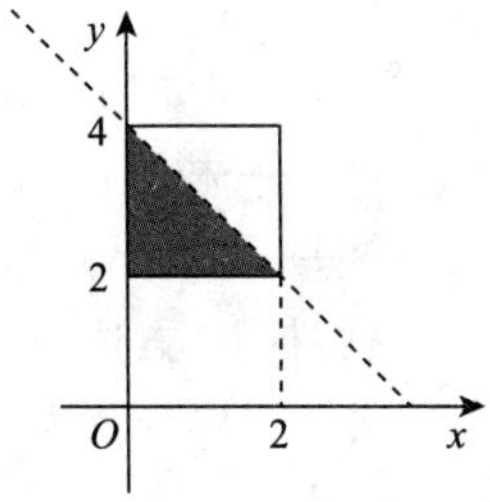

4. 设 $X,Y$ 都是非负的连续型随机变量,它们相互独立.

(1)证明 $P\{X<Y\} = \int_0^{+\infty}F_X(x)f_Y(x)\mathrm{d}x$,其中 $F_X(x)$ 是 $X$ 的分布函数,$f_Y(y)$ 是 $Y$ 的概率密度.

(2)设 $X,Y$ 相互独立,其概率密度分别为

$$f_X(x) = \begin{cases}\lambda_1 e^{-\lambda_1 x}, & x>0, \\ 0, & \text{其他,}\end{cases} \qquad f_Y(y) = \begin{cases}\lambda_2 e^{-\lambda_2 y}, & y>0, \\ 0, & \text{其他,}\end{cases}$$

求 $P\{X<Y\}$.

图 3-3

(1)【证明】本题考查的是 $P\{X<Y\}$,记区域为 $\{(x,y)\,|\,x>0, y>0, x<y\}$,如图 3-4 所示的阴影部分区域.

设 $f_X(x)$ 和 $f_Y(y)$ 分别为随机变量 $X$ 和 $Y$ 的概率密度,于是 $(X,Y)$ 的联合概率密度为

$$f(x,y) = \begin{cases}f_X(x)f_Y(y), & x>0, y>0, \\ 0, & \text{其他.}\end{cases}$$

可得

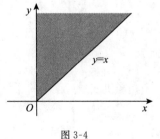

图 3-4

$$P\{X<Y\} = \int_0^{+\infty}\mathrm{d}y\int_0^y f_X(x)f_Y(y)\mathrm{d}x = \int_0^{+\infty}f_Y(y)\mathrm{d}y\int_0^y f_X(x)\mathrm{d}x$$

$$= \int_0^{+\infty}F_X(y)f_Y(y)\mathrm{d}y = \int_0^{+\infty}F_X(x)f_Y(x)\mathrm{d}x.$$

(2)【解析】方法一 由题意可得 $(X,Y)$ 的联合概率密度为

$$f(x,y) = \begin{cases}\lambda_1\lambda_2 e^{-\lambda_1 x - \lambda_2 y}, & x>0, y>0, \\ 0, & \text{其他.}\end{cases}$$

于是

$$P\{X<Y\} = \int_0^{+\infty}\mathrm{d}y\int_0^y \lambda_1\lambda_2 e^{-\lambda_1 x - \lambda_2 y}\mathrm{d}x = \lambda_2\int_0^{+\infty}e^{-\lambda_2 y}(1 - e^{-\lambda_1 y})\mathrm{d}y = \frac{\lambda_1}{\lambda_1+\lambda_2}.$$

**方法二** 由题(1)可得

$$P\{X<Y\}=\int_0^{+\infty}F_X(x)f_Y(x)\mathrm{d}x=\int_0^{+\infty}(1-\mathrm{e}^{-\lambda_1 x})\lambda_2\mathrm{e}^{-\lambda_2 x}\mathrm{d}x$$

$$=\lambda_2\left(\frac{1}{\lambda_2}-\frac{1}{\lambda_1+\lambda_2}\right)=\frac{\lambda_1}{\lambda_1+\lambda_2}.$$

5. 设随机变量$(X,Y)$具有分布函数

$$F(x,y)=\begin{cases}1-\mathrm{e}^{-x}-\mathrm{e}^{-y}+\mathrm{e}^{-x-y}, & x>0,y>0,\\0, & \text{其他}.\end{cases}$$

求边缘分布函数.

【解析】记$F_X(x)$和$F_Y(y)$分别为随机变量$X$和$Y$的边缘分布函数,于是

$$F_X(x)=\lim_{y\to+\infty}F(x,y)=\begin{cases}1-\mathrm{e}^{-x}, & x>0,\\0, & \text{其他}.\end{cases}$$

$$F_Y(y)=\lim_{x\to+\infty}F(x,y)=\begin{cases}1-\mathrm{e}^{-y}, & y>0,\\0, & \text{其他}.\end{cases}$$

事实上,$X$和$Y$均服从参数为1的指数分布,即$X\sim E(1),Y\sim E(1)$.

6. 将一枚硬币掷3次,以$X$表示前2次中出现$H$的次数,以$Y$表示3次中出现$H$的次数.求$X,Y$的联合分布律以及$(X,Y)$的边缘分布律.

【解析】 **方法一** 直接求解$X,Y$的联合分布律,再利用联合分布律求解边缘分布律.

$X$的可能取值为$0,1,2$,$Y$的可能取值为$0,1,2,3$,于是

$$P\{X=0,Y=0\}=\frac{1}{8}, \quad P\{X=0,Y=1\}=\frac{1}{8},$$

$$P\{X=0,Y=2\}=0, \quad P\{X=0,Y=3\}=0,$$

$$P\{X=1,Y=0\}=0, \quad P\{X=1,Y=1\}=\frac{1}{4},$$

$$P\{X=1,Y=2\}=\frac{1}{4}, \quad P\{X=1,Y=3\}=0,$$

$$P\{X=2,Y=0\}=0, \quad P\{X=2,Y=1\}=0,$$

$$P\{X=2,Y=2\}=\frac{1}{8}, \quad P\{X=2,Y=3\}=\frac{1}{8}.$$

于是随机变量$(X,Y)$的联合分布律和边缘分布律如下表所示:

| $X$ \ $Y$ | 0 | 1 | 2 | 3 | $P\{X=i\}$ |
|---|---|---|---|---|---|
| 0 | $\frac{1}{8}$ | $\frac{1}{8}$ | 0 | 0 | $\frac{1}{4}$ |
| 1 | 0 | $\frac{1}{4}$ | $\frac{1}{4}$ | 0 | $\frac{1}{2}$ |
| 2 | 0 | 0 | $\frac{1}{8}$ | $\frac{1}{8}$ | $\frac{1}{4}$ |
| $P\{Y=j\}$ | $\frac{1}{8}$ | $\frac{3}{8}$ | $\frac{3}{8}$ | $\frac{1}{8}$ | 1 |

**方法二** 首先求解边缘分布律,再求解联合分布律.

随机变量$X$的可能取值为$0,1,2$,且$P\{X=0\}=\frac{1}{4},P\{X=1\}=\frac{1}{2},P\{X=2\}=\frac{1}{4}$,即得$X$的边缘分布律为

| $X$ | 0 | 1 | 2 |
|---|---|---|---|
| $p_i.$ | $\frac{1}{4}$ | $\frac{1}{2}$ | $\frac{1}{4}$ |

$$P\{Y=0\,|\,X=0\}=\frac{1}{2},\quad P\{Y=1\,|\,X=0\}=\frac{1}{2},$$

$$P\{Y=2\,|\,X=0\}=0,\quad P\{Y=3\,|\,X=0\}=0,$$

$$P\{Y=0\,|\,X=1\}=0,\quad P\{Y=1\,|\,X=1\}=\frac{1}{2},$$

$$P\{Y=2\,|\,X=1\}=\frac{1}{2},\quad P\{Y=3\,|\,X=1\}=0,$$

$$P\{Y=0\,|\,X=2\}=0,\quad P\{Y=1\,|\,X=2\}=0,$$

$$P\{Y=2\,|\,X=2\}=\frac{1}{2},\quad P\{Y=3\,|\,X=2\}=\frac{1}{2}.$$

于是利用乘法公式得

$$P\{X=i,Y=j\}=P\{X=i\}P\{Y=j\,|\,X=i\},i=0,1,2;j=0,1,2,3.$$

故随机变量$(X,Y)$的联合分布律为

| $Y$ ＼ $X$ | 0 | 1 | 2 |
|---|---|---|---|
| 0 | $\frac{1}{8}$ | 0 | 0 |
| 1 | $\frac{1}{8}$ | $\frac{1}{4}$ | 0 |
| 2 | 0 | $\frac{1}{4}$ | $\frac{1}{8}$ |
| 3 | 0 | 0 | $\frac{1}{8}$ |

同方法一求解出随机变量$Y$的分布律.

7. 设二维随机变量$(X,Y)$的概率密度为

$$f(x,y)=\begin{cases}4.8y(2-x),&0\leqslant x\leqslant1,0\leqslant y\leqslant x,\\0,&\text{其他}.\end{cases}$$

求边缘概率密度.

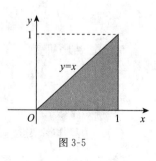

图 3-5

【解析】记$f_X(x)$和$f_Y(y)$分别为随机变量$X$和$Y$的概率密度,且概率密度非零的区域为$D=\{(x,y)\,|\,0\leqslant x\leqslant1,0\leqslant y\leqslant x\}$,如图 3-5 所示的阴影部分区域.

随机变量$X$的概率密度为

$$f_X(x)=\int_{-\infty}^{+\infty}f(x,y)\mathrm{d}y=\begin{cases}\int_0^x4.8y(2-x)\mathrm{d}y,&0\leqslant x\leqslant1,\\0,&\text{其他}\end{cases}$$

$$=\begin{cases}2.4(2-x)x^2,&0\leqslant x\leqslant1,\\0,&\text{其他}.\end{cases}$$

区域$D$可以表示为$D=\{(x,y)\,|\,0\leqslant y\leqslant1,y\leqslant x\leqslant1\}$,所以随机变量$Y$的概率密度为

$$f_Y(y) = \int_{-\infty}^{+\infty} f(x,y)\mathrm{d}x = \begin{cases} \displaystyle\int_y^1 4.8y(2-x)\mathrm{d}x, & 0 \leqslant y \leqslant 1, \\ 0, & \text{其他} \end{cases}$$

$$= \begin{cases} 2.4y(y^2-4y+3), & 0 \leqslant y \leqslant 1, \\ 0, & \text{其他}. \end{cases}$$

8. 设二维随机变量 $(X,Y)$ 的概率密度为

$$f(x,y) = \begin{cases} \mathrm{e}^{-y}, & 0 < x < y, \\ 0, & \text{其他}, \end{cases}$$

求边缘概率密度.

**【解析】**记 $f_X(x)$ 和 $f_Y(y)$ 分别为随机变量 $X$ 和 $Y$ 的概率密度,且概率密度非零的区域为 $D = \{(x,y) \mid 0 < x < +\infty, x < y < +\infty\}$,如图 3-6 所示的阴影部分区域.

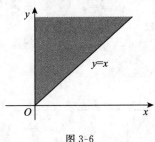

图 3-6

随机变量 $X$ 的概率密度为

$$f_X(x) = \int_{-\infty}^{+\infty} f(x,y)\mathrm{d}y = \begin{cases} \displaystyle\int_x^{+\infty} \mathrm{e}^{-y}\mathrm{d}y, & x > 0, \\ 0, & \text{其他} \end{cases} = \begin{cases} \mathrm{e}^{-x}, & x > 0, \\ 0, & \text{其他}. \end{cases}$$

区域 $D$ 可以表示为

$$D = \{(x,y) \mid 0 < y < +\infty, 0 < x < y\},$$

所以随机变量 $Y$ 的概率密度为

$$f_Y(y) = \int_{-\infty}^{+\infty} f(x,y)\mathrm{d}x = \begin{cases} \displaystyle\int_0^y \mathrm{e}^{-y}\mathrm{d}x, & y > 0, \\ 0, & \text{其他} \end{cases} = \begin{cases} y\mathrm{e}^{-y}, & y > 0, \\ 0, & \text{其他}. \end{cases}$$

9. 设二维随机变量 $(X,Y)$ 的概率密度为

$$f(x,y) = \begin{cases} cx^2y, & x^2 \leqslant y \leqslant 1, \\ 0, & \text{其他}. \end{cases}$$

(1)确定常数 $c$.

(2)求边缘概率密度.

**【解析】**(1)由概率密度的性质可得 $\displaystyle\int_{-\infty}^{+\infty}\int_{-\infty}^{+\infty} f(x,y)\mathrm{d}x\mathrm{d}y = 1$,即

$$1 = \int_{-\infty}^{+\infty}\int_{-\infty}^{+\infty} f(x,y)\mathrm{d}x\mathrm{d}y = \int_0^1\mathrm{d}y\int_{-\sqrt{y}}^{\sqrt{y}} cx^2y\mathrm{d}x = c\int_0^1 \frac{2}{3}y^{\frac{5}{2}}\mathrm{d}y = \frac{4}{21}c,$$

解得 $c = \dfrac{21}{4}$.

(2)联合概率密度非零的区域为

$$D = \{(x,y) \mid -1 \leqslant x \leqslant 1, x^2 \leqslant y \leqslant 1\},$$

如图 3-7 所示的阴影部分区域.

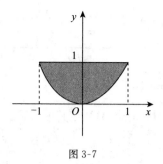

图 3-7

于是随机变量 $X$ 的概率密度为

$$f_X(x) = \begin{cases} \int_{x^2}^{1} \dfrac{21}{4} x^2 y \mathrm{d}y, & -1 \leqslant x \leqslant 1, \\ 0, & \text{其他} \end{cases} = \begin{cases} \dfrac{21}{8} x^2 (1-x^4), & -1 \leqslant x \leqslant 1, \\ 0, & \text{其他.} \end{cases}$$

联合概率密度非零的区域 $D$ 可表示为 $D = \{(x,y) \mid 0 \leqslant y \leqslant 1, -\sqrt{y} \leqslant x \leqslant \sqrt{y}\}$，于是随机变量 $Y$ 的概率密度为

$$f_Y(y) = \begin{cases} \int_{-\sqrt{y}}^{\sqrt{y}} \dfrac{21}{4} x^2 y \mathrm{d}x, & 0 \leqslant y \leqslant 1, \\ 0, & \text{其他} \end{cases} = \begin{cases} \dfrac{7}{2} y^{\frac{5}{2}}, & 0 \leqslant y \leqslant 1, \\ 0, & \text{其他.} \end{cases}$$

10. 将某一医药公司 8 月份和 9 月份收到的青霉素针剂的订货单数分别记为 $X$ 和 $Y$. 据以往积累的资料知 $X$ 和 $Y$ 的联合分布律为

| Y \ X | 51 | 52 | 53 | 54 | 55 |
|---|---|---|---|---|---|
| 51 | 0.06 | 0.05 | 0.05 | 0.01 | 0.01 |
| 52 | 0.07 | 0.05 | 0.01 | 0.01 | 0.01 |
| 53 | 0.05 | 0.10 | 0.10 | 0.05 | 0.05 |
| 54 | 0.05 | 0.02 | 0.01 | 0.01 | 0.03 |
| 55 | 0.05 | 0.06 | 0.05 | 0.01 | 0.03 |

(1)求边缘分布律.

(2)求 8 月份的订单数为 51 时，9 月份订单数的条件分布律.

【解析】(1)直接利用联合分布律求解边缘分布律.

$$P\{X = i\} = \sum_{j=51}^{55} P\{X = i, Y = j\}, i = 51, \cdots, 55.$$

于是随机变量 $X$ 的分布律为

| X | 51 | 52 | 53 | 54 | 55 |
|---|---|---|---|---|---|
| p | 0.28 | 0.28 | 0.22 | 0.09 | 0.13 |

$$P\{Y = j\} = \sum_{i=51}^{55} P\{X = i, Y = j\}, j = 51, \cdots, 55,$$

于是随机变量 $Y$ 的分布律为

| Y | 51 | 52 | 53 | 54 | 55 |
|---|---|---|---|---|---|
| p | 0.18 | 0.15 | 0.35 | 0.12 | 0.20 |

(2)当 $X = 51$ 时，9 月份订单数的条件分布律为

$$P\{Y=j\,|\,X=51\}=\frac{P\{X=51,Y=j\}}{P\{X=51\}},j=51,\cdots,55.$$

| $Y=j$ | 51 | 52 | 53 | 54 | 55 |
|---|---|---|---|---|---|
| $P\{Y=j\,|\,X=51\}$ | $\dfrac{6}{28}$ | $\dfrac{7}{28}$ | $\dfrac{5}{28}$ | $\dfrac{5}{28}$ | $\dfrac{5}{28}$ |

11. 以 $X$ 记某医院一天出生的婴儿的个数,$Y$ 记其中男婴的个数,设 $X$ 和 $Y$ 的联合分布律为

$$P\{X=n,Y=m\}=\frac{e^{-14}(7.14)^m(6.86)^{n-m}}{m!(n-m)!},$$

$$m=0,1,2,\cdots,n;n=0,1,2,\cdots.$$

(1)求边缘分布律.

(2)求条件分布律.

(3)特别,写出当 $X=20$ 时,$Y$ 的条件分布律.

**【解析】**(1)$P\{X=n\}=\displaystyle\sum_{m=0}^{n}\frac{e^{-14}(7.14)^m(6.86)^{n-m}}{m!(n-m)!}$

$$=\frac{e^{-14}}{n!}\sum_{m=0}^{n}\frac{n!}{m!(n-m)!}(7.14)^m(6.86)^{n-m}$$

$$=\frac{14^n}{n!}e^{-14}\sum_{m=0}^{n}\frac{n!}{m!(n-m)!}\left(\frac{7.14}{14}\right)^m\left(\frac{6.86}{14}\right)^{n-m}=\frac{14^n}{n!}e^{-14},n=0,1,2,\cdots.$$

$$P\{Y=m\}=\sum_{n=m}^{\infty}\frac{e^{-14}(7.14)^m(6.86)^{n-m}}{m!(n-m)!}=\frac{(7.14)^m e^{-14}}{m!}\sum_{n=m}^{\infty}\frac{(6.86)^{n-m}}{(n-m)!}$$

$$=\frac{(7.14)^m e^{-14}}{m!}\sum_{k=0}^{\infty}\frac{(6.86)^k}{k!}=\frac{(7.14)^m e^{-14}}{m!}e^{6.86}=\frac{(7.14)^m e^{-7.14}}{m!},m=0,1,2,\cdots.$$

(2)当 $m=0,1,2,\cdots,n;n=0,1,2,\cdots$时,

$$P\{X=n\,|\,Y=m\}=\frac{P\{X=n,Y=m\}}{P\{Y=m\}}=\frac{\dfrac{e^{-14}(7.14)^m(6.86)^{n-m}}{m!(n-m)!}}{\dfrac{(7.14)^m e^{-7.14}}{m!}}$$

$$=\frac{(6.86)^{n-m}}{(n-m)!}e^{-6.86},n=m+1,m+2,\cdots.$$

$$P\{Y=m\,|\,X=n\}=\frac{P\{X=n,Y=m\}}{P\{X=n\}}=\frac{\dfrac{e^{-14}(7.14)^m(6.86)^{n-m}}{m!(n-m)!}}{\dfrac{14^n e^{-14}}{n!}}$$

$$=\frac{n!}{m!(n-m)!}\left(\frac{7.14}{14}\right)^m\left(\frac{6.86}{14}\right)^{n-m},m=0,1,2,\cdots n.$$

(3)当 $X=20$ 时,

$$P\{Y=m\,|\,X=20\}=\frac{20!}{m!(20-m)!}\left(\frac{7.14}{14}\right)^m\left(\frac{6.86}{14}\right)^{20-m}$$

$$=\frac{20!}{m!(20-m)!}(0.51)^m(0.49)^{20-m},m=0,1,2,\cdots,20.$$

12. 求§1例1中的条件分布律:$P\{Y=k\,|\,X=i\}$.

**【解析】**由题意知

$$P\{Y=k\,|\,X=i\}=\frac{1}{i},k=1,2,\cdots,i.$$

当 $i=1$ 时,可得条件分布律为

| $Y=k$ | 1 |
|---|---|
| $P\{Y=k\|X=1\}$ | 1 |

当 $i=2$ 时,可得条件分布律为

| $Y=k$ | 1 | 2 |
|---|---|---|
| $P\{Y=k\|X=2\}$ | $\frac{1}{2}$ | $\frac{1}{2}$ |

当 $i=3$ 时,可得条件分布律为

| $Y=k$ | 1 | 2 | 3 |
|---|---|---|---|
| $P\{Y=k\|X=3\}$ | $\frac{1}{3}$ | $\frac{1}{3}$ | $\frac{1}{3}$ |

当 $i=4$ 时,可得条件分布律为

| $Y=k$ | 1 | 2 | 3 | 4 |
|---|---|---|---|---|
| $P\{Y=k\|X=4\}$ | $\frac{1}{4}$ | $\frac{1}{4}$ | $\frac{1}{4}$ | $\frac{1}{4}$ |

13. 在第 9 题中

(1)求条件概率密度 $f_{X|Y}(x|y)$,特别,写出当 $Y=\frac{1}{2}$ 时 $X$ 的条件概率密度.

(2)求条件概率密度 $f_{Y|X}(y|x)$,特别,分别写出当 $X=\frac{1}{3}$,$X=\frac{1}{2}$ 时 $Y$ 的条件概率密度.

(3)求条件概率 $P\left\{Y\geqslant\frac{1}{4}\ \middle|\ X=\frac{1}{2}\right\}$,$P\left\{Y\geqslant\frac{3}{4}\ \middle|\ X=\frac{1}{2}\right\}$.

【解析】由第 9 题结论可知 $X$ 与 $Y$ 的概率密度分别为

$$f_X(x)=\begin{cases}\frac{21}{8}x^2(1-x^4), & -1\leqslant x\leqslant 1,\\ 0, & \text{其他},\end{cases} \qquad f_Y(y)=\begin{cases}\frac{7}{2}y^{\frac{5}{2}}, & 0\leqslant y\leqslant 1,\\ 0, & \text{其他}.\end{cases}$$

(1)当 $0<y\leqslant 1$ 时,

$$f_{X|Y}(x|y)=\frac{f(x,y)}{f_Y(y)}=\begin{cases}\frac{3}{2}x^2 y^{-\frac{3}{2}}, & -\sqrt{y}<x<\sqrt{y},\\ 0, & \text{其他}.\end{cases}$$

当 $Y=\frac{1}{2}$ 时,$X$ 的条件概率密度为

$$f_{X|Y}\left(x\middle|y=\frac{1}{2}\right)=\begin{cases}3\sqrt{2}x^2, & -\frac{\sqrt{2}}{2}<x<\frac{\sqrt{2}}{2},\\ 0, & \text{其他}.\end{cases}$$

(2)当 $-1<x<1$ 时,

$$f_{Y|X}(y|x)=\frac{f(x,y)}{f_X(x)}=\begin{cases}\dfrac{2y}{1-x^4}, & x^2<y<1,\\ 0, & \text{其他}.\end{cases}$$

当 $X=\frac{1}{3}$ 时,$Y$ 的条件概率密度为

$$f_{Y|X}\left(y\,\Big|\,x=\frac{1}{3}\right)=\begin{cases}\dfrac{81}{40}y, & \dfrac{1}{9}<y<1,\\[2mm]0, & \text{其他.}\end{cases}$$

当 $X=\dfrac{1}{2}$ 时，$Y$ 的条件概率密度为

$$f_{Y|X}\left(y\,\Big|\,x=\frac{1}{2}\right)=\begin{cases}\dfrac{32}{15}y, & \dfrac{1}{4}<y<1,\\[2mm]0, & \text{其他.}\end{cases}$$

(3) 当 $X=\dfrac{1}{2}$ 时，$Y$ 的条件概率密度为

$$f_{Y|X}\left(y\,\Big|\,x=\frac{1}{2}\right)=\begin{cases}\dfrac{32}{15}y, & \dfrac{1}{4}<y<1,\\[2mm]0, & \text{其他.}\end{cases}$$

于是

$$P\left\{Y\geqslant\frac{1}{4}\,\Big|\,X=\frac{1}{2}\right\}=\int_{\frac{1}{4}}^{1}\frac{32}{15}y\mathrm{d}y=1;$$

$$P\left\{Y\geqslant\frac{3}{4}\,\Big|\,X=\frac{1}{2}\right\}=\int_{\frac{3}{4}}^{1}\frac{32}{15}y\mathrm{d}y=\frac{7}{15}.$$

14. 设随机变量 $(X,Y)$ 的联合概率密度为

$$f(x,y)=\begin{cases}1, & |y|<x, 0<x<1,\\0, & \text{其他.}\end{cases}$$

求条件概率密度 $f_{Y|X}(y|x)$，$f_{X|Y}(x|y)$.

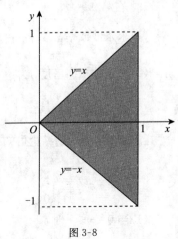

图 3-8

**【解析】**联合概率密度函数非零区域为

$$D=\{(x,y)\,|\,0<x<1,-x<y<x\},$$

如图 3-8 所示的阴影部分区域.

于是 $X$ 的边缘概率密度为

$$f_X(x)=\int_{-\infty}^{+\infty}f(x,y)\mathrm{d}y=\begin{cases}\displaystyle\int_{-x}^{x}1\mathrm{d}y=2x, & 0<x<1,\\0, & \text{其他.}\end{cases}$$

联合概率密度函数非零区域可以表示为

$$G=\{(x,y)\,|\,-1<y<0,-y<x<1\}\bigcup\{(x,y)\,|\,0\leqslant y<1,y<x<1\}.$$

于是 $Y$ 的边缘概率密度为

$$f_Y(y)=\begin{cases}\displaystyle\int_y^1 1\mathrm{d}x, & 0\leqslant y<1,\\[2mm]\displaystyle\int_{-y}^1 1\mathrm{d}x, & -1<y<0,\\[2mm]0, & \text{其他}\end{cases}=\begin{cases}1-y, & 0\leqslant y<1,\\1+y, & -1<y<0,\\0, & \text{其他}\end{cases}$$

$$=\begin{cases}1-|y|, & -1<y<1,\\0, & \text{其他.}\end{cases}$$

由条件概率密度计算公式得

当 $|y|<1$ 时，有

$$f_{X|Y}(x|y)=\frac{f(x,y)}{f_Y(y)}=\begin{cases}\dfrac{1}{1-|y|}, & |y|<x<1,\\[2mm]0, & \text{其他,}\end{cases}$$

当 $0<x<1$ 时,有
$$f_{Y|X}(y\,|\,x)=\frac{f(x,y)}{f_X(x)}=\begin{cases}\dfrac{1}{2x}, & |y|<x<1,\\ 0, & \text{其他}.\end{cases}$$

15. 设随机变量 $X\sim U(0,1)$,当给定 $X=x$ 时,随机变量 $Y$ 的条件概率密度为
$$f_{Y|X}(y\,|\,x)=\begin{cases}x, & 0<y<\dfrac{1}{x},\\ 0, & \text{其他}.\end{cases}$$

(1)求 $X$ 和 $Y$ 的联合概率密度 $f(x,y)$.

(2)求边缘密度 $f_Y(y)$,并画出它的图形.

(3)求概率 $P\{X>Y\}$.

【解析】根据题意 $X$ 的概率密度为:
$$f_X(x)=\begin{cases}1, & 0<x<1,\\ 0, & \text{其他},\end{cases}$$

在 $X=x(0<x<1)$ 的条件下,$Y$ 的条件概率密度为
$$f_{Y|X}(y\,|\,x)=\begin{cases}x, & 0<y<\dfrac{1}{x},\\ 0, & \text{其他}.\end{cases}$$

(1)当 $0<y<\dfrac{1}{x}$,$0<x<1$ 时,随机变量 $X$ 和 $Y$ 的联合概率密度为
$$f(x,y)=f_X(x)f_{Y|X}(y\,|\,x)=x.$$
在其他点 $(x,y)$ 处,有 $f(x,y)=0$,即
$$f(x,y)=\begin{cases}x, 0<y<\dfrac{1}{x},0<x<1,\\ 0, \text{其他}.\end{cases}$$

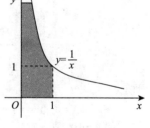

图 3-9

(2)联合概率密度函数非零区域为
$$D=\left\{(x,y)\,\Big|\,0<x<1,0<y<\dfrac{1}{x}\right\},$$
如图 3-9 所示的阴影部分区域.

区域 $D$ 可以表示为
$$D=\{(x,y)\,|\,0<y<1,0<x<1\}\cup\left\{(x,y)\,\Big|\,1<y<+\infty,0<x<\dfrac{1}{y}\right\},$$
则随机变量 $Y$ 的边缘概率密度为
$$f_Y(y)=\begin{cases}\displaystyle\int_0^1 x\mathrm{d}x, & 0<y<1,\\ \displaystyle\int_0^{\frac{1}{y}} x\mathrm{d}x, & 1\leqslant y<+\infty,\\ 0, & \text{其他},\end{cases}=\begin{cases}\dfrac{1}{2}, & 0<y<1,\\ \dfrac{1}{2y^2}, & 1\leqslant y<+\infty,\\ 0, & \text{其他}.\end{cases}$$

于是 $Y$ 的边缘概率密度 $f_Y(y)$ 的图像如图 3-10 所示.

(3)$P\{X>Y\}$ 为区域 $D=\left\{(x,y)\,\Big|\,x>y>0,y<\dfrac{1}{x}\right\}$ 上的概率,如图 3-11 所示阴影部分区域上的概率.
$$P\{X>Y\}=\iint\limits_{D}f(x,y)\mathrm{d}x\mathrm{d}y=\int_0^1\mathrm{d}x\int_0^x x\mathrm{d}y=\dfrac{1}{3}.$$

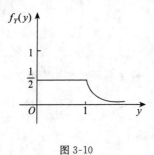

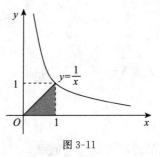

图 3-10                              图 3-11

16.(1)问第 1 题中的随机变量 $X$ 和 $Y$ 是否相互独立?

(2)问第 14 题中的随机变量 $X$ 和 $Y$ 是否相互独立(需说明理由)?

**【解析】**(1)第 1 题中若放回抽样试验随机变量 $(X,Y)$ 的联合分布律为

| Y\X | 0 | 1 |
|---|---|---|
| 0 | $\dfrac{25}{36}$ | $\dfrac{5}{36}$ |
| 1 | $\dfrac{5}{36}$ | $\dfrac{1}{36}$ |

**方法一** 先求出随机变量 $X$ 和 $Y$ 的边缘分布律,再利用公式 $p_{ij}=p_{i\cdot}\cdot p_{\cdot j}$ 判断独立性.

| Y\X | 0 | 1 | $p_{i\cdot}$ |
|---|---|---|---|
| 0 | $\dfrac{25}{36}$ | $\dfrac{5}{36}$ | $\dfrac{5}{6}$ |
| 1 | $\dfrac{5}{36}$ | $\dfrac{1}{36}$ | $\dfrac{1}{6}$ |
| $p_{\cdot j}$ | $\dfrac{5}{6}$ | $\dfrac{1}{6}$ | 1 |

于是

$$P\{X=0,Y=0\}=P\{X=0\}P\{Y=0\}, \quad P\{X=0,Y=1\}=P\{X=0\}P\{Y=1\},$$
$$P\{X=1,Y=0\}=P\{X=1\}P\{Y=0\}, \quad P\{X=1,Y=1\}=P\{X=1\}P\{Y=1\},$$

所以 $X$ 和 $Y$ 相互独立.

**方法二** 若随机变量 $(X,Y)$ 的联合分布律中行或列对应成比例,则 $X$ 和 $Y$ 相互独立.可以判断若放回抽样试验时,$(X,Y)$ 的联合分布律中行或列对应成比例,则 $X$ 和 $Y$ 相互独立.

若不放回抽样试验,二维随机变量 $(X,Y)$ 的联合分布律为

| Y\X | 0 | 1 |
|---|---|---|
| 0 | $\dfrac{15}{22}$ | $\dfrac{5}{33}$ |
| 1 | $\dfrac{5}{33}$ | $\dfrac{1}{66}$ |

于是联合分布律的行或列不对应成比例,故而随机变量 $X$ 和 $Y$ 不相互独立.

(2)第 14 题中,$X$ 的边缘概率密度为

$$f_X(x)=\begin{cases} 2x, & 0<x<1, \\ 0, & \text{其他}. \end{cases}$$

$Y$ 的边缘概率密度为

$$f_Y(y) = \begin{cases} 1 - |y|, & -1 < y < 1. \\ 0, & \text{其他}. \end{cases}$$

于是 $f(x,y) \neq f_X(x)f_Y(y)$，所以 $X$ 和 $Y$ 不相互独立.

17.(1)设随机变量 $(X,Y)$ 具有分布函数

$$F(x,y) = \begin{cases} (1-e^{-\alpha x})y, & x \geq 0, 0 \leq y \leq 1, \\ 1-e^{-\alpha x}, & x \geq 0, y > 1, \\ 0, & \text{其他}, \end{cases} \quad \alpha > 0.$$

证明 $X,Y$ 相互独立.

(2)设随机变量 $(X,Y)$ 具有分布律

$$P\{X=x, Y=y\} = p^2(1-p)^{x+y-2}, 0 < p < 1, x, y \text{ 均为正整数},$$

问 $X,Y$ 是否相互独立.

(1)【证明】记 $F_X(x)$ 和 $F_Y(y)$ 为随机变量 $X$ 和 $Y$ 的边缘分布函数,于是

$$F_X(x) = \lim_{y \to +\infty} F(x,y), F_Y(y) = \lim_{x \to +\infty} F(x,y).$$

当 $x < 0$ 时, $F_X(x) = 0$; 当 $x \geq 0$ 时,令 $y \to +\infty$,则 $F_X(x) = \lim_{y \to +\infty} F(x,y) = 1-e^{-\alpha x}$,于是随机变量 $X$ 的边缘分布函数为

$$F_X(x) = \begin{cases} 1-e^{-\alpha x}, & x \geq 0, \\ 0, & \text{其他}. \end{cases}$$

当 $y < 0$ 时, $F_Y(y) = 0$; 当 $0 \leq y \leq 1$ 时,令 $x \to +\infty$,则 $F_Y(y) = \lim_{x \to +\infty} F(x,y) = y$; 当 $y > 1$ 时,令 $x \to +\infty$,则 $F_Y(y) = \lim_{x \to +\infty} F(x,y) = 1$,于是随机变量 $Y$ 的边缘分布函数为

$$F_Y(y) = \begin{cases} y, & 0 \leq y \leq 1, \\ 1, & y > 1, \\ 0, & y < 0. \end{cases}$$

于是可得 $F(x,y) = F_X(x)F_Y(y)$,所以随机变量 $X,Y$ 相互独立.

(2)【解析】由于 $P\{X=x, Y=y\} = p^2(1-p)^{x+y-2}$,即得

$$P\{X=x\} = \sum_{y=1}^{\infty} P\{X=x, Y=y\} = \sum_{y=1}^{\infty} p^2(1-p)^{x+y-2}$$

$$= p^2(1-p)^{x-2} \sum_{y=1}^{\infty} (1-p)^y$$

$$= p^2(1-p)^{x-2} \frac{1-p}{p} = p(1-p)^{x-1}, x = 1, 2, \cdots, \text{其中 } 0 < p < 1.$$

$$P\{Y=y\} = \sum_{x=1}^{\infty} P\{X=x, Y=y\} = \sum_{x=1}^{\infty} p^2(1-p)^{x+y-2}$$

$$= p^2(1-p)^{y-2} \sum_{x=1}^{\infty} (1-p)^x$$

$$= p^2(1-p)^{y-2} \frac{1-p}{p} = p(1-p)^{y-1}, y = 1, 2, \cdots, \text{其中 } 0 < p < 1.$$

于是 $P\{X=x, Y=y\} = P\{X=x\} \cdot P\{Y=y\}$,所以随机变量 $X,Y$ 相互独立.

18. 设 $X$ 和 $Y$ 是两个相互独立的随机变量, $X$ 在区间 $(0,1)$ 上服从均匀分布, $Y$ 的概率密度为

$$f_Y(y) = \begin{cases} \dfrac{1}{2}e^{-\frac{y}{2}}, & y > 0, \\ 0, & y \leq 0. \end{cases}$$

(1)求 $X$ 和 $Y$ 的联合概率密度.

(2)设含有 $a$ 的二次方程为 $a^2+2Xa+Y=0$,试求 $a$ 有实根的概率.

【解析】(1)$X$ 在区间 $(0,1)$ 上服从均匀分布,即

$$f_X(x)=\begin{cases}1,&0<x<1,\\0,&\text{其他}.\end{cases}$$

因为 $X$ 和 $Y$ 相互独立,即 $f(x,y)=f_X(x)f_Y(y)$,所以

$$f(x,y)=\begin{cases}\dfrac{1}{2}\mathrm{e}^{-\frac{y}{2}},&0<x<1,y>0,\\0,&\text{其他}.\end{cases}$$

(2)二次方程为 $a^2+2Xa+Y=0$ 有实根的概率为

$$P\{\Delta\geqslant0\}=P\{4X^2-4Y\geqslant0\}=P\{X^2\geqslant Y\}.$$

记 $D=\{(x,y)\mid 0<x<1,0<y\leqslant x^2\}$,如图 3-12 所示的阴影部分区域.

二次方程为 $a^2+2Xa+Y=0$ 有实根的概率为

$$P\{\Delta\geqslant0\}=P\{X^2\geqslant Y\}=\int_0^1\mathrm{d}x\int_0^{x^2}\frac{1}{2}\mathrm{e}^{-\frac{y}{2}}\mathrm{d}y$$

$$=\int_0^1(1-\mathrm{e}^{-\frac{x^2}{2}})\mathrm{d}x=1-\int_0^1\mathrm{e}^{-\frac{x^2}{2}}\mathrm{d}x$$

$$=1-\sqrt{2\pi}\int_0^1\frac{1}{\sqrt{2\pi}}\mathrm{e}^{-\frac{x^2}{2}}\mathrm{d}x$$

$$=1-\sqrt{2\pi}[\Phi(1)-\Phi(0)]$$

$$=1-\sqrt{2\pi}(0.8413-0.5)=0.1445.$$

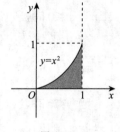

图 3-12

19. 进行打靶,设弹着点 $A(X,Y)$ 的坐标 $X$ 和 $Y$ 相互独立,且都服从 $N(0,1)$ 分布,规定

$$\text{点 }A\text{ 落在区域 }D_1=\{(x,y)\mid x^2+y^2\leqslant1\}\text{ 得 2 分;}$$

$$\text{点 }A\text{ 落在区域 }D_2=\{(x,y)\mid 1<x^2+y^2\leqslant4\}\text{ 得 1 分;}$$

$$\text{点 }A\text{ 落在区域 }D_3=\{(x,y)\mid x^2+y^2>4\}\text{ 得 0 分.}$$

以 $Z$ 记打靶的得分.写出 $X,Y$ 的联合概率密度,并求 $Z$ 的分布律.

【解析】$X$ 和 $Y$ 都服从 $N(0,1)$ 分布,即 $f_X(x)=\dfrac{1}{\sqrt{2\pi}}\mathrm{e}^{-\frac{x^2}{2}}$,$f_Y(y)=\dfrac{1}{\sqrt{2\pi}}\mathrm{e}^{-\frac{y^2}{2}}$,又因为 $X$ 和 $Y$ 相互独立,于是 $X,Y$ 的联合概率密度为

$$f(x,y)=f_X(x)\cdot f_Y(y)=\frac{1}{2\pi}\mathrm{e}^{-\frac{x^2+y^2}{2}},\quad-\infty<x,y<+\infty.$$

随机变量 $Z$ 的可能取值为 $0,1,2$,且

$$P\{Z=2\}=\iint\limits_{D_1}f(x,y)\mathrm{d}x\mathrm{d}y=\int_0^{2\pi}\mathrm{d}\theta\int_0^1\frac{1}{2\pi}\mathrm{e}^{-\frac{r^2}{2}}r\mathrm{d}r=1-\mathrm{e}^{-\frac{1}{2}};$$

$$P\{Z=1\}=\iint\limits_{D_2}f(x,y)\mathrm{d}x\mathrm{d}y=\int_0^{2\pi}\mathrm{d}\theta\int_1^2\frac{1}{2\pi}\mathrm{e}^{-\frac{r^2}{2}}r\mathrm{d}r=\mathrm{e}^{-\frac{1}{2}}-\mathrm{e}^{-2};$$

$$P\{Z=0\}=1-P\{Z=1\}-P\{Z=2\}=\mathrm{e}^{-2}.$$

于是随机变量 $Z$ 的分布律为

| $Z$ | 0 | 1 | 2 |
|---|---|---|---|
| $p$ | $\mathrm{e}^{-2}$ | $\mathrm{e}^{-\frac{1}{2}}-\mathrm{e}^{-2}$ | $1-\mathrm{e}^{-\frac{1}{2}}$ |

20. 设 $X$ 和 $Y$ 是相互独立的随机变量,其概率密度分别为

$$f_X(x) = \begin{cases} \lambda e^{-\lambda x}, & x > 0, \\ 0, & x \leqslant 0, \end{cases} \qquad f_Y(y) = \begin{cases} \mu e^{-\mu y}, & y > 0, \\ 0, & y \leqslant 0, \end{cases}$$

其中 $\lambda > 0, \mu > 0$ 是常数. 引入随机变量

$$Z = \begin{cases} 1, & \text{当 } X \leqslant Y, \\ 0, & \text{当 } X > Y. \end{cases}$$

(1)求条件概率密度 $f_{X|Y}(x|y)$.

(2)求 $Z$ 的分布律和分布函数.

【解析】(1)因为随机变量 $X$ 和 $Y$ 相互独立,所以 $f_{X|Y}(x|y) = f_X(x)$,即

$$f_{X|Y}(x|y) = \begin{cases} \lambda e^{-\lambda x}, & x > 0, \\ 0, & \text{其他.} \end{cases}$$

(2)$X, Y$ 的联合概率密度为

$$f(x, y) = f_X(x) \cdot f_Y(y) = \begin{cases} \lambda \mu e^{-\lambda x - \mu y}, & x > 0, y > 0, \\ 0, & \text{其他.} \end{cases}$$

随机变量 $Z$ 的取值为 $0, 1$,于是

$$P\{Z = 0\} = \iint\limits_{x > y} f(x, y) \mathrm{d}x \mathrm{d}y = \int_0^{+\infty} \mathrm{d}x \int_0^x \lambda \mu e^{-\lambda x - \mu y} \mathrm{d}y$$

$$= \lambda \mu \int_0^{+\infty} e^{-\lambda x} \mathrm{d}x \int_0^x e^{-\mu y} \mathrm{d}y = \lambda \int_0^{+\infty} (1 - e^{-\mu x}) e^{-\lambda x} \mathrm{d}x$$

$$= \lambda \int_0^{+\infty} \left[ e^{-\lambda x} - e^{-(\lambda + \mu)x} \right] \mathrm{d}x = 1 - \frac{\lambda}{\lambda + \mu} = \frac{\mu}{\lambda + \mu}.$$

所以 $P\{Z = 1\} = 1 - P\{Z = 0\} = \dfrac{\lambda}{\lambda + \mu}$,即随机变量 $Z$ 的分布律为

| $Z$ | 0 | 1 |
|-----|---|---|
| $p$ | $\dfrac{\mu}{\lambda + \mu}$ | $\dfrac{\lambda}{\lambda + \mu}$ |

当 $z < 0$ 时,$F_Z(z) = 0$;当 $0 \leqslant z < 1$ 时,$F_Z(z) = P\{Z \leqslant z\} = P\{Z = 0\} = \dfrac{\mu}{\mu + \lambda}$;当 $z \geqslant 1$ 时,$F_Z(z) = 1$.

综上所述,随机变量 $Z$ 的分布函数为

$$F_Z(z) = \begin{cases} 0, & z < 0, \\ \dfrac{\mu}{\lambda + \mu}, & 0 \leqslant z < 1, \\ 1, & z \geqslant 1. \end{cases}$$

21. 设随机变量 $(X, Y)$ 的概率密度为

$$f(x, y) = \begin{cases} x + y, & 0 < x < 1, 0 < y < 1, \\ 0, & \text{其他.} \end{cases}$$

分别求(1)$Z = X + Y$,(2)$Z = XY$ 的概率密度.

【解析】(1)方法一 分布函数法.

$$F_Z(z) = P\{Z \leqslant z\} = P\{X + Y \leqslant z\}.$$

随机变量 $Z$ 的取值范围为 $(0, 2)$,如图 3-13 所示.

当 $z \leqslant 0$ 时,$F_Z(z) = 0$;

当 $z>2$ 时，$F_Z(z)=1$；

当 $0<z\leqslant1$ 时，

$$F_Z(z)=\iint\limits_{D_1}f(x,y)\mathrm{d}x\mathrm{d}y=\int_0^z\mathrm{d}x\int_0^{z-x}(x+y)\mathrm{d}y=\int_0^z\Big(\frac{z^2}{2}-\frac{x^2}{2}\Big)\mathrm{d}x=\frac{1}{3}z^3;$$

当 $1<z\leqslant2$ 时，

$$F_Z(z)=1-\iint\limits_{D_2}f(x,y)\mathrm{d}x\mathrm{d}y=1-\int_{z-1}^1\mathrm{d}x\int_{z-x}^1(x+y)\mathrm{d}y=-\frac{z^3}{3}+z^2-\frac{1}{3}.$$

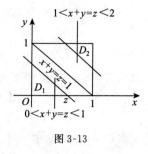

图 3-13

综上所述，则

$$F_Z(z)=\begin{cases}0, & z\leqslant0,\\[2mm]\dfrac{z^3}{3}, & 0<z\leqslant1,\\[2mm]-\dfrac{z^3}{3}+z^2-\dfrac{1}{3}, & 1<z\leqslant2,\\[2mm]1, & z>2.\end{cases}$$

所以

$$f_Z(z)=F_Z'(z)=\begin{cases}z^2, & 0<z\leqslant1,\\z(2-z), & 1<z\leqslant2,\\0, & \text{其他}.\end{cases}$$

**方法二** 公式法.

设 $D=\{(x,y)\,|\,0<x<1,0<y<1\}$，令 $z=x+y$，于是区域转为

$$D=\{(x,z)\,|\,0<x<1,x<z<x+1\}.$$

区域 $D$ 可以表示为

$$D=\{(x,z)\,|\,0<z<1,0<x<z\}\bigcup\{(x,z)\,|\,1\leqslant z<2,z-1<x<1\}.$$

当 $0<z<1$ 时，$f_Z(z)=\int_0^z z\mathrm{d}x=z^2$；当 $1\leqslant z<2$ 时，$f_Z(z)=\int_{z-1}^1 z\mathrm{d}x=z(2-z)$.

所以

$$f_Z(z)=\begin{cases}z^2, & 0<z\leqslant1,\\z(2-z), & 1<z\leqslant2,\\0, & \text{其他}.\end{cases}$$

(2)**方法一** 分布函数法.

$$F_Z(z)=P\{Z\leqslant z\}=P\{XY\leqslant z\}.$$

随机变量 $Z$ 的取值范围为 $(0,1)$，如图 3-14 所示.

当 $z\leqslant0$ 时，$F_Z(z)=0$；

当 $z\geqslant1$ 时，$F_Z(z)=1$；

当 $0<z<1$ 时，

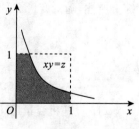

图 3-14

$$F_Z(z)=\iint\limits_{xy\leqslant z}f(x,y)\mathrm{d}x\mathrm{d}y$$

$$=\int_0^z\mathrm{d}x\int_0^1(x+y)\mathrm{d}y+\int_z^1\mathrm{d}x\int_0^{\frac{z}{x}}(x+y)\mathrm{d}y=2z-z^2.$$

综上所述，$F_Z(z)=\begin{cases}0, & z\leqslant0,\\2z-z^2, & 0<z<1,\\1, & z\geqslant1.\end{cases}$

所以
$$f_Z(z) = F_Z'(z) = \begin{cases} 2(1-z), & 0 < z < 1, \\ 0, & \text{其他.} \end{cases}$$

**方法二　公式法.**

设 $D = \{(x,y) \mid 0 < x < 1, 0 < y < 1\}$，令 $z = xy$，于是区域转为
$$D = \{(x,z) \mid 0 < x < 1, 0 < z < x\}.$$

区域 $D$ 可以表示为
$$D = \{(x,z) \mid 0 < z < 1, z < x < 1\},$$

当 $0 < z < 1$ 时，
$$f_Z(z) = \int_z^1 \left(x + \frac{z}{x}\right) \frac{1}{x} \,\mathrm{d}x = 2(1-z),$$

所以
$$f_Z(z) = \begin{cases} 2(1-z), & 0 < z < 1, \\ 0, & \text{其他.} \end{cases}$$

22. 设 $X$ 和 $Y$ 是两个相互独立的随机变量，其概率密度分别为
$$f_X(x) = \begin{cases} 1, & 0 \leqslant x \leqslant 1, \\ 0, & \text{其他,} \end{cases} \qquad f_Y(y) = \begin{cases} \mathrm{e}^{-y}, & y > 0, \\ 0, & \text{其他.} \end{cases}$$

求随机变量 $Z = X + Y$ 的概率密度.

**【解析】** 本题利用卷积公式法求解.

随机变量 $(X,Y)$ 的概率密度为
$$f(x,y) = \begin{cases} \mathrm{e}^{-y}, & 0 \leqslant x \leqslant 1, y > 0, \\ 0, & \text{其他.} \end{cases}$$

记 $D = \{(x,y) \mid 0 \leqslant x \leqslant 1, y > 0\}$，令 $z = x + y$，于是将区域转化为
$$D = \{(x,z) \mid 0 \leqslant x \leqslant 1, z > x\}.$$

如图 3-15 所示的阴影部分区域. 该区域可以表示为 $D = \{(x,z) \mid 0 \leqslant z \leqslant 1, 0 < x < z\} \bigcup \{(x,z) \mid z > 1, 0 < x < 1\}$.

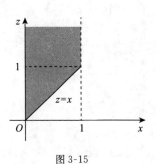

图 3-15

于是

当 $0 < z \leqslant 1$ 时，$f_Z(z) = \int_0^z \mathrm{e}^{-(z-x)} \,\mathrm{d}x = \mathrm{e}^{-z} \int_0^z \mathrm{e}^x \,\mathrm{d}x = 1 - \mathrm{e}^{-z}$；

当 $z > 1$ 时，$f_Z(z) = \int_0^1 \mathrm{e}^{-(z-x)} \,\mathrm{d}x = \mathrm{e}^{-z} \int_0^1 \mathrm{e}^x \,\mathrm{d}x = (\mathrm{e}-1)\mathrm{e}^{-z}$.

综上所述，可得 $Z$ 的概率密度函数为
$$f_Z(z) = \begin{cases} 1 - \mathrm{e}^{-z}, & 0 < z < 1, \\ (\mathrm{e}-1)\mathrm{e}^{-z}, & z \geqslant 1, \\ 0, & \text{其他.} \end{cases}$$

23. 某种商品一周的需求量是一个随机变量，其概率密度为
$$f(t) = \begin{cases} t\mathrm{e}^{-t}, & t > 0, \\ 0, & t \leqslant 0. \end{cases}$$

设各周的需求量是相互独立的. 求(1)两周,(2)三周的需求量的概率密度.

**【解析】** 设随机变量 $T_1, T_2, T_3$ 为三周的需求量,两周需求量为 $X = T_1 + T_2$,三周需求量为 $Y = X + T_3$.

(1) $(T_1, T_2)$ 的联合概率密度为

$$f(t_1, t_2) = \begin{cases} t_1 t_2 e^{-t_1 - t_2}, & t_1 > 0, t_2 > 0, \\ 0, & \text{其他}. \end{cases}$$

记 $D = \{(t_1, t_2) \mid t_1 > 0, t_2 > 0\}$，令 $x = t_1 + t_2$，于是将区域转化为

$$D = \{(t_1, x) \mid t_1 > 0, x > t_1\}.$$

如图 3-16 所示的阴影部分区域. 该区域可以表示为

$$D = \{(t_1, x) \mid x > 0, 0 < t_1 < x\},$$

所以当 $x > 0$ 时，

$$f_X(x) = \int_0^x t_1(x - t_1) e^{-x} dt_1 = e^{-x} \int_0^x t_1(x - t_1) dt_1 = \frac{x^3}{6} e^{-x}.$$

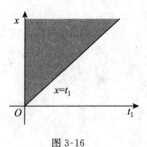

图 3-16

综上所述，两周的需求量的概率密度为

$$f_X(x) = \begin{cases} \dfrac{x^3}{6} e^{-x}, & x > 0, \\ 0, & \text{其他}. \end{cases}$$

(2) $(X, T_3)$ 的联合概率密度为

$$f(x, t_3) = \begin{cases} \dfrac{x^3}{6} t_3 e^{-x - t_3}, & x > 0, t_3 > 0, \\ 0, & \text{其他}. \end{cases}$$

记 $D = \{(x, t_3) \mid x > 0, t_3 > 0\}$，令 $y = x + t_3$，于是将区域转化为

$$D = \{(x, y) \mid x > 0, y > x\}.$$

如图 3-17 所示的阴影部分区域. 该区域可以表示为 $D = \{(x, y) \mid y > 0, 0 < x < y\}$，

所以当 $y > 0$ 时，

$$f_Y(y) = \int_0^y \frac{x^3}{6}(y - x) e^{-y} dx = e^{-y} \int_0^y \frac{x^3}{6}(y - x) dx = \frac{y^5}{120} e^{-y}.$$

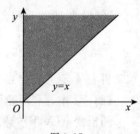

图 3-17

综上所述，三周的需求量的概率密度为

$$f_Y(y) = \begin{cases} \dfrac{y^5}{120} e^{-y}, & y > 0, \\ 0, & \text{其他}. \end{cases}$$

24. 设随机变量 $(X, Y)$ 的概率密度为

$$f(x, y) = \begin{cases} \dfrac{1}{2}(x + y) e^{-(x + y)}, & x > 0, y > 0, \\ 0, & \text{其他}. \end{cases}$$

(1) 问 $X$ 和 $Y$ 是否相互独立？

(2) 求 $Z = X + Y$ 的概率密度.

【解析】(1) 设 $f_X(x), f_Y(y)$ 为随机变量 $X$ 和 $Y$ 的边缘概率密度，则 $X$ 的边缘概率密度为

$$f_X(x) = \int_{-\infty}^{+\infty} f(x, y) dy = \begin{cases} \int_0^{+\infty} \dfrac{1}{2}(x + y) e^{-(x + y)} dy, & x > 0, \\ 0, & \text{其他} \end{cases}$$

$$= \begin{cases} \dfrac{1}{2} e^{-x} \int_0^{+\infty} (x + y) e^{-y} dy, & x > 0, \\ 0, & \text{其他} \end{cases} = \begin{cases} \dfrac{1}{2} e^{-x}(x + 1), & x > 0, \\ 0, & \text{其他}. \end{cases}$$

同理可得 $Y$ 的边缘概率密度为

$$f_Y(y) = \int_{-\infty}^{+\infty} f(x,y)\mathrm{d}x = \begin{cases} \dfrac{1}{2}\mathrm{e}^{-y}(y+1), & y>0, \\ 0, & \text{其他}. \end{cases}$$

于是可得 $f(x,y) \neq f_X(x)f_Y(y)$, 故 $X$ 和 $Y$ 不相互独立.

(2)记 $D=\{(x,y)\,|\,x>0,y>0\}$,令 $z=x+y$,于是将区域转化为
$$D = \{(x,z)\,|\,x>0,z>x\}.$$

如图 3-18 所示的阴影部分区域. 该区域可以表示为
$$D=\{(x,z)\,|\,z>0,0<x<z\},$$

所以当 $z>0$ 时,

$$f_Z(z) = \int_0^z \frac{1}{2}z\mathrm{e}^{-z}\mathrm{d}x = \frac{1}{2}z^2\mathrm{e}^{-z}.$$

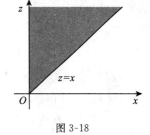

图 3-18

综上所述,随机变量 $Z$ 的概率密度为

$$f_Z(z) = \begin{cases} \dfrac{1}{2}z^2\mathrm{e}^{-z}, & z>0, \\ 0, & \text{其他}. \end{cases}$$

25. 设随机变量 $X,Y$ 相互独立,且具有相同的分布,它们的概率密度均为

$$f(x) = \begin{cases} \mathrm{e}^{1-x}, & x>1, \\ 0, & \text{其他}. \end{cases}$$

求 $Z=X+Y$ 的概率密度.

**【解析】**随机变量 $(X,Y)$ 的概率密度为

$$f(x,y) = \begin{cases} \mathrm{e}^{2-(x+y)}, & x>1,y>1, \\ 0, & \text{其他}. \end{cases}$$

记 $D=\{(x,y)\,|\,x>1,y>1\}$,令 $z=x+y$,于是将区域转化为
$$D = \{(x,z)\,|\,x>1,z>x+1\}.$$

如图 3-19 所示的阴影部分区域. 该区域可以表示为
$$D=\{(x,z)\,|\,z>2,1<x<z-1\},$$

所以当 $z>2$ 时,

$$f_Z(z) = \int_1^{z-1} \mathrm{e}^{2-z}\mathrm{d}x = (z-2)\mathrm{e}^{2-z}.$$

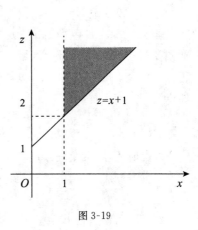

图 3-19

综上所述,随机变量 $Z$ 的概率密度为

$$f_Z(z) = \begin{cases} (z-2)\mathrm{e}^{2-z}, & z>2, \\ 0, & \text{其他}. \end{cases}$$

26.设随机变量 $X,Y$ 相互独立,它们的概率密度均为

$$f(x) = \begin{cases} \mathrm{e}^{-x}, & x>0, \\ 0, & \text{其他}. \end{cases}$$

求 $Z=\dfrac{Y}{X}$ 的概率密度.

**【解析】**随机变量 $(X,Y)$ 的概率密度为

$$f(x,y) = \begin{cases} \mathrm{e}^{-(x+y)}, & x>0,y>0, \\ 0, & \text{其他}. \end{cases}$$

记 $D=\{(x,y)\,|\,x>0,y>0\}$，令 $z=\dfrac{y}{x}$，于是将区域转化为

$$D=\{(x,z)\,|\,x>0,z>0\}.$$

所以当 $z>0$ 时，

$$f_Z(z)=\int_0^{+\infty}\mathrm{e}^{-(z+1)x}\cdot x\mathrm{d}x=\frac{1}{(z+1)^2}.$$

当 $z\leqslant 0$ 时，$f_Z(z)=0$.

综上所述，随机变量 $Z$ 的概率密度为

$$f_Z(z)=\begin{cases}\dfrac{1}{(z+1)^2},&z>0,\\[2mm]0,&\text{其他}.\end{cases}$$

27. 设随机变量 $X,Y$ 相互独立. 它们都在区间 $(0,1)$ 上服从均匀分布. $A$ 是以 $X,Y$ 为边长的矩形的面积，求 $A$ 的概率密度.

【解析】随机变量 $X,Y$ 的概率密度分别为

$$f_X(x)=\begin{cases}1,&0<x<1,\\0,&\text{其他},\end{cases}\qquad f_Y(y)=\begin{cases}1,&0<y<1,\\0,&\text{其他}.\end{cases}$$

则随机变量 $(X,Y)$ 的概率密度为

$$f(x,y)=f_X(x)f_Y(y)=\begin{cases}1,&0<x<1,0<y<1,\\0,&\text{其他}.\end{cases}$$

令 $A=XY$，记 $D=\{(x,y)\,|\,0<x<1,0<y<1\}$，于是将区域转化为

$$D=\{(x,a)\,|\,0<x<1,0<a<x\}.$$

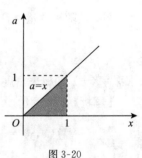

图 3-20

如图 3-20 所示的阴影部分区域. 该区域可以表示为

$$D=\{(x,a)\,|\,0<a<1,a<x<1\},$$

所以当 $0<a<1$ 时，

$$f_A(a)=\int_a^1\frac{1}{x}\mathrm{d}x=-\ln a.$$

综上所述，随机变量 $A$ 的概率密度为

$$f_A(a)=\begin{cases}-\ln a,&0<a<1,\\0,&\text{其他}.\end{cases}$$

28. 设 $X,Y$ 是相互独立的随机变量，它们都服从正态分布 $N(0,\sigma^2)$. 试验证随机变量 $Z=\sqrt{X^2+Y^2}$ 的概率密度为

$$f_Z(z)=\begin{cases}\dfrac{z}{\sigma^2}\mathrm{e}^{-\frac{z^2}{2\sigma^2}},&z\geqslant 0,\\[2mm]0,&\text{其他}.\end{cases}$$

我们称 $Z$ 服从参数为 $\sigma(\sigma>0)$ 的瑞利(Rayleigh)分布.

【证明】分布函数法.

随机变量 $Z$ 的取值范围为 $[0,+\infty)$，随机变量 $(X,Y)$ 的联合概率密度为

$$f(x,y)=\frac{1}{2\pi\sigma^2}\mathrm{e}^{-\frac{x^2+y^2}{2\sigma^2}},$$

$$F_Z(z)=P\{Z\leqslant z\}=P\{\sqrt{X^2+Y^2}\leqslant z\}=P\{X^2+Y^2\leqslant z^2\}.$$

当 $z<0$ 时，$F_Z(z)=0$；

当 $z \geqslant 0$ 时，

$$F_Z(z) = \iint\limits_{\sqrt{x^2+y^2} \leqslant z} \frac{1}{2\pi\sigma^2} \mathrm{e}^{-\frac{x^2+y^2}{2\sigma^2}} \mathrm{d}x\mathrm{d}y = \frac{1}{2\pi\sigma^2} \int_0^{2\pi} \mathrm{d}\theta \int_0^z r\mathrm{e}^{-\frac{r^2}{2\sigma^2}} \mathrm{d}r = 1 - \mathrm{e}^{-\frac{z^2}{2\sigma^2}}.$$

随机变量 $Z$ 的概率密度为

$$f_Z(z) = F_Z'(z) = \begin{cases} \dfrac{z}{\sigma^2} \mathrm{e}^{-\frac{z^2}{2\sigma^2}}, & z \geqslant 0, \\ 0, & \text{其他}. \end{cases}$$

所以 $Z$ 服从参数为 $\sigma(\sigma > 0)$ 的瑞利(Rayleigh)分布.

29. 设随机变量 $(X, Y)$ 的概率密度为

$$f(x, y) = \begin{cases} b\mathrm{e}^{-(x+y)}, & 0 < x < 1, 0 < y < +\infty, \\ 0, & \text{其他}. \end{cases}$$

(1) 试确定常数 $b$.

(2) 求边缘概率密度 $f_X(x), f_Y(y)$.

(3) 求函数 $U = \max\{X, Y\}$ 的分布函数.

【解析】(1) 由联合概率密度的性质可得 $\displaystyle\int_{-\infty}^{+\infty}\int_{-\infty}^{+\infty} f(x,y)\mathrm{d}x\mathrm{d}y = 1$，即

$$1 = b\int_0^1 \mathrm{e}^{-x}\mathrm{d}x \int_0^{+\infty} \mathrm{e}^{-y}\mathrm{d}y = b(1 - \mathrm{e}^{-1}),$$

所以
$$b = \frac{1}{1 - \mathrm{e}^{-1}}.$$

(2) $X$ 的边缘概率密度为

$$f_X(x) = \int_{-\infty}^{+\infty} f(x,y)\mathrm{d}y = \begin{cases} \displaystyle\int_0^{+\infty} \frac{1}{1-\mathrm{e}^{-1}} \mathrm{e}^{-(x+y)}\mathrm{d}y, & 0 < x < 1, \\ 0, & \text{其他} \end{cases}$$

$$= \begin{cases} \dfrac{\mathrm{e}^{-x}}{1-\mathrm{e}^{-1}}, & 0 < x < 1, \\ 0, & \text{其他}. \end{cases}$$

同理可得 $Y$ 的边缘概率密度为

$$f_Y(y) = \int_{-\infty}^{+\infty} f(x,y)\mathrm{d}x = \begin{cases} \displaystyle\int_0^1 \frac{1}{1-\mathrm{e}^{-1}} \mathrm{e}^{-(x+y)}\mathrm{d}x, & y > 0, \\ 0, & \text{其他} \end{cases}$$

$$= \begin{cases} \dfrac{\mathrm{e}^{-y}}{1-\mathrm{e}^{-1}} \displaystyle\int_0^1 \mathrm{e}^{-x}\mathrm{d}x, & y > 0, \\ 0, & \text{其他} \end{cases} = \begin{cases} \mathrm{e}^{-y}, & y > 0, \\ 0, & \text{其他}. \end{cases}$$

(3) $X$ 的分布函数为 $F_X(x) = \displaystyle\int_{-\infty}^x f_X(t)\mathrm{d}t$，于是

$$F_X(x) = \begin{cases} 0, & x \leqslant 0, \\ \dfrac{1-\mathrm{e}^{-x}}{1-\mathrm{e}^{-1}}, & 0 < x < 1, \\ 1, & x \geqslant 1. \end{cases}$$

$Y$ 的分布函数为 $F_Y(y) = \displaystyle\int_{-\infty}^y f_Y(t)\mathrm{d}t$，于是 $F_Y(y) = \begin{cases} 1-\mathrm{e}^{-y}, & y > 0, \\ 0, & \text{其他}. \end{cases}$

于是 $U = \max\{X,Y\}$ 的分布函数为

$$F_U(u) = F_X(u)F_Y(u) = \begin{cases} \dfrac{(1-e^{-u})^2}{1-e^{-1}}, & 0 < u < 1. \\ 1-e^{-u}, & u \geqslant 1, \\ 0, & \text{其他.} \end{cases}$$

30. 设某种型号的电子元件的寿命(以小时计)近似地服从正态分布 $N(160, 20^2)$，随机地选取 4 只，求其中没有一只寿命小于 180 小时的概率.

**【解析】** 记 $X$ 为随机抽取 4 只电子元件中寿命小于 180 小时的只数，$Y$ 为该型号电子元件的寿命，于是 $X \sim B(4,p)$，其中

$$p = P\{Y < 180\} = \Phi\left(\frac{180-160}{20}\right) = \Phi(1),$$

则其中没有一只寿命小于 180 小时的概率为 $P\{X=0\} = [1-\Phi(1)]^4 = (1-0.841\ 3)^4 = 0.000\ 63$.

31. 对某种电子装置的输出测量了 5 次，得到结果为 $X_1, X_2, X_3, X_4, X_5$. 设它们是相互独立的随机变量且都服从参数 $\sigma = 2$ 的瑞利分布.

(1) 求 $Z = \max\{X_1, X_2, X_3, X_4, X_5\}$ 的分布函数.

(2) 求 $P\{Z > 4\}$.

**【解析】**(1) 记 $X_i$ 的分布函数为 $F_i(x), i=1,2,3,4,5$，于是 $Z$ 的分布函数为

$$F_Z(z) = \prod_{i=1}^{5} F_i(z),$$

且 $F_i(z) = \begin{cases} 1-e^{-\frac{z^2}{8}}, & z \geqslant 0, \\ 0, & \text{其他,} \end{cases}$ 即得 $Z$ 的分布函数为 $F_Z(z) = \begin{cases} \left(1-e^{-\frac{z^2}{8}}\right)^5, & z \geqslant 0, \\ 0, & \text{其他.} \end{cases}$

(2) $P\{Z > 4\} = 1 - P\{Z \leqslant 4\} = 1 - F_Z(4) = 1 - (1-e^{-2})^5 = 0.516\ 7$.

32. 设随机变量 $X, Y$ 相互独立，且服从同一分布，试证明：

$$P\{a < \min\{X,Y\} \leqslant b\} = [P\{X > a\}]^2 - [P\{X > b\}]^2 \quad (a \leqslant b).$$

**【证明】** 记事件 $A = \{a < \min\{X,Y\} \leqslant b\}$，$B = \{\min\{X,Y\} \leqslant a\}$，$C = \{\min\{X,Y\} > b\}$，于是

$$\begin{aligned}
P\{a < \min\{X,Y\} \leqslant b\} &= P(A) = 1 - P(B) - P(C) \\
&= P(\overline{B}) - P(C) = P\{\min\{X,Y\} > a\} - P\{\min\{X,Y\} > b\} \\
&= P\{X > a, Y > a\} - P\{X > b, Y > b\} \\
&= [P\{X > a\}]^2 - [P\{X > b\}]^2, \quad a \leqslant b.
\end{aligned}$$

33. 设 $X, Y$ 是相互独立的随机变量，其分布律分别为

$$P\{X = k\} = p(k), k = 0, 1, 2, \cdots,$$
$$P\{Y = r\} = q(r), r = 0, 1, 2, \cdots.$$

证明随机变量 $Z = X + Y$ 的分布律为 $P\{Z = i\} = \displaystyle\sum_{k=0}^{i} p(k)q(i-k), i = 0, 1, 2, \cdots$.

**【证明】** 由题意知，$\{Z = i\} = \displaystyle\sum_{k=0}^{i}\{X = k, Y = i-k\}$，

又 $X, Y$ 相互独立，则

$$P\{Z = i\} = \sum_{k=0}^{i} P\{X = k, Y = i-k\} = \sum_{k=0}^{i} P\{X = k\} \cdot P\{Y = i-k\}$$

$$= \sum_{k=0}^{i} p(k)q(i-k), i = 0, 1, 2, \cdots.$$

34. 设 $X,Y$ 是相互独立的随机变量, $X\sim\pi(\lambda_1)$, $Y\sim\pi(\lambda_2)$. 证明

$$Z=X+Y\sim\pi(\lambda_1+\lambda_2).$$

【证明】若 $X\sim\pi(\lambda_1)$, $Y\sim\pi(\lambda_2)$, 则

$$P\{X=k\}=\frac{\lambda_1^k}{k!}\mathrm{e}^{-\lambda_1}, P\{Y=k\}=\frac{\lambda_2^k}{k!}\mathrm{e}^{-\lambda_2}.$$

所以

$$P\{Z=k\}=P\{X+Y=k\}=\sum_{i=0}^{k}P\{X=i\}\cdot P\{Y=k-i\}$$

$$=\sum_{i=0}^{k}\frac{\lambda_1^i}{i!}\mathrm{e}^{-\lambda_1}\frac{\lambda_2^{k-i}}{(k-i)!}\mathrm{e}^{-\lambda_2}=\frac{\mathrm{e}^{-(\lambda_1+\lambda_2)}}{k!}\sum_{i=0}^{k}\frac{k!}{i!(k-i)!}\lambda_1^i\lambda_2^{k-i}$$

$$=\frac{\mathrm{e}^{-(\lambda_1+\lambda_2)}}{k!}\sum_{i=0}^{k}C_k^i\lambda_1^i\lambda_2^{k-i}=\frac{(\lambda_1+\lambda_2)^k}{k!}\mathrm{e}^{-(\lambda_1+\lambda_2)}.$$

即 $Z=X+Y\sim\pi(\lambda_1+\lambda_2)$.

35. 设 $X,Y$ 是相互独立的随机变量, $X\sim b(n_1,p)$, $Y\sim b(n_2,p)$. 证明

$$Z=X+Y\sim b(n_1+n_2,p).$$

【证明】若 $X\sim b(n_1,p)$, $Y\sim b(n_2,p)$, 则

$$P\{X=k\}=C_{n_1}^k p^k(1-p)^{n_1-k}, P\{Y=k\}=C_{n_2}^k p^k(1-p)^{n_2-k}.$$

于是

$$P\{Z=k\}=P\{X+Y=k\}=\sum_{i=0}^{k}P\{X=i\}\cdot P\{Y=k-i\}$$

$$=\sum_{i=0}^{k}C_{n_1}^i p^i(1-p)^{n_1-i}C_{n_2}^{k-i}p^{k-i}(1-p)^{n_2-k+i}$$

$$=p^k(1-p)^{n_1+n_2-k}\sum_{i=0}^{k}C_{n_1}^i C_{n_2}^{k-i}=C_{n_1+n_2}^k p^k(1-p)^{n_1+n_2-k}.$$

即

$$Z=X+Y\sim b(n_1+n_2,p).$$

【注】$\sum_{i=0}^{k}C_{n_1}^i C_{n_2}^{k-i}=C_{n_1+n_2}^k$ 可用构造组合场景来证明. 假设抽屉中有两个方格, 分别有 $n_1,n_2$ 个小球, 从抽屉中取 $k$ 个球, 一方面是 $C_{n_1+n_2}^k$, 另一方面可以从 $n_1$ 个中取 $i$ 个, $n_2$ 个中取 $(k-i)$ 个, 而 $i$ 可以取 $0,1,\cdots,k$ 等值, 共有 $\sum_{i=0}^{k}C_{n_1}^i C_{n_2}^{k-i}$, 即得所证.

36. 设随机变量 $(X,Y)$ 的分布律为

| Y \\ X | 0 | 1 | 2 | 3 | 4 | 5 |
|---|---|---|---|---|---|---|
| 0 | 0.00 | 0.01 | 0.03 | 0.05 | 0.07 | 0.09 |
| 1 | 0.01 | 0.02 | 0.04 | 0.05 | 0.06 | 0.08 |
| 2 | 0.01 | 0.03 | 0.05 | 0.05 | 0.05 | 0.06 |
| 3 | 0.01 | 0.02 | 0.04 | 0.06 | 0.06 | 0.05 |

(1) 求 $P\{X=2|Y=2\}$, $P\{Y=3|X=0\}$.

(2) 求 $V=\max\{X,Y\}$ 的分布律.

(3) 求 $U=\min\{X,Y\}$ 的分布律.

(4) 求 $W=X+Y$ 的分布律.

【解析】(1) $P\{Y=2\}=0.25$, 于是

$$P\{X=2\,|\,Y=2\} = \frac{P\{X=2,Y=2\}}{P\{Y=2\}} = \frac{0.05}{0.25} = \frac{1}{5}.$$

又 $P\{X=0\}=0.03$，则

$$P\{Y=3\,|\,X=0\} = \frac{P\{X=0,Y=3\}}{P\{X=0\}} = \frac{0.01}{0.03} = \frac{1}{3}.$$

(2)$V=\max\{X,Y\}$ 的可能取值为 $0,1,2,3,4,5$，于是

$$P\{V=0\} = P\{X=0,Y=0\} = 0,$$

$$P\{V=1\} = P\{X=0,Y=1\} + P\{X=1,Y=0\} + P\{X=1,Y=1\} = 0.04,$$

$$P\{V=2\} = \sum_{i=0}^{2} P\{X=i,Y=2\} + \sum_{j=0}^{1} P\{X=2,Y=j\} = 0.16,$$

$$P\{V=3\} = \sum_{i=0}^{3} P\{X=i,Y=3\} + \sum_{j=0}^{2} P\{X=3,Y=j\} = 0.28,$$

$$P\{V=4\} = \sum_{j=0}^{3} P\{X=4,Y=j\} = 0.24,$$

$$P\{V=5\} = \sum_{j=0}^{3} P\{X=5,Y=j\} = 0.28.$$

即得 $V=\max\{X,Y\}$ 的概率分布律为

| $V$ | 0 | 1 | 2 | 3 | 4 | 5 |
|---|---|---|---|---|---|---|
| $p$ | 0 | 0.04 | 0.16 | 0.28 | 0.24 | 0.28 |

(3)$U=\min\{X,Y\}$ 的可能取值为 $0,1,2,3$，于是

$$P\{U=0\} = \sum_{i=0}^{5} P\{X=i,Y=0\} + \sum_{j=1}^{3} P\{X=0,Y=j\} = 0.28,$$

$$P\{U=1\} = \sum_{i=1}^{5} P\{X=i,Y=1\} + \sum_{j=2}^{3} P\{X=1,Y=j\} = 0.30,$$

$$P\{U=2\} = \sum_{i=2}^{5} P\{X=i,Y=2\} + P\{X=2,Y=3\} = 0.25,$$

$$P\{U=3\} = \sum_{i=3}^{5} P\{X=i,Y=3\} = 0.17.$$

即得 $U=\min\{X,Y\}$ 的概率分布律为

| $U$ | 0 | 1 | 2 | 3 |
|---|---|---|---|---|
| $p$ | 0.28 | 0.30 | 0.25 | 0.17 |

(4)$W=X+Y$ 的可能取值为 $0,1,2,3,4,5,6,7,8$.

$$P\{W=0\} = P\{X+Y=0\} = P\{X=0,Y=0\} = 0,$$

$$P\{W=1\} = P\{X+Y=1\} = \sum_{i=0}^{1} P\{X=i,Y=1-i\} = 0.02,$$

$$P\{W=2\} = P\{X+Y=2\} = \sum_{i=0}^{2} P\{X=i,Y=2-i\} = 0.06,$$

$$P\{W=3\} = P\{X+Y=3\} = \sum_{i=0}^{3} P\{X=i,Y=3-i\} = 0.13,$$

$$P\{W=4\}=P\{X+Y=4\}=\sum_{i=1}^{4}P\{X=i,Y=4-i\}=0.19,$$

$$P\{W=5\}=P\{X+Y=5\}=\sum_{i=2}^{5}P\{X=i,Y=5-i\}=0.24,$$

$$P\{W=6\}=P\{X+Y=6\}=\sum_{i=3}^{5}P\{X=i,Y=6-i\}=0.19,$$

$$P\{W=7\}=P\{X+Y=7\}=\sum_{i=4}^{5}P\{X=i,Y=7-i\}=0.12,$$

$$P\{W=8\}=P\{X+Y=8\}=P\{X=5,Y=3\}=0.05.$$

即得 $W=X+Y$ 的概率分布律为

| $W$ | 0 | 1 | 2 | 3 | 4 | 5 | 6 | 7 | 8 |
|---|---|---|---|---|---|---|---|---|---|
| $p$ | 0 | 0.02 | 0.06 | 0.13 | 0.19 | 0.24 | 0.19 | 0.12 | 0.05 |

## 经典例题选讲

**1. 二维离散型随机变量**

难点:联系随机试验,理解随机变量 $X$ 与 $Y$ 在试验中的具体含义,注重分析随机变量 $X$ 与 $Y$ 之间的联系.

联合分布律是二维离散型随机变量的"根本",是解决一切概率问题的前提.这里可将联合分布律看成一个数表 $\boldsymbol{P}=(p_{ij})$,称之为联合分布矩阵.

已知联合分布律,对联合分布矩阵行加或列加可得关于随机变量 $X$ 或 $Y$ 的边缘分布律;并非只有联合分布律已知才能求边缘分布律,某些情况下,在随机试验下根据随机变量的具体含义可以直接求出随机变量的边缘分布律.

条件分布律求法要紧扣条件概率的定义.若已知条件分布律反求联合分布律,实质是利用如下乘法公式:

如果已知 $P\{X=x_i\mid Y=y_j\}$ 和 $P\{Y=y_j\}>0$,则
$$P\{X=x_i,Y=y_j\}=P\{Y=y_j\}\cdot P\{X=x_i\mid Y=y_j\}.$$

**例1** 袋中有 1 只红球,1 只白球.作放回摸球,每次一球,连摸两次.记

$$X=\begin{cases}0,\text{第一次摸到红球,}\\1,\text{第一次摸到白球,}\end{cases}\quad Y=\begin{cases}0,\text{第二次摸到红球,}\\1,\text{第二次摸到白球.}\end{cases}$$

求 $(X,Y)$ 的联合分布律和边缘分布律.若将摸球方式改为不放回摸球,情况又如何?

**【解析】** 摸球方式为"放回摸球"情形下的联合分布律和边缘分布律如下表所示

| $X$ \ $Y$ | 0 | 1 | $p_{i.}$ |
|---|---|---|---|
| 0 | $\frac{1}{4}$ | $\frac{1}{4}$ | $\frac{1}{2}$ |
| 1 | $\frac{1}{4}$ | $\frac{1}{4}$ | $\frac{1}{2}$ |
| $p_{.j}$ | $\frac{1}{2}$ | $\frac{1}{2}$ | 1 |

摸球方式为"不放回摸球"情形下的联合分布律和边缘分布律如下表所示

| X \ Y | 0 | 1 | $p_{i.}$ |
|---|---|---|---|
| 0 | 0 | $\frac{1}{2}$ | $\frac{1}{2}$ |
| 1 | $\frac{1}{2}$ | 0 | $\frac{1}{2}$ |
| $p_{.j}$ | $\frac{1}{2}$ | $\frac{1}{2}$ | 1 |

**【注】** 观察上例中的"放回摸球"与"不放回摸球"这两种不同的试验,$(X,Y)$ 具有不同的联合分布律,但它们相应的边缘分布律却是一样的. 这一事实表明,对 $(X,Y)$ 中分量的边缘分布的讨论不能代替对 $(X,Y)$ 整体分布的讨论. 换句话说,虽然二维随机变量的联合分布完全决定了两个边缘分布,但反过来,一般地,$(X,Y)$ 的两个边缘分布却不能完全确定 $(X,Y)$ 的联合分布. 这正是必须把 $(X,Y)$ 作为一个整体来研究的理由. 也就是说,联合分布决定边缘分布,而边缘分布不能决定联合分布.

事实上,二维随机变量 $(X,Y)$ 的联合分布包含比边缘分布更多的内容. 上例中,在"不放回取球"中,$p_{ij}=P\{X=i,Y=j\}=P\{X=i\mid Y=j\}P\{Y=j\}$,而在"放回取球"中,事件 $\{X=i\}$ 和 $\{Y=j\}$ 是独立的,这时条件概率 $P\{X=i\mid Y=j\}=P\{X=i\}$,从而有:$p_{ij}=P\{X=i,Y=j\}=P\{X=i\}P\{Y=j\}$. 由上可见,尽管两种情形有着相同的边缘分布,却由于 $X$ 和 $Y$ 取值之间的相互关系不同而导致它们的联合分布律不同. 由此可知,$(X,Y)$ 的联合分布律还包含了 $X$ 和 $Y$ 之间相互关系的内容,这是它们的边缘分布所不能提供的. 因此对单个随机变量 $X$ 和 $Y$ 的研究不能代替对二维随机变量 $(X,Y)$ 的整体研究.

**例 2** 设随机变量 $X$ 与 $Y$ 同分布,$X$ 的概率分布为

| X | −1 | 0 | 1 |
|---|---|---|---|
| p | 0.1 | 0.5 | 0.4 |

且 $P\{XY=0\}=1$,求 $(X,Y)$ 的联合概率分布.

**【分析】** 已知 $X,Y$ 的分布,求 $X$ 和 $Y$ 的联合概率分布,只能利用条件 $P\{XY=0\}=1$. 直接利用这个条件不能得出所有的概率,这时可以采用逆事件进行处理.

**【解析】** $P\{XY=0\}=1$,则 $P\{XY\neq0\}=1-P\{XY=0\}=0$.

事件 $\{X=-1,Y=-1\},\{X=-1,Y=1\},\{X=1,Y=-1\},\{X=1,Y=1\}$ 是事件 $\{XY\neq0\}$ 的子事件,利用概率的性质,得到

$$P\{X=-1,Y=-1\}=P\{X=-1,Y=1\}=P\{X=1,Y=-1\}=P\{X=1,Y=1\}=0.$$

$(X,Y)$ 的联合概率分布为

| X \ Y | −1 | 0 | 1 |
|---|---|---|---|
| −1 | 0 | 0.1 | 0 |
| 0 | 0.1 | 0 | 0.4 |
| 1 | 0 | 0.4 | 0 |

**【注】** 求解随机变量概率的时候,关键是寻找等概率事件,所以第一步 $P\{XY=0\}=1$,$P\{XY\neq0\}=1-P\{XY=0\}=0$ 非常关键.

**例 3** 已知随机变量 $X$ 服从参数为 $0.4$ 的两点分布

| $X$ | 0 | 1 |
|---|---|---|
| $P\{X = x_i\}$ | 0.6 | 0.4 |

在 $X = 0$ 与 $X = 1$ 的条件下，$Y$ 的条件分布分别为

| $Y$ | 0 | 1 | 2 |
|---|---|---|---|
| $P\{Y \mid X = 0\}$ | 0.4 | 0.4 | 0.2 |

| $Y$ | 0 | 1 | 2 |
|---|---|---|---|
| $P\{Y \mid X = 1\}$ | 0.3 | 0.3 | 0.4 |

求：(1) $(X,Y)$ 的联合分布；(2) 在 $Y = 1$ 条件下，$X$ 的条件概率.

**【解析】**(1) 利用乘法公式得

$$P\{X = 0, Y = 0\} = P\{X = 0\}P\{Y = 0 \mid X = 0\} = 0.6 \times 0.4 = 0.24,$$

类似地，可得 $\quad P\{X = 0, Y = 1\} = 0.24, P\{X = 0, Y = 2\} = 0.12,$

$$P\{X = 1, Y = 0\} = 0.12, P\{X = 1, Y = 1\} = 0.12, P\{X = 1, Y = 2\} = 0.16.$$

整理得

| $X$ \ $Y$ | 0 | 1 | 2 | $P\{X = x_i\}$ |
|---|---|---|---|---|
| 0 | 0.24 | 0.24 | 0.12 | 0.6 |
| 1 | 0.12 | 0.12 | 0.16 | 0.4 |
| $P\{Y = y_i\}$ | 0.36 | 0.36 | 0.28 | |

(2) 利用乘法公式可得 $P\{X = 0 \mid Y = 1\} = \dfrac{P\{X = 0, Y = 1\}}{P\{Y = 1\}} = \dfrac{0.24}{0.36} = \dfrac{2}{3},$

$$P\{X = 1 \mid Y = 1\} = \frac{P\{X = 1, Y = 1\}}{P\{Y = 1\}} = \frac{0.12}{0.36} = \frac{1}{3}.$$

**例 4** 已知二维随机变量 $(X,Y)$ 的概率分布为

| $X$ \ $Y$ | $-1$ | 0 | 1 |
|---|---|---|---|
| $-1$ | 0.1 | $a$ | 0.1 |
| 1 | $b$ | 0.1 | $c$ |

且 $P\{X = 1\} = 0.5$，$X$ 与 $Y$ 不相关.

(1) 求未知参数 $a, b, c$；

(2) 事件 $A = \{X = 1\}$ 与 $B = \{\max\{X, Y\} = 1\}$ 是否独立，为什么？

(3) 随机变量 $X + Y$ 与 $X - Y$ 是否相关，是否独立？

**【解析】**(1) 应用联合分布、边缘分布关系及 $X$ 与 $Y$ 不相关求参数 $a, b, c$.

由于 $P\{X = 1\} = 0.5$，故 $P\{X = -1\} = 0.5, a = 0.5 - 0.1 - 0.1 = 0.3$，又 $X$ 与 $Y$ 不相关

$\Leftrightarrow E(XY) = EXEY$，其中 $EX = (-1) \times 0.5 + 1 \times 0.5 = 0.$

$XY$ 可能取值为 $-1, 0, 1$，且

$$P\{XY = -1\} = P\{X = -1, Y = 1\} + P\{X = 1, Y = -1\} = 0.1 + b,$$

$$P\{XY = 1\} = P\{X = 1, Y = 1\} + P\{X = -1, Y = -1\} = 0.1 + c,$$

$$P\{XY = 0\} = P\{X = -1, Y = 0\} + P\{X = 1, Y = 0\} = a + 0.1,$$

所以 $E(XY) = -0.1 - b + 0.1 + c = c - b$，由 $E(XY) = EXEY = 0 \Rightarrow c - b = 0, b = c$，又 $b + 0.1 + c = 0.5$，所以 $b = c = 0.2$.

(2) 由于 $A = \{X = 1\} \subset B = \{\max\{X, Y\} = 1\}, P(AB) = P(A) = 0.5, 0 < P(B) < 1$，又 $P(A)P(B) = 0.5P(B) < 0.5 = P(AB)$，即 $P(AB) \neq P(A)P(B)$，所以 $A$ 与 $B$ 不独立.

(3) **方法一**
$$\text{Cov}(X + Y, X - Y) = \text{Cov}(X, X) - \text{Cov}(X, Y) + \text{Cov}(Y, X) - \text{Cov}(Y, Y)$$
$$= DX - DY,$$
$$DX = E(X^2) - (EX)^2 = 1, EY = 0, DY = E(Y^2) - (EY)^2 = 0.6,$$

因为 $\text{Cov}(X + Y, X - Y) = 1 - 0.6 = 0.4 \neq 0$，所以 $X + Y$ 与 $X - Y$ 相关 $\Rightarrow X + Y$ 与 $X - Y$ 不独立.

**方法二** 我们也可以应用定义证明 $X + Y$ 与 $X - Y$ 不独立. 例如
$$P\{X + Y = 0, X - Y = 0\} = P\{X = -Y, X = Y\} = P\{\varnothing\} = 0,$$
而
$$P\{X + Y = 0\} = P\{X = -1, Y = 1\} + P\{X = 1, Y = -1\} = 0.1 + 0.2 = 0.3,$$
$$P\{X - Y = 0\} = P\{X = Y\} = P\{X = -1, Y = -1\} + P\{X = 1, Y = 1\} = 0.1 + 0.2 = 0.3,$$

所以 $P\{X + Y = 0, X - Y = 0\} \neq P\{X + Y = 0\} \cdot P\{X - Y = 0\}, X + Y$ 与 $X - Y$ 不独立.

**2. 二维连续型随机变量**

研究二维连续型随机变量的根本是研究联合概率密度，因为由联合概率密度我们可以得到边缘概率密度，进而可以得到条件概率密度，判断两个随机变量的独立性等问题.

边缘概率密度的求法，特别是变量的取值范围是本节的一个难点.

利用公式法求解已知联合密度求条件概率密度的问题是考试的重点，熟练计算过程. 事实上，条件概率密度 $f_{Y|X}(y \mid x)$ 在 $X = x_0$ 条件下是仅关于变元 $y$ 的一元函数，于是在 $X = x_0$ 条件下，求与随机变量 $Y$ 相关的概率可利用一维随机变量求概率方法求解. 对条件概率密度 $f_{X|Y}(x \mid y)$ 也是如此.

在已知边缘概率密度和条件概率密度条件下，利用变形的乘法公式
$$f(x, y) = f_X(x) \cdot f_{Y|X}(y \mid x), f(x, y) = f_Y(y) \cdot f_{X|Y}(x \mid y),$$
求解联合概率密度.

**例5** 设二维连续型随机变量 $(X, Y)$ 的联合分布函数为
$$F(x, y) = A\left(B + \arctan \frac{x}{2}\right)\left(C + \arctan \frac{y}{3}\right),$$
求：

(1) 系数 $A, B$ 及 $C$；

(2) $(X, Y)$ 的联合概率密度；

(3) $X, Y$ 的边缘分布函数及边缘概率密度，并判断随机变量 $X$ 与 $Y$ 是否独立；

(4) $P\{0 < X \leqslant 2\sqrt{3}, 0 < Y \leqslant 3\sqrt{3}\}$.

【解析】(1) 由分布函数的性质有：$F(+\infty, +\infty) = 1, F(x, -\infty) = 0, F(-\infty, y) = 0$，对任意 $x, y$，有
$$F(x, -\infty) = A\left(B + \arctan \frac{x}{2}\right)\left(C - \frac{\pi}{2}\right) = 0 \Rightarrow C = \frac{\pi}{2},$$
$$F(-\infty, y) = A\left(B - \frac{\pi}{2}\right)\left(C + \arctan \frac{y}{3}\right) = 0 \Rightarrow B = \frac{\pi}{2},$$
$$F(+\infty, +\infty) = A\left(B + \frac{\pi}{2}\right)\left(C + \frac{\pi}{2}\right) = 1 \Rightarrow A = \frac{1}{\pi^2}.$$

(2) $f(x, y) = \dfrac{\partial^2 F(x, y)}{\partial x \partial y} = \dfrac{6}{\pi^2(4 + x^2)(9 + y^2)}.$

(3)$F_X(x) = F(x, +\infty) = \dfrac{1}{\pi^2}\left(\dfrac{\pi}{2} + \arctan\dfrac{x}{2}\right)\left(\dfrac{\pi}{2} + \dfrac{\pi}{2}\right) = \dfrac{1}{\pi}\left(\dfrac{\pi}{2} + \arctan\dfrac{x}{2}\right),$

$F_Y(y) = F(+\infty, y) = \dfrac{1}{\pi^2}\left(\dfrac{\pi}{2} + \dfrac{\pi}{2}\right)\left(\dfrac{\pi}{2} + \arctan\dfrac{y}{3}\right) = \dfrac{1}{\pi}\left(\dfrac{\pi}{2} + \arctan\dfrac{y}{3}\right),$

$f_X(x) = F_X'(x) = \dfrac{2}{\pi(4+x^2)}, f_Y(y) = F_Y'(y) = \dfrac{3}{\pi(9+y^2)}.$

因为 $f_X(x)f_Y(y) = \dfrac{2}{\pi(4+x^2)}\dfrac{3}{\pi(9+y^2)} = f(x,y)$，所以 $X$ 与 $Y$ 独立.

(4) 由联合分布函数性质得到

$P\{0 < X \leqslant 2\sqrt{3}, 0 < Y \leqslant 3\sqrt{3}\}$

$= F(2\sqrt{3}, 3\sqrt{3}) - F(2\sqrt{3}, 0) - F(0, 3\sqrt{3}) + F(0, 0)$

$= \dfrac{1}{\pi^2}\left(\dfrac{\pi}{2} + \dfrac{\pi}{3}\right)\left(\dfrac{\pi}{2} + \dfrac{\pi}{3}\right) - \dfrac{1}{\pi^2}\left(\dfrac{\pi}{2} + \dfrac{\pi}{3}\right)\left(\dfrac{\pi}{2} + 0\right) - \dfrac{1}{\pi^2}\left(\dfrac{\pi}{2} + 0\right)\left(\dfrac{\pi}{2} + \dfrac{\pi}{3}\right) + \dfrac{1}{\pi^2}\left(\dfrac{\pi}{2}\right)\left(\dfrac{\pi}{2}\right)$

$= \dfrac{25}{36} - \dfrac{7}{12} = \dfrac{1}{9}.$

或者由联合密度函数得

$P\{0 < X \leqslant 2\sqrt{3}, 0 < Y \leqslant 3\sqrt{3}\} = \iint\limits_D f(x,y)\mathrm{d}x\mathrm{d}y = \int_0^{3\sqrt{3}}\mathrm{d}y\int_0^{2\sqrt{3}}\dfrac{6}{\pi^2(4+x^2)(9+y^2)}\mathrm{d}x = \dfrac{1}{9}.$

**例6** 随机变量 $(X,Y)$ 的联合概率密度为 $f(x,y) = \begin{cases} 6x^2, & 0 < y < 1, |x| < y, \\ 0, & \text{其他.} \end{cases}$ 求：

(1) $(X,Y)$ 的边缘概率密度 $f_X(x), f_Y(y)$；

(2) 条件概率密度 $f_{X|Y}(x \mid y)$ 和 $f_{Y|X}(y \mid x)$；

(3) $P\left\{-1 < X < \dfrac{1}{4} \mid Y = \dfrac{1}{2}\right\}.$

**【分析】** 题目给定连续型随机变量 $(X,Y)$ 的联合概率密度，根据联合概率密度求边缘概率密度，就是对另一个变量求在 $(-\infty, +\infty)$ 上的积分；第(2)问求条件概率密度，等于联合概率密度除以边缘概率密度. 第(3)问是比较新颖的题目.

**【解析】** (1) $X$ 的边缘概率密度为 $f_X(x) = \displaystyle\int_{-\infty}^{+\infty} f(x,y)\mathrm{d}y$，如图 3-21 所示.

当 $x \leqslant -1$ 或 $x \geqslant 1$ 时，$f_X(x) = 0$；

当 $-1 < x < 0$ 时，$f_X(x) = \displaystyle\int_{-x}^1 6x^2\mathrm{d}y = 6x^2(1+x)$；

当 $0 \leqslant x < 1$ 时，$f_X(x) = \displaystyle\int_x^1 6x^2\mathrm{d}y = 6x^2(1-x).$

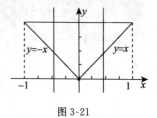

图 3-21

综上所述，$X$ 的边缘概率密度为

$$f_X(x) = \begin{cases} 6x^2(1+x), & -1 < x < 0, \\ 6x^2(1-x), & 0 \leqslant x < 1, \\ 0, & \text{其他.} \end{cases}$$

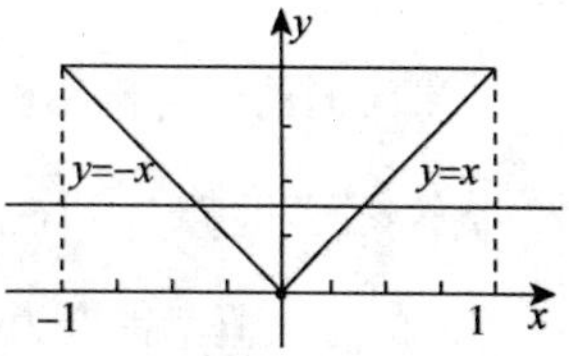

$Y$ 的边缘概率密度 $f_Y(y) = \displaystyle\int_{-\infty}^{+\infty} f(x,y)\mathrm{d}x$，如图 3-22 所示.

当 $y \leqslant 0$ 或 $y \geqslant 1$ 时，$f_Y(y) = 0$；

图 3-22

当 $0<y<1$ 时, $f_Y(x)=\displaystyle\int_{-y}^{y}6x^2\mathrm{d}x=4y^3$.

综上所述,$Y$ 的边缘概率密度为

$$f_Y(y)=\begin{cases}4y^3, & 0<y<1,\\ 0, & \text{其他}.\end{cases}$$

(2) 当 $0<y<1$ 时,

$$f_{X|Y}(x\mid y)=\frac{f(x,y)}{f_Y(y)}=\begin{cases}\dfrac{3x^2}{2y^3}, & -y<x<y,\\ 0, & \text{其他}.\end{cases}$$

当 $-1<x<0$ 时,

$$f_{Y|X}(y\mid x)=\frac{f(x,y)}{f_X(x)}=\frac{f(x,y)}{6x^2(1+x)}=\begin{cases}\dfrac{1}{1+x}, & x<y<1,\\ 0, & \text{其他}.\end{cases}$$

当 $0<x<1$ 时,

$$f_{Y|X}(y\mid x)=\frac{f(x,y)}{f_X(x)}=\frac{f(x,y)}{6x^2(1-x)}=\begin{cases}\dfrac{1}{1-x}, & x<y<1,\\ 0, & \text{其他}.\end{cases}$$

(3) 由(2) 知,$f_{X|Y}\left(x\,\middle|\,y=\dfrac{1}{2}\right)=\begin{cases}12x^2, & -\dfrac{1}{2}<x<\dfrac{1}{2},\\ 0, & \text{其他}.\end{cases}$

$$P\left\{-1<X<\frac{1}{4}\,\middle|\,Y=\frac{1}{2}\right\}=\int_{-1}^{\frac{1}{4}}f_{X|Y}\left(x\,\middle|\,y=\frac{1}{2}\right)\mathrm{d}x=\int_{-\frac{1}{2}}^{\frac{1}{4}}12x^2\mathrm{d}x=\frac{9}{16}.$$

**【注】**在根据联合概率密度求边缘概率密度和条件概率密度的时候,一定要注意确定变量的取值范围,特别是边缘概率密度的变量取值范围,最好通过作图,采用穿线法来确定. 请同学们考虑第(3)问为什么不能直接用条件概率定义计算.

**例 7** 设 $X\sim N\left(0,\dfrac{1}{2}\right)$,在 $X=x$ 的条件下 $Y$ 服从正态分布 $N\left(x,\dfrac{1}{2}\right)$,求 $Y$ 的概率密度.

**【分析】**已知边缘概率和条件概率,可求出联合概率,从而可以得到 $Y$ 的概率密度.

**【解析】**已知 $X\sim N\left(0,\dfrac{1}{2}\right)$,则 $X$ 的概率密度为

$$f_X(x)=\frac{1}{\sqrt{2\pi}\,\frac{1}{\sqrt{2}}}\mathrm{e}^{-\frac{x^2}{2\times\frac{1}{2}}}=\frac{1}{\sqrt{\pi}}\mathrm{e}^{-x^2},\quad -\infty<x<+\infty.$$

在 $X=x$ 的条件下,$Y$ 的条件概率密度为

$$f_{Y|X}(y\mid x)=\frac{1}{\sqrt{2\pi}\,\frac{1}{\sqrt{2}}}\mathrm{e}^{-\frac{(y-x)^2}{2\times\frac{1}{2}}}=\frac{1}{\sqrt{\pi}}\mathrm{e}^{-(y-x)^2},\quad -\infty<y<+\infty.$$

$X$ 与 $Y$ 的联合概率密度为

$$f(x,y)=f_X(x)f_{Y|X}(y\mid x)=\frac{1}{\pi}\mathrm{e}^{-(2x^2-2xy+y^2)},\quad -\infty<x<+\infty,\ -\infty<y<+\infty.$$

$Y$ 的边缘概率密度为

$$f_Y(y)=\int_{-\infty}^{+\infty}f(x,y)\mathrm{d}x=\int_{-\infty}^{+\infty}\frac{1}{\pi}\mathrm{e}^{-(2x^2-2xy+y^2)}\mathrm{d}x=\frac{1}{\pi}\int_{-\infty}^{+\infty}\mathrm{e}^{-2\left(x-\frac{1}{2}y\right)^2-\frac{1}{2}y^2}\mathrm{d}x$$

$$= \frac{1}{\sqrt{2\pi}} e^{-\frac{1}{2}y^2} \int_{-\infty}^{+\infty} \frac{1}{\sqrt{2\pi} \times \frac{1}{2}} e^{-\frac{(x-\frac{1}{2}y)^2}{2\times\frac{1}{4}}} dx = \frac{1}{\sqrt{2\pi}} e^{-\frac{1}{2}y^2}, (重点为积分)$$

即 $Y$ 服从标准正态分布 $N(0,1)$.

【注】若计算 $\int_{-\infty}^{+\infty} e^{ax^2+bx+c} dx$ 形式的积分,可将被积函数凑成正态分布的概率密度的形式,利用正态分布的概率密度的性质来计算.

**例 8**　设随机变量 $(X,Y)$ 的联合概率密度为 $f(x,y) = \begin{cases} cxe^{-y}, & 0 < x < y < +\infty, \\ 0, & 其他. \end{cases}$ 求:

(1) 常数 $c$;

(2) 关于 $X$ 和关于 $Y$ 的边缘概率密度;

(3) $f_{X|Y}(x \mid y)$, $f_{Y|X}(y \mid x)$;

(4) $(X,Y)$ 的联合分布函数;

(5) $Z = X + Y$ 的概率密度;

(6) $Z_1 = \max\{X,Y\}$ 和 $Z_2 = \min\{X,Y\}$ 的概率密度;

(7) $P\{X+Y<1\}$.

**【解析】**(1) 由题意知,　　　　　　$\int_0^{+\infty} dy \int_0^y cxe^{-y} dx = 1$,

即　　　　$c \int_0^{+\infty} e^{-y} dy \int_0^y x dx = \frac{c}{2} \int_0^{+\infty} y^2 e^{-y} dy = \frac{c}{2} \Gamma(3) = \frac{c}{2} \times 2! = c = 1.$

(2)　　　　　　　$f_X(x) = \begin{cases} \int_x^{+\infty} xe^{-y} dy = xe^{-x}, & x \geqslant 0, \\ 0, & x < 0, \end{cases}$

$$f_Y(y) = \begin{cases} \int_0^y xe^{-y} dx = \frac{1}{2} y^2 e^{-y}, & y \geqslant 0, \\ 0, & y < 0. \end{cases}$$

(3)　　　　　$f_{X|Y}(x \mid y) = \frac{f(x,y)}{f_Y(y)} = \begin{cases} \dfrac{2x}{y^2}, & 0 < x < y < +\infty, \\ 0, & 其他. \end{cases}$

$$f_{Y|X}(y \mid x) = \frac{f(x,y)}{f_X(x)} = \begin{cases} e^{x-y}, & 0 < x < y < +\infty, \\ 0, & 其他. \end{cases}$$

(4) 当 $x < 0$ 或 $y < 0$ 时,$F(x,y) = P\{X \leqslant x, Y \leqslant y\} = 0$;

当 $0 \leqslant y < x < +\infty$ 时,$F(x,y) = P\{X \leqslant x, Y \leqslant y\} = 0$;

当 $0 \leqslant x < y < +\infty$ 时,$F(x,y) = P\{X \leqslant x, Y \leqslant y\} = \int_0^x du \int_u^y ue^{-v} dv$

$$= \int_0^x u(e^{-u} - e^{-y}) du = 1 - (x+1)e^{-x} - \frac{1}{2} x^2 e^{-y}.$$

则 $(X,Y)$ 的联合分布函数为 $F(x,y) = \begin{cases} 0, & 其他, \\ 1 - (x+1)e^{-x} - \dfrac{1}{2} x^2 e^{-y}, & 0 \leqslant x < y < +\infty. \end{cases}$

(5) **方法一**　　直接用公式 $f_Z(z) = \int_{-\infty}^{+\infty} f(x, z-x) dx.$

当 $z \geqslant 0$ 时,$f_Z(z) = \int_0^{\frac{z}{2}} x\mathrm{e}^{-(z-x)}\mathrm{d}x = \mathrm{e}^{-z}\int_0^{\frac{z}{2}} x\mathrm{e}^x\mathrm{d}x = \mathrm{e}^{-z} + \left(\frac{z}{2} - 1\right)\mathrm{e}^{-\frac{z}{2}}$,

当 $z < 0$ 时,$f_Z(z) = 0$.

因此 $f_Z(z) = \begin{cases} \mathrm{e}^{-z} + \left(\dfrac{z}{2} - 1\right)\mathrm{e}^{-\frac{z}{2}}, & z \geqslant 0, \\ 0, & z < 0. \end{cases}$

**方法二** 先求分布函数 $F_Z(z) = \int_0^{\frac{z}{2}}\mathrm{d}x\int_x^{z-x} x\mathrm{e}^{-y}\mathrm{d}y = 1 - \mathrm{e}^{-z} - z\mathrm{e}^{-\frac{z}{2}}$,对分布函数求导同样得到相应的概率密度.

(6) 先求 $Z_1 = \max\{X, Y\}$ 的分布函数.

当 $z \geqslant 0$ 时,$F_{Z_1}(z) = P\{Z_1 \leqslant z\} = P\{X \leqslant z, Y \leqslant z\} = \int_0^z \mathrm{d}x\int_x^z x\mathrm{e}^{-y}\mathrm{d}y$

$$= \int_0^z x(\mathrm{e}^{-x} - \mathrm{e}^{-z})\mathrm{d}x = 1 - \left(\frac{1}{2}z^2 + z + 1\right)\mathrm{e}^{-z}.$$

即 $F_{Z_1}(z) = \begin{cases} 1 - \left(\dfrac{1}{2}z^2 + z + 1\right)\mathrm{e}^{-z}, & z \geqslant 0, \\ 0, & z < 0, \end{cases}$ 则 $f_{Z_1}(z) = \begin{cases} \dfrac{1}{2}z^2\mathrm{e}^{-z}, & z \geqslant 0, \\ 0, & z < 0. \end{cases}$

再求 $Z_2 = \min\{X, Y\}$ 的分布函数.

当 $z \geqslant 0$ 时,$F_{Z_2}(z) = P\{Z_2 \leqslant z\} = 1 - P\{Z_2 > z\} = 1 - P\{X > z, Y > z\}$

$$= 1 - \int_z^{+\infty}\mathrm{d}y\int_z^y x\mathrm{e}^{-y}\mathrm{d}x = 1 - \int_z^{+\infty}\mathrm{e}^{-y}\frac{1}{2}(y^2 - z^2)\mathrm{d}y$$

$$= 1 - \frac{1}{2}\int_z^{+\infty} y^2\mathrm{e}^{-y}\mathrm{d}y + \frac{1}{2}z^2\int_z^{+\infty}\mathrm{e}^{-y}\mathrm{d}y = 1 - \left(\frac{1}{2}z^2 + z + 1\right)\mathrm{e}^{-z} + \frac{1}{2}z^2\mathrm{e}^{-z}$$

$$= 1 - (z + 1)\mathrm{e}^{-z},$$

则 $$f_{Z_2}(z) = \begin{cases} z\mathrm{e}^{-z}, & z \geqslant 0, \\ 0, & z < 0. \end{cases}$$

(7) $$P\{X + Y \leqslant 1\} = \int_0^{\frac{1}{2}}\mathrm{d}x\int_x^{1-x} x\mathrm{e}^{-y}\mathrm{d}y = \int_0^{\frac{1}{2}} x(\mathrm{e}^{-x} - \mathrm{e}^{-1+x})\mathrm{d}x$$

$$= \int_0^{\frac{1}{2}} x\mathrm{e}^{-x}\mathrm{d}x - \mathrm{e}^{-1}\int_0^{\frac{1}{2}} x\mathrm{e}^x\mathrm{d}x = 1 - \mathrm{e}^{-\frac{1}{2}} - \mathrm{e}^{-1},$$

或直接代入 $X + Y$ 的分布函数公式 $P\{X + Y \leqslant z\} = 1 - \mathrm{e}^{-z} - z\mathrm{e}^{-\frac{z}{2}}$,

则有 $$P\{X + Y \leqslant 1\} = 1 - \mathrm{e}^{-1} - \mathrm{e}^{-\frac{1}{2}}.$$

【注】本题是个很好的综合题,几乎包含本章所有的重要考点.

**3. 常见二维分布:二维均匀分布与二维正态分布**

二维均匀分布背景是平面上的几何概型;二维正态分布做题的主要思想是降维(通过性质化为一维).

**例9** 设二维随机变量 $(X, Y)$ 在区域 $D = \{(x, y) \mid 0 < x < 1, |y| < x\}$ 上服从均匀分布,则 $P\{X + Y \leqslant 1\} = \underline{\qquad}$.

【分析】根据题意,首先写出均匀分布的密度函数,然后积分计算概率.

【解析】$f(x, y) = \begin{cases} 1, & (x, y) \in D, \\ 0, & \text{其他}. \end{cases}$

$$P\{X+Y\leqslant 1\}=\iint\limits_{x+y\leqslant 1}f(x,y)\mathrm{d}x\mathrm{d}y=1-\int_{\frac{1}{2}}^{1}\mathrm{d}x\int_{1-x}^{x}1\mathrm{d}y=\frac{3}{4}.$$

【注】这类考题,考查的重点仍是二重积分,需要先准确作出积分区域.

**例 10** 设 $(X,Y)\sim N(\mu,\mu,\sigma^2,\sigma^2,0)$,则 $P\{X<Y\}=$ _____.

【解析】**方法一** $P\{X<Y\}=\iint\limits_{x<y}\dfrac{1}{2\pi\sigma^2}\mathrm{e}^{-\frac{1}{2\sigma^2}\left[(x-\mu)^2+(y-\mu)^2\right]}\mathrm{d}x\mathrm{d}y,$

用极坐标变换 $\begin{cases}x-\mu=\rho\cos\theta,\\ y-\mu=\rho\sin\theta,\end{cases}$ 上式化为

$$P\{X<Y\}=\frac{1}{2\pi\sigma^2}\int_{\frac{\pi}{4}}^{\frac{5\pi}{4}}\mathrm{d}\theta\int_{0}^{+\infty}\mathrm{e}^{-\frac{\rho^2}{2\sigma^2}}\rho\mathrm{d}\rho=\frac{1}{2}.$$

**方法二** 如果把 $P\{X<Y\}$ 化成 $P\{X-Y<0\}$,由二维正态分布的性质知 $X-Y\sim N(0,2\sigma^2)$,由对称性知 $P\{X-Y<0\}=\dfrac{1}{2}.$

【注】显然利用"降维"思想的方法二比较简单.

**例 11** 设 $(X,Y)\sim N\left(1,2,1,4,-\dfrac{1}{2}\right)$,且 $P\{aX+bY\leqslant 1\}=\dfrac{1}{2}$,则( ).

(A)$a=\dfrac{1}{2},b=-\dfrac{1}{4}$ 　　　　　　　　(B)$a=\dfrac{1}{4},b=-\dfrac{1}{2}$

(C)$a=-\dfrac{1}{4},b=\dfrac{1}{2}$ 　　　　　　　　(D)$a=\dfrac{1}{2},b=\dfrac{1}{4}$

【分析】根据题意,这是一个二维正态分布性质的问题,两个正态分布的线性组合仍服从正态分布. 只需要计算期望不需要计算方差.

【解析】因为 $(X,Y)\sim N\left(1,2,1,4,-\dfrac{1}{2}\right)$,所以 $a+2b=1$,选(D).

【注】遇到二维正态分布,考虑性质,转化为一维正态分布.

**4. 二维随机变量函数的分布**

(1) 二维离散性随机变量函数的分布,关键是取值和对应的概率;

(2) 二维连续型随机变量函数的分布,特殊函数可以用公式法,一般使用分布函数法;

(3) 二维混合(离散＋连续)问题,只能对离散型变量进行全集分解,利用全概率公式.

**例 12** 二维离散型随机变量 $(X,Y)$ 的概率分布为

| X＼Y | $-1$ | $1$ |
|------|------|-----|
| 0 | 0.4 | 0.4 |
| 1 | 0.1 | 0.1 |

设随机变量 $U=X^2$, $V=|Y|+X$,求 $(U,V)$ 的概率分布.

【分析】这是离散型随机变量的函数的分布问题,做这类题的时候,首先需要确定随机变量 $(X,Y)$ 的函数 $(U,V)$ 的可能取值,然后根据等概率事件分解计算.

【解析】$(U,V)$ 的所有可能取值为 $(0,1)(0,2)(1,1)(1,2)$.

下面用事件分解法求 $(U,V)$ 取各值的概率.

$$P\{U=0,V=1\}=P\{X^2=0,|Y|+X=1\}=P\{X=0,|Y|+X=1\}$$
$$=P\{X=0,|Y|=1\}=P\{X=0,Y=1\}+P\{X=0,Y=-1\}$$
$$=0.4+0.4=0.8,$$
$$P\{U=0,V=2\}=P\{X=0,|Y|+X=2\}=P\{X=0,|Y|=2\}=P(\varnothing)=0,$$
$$P\{U=1,V=1\}=P\{X=1,|Y|+X=1\}=P\{X=1,|Y|=0\}=P(\varnothing)=0,$$
$$P\{U=1,V=2\}=P\{X=1,|Y|+X=2\}=P\{X=1,|Y|=1\}$$
$$=P\{X=1,Y=1\}+P\{X=1,Y=-1\}=0.2.$$

综上所述,$(U,V)$ 的概率分布为

| U \ V | 1 | 2 |
|---|---|---|
| 0 | 0.8 | 0 |
| 1 | 0 | 0.2 |

【注】$P\{X=0,|Y|+X=1\}=P\{\{X=0\}\bigcap\{|Y|+X=1\}\}$
$$=P\{X=0,|Y|+0=1\}=P\{X=0,|Y|=1\},$$
这是本题的关键.

**例13** 设随机变量 $X,Y$ 相互独立,$X$ 服从区间 $(0,1)$ 上的均匀分布,$Y$ 服从参数为 $\dfrac{1}{2}$ 的指数分布,求 $Z=X-Y$ 的概率密度 $f_Z(z)$.

【分析】根据题意随机变量 $X,Y$ 相互独立,我们可以求得 $(X,Y)$ 的联合概率密度,根据 $(X,Y)$ 的联合概率密度,我们可以求二维随机变量的函数 $Z$ 的分布函数,然后求导得概率密度.

【解析】$(X,Y)$ 的联合概率密度为

$$f(x,y)=f_X(x)f_Y(y)=\begin{cases}\dfrac{1}{2}e^{-\frac{y}{2}}, & 0<x<1,y>0,\\[2mm] 0, & 其他.\end{cases}$$

当 $z<0$ 时,$F_Z(z)=P\{X-Y\leqslant z\}=\displaystyle\int_0^1 dx\int_{x-z}^{+\infty}\dfrac{1}{2}e^{-\frac{y}{2}}dy=2(1-e^{-\frac{1}{2}})e^{\frac{z}{2}}$,

当 $0\leqslant z<1$ 时,$F_Z(z)=P\{X-Y\leqslant z\}=1-\displaystyle\int_z^1 dx\int_0^{x-z}\dfrac{1}{2}e^{-\frac{y}{2}}dy=z+2-2e^{\frac{z-1}{2}}$,

当 $1\leqslant z$ 时,$F_Z(z)=1$.

$Z=X-Y$ 的分布函数为

$$F_Z(z)=\begin{cases}2(1-e^{-\frac{1}{2}})e^{\frac{z}{2}}, & z<0,\\[2mm] z+2-2e^{\frac{z-1}{2}}, & 0\leqslant z<1,\\[2mm] 0, & 1\leqslant z.\end{cases}$$

$Z=X-Y$ 的概率密度为

$$f_Z(z)=F_Z'(z)=\begin{cases}(1-e^{-\frac{1}{2}})e^{\frac{z}{2}}, & z<0,\\[2mm] 1-e^{\frac{z-1}{2}}, & 0\leqslant z<1,\\[2mm] 0, & 其他.\end{cases}$$

【注】本题积分时可以画图,结合图形确定积分区域.

**例 14**　已知随机变量 $X,Y$ 相互独立,$X$ 服从标准正态分布,$Y$ 的概率分布为

| $Y$ | $-1$ | $1$ |
|---|---|---|
| $p$ | $\dfrac{1}{4}$ | $\dfrac{3}{4}$ |

求 $Z = XY$ 的概率密度 $f_Z(z)$.

【分析】要求 $Z$ 的密度函数,先求 $Z$ 的分布函数,根据定义求 $Z$ 的分布函数的时候,将离散型变量 $Y$ 的可能取值看作完备事件组,用全概率公式分解写出等概率事件,根据 $X$ 的分布函数可以写出 $Z$ 的分布函数,然后求导得 $Z$ 的概率密度.

【解析】设 $Z = XY$ 的分布函数为 $F_Z(z)$,则

$$F_Z(z) = P\{Z \leqslant z\} = P\{XY \leqslant z\} = P\{XY \leqslant z,Y =-1\} + P\{XY \leqslant z,Y = 1\}$$

$$= P\{-X \leqslant z,Y =-1\} + P\{X \leqslant z,Y = 1\} = \frac{1}{4}\Phi(z) + \frac{3}{4}\Phi(z) = \Phi(z).$$

$Z = XY$ 的概率密度为 $f_Z(z) = \dfrac{1}{\sqrt{2\pi}} \mathrm{e}^{-\frac{1}{2}z^2}$,$z \in \mathbf{R}$.

【注】离散和连续型变量结合来考查,是近几年很热门的命题点. 在做这类习题的时候,往往需要将离散型变量的可能取值看作完备事件组,用全概率公式,将离散型变量的取值带入,根据另一个连续型变量的分布函数的特征来求解变量 $Z$ 的分布函数.

# 第四章 随机变量的数字特征

## 章节同步导学

| 章节 | 教材内容 | 考纲要求 | 必做例题 | 必做习题(P113-118) |
|---|---|---|---|---|
| §4.1 数学期望 | 离散型和连续型随机变量数学期望的定义和计算公式 | 理解【重点】 | 例2,4 | 习题4,6 |
| | 随机变量函数的数学期望的求解方法(离散型、连续型,二维随机变量) | 会【重点】(P95 定理结论记住,证明不要求) | 例9,10,11 | 习题7,8,9 |
| | 数学期望的性质 | 会 | 例12,13 | 习题10,13,15,16 |
| | 常见分布的数学期望 | 掌握【重点】(需要记住) | 例6,7 | |
| §4.2 方差 | 方差、标准差的定义公式 | 理解 | 公式(2.1) | 习题20 |
| | 离散型和连续型随机变量方差的计算公式 | 理解 | 公式(2.2),(2.3) | |
| | 方差的等价计算 | 掌握【重点】 | 公式(2.4) | |
| | 常用分布的方差 | 掌握【重点】(需要记住) | 例1~5 | |
| | 方差的性质 | 掌握 | 例6,7 | |
| | 独立正态变量线性组合的数学期望和方差 | 掌握【重点】 | 例8,公式(2.8) | 习题22 |
| | 切比雪夫不等式 | 了解 | P105 证明要看 | 习题36 |
| §4.3 协方差及相关系数 | 协方差的定义、计算公式、协方差的性质 | 理解【重点】 | | 习题26 |
| | 相关系数的定义、性质,不相关的定义 | 理解【重点】 | P107,P108 性质、定理推导不要求 | 习题32,34 |
| | 不相关和相互独立的区别和联系 | 理解【重点、难点】(二维正态时独立与不相关等价) | 例1,2 | 习题28,29,30 |
| §4.4 矩、协方差矩阵 | $k$ 阶原点矩、$k$ 阶中心矩的定义 | 理解(记住1、2阶原点矩、中心距即可,协方差矩阵考研不作要求) | | |
| | $n$ 维正态随机变量的四条重要性质 | 理解二维情况下结论即可 | | |

## 知识结构网图

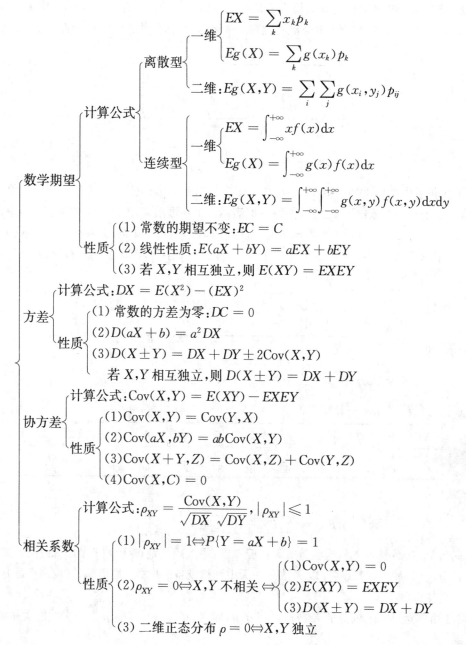

$$数学期望 \begin{cases} 计算公式 \begin{cases} 离散型 \begin{cases} 一维 \begin{cases} EX = \sum_k x_k p_k \\ Eg(X) = \sum_k g(x_k) p_k \end{cases} \\ 二维: Eg(X,Y) = \sum_i \sum_j g(x_i, y_j) p_{ij} \end{cases} \\ 连续型 \begin{cases} 一维 \begin{cases} EX = \int_{-\infty}^{+\infty} x f(x) \mathrm{d}x \\ Eg(X) = \int_{-\infty}^{+\infty} g(x) f(x) \mathrm{d}x \end{cases} \\ 二维: Eg(X,Y) = \int_{-\infty}^{+\infty} \int_{-\infty}^{+\infty} g(x,y) f(x,y) \mathrm{d}x\mathrm{d}y \end{cases} \end{cases} \\ 性质 \begin{cases} (1) 常数的期望不变: EC = C \\ (2) 线性性质: E(aX + bY) = aEX + bEY \\ (3) 若 X, Y 相互独立, 则 E(XY) = EXEY \end{cases} \end{cases}$$

$$方差 \begin{cases} 计算公式: DX = E(X^2) - (EX)^2 \\ 性质 \begin{cases} (1) 常数的方差为零: DC = 0 \\ (2) D(aX + b) = a^2 DX \\ (3) D(X \pm Y) = DX + DY \pm 2\mathrm{Cov}(X,Y) \\ \quad 若 X, Y 相互独立, 则 D(X \pm Y) = DX + DY \end{cases} \end{cases}$$

$$协方差 \begin{cases} 计算公式: \mathrm{Cov}(X,Y) = E(XY) - EXEY \\ 性质 \begin{cases} (1) \mathrm{Cov}(X,Y) = \mathrm{Cov}(Y,X) \\ (2) \mathrm{Cov}(aX, bY) = ab\mathrm{Cov}(X,Y) \\ (3) \mathrm{Cov}(X+Y, Z) = \mathrm{Cov}(X,Z) + \mathrm{Cov}(Y,Z) \\ (4) \mathrm{Cov}(X,C) = 0 \end{cases} \end{cases}$$

$$相关系数 \begin{cases} 计算公式: \rho_{XY} = \dfrac{\mathrm{Cov}(X,Y)}{\sqrt{DX}\sqrt{DY}}, |\rho_{XY}| \leqslant 1 \\ 性质 \begin{cases} (1) |\rho_{XY}| = 1 \Leftrightarrow P\{Y = aX + b\} = 1 \\ (2) \rho_{XY} = 0 \Leftrightarrow X, Y 不相关 \Leftrightarrow \begin{cases} (1) \mathrm{Cov}(X,Y) = 0 \\ (2) E(XY) = EXEY \\ (3) D(X \pm Y) = DX + DY \end{cases} \\ (3) 二维正态分布 \rho = 0 \Leftrightarrow X, Y 独立 \end{cases} \end{cases}$$

## 课后习题全解

1.(1)在下列句子中随机地抽取一个单词,以 $X$ 表示取到的单词所包含的字母个数,写出 $X$ 的分布律并求 $EX$.

"THE GIRL PUT ON HER BEAUTIFUL RED HAT".

(2)在上述句子的 30 个字母中随机地抽取一个字母,以 $Y$ 表示取到的字母所在单词所包含的字母数,写出 $Y$ 的分布律并求 $EY$.

(3)一个人掷骰子,如得 6 点则掷第 2 次,此时得分为 6+第二次得到的点数;否则得分为他第一次掷得的点数,且不能再掷,求得分 $X$ 的分布律及 $EX$.

**【解析】**(1)随机变量 $X$ 的可能取值为 $2,3,4,9$. 在这个句子中共有 8 个单词,其中 1 个单词含有 2 个字母,5 个单词含有 3 个字母,1 个单词含有 4 个字母,1 个单词含有 9 个字母,于是 $X$ 的分布律为

| $X$ | 2 | 3 | 4 | 9 |
|-----|---|---|---|---|
| $p$ | $\frac{1}{8}$ | $\frac{5}{8}$ | $\frac{1}{8}$ | $\frac{1}{8}$ |

利用公式法可得

$$EX = 2 \times \frac{1}{8} + 3 \times \frac{5}{8} + 4 \times \frac{1}{8} + 9 \times \frac{1}{8} = \frac{15}{4}.$$

(2)上述句子中含有 30 个字母,$Y$ 的可能取值为 $2,3,4,9$. 事件 $\{Y=2\}$ 表示 2 个字母单词,上述句子中含有 1 个单词字母数为 2 个;事件 $\{Y=3\}$ 表示 3 个字母单词,上述句子中含有 5 个单词,共含有 15 个字母;事件 $\{Y=4\}$ 表示 4 个字母单词,上述句子中含有 1 个单词,共含有 4 个字母;事件 $\{Y=9\}$ 表示 9 个字母单词,上述句子中含有 1 个单词,共含有 9 个字母,于是 $Y$ 的分布律为

| $Y$ | 2 | 3 | 4 | 9 |
|-----|---|---|---|---|
| $p$ | $\frac{2}{30}$ | $\frac{15}{30}$ | $\frac{4}{30}$ | $\frac{9}{30}$ |

利用公式法可得

$$EY = 2 \times \frac{2}{30} + 3 \times \frac{15}{30} + 4 \times \frac{4}{30} + 9 \times \frac{9}{30} = \frac{73}{15}.$$

(3)根据题意求解得 $X$ 的分布律为

| $X$ | 1 | 2 | 3 | 4 | 5 | 7 | 8 | 9 | 10 | 11 | 12 |
|-----|---|---|---|---|---|---|---|---|----|----|----|
| $p$ | $\frac{1}{6}$ | $\frac{1}{6}$ | $\frac{1}{6}$ | $\frac{1}{6}$ | $\frac{1}{6}$ | $\frac{1}{36}$ | $\frac{1}{36}$ | $\frac{1}{36}$ | $\frac{1}{36}$ | $\frac{1}{36}$ | $\frac{1}{36}$ |

利用公式法可得

$$EX = \sum_{i=1}^{5} i \times \frac{1}{6} + \sum_{i=7}^{12} i \times \frac{1}{36} = \frac{49}{12}.$$

2. 某产品的次品率为 0.1,检验员每天检验 4 次,每次随机地取 10 件产品进行检验,如发现其中的次品数多于 1,就去调整设备. 以 $X$ 表示一天中调整设备的次数,试求 $EX$.(设诸产品是否为次品是相互独立的.)

**【解析】**由题意可知随机变量 $X$ 服从二项分布,即 $X \sim b(4,p)$,其中 $p$ 为每次抽检次品数多于 1 的概率,则

$$p = P\{X > 1\} = 1 - P\{X = 0\} - P\{X = 1\}$$
$$= 1 - 0.9^{10} - C_{10}^{1} \times 0.1 \times 0.9^{9} = 0.263\ 9,$$

所以

$$EX = 4p = 1.055\ 6.$$

3. 有 3 只球,4 个盒子,盒子的编号为 $1,2,3,4$. 将球逐个独立地、随机地放入 4 个盒子中去. 以 $X$ 表示其中至少有一只球的盒子的最小号码(例如 $X=3$ 表示第 1 号、第 2 号盒子是空的,第 3 个盒子至少放了一只球),求 $EX$.

**【解析】**$X$ 的可能取值为 $1,2,3,4$. 3 只球放入 4 个盒子中,共有 $4^3 = 64$ 种放法.

事件$\{X=1\}$等价于第 1 号盒中至少有 1 只球，于是共有 $C_3^1 \times 3 \times 3 + C_3^2 \times 3 + C_3^3 = 37$ 种放法，即 $P\{X=1\}=\dfrac{37}{64}$；事件$\{X=2\}$等价于第 2 号盒中至少有 1 只球，第 1 号盒中没有球，于是共有 $C_3^1 \times 2 \times 2 + C_3^2 \times 2 + C_3^3 = 19$ 种放法，即 $P\{X=2\}=\dfrac{19}{64}$；事件$\{X=3\}$等价于第 3 号盒中至少有 1 只球，第 1,2 号盒中没有球，于是共有 $C_3^1 \times 1 \times 1 + C_3^2 \times 1 + C_3^3 = 7$ 种放法，即 $P\{X=3\}=\dfrac{7}{64}$；事件$\{X=4\}$等价于第 4 号盒中装有 3 只球，于是共有 $C_3^3 = 1$ 种放法，即 $P\{X=4\}=\dfrac{1}{64}$. 于是 $X$ 的分布律为

| $X$ | 1 | 2 | 3 | 4 |
|---|---|---|---|---|
| $p$ | $\dfrac{37}{64}$ | $\dfrac{19}{64}$ | $\dfrac{7}{64}$ | $\dfrac{1}{64}$ |

所以 $EX = 1 \times \dfrac{37}{64} + 2 \times \dfrac{19}{64} + 3 \times \dfrac{7}{64} + 4 \times \dfrac{1}{64} = \dfrac{100}{64} = \dfrac{25}{16}$.

4.(1)设随机变量 $X$ 的分布律为 $P\left\{X=(-1)^{j+1}\dfrac{3^j}{j}\right\}=\dfrac{2}{3^j}$，$j=1,2,\cdots$，说明 $X$ 的数学期望不存在.

(2)一盒中装有一只黑球，一只白球，作摸球游戏，规则如下：一次从盒中随机摸一只球，若摸到白球，则游戏结束，若摸到黑球放回再放入一只黑球，然后再从盒子中随机地摸一只球，试说明要游戏结束的摸球次数 $X$ 的数学期望不存在.

【证明】(1) $EX = \displaystyle\sum_{j=1}^{\infty}(-1)^{j+1}\dfrac{3^j}{j}\cdot\dfrac{2}{3^j} = \sum_{j=1}^{\infty}(-1)^{j+1}\dfrac{2}{j}$，事实上，$\displaystyle\sum_{j=1}^{\infty}\left|(-1)^{j+1}\dfrac{2}{j}\right| = 2\sum_{j=1}^{\infty}\dfrac{1}{j}$ 为发散级数，故 $X$ 的数学期望不存在.

(2)随机变量 $X$ 的分布律为

$$P\{X=n\} = \dfrac{1}{2}\cdot\dfrac{2}{3}\cdot\cdots\cdot\dfrac{n-1}{n}\cdot\dfrac{1}{n+1} = \dfrac{1}{n(n+1)}, n=1,2,\cdots.$$

于是可得 
$$EX = \sum_{n=1}^{\infty}n\cdot\dfrac{1}{n(n+1)} = \sum_{n=1}^{\infty}\dfrac{1}{(n+1)}.$$

又级数 $\displaystyle\sum_{n=1}^{\infty}\dfrac{1}{(n+1)}$ 为发散级数，故 $X$ 的数学期望不存在.

5. 设在某一规定的时间间隔里，某电气设备用于最大负荷的时间 $X$(以 min 计)是一个随机变量，其概率密度为

$$f(x) = \begin{cases} \dfrac{1}{(1\,500)^2}x, & 0 \leqslant x \leqslant 1\,500, \\ -\dfrac{1}{(1\,500)^2}(x-3\,000), & 1\,500 < x \leqslant 3\,000, \\ 0, & \text{其他.} \end{cases}$$

求 $EX$.

【解析】$EX = \displaystyle\int_{-\infty}^{+\infty}xf(x)\mathrm{d}x = \int_0^{1\,500}x\cdot\dfrac{x}{(1\,500)^2}\mathrm{d}x + \int_{1\,500}^{3\,000}x\cdot\left[-\dfrac{1}{(1\,500)^2}\right](x-3\,000)\mathrm{d}x$

$= 1\,500(\text{min}).$

6.(1)设随机变量 $X$ 的分布律为

| $X$ | $-2$ | $0$ | $2$ |
|---|---|---|---|
| $p_k$ | 0.4 | 0.3 | 0.3 |

求 $EX, E(X^2), E(3X^2+5)$.

(2)设 $X \sim \pi(\lambda)$,求 $E\left(\dfrac{1}{X+1}\right)$.

【解析】 (1) $\qquad EX = -2 \times 0.4 + 0 \times 0.3 + 2 \times 0.3 = -0.2$,

$$E(X^2) = (-2)^2 \times 0.4 + 0^2 \times 0.3 + 2^2 \times 0.3 = 2.8,$$

$$E(3X^2+5) = 3E(X^2) + 5 = 13.4.$$

(2)设 $X \sim \pi(\lambda)$,即 $P\{X=k\} = \dfrac{\lambda^k}{k!} e^{-\lambda}, k=0,1,\cdots$,于是

$$E\left(\frac{1}{X+1}\right) = \sum_{k=0}^{\infty} \frac{1}{k+1} \cdot \frac{\lambda^k}{k!} \cdot e^{-\lambda} = \frac{1}{\lambda} \cdot e^{-\lambda} \sum_{k=0}^{\infty} \frac{\lambda^{k+1}}{(k+1)!}$$

$$= \frac{e^{-\lambda}}{\lambda} \sum_{k=1}^{\infty} \frac{\lambda^k}{k!} = \frac{e^{-\lambda}}{\lambda} \left(\sum_{k=0}^{\infty} \frac{\lambda^k}{k!} - 1\right) = \frac{e^{-\lambda}}{\lambda} (e^{\lambda} - 1)$$

$$= \frac{1}{\lambda} (1 - e^{-\lambda}).$$

7.(1)设随机变量 $X$ 的概率密度为

$$f(x) = \begin{cases} e^{-x}, & x > 0, \\ 0, & x \leqslant 0. \end{cases}$$

求(i) $Y = 2X$;(ii) $Y = e^{-2X}$ 的数学期望.

(2)设随机变量 $X_1, X_2, \cdots, X_n$ 相互独立,且都服从 $(0,1)$ 上的均匀分布. (i)求 $U = \max\{X_1, X_2, \cdots, X_n\}$ 的数学期望;(ii)求 $V = \min\{X_1, X_2, \cdots, X_n\}$ 的数学期望.

【解析】(1)(i) $EY = \displaystyle\int_{-\infty}^{+\infty} 2x f(x) \mathrm{d}x = 2\int_{0}^{+\infty} x e^{-x} \mathrm{d}x = 2$;

(ii) $EY = \displaystyle\int_{-\infty}^{+\infty} e^{-2x} f(x) \mathrm{d}x = \int_{0}^{+\infty} e^{-3x} \mathrm{d}x = \frac{1}{3}$.

(2)(i) $X_i \sim U(0,1), i=1,2,\cdots,n$,设 $F_i(x)$ 和 $f_i(x)$ 为随机变量 $X_i$ 的分布函数和概率密度,则

$$F_i(x) = \begin{cases} 0, & x < 0, \\ x, & 0 \leqslant x < 1, \\ 1, & x \geqslant 1, \end{cases} \qquad f_i(x) = \begin{cases} 1, & 0 < x < 1, \\ 0, & \text{其他}. \end{cases}$$

于是 $U$ 的概率密度函数

$$f_U(u) = n\big[F(u)\big]^{n-1} f(u) = \begin{cases} nu^{n-1}, & 0 < u < 1, \\ 0, & \text{其他}. \end{cases}$$

所以 $\qquad EU = \displaystyle\int_{0}^{1} u f_U(u) \mathrm{d}u = \int_{0}^{1} nu^n \mathrm{d}u = \frac{nu^{n+1}}{n+1} \Big|_{0}^{1} = \frac{n}{n+1}$.

(ii) $V$ 的概率密度函数

$$f_V(v) = n\big[1 - F(v)\big]^{n-1} f(v) = \begin{cases} n(1-v)^{n-1}, & 0 < v < 1, \\ 0, & \text{其他}. \end{cases}$$

$$EV = \int_{0}^{1} v f_V(v) \mathrm{d}v = \int_{0}^{1} nv(1-v)^{n-1} \mathrm{d}v.$$

上述右边积分,令 $t = 1 - v$,于是利用换元法求解得

$$EV = \int_0^1 n(t^{n-1} - t^n)dt = n\left(\frac{t^n}{n} - \frac{t^{n+1}}{n+1}\right)\Big|_0^1 = \frac{1}{n+1}.$$

8. 设随机变量$(X, Y)$的联合分布律为

| X\Y | 1 | 2 | 3 |
|---|---|---|---|
| −1 | 0.2 | 0.1 | 0.0 |
| 0 | 0.1 | 0.0 | 0.3 |
| 1 | 0.1 | 0.1 | 0.1 |

(1)求$EX, EY$.

(2)设$Z = \dfrac{Y}{X}$,求$EZ$.

(3)设$Z = (X-Y)^2$,求$EZ$.

【解析】(1)由联合分布律可得随机变量$X, Y$的边缘分布律,即

| X | 1 | 2 | 3 |
|---|---|---|---|
| $p$ | 0.4 | 0.2 | 0.4 |

所以$EX = 1 \times 0.4 + 2 \times 0.2 + 3 \times 0.4 = 2$.

| Y | −1 | 0 | 1 |
|---|---|---|---|
| $p$ | 0.3 | 0.4 | 0.3 |

所以$EY = (-1) \times 0.3 + 0 \times 0.4 + 1 \times 0.3 = 0$.

(2)令$Z = \dfrac{Y}{X}$,于是$Z$的可能取值为$-1, -\dfrac{1}{2}, -\dfrac{1}{3}, 0, 1, \dfrac{1}{2}, \dfrac{1}{3}$,于是随机变量$Z$的分布律为

| Z | −1 | $-\dfrac{1}{2}$ | $-\dfrac{1}{3}$ | 0 | $\dfrac{1}{3}$ | $\dfrac{1}{2}$ | 1 |
|---|---|---|---|---|---|---|---|
| $p$ | 0.2 | 0.1 | 0.0 | 0.4 | 0.1 | 0.1 | 0.1 |

所以$EZ = (-1) \times 0.2 + \left(-\dfrac{1}{2}\right) \times 0.1 + \left(-\dfrac{1}{3}\right) \times 0 + 0 \times 0.4 + \dfrac{1}{3} \times 0.1 + \dfrac{1}{2} \times 0.1 + 1 \times 0.1 = -\dfrac{1}{15}$.

(3)令$Z = (X-Y)^2$,于是$Z$的可能取值为$0, 1, 4, 9, 16$,于是随机变量$Z$的分布律为

| Z | 0 | 1 | 4 | 9 | 16 |
|---|---|---|---|---|---|
| $p$ | 0.1 | 0.2 | 0.3 | 0.4 | 0.0 |

所以$EZ = 0 \times 0.1 + 1 \times 0.2 + 4 \times 0.3 + 9 \times 0.4 + 16 \times 0 = 5$.

9.(1)设随机变量$(X, Y)$的概率密度为

$$f(x, y) = \begin{cases} 12y^2, & 0 \leq y \leq x \leq 1, \\ 0, & 其他. \end{cases}$$

求$EX, EY, E(XY), E(X^2 + Y^2)$.

(2)设随机变量$X, Y$的联合密度为

$$f(x, y) = \begin{cases} \dfrac{1}{y}e^{-(y+\frac{x}{y})}, & x > 0, y > 0, \\ 0, & 其他. \end{cases}$$

求 $EX, EY, E(XY)$.

【解析】(1)
$$EX = \int_{-\infty}^{+\infty}\int_{-\infty}^{+\infty} xf(x,y)\mathrm{d}x\mathrm{d}y = 12\int_0^1\mathrm{d}x\int_0^x xy^2\mathrm{d}y$$
$$= 4\int_0^1 x^4\mathrm{d}x = \frac{4}{5}x^5\Big|_0^1 = \frac{4}{5}.$$

$$EY = \int_{-\infty}^{+\infty}\int_{-\infty}^{+\infty} yf(x,y)\mathrm{d}x\mathrm{d}y = 12\int_0^1\mathrm{d}x\int_0^x y^3\mathrm{d}y$$
$$= 3\int_0^1 x^4\mathrm{d}x = \frac{3}{5}x^5\Big|_0^1 = \frac{3}{5}.$$

$$E(XY) = \int_{-\infty}^{+\infty}\int_{-\infty}^{+\infty} xyf(x,y)\mathrm{d}x\mathrm{d}y = 12\int_0^1\mathrm{d}x\int_0^x xy^3\mathrm{d}y$$
$$= 3\int_0^1 x^5\mathrm{d}x = \frac{1}{2}x^6\Big|_0^1 = \frac{1}{2}.$$

$$E(X^2+Y^2) = \int_{-\infty}^{+\infty}\int_{-\infty}^{+\infty} (x^2+y^2)f(x,y)\mathrm{d}x\mathrm{d}y$$
$$= 12\int_0^1\mathrm{d}x\int_0^x (x^2+y^2)y^2\mathrm{d}y = \frac{32}{5}\int_0^1 x^5\mathrm{d}x$$
$$= \frac{32}{30}x^6\Big|_0^1 = \frac{16}{15}.$$

(2)
$$EX = \int_{-\infty}^{+\infty}\int_{-\infty}^{+\infty} xf(x,y)\mathrm{d}x\mathrm{d}y$$
$$= \int_0^{+\infty}\mathrm{d}y\int_0^{+\infty} \frac{x}{y}e^{-(y+\frac{x}{y})}\mathrm{d}x = \int_0^{+\infty} e^{-y}\mathrm{d}y\int_0^{+\infty} \frac{x}{y}e^{-\frac{x}{y}}\mathrm{d}x$$
$$= \int_0^{+\infty} ye^{-y}\mathrm{d}y\int_0^{+\infty} \left(\frac{x}{y}\right)e^{-\frac{x}{y}}\mathrm{d}\left(\frac{x}{y}\right) = \int_0^{+\infty} ye^{-y}\mathrm{d}y = 1.$$

$$EY = \int_0^{+\infty}\mathrm{d}y\int_0^{+\infty} e^{-(y+\frac{x}{y})}\mathrm{d}x = \int_0^{+\infty} e^{-y}\mathrm{d}y\int_0^{+\infty} e^{-\frac{x}{y}}\mathrm{d}x$$
$$= \int_0^{+\infty} ye^{-y}\mathrm{d}y\int_0^{+\infty} e^{-\frac{x}{y}}\mathrm{d}\left(\frac{x}{y}\right) = 1.$$

$$E(XY) = \int_0^{+\infty}\mathrm{d}y\int_0^{+\infty} xe^{-(y+\frac{x}{y})}\mathrm{d}x = \int_0^{+\infty} e^{-y}\mathrm{d}y\int_0^{+\infty} xe^{-\frac{x}{y}}\mathrm{d}x$$
$$= \int_0^{+\infty} y^2 e^{-y}\mathrm{d}y\int_0^{+\infty} \left(\frac{x}{y}\right)e^{-\frac{x}{y}}\mathrm{d}\left(\frac{x}{y}\right)$$
$$= \int_0^{+\infty} y^2 e^{-y}\mathrm{d}y = 2.$$

10.(1)设随机变量 $X\sim N(0,1)$，$Y\sim N(0,1)$ 且 $X,Y$ 相互独立，求 $E\left(\dfrac{X^2}{X^2+Y^2}\right)$.

(2)一飞机进行空投物资作业，设目标点为原点 $O(0,0)$，物资着陆点为 $(X,Y)$，$X,Y$ 相互独立，且设 $X\sim N(0,\sigma^2)$，$Y\sim N(0,\sigma^2)$，求原点到点 $(X,Y)$ 间距离的数学期望.

【解析】(1)$(X,Y)$ 的联合概率密度为 $f(x,y)=\dfrac{1}{2\pi}e^{-\frac{x^2+y^2}{2}}$，$-\infty<x,y<+\infty$，于是
$$E\left(\frac{X^2}{X^2+Y^2}\right)=\int_{-\infty}^{+\infty}\int_{-\infty}^{+\infty}\frac{x^2}{x^2+y^2}f(x,y)\mathrm{d}x\mathrm{d}y=\frac{1}{2\pi}\int_0^{2\pi}\cos^2\theta\mathrm{d}\theta\int_0^{+\infty} re^{-\frac{r^2}{2}}\mathrm{d}r$$
$$=\frac{2}{\pi}\int_0^{\frac{\pi}{2}}\cos^2\theta\mathrm{d}\theta\int_0^{+\infty} e^{-\frac{r^2}{2}}\mathrm{d}\left(\frac{r^2}{2}\right)=\frac{2}{\pi}\int_0^{\frac{\pi}{2}}\cos^2\theta\left(-e^{-\frac{r^2}{2}}\right)\Big|_0^{+\infty}\mathrm{d}\theta=\frac{1}{2}.$$

(2)$(X,Y)$的联合概率密度为$f(x,y)=\dfrac{1}{2\pi\sigma^2}e^{-\frac{x^2+y^2}{2\sigma^2}}$，$-\infty<x,y<+\infty$，于是

$$E(\sqrt{X^2+Y^2})=\int_{-\infty}^{+\infty}\int_{-\infty}^{+\infty}(\sqrt{x^2+y^2})\cdot f(x,y)\mathrm{d}x\mathrm{d}y=\frac{1}{2\pi\sigma^2}\int_0^{2\pi}\mathrm{d}\theta\int_0^{+\infty}r^2e^{-\frac{r^2}{2\sigma^2}}\mathrm{d}r$$

$$=\int_0^{+\infty}re^{-\frac{r^2}{2\sigma^2}}\mathrm{d}\left(\frac{r^2}{2\sigma^2}\right)=-\int_0^{+\infty}r\mathrm{d}(e^{-\frac{r^2}{2\sigma^2}})$$

$$=-re^{-\frac{r^2}{2\sigma^2}}\Big|_0^{+\infty}+\int_0^{+\infty}e^{-\frac{r^2}{2\sigma^2}}\mathrm{d}r=\int_0^{+\infty}e^{-\frac{r^2}{2\sigma^2}}\mathrm{d}r=\sigma\sqrt{\frac{\pi}{2}}.$$

11. 一工厂生产的某种设备的寿命$X$(以年计)服从指数分布，概率密度为

$$f(x)=\begin{cases}\dfrac{1}{4}e^{-\frac{x}{4}}, & x>0,\\ 0, & x\leqslant 0.\end{cases}$$

工厂规定，出售的设备若在售出一年之内损坏可予以调换，若工厂售出一台设备赢利100元，调换一台设备厂方需花费300元.试求厂方出售一台设备净赢利的数学期望.

【解析】记$Y$为厂方出售一台设备赢利额，$Y$的可能取值为100，$-200$元，且

$$P\{Y=100\}=P\{X>1\}=e^{-\frac{1}{4}},P\{Y=-200\}=P\{X\leqslant 1\}=1-e^{-\frac{1}{4}}.$$

即$Y$的分布律为

| $Y$ | 100 | $-200$ |
|---|---|---|
| $p$ | $e^{-\frac{1}{4}}$ | $1-e^{-\frac{1}{4}}$ |

于是$EY=100\times e^{-\frac{1}{4}}-200\times(1-e^{-\frac{1}{4}})=300e^{-\frac{1}{4}}-200=33.64$(元).

12. 某车间生产的圆盘直径在区间$(a,b)$服从均匀分布，试求圆盘面积的数学期望.

【解析】记$X$为圆盘的直径，于是$X$的概率密度为

$$f_X(x)=\begin{cases}\dfrac{1}{b-a}, & a<x<b,\\ 0, & \text{其他}.\end{cases}$$

记$S=\dfrac{\pi}{4}X^2$为圆盘的面积，则

$$ES=\int_{-\infty}^{+\infty}sf_X(x)\mathrm{d}x=\frac{\pi}{4(b-a)}\int_a^b x^2\mathrm{d}x=\frac{\pi}{4(b-a)}\cdot\frac{x^3}{3}\Big|_a^b=\frac{\pi(a^2+ab+b^2)}{12}.$$

13. 设电压(以V计)$X\sim N(0,9)$，将电压施加于一检波器，其输出电压为$Y=5X^2$，求输出电压$Y$的均值.

【解析】**方法一** $X$的概率密度为

$$f_X(x)=\frac{1}{3\sqrt{2\pi}}e^{-\frac{x^2}{18}},-\infty<x<+\infty.$$

$$EY=\int_{-\infty}^{+\infty}yf_X(x)\mathrm{d}x=\frac{1}{3\sqrt{2\pi}}\int_{-\infty}^{+\infty}5x^2e^{-\frac{x^2}{18}}\mathrm{d}x,$$

令$\dfrac{x^2}{18}=t$，于是

$$EY=\frac{90}{\sqrt{\pi}}\Gamma\left(\frac{3}{2}\right)=45(\text{V}).$$

**方法二** 因为$X\sim N(0,9)$，则$\dfrac{X}{3}\sim N(0,1)$，即得$\dfrac{X^2}{9}\sim\chi^2(1)$，$E\left(\dfrac{X^2}{9}\right)=1$，利用期望的性质可得

$$EY = E(5X^2) = 45E\left(\frac{X^2}{9}\right) = 45.$$

14. 设随机变量 $X_1, X_2$ 的概率密度分别为

$$f_1(x) = \begin{cases} 2e^{-2x}, & x > 0, \\ 0, & x \leqslant 0, \end{cases} \qquad f_2(x) = \begin{cases} 4e^{-4x}, & x > 0, \\ 0 & x \leqslant 0. \end{cases}$$

(1)求 $E(X_1+X_2), E(2X_1-3X_2^2)$;

(2)又设 $X_1, X_2$ 相互独立,求 $E(X_1X_2)$.

**【解析】** 由题意可知 $X_1 \sim E(2), X_2 \sim E(4), EX_1 = \dfrac{1}{2}, DX_1 = \dfrac{1}{4}, EX_2 = \dfrac{1}{4}, DX_2 = \dfrac{1}{16}$,

(1)  $$E(X_1+X_2) = EX_1 + EX_2 = \frac{3}{4},$$

$$E(2X_1 - 3X_2^2) = 2EX_1 - 3E(X_2^2) = 1 - 3\left[DX_2 + (EX_2)^2\right] = 1 - \frac{3}{8} = \frac{5}{8}.$$

(2)  $$E(X_1X_2) = EX_1EX_2 = \frac{1}{8}.$$

15. 将 $n$ 只球(1~$n$ 号)随机地放进 $n$ 个盒子(1~$n$ 号)中去,一个盒子装一只球,若一只球装入与球同号的盒子中,称为一个配对,记 $X$ 为总的配对数,求 $EX$.

**【解析】** 令 $X_i = \begin{cases} 1, & \text{第 } i \text{ 号盒配对}, \\ 0, & \text{第 } i \text{ 号盒不配对}. \end{cases} i = 1, 2, \cdots, n.$

于是 $X = \sum\limits_{i=1}^{n} X_i$, 此时 $X_i$ 的分布律为

$$P\{X_i = 0\} = 1 - \frac{1}{n}, P\{X_i = 1\} = \frac{1}{n}.$$

即

| $X_i$ | 0 | 1 |
|---|---|---|
| $p$ | $1 - \dfrac{1}{n}$ | $\dfrac{1}{n}$ |

所以 $EX_i = \dfrac{1}{n}, EX = \sum\limits_{i=1}^{n} EX_i = n \times \dfrac{1}{n} = 1.$

16. 若有 $n$ 把看上去样子相同的钥匙,其中只有一把能打开门上的锁,用它们去试开门上的锁,设取到每只钥匙是等可能的.若每把钥匙试开一次后除去,试用下面两种方法求试开次数 $X$ 的数学期望.

(1)写出 $X$ 的分布律.

(2)不写出 $X$ 的分布律.

**【解析】** (1)事件 $\{X = k\}, k = 1, 2, \cdots, n$, 为第 $k$ 次试开成功,而前面 $k-1$ 次试开失败,于是 $X$ 的分布律为

$$P\{X = k\} = \frac{n-1}{n} \cdot \frac{n-2}{n-1} \cdot \cdots \cdot \frac{n-k+1}{n-k+2} \cdot \frac{1}{n-k+1} = \frac{1}{n}, k = 1, 2, \cdots, n.$$

于是  $$EX = \sum_{k=1}^{n} k \cdot \frac{1}{n} = \frac{1}{n} \sum_{k=1}^{n} k = \frac{1}{n} \cdot \frac{(1+n)n}{2} = \frac{1+n}{2}.$$

(2)引入随机变量.

令 $X_1 = 1, X_k = \begin{cases} 1, & \text{前 } k-1 \text{ 次试开未成功}, \\ 0, & \text{前 } k-1 \text{ 次试开有一次成功}, \end{cases} k = 2, 3, \cdots, n.$

于是 $$EX_1=1, EX_k=P\{X_k=1\}=\frac{n-1}{n}\cdot\frac{n-2}{n-1}\cdot\cdots\cdot\frac{n-(k-1)}{n-(k-2)}=\frac{n-(k-1)}{n},$$

所以 $$EX=1+\sum_{k=2}^{n}EX_k=\frac{1}{n}\sum_{k=1}^{n}(n-k+1)=\frac{1+n}{2}.$$

17. 设 $X$ 为随机变量,$C$ 是常数,证明 $D(X)<E[(X-C)^2]$,对于 $C\neq E(X)$.（由于 $D(X)=E\{[X-E(X)]^2\}$,上式表明 $E[(X-C)^2]$ 当 $C=E(X)$ 时取到最小值.）

【证明】令 $f(C)=E[(X-C)^2]$,则 $f(C)$ 为关于 $C$ 的函数,于是
$$f(C)=C^2-(2EX)\cdot C+E(X^2).$$

因为 $\frac{\mathrm{d}f}{\mathrm{d}C}=2C-2EX$,令 $\frac{\mathrm{d}f}{\mathrm{d}C}=0$,则 $C=EX$ 为驻点,又 $\frac{\mathrm{d}^2f}{\mathrm{d}C^2}=2>0$,此时 $C=EX$ 为 $f(C)$ 的唯一极小值点.

故 $f(C)\geqslant f(EX)$,即 $E[(X-C)^2]\geqslant E[(X-EX)^2]=DX.$

18. 设随机变量 $X$ 服从瑞利分布,其概率密度为
$$f(x)=\begin{cases}\dfrac{x}{\sigma^2}\mathrm{e}^{-\frac{x^2}{2\sigma^2}}, & x>0,\\ 0, & x\leqslant 0,\end{cases}$$

其中 $\sigma>0$ 是常数. 求 $EX, DX$.

【解析】$EX=\int_{-\infty}^{+\infty}xf(x)\mathrm{d}x=\int_0^{+\infty}x\dfrac{x}{\sigma^2}\mathrm{e}^{-\frac{x^2}{2\sigma^2}}\mathrm{d}x.$

令 $u=\dfrac{x^2}{2\sigma^2}$,则
$$EX=\sqrt{2}\sigma\int_0^{+\infty}u^{\frac{1}{2}}\mathrm{e}^{-u}\mathrm{d}u=\sqrt{2}\Gamma\left(\frac{3}{2}\right)=\sqrt{2}\sigma\frac{1}{2}\Gamma\left(\frac{1}{2}\right)=\sigma\sqrt{\frac{\pi}{2}}.$$
$$E(X^2)=\int_{-\infty}^{+\infty}x^2f(x)\mathrm{d}x=\int_0^{+\infty}x^2\frac{x}{\sigma^2}\mathrm{e}^{-\frac{x^2}{2\sigma^2}}\mathrm{d}x.$$

令 $u=\dfrac{x^2}{2\sigma^2}$,则 $E(X^2)=2\sigma^2\int_0^{+\infty}u\mathrm{e}^{-u}\mathrm{d}u=2\sigma^2\Gamma(2)=2\sigma^2.$

所以 $$DX=E(X^2)-(EX)^2=\left(2-\frac{\pi}{2}\right)\sigma^2.$$

19. 设随机变量 $X$ 服从 $\Gamma$ 分布,其概率密度为
$$f(x)=\begin{cases}\dfrac{1}{\beta^\alpha\Gamma(\alpha)}x^{\alpha-1}\mathrm{e}^{-\frac{x}{\beta}}, & x>0,\\ 0, & x\leqslant 0,\end{cases}$$

其中 $\alpha>0, \beta>0$ 是常数,求 $EX, DX$.

【解析】$EX=\int_{-\infty}^{+\infty}xf(x)\mathrm{d}x=\int_0^{+\infty}x\dfrac{1}{\beta^\alpha\Gamma(\alpha)}x^{\alpha-1}\mathrm{e}^{-\frac{x}{\beta}}\mathrm{d}x=\dfrac{1}{\beta^\alpha\Gamma(\alpha)}\int_0^{+\infty}x^\alpha\mathrm{e}^{-\frac{x}{\beta}}\mathrm{d}x.$

令 $\dfrac{x}{\beta}=u$,则
$$EX=\frac{1}{\beta^\alpha\Gamma(\alpha)}\int_0^{+\infty}\beta^{\alpha+1}u^\alpha\mathrm{e}^{-u}\mathrm{d}u=\beta\frac{1}{\Gamma(\alpha)}\int_0^{+\infty}u^\alpha\mathrm{e}^{-u}\mathrm{d}u$$
$$=\beta\frac{1}{\Gamma(\alpha)}\Gamma(\alpha+1)=\alpha\beta.$$

同理 $$E(X^2)=\int_{-\infty}^{+\infty}x^2f(x)\mathrm{d}x=\int_0^{+\infty}x^2\frac{1}{\beta^\alpha\Gamma(\alpha)}x^{\alpha-1}\mathrm{e}^{-\frac{x}{\beta}}\mathrm{d}x$$

$$= \frac{1}{\beta^a \Gamma(\alpha)} \int_0^{+\infty} x^{a+1} e^{-\frac{x}{\beta}} dx.$$

令 $\frac{x}{\beta} = u$，于是

$$E(X^2) = \frac{1}{\beta^a \Gamma(\alpha)} \int_0^{+\infty} \beta^{a+2} u^{a+1} e^{-u} du = \beta^2 \frac{1}{\Gamma(\alpha)} \int_0^{+\infty} u^{a+1} e^{-u} du$$

$$= \beta^2 \frac{1}{\Gamma(\alpha)} \Gamma(\alpha+2) = \alpha(\alpha+1)\beta^2.$$

所以
$$DX = E(X^2) - (EX)^2 = \alpha\beta^2.$$

20. 设随机变量 $X$ 服从几何分布，其分布律为

$$P\{X = k\} = p(1-p)^{k-1}, k = 1, 2, \cdots,$$

其中 $0 < p < 1$ 是常数. 求 $EX, DX$.

**【解析】** $EX = \sum_{k=1}^{\infty} kp(1-p)^{k-1} = p \sum_{k=1}^{\infty} k(1-p)^{k-1}$

$$= -p \sum_{k=1}^{\infty} [(1-p)^k]' = -p \left[ \sum_{k=1}^{\infty} (1-p)^k \right]' = -p \left( \frac{1-p}{p} \right)' = \frac{1}{p}.$$

$$E(X^2) = \sum_{k=1}^{\infty} k^2 p(1-p)^{k-1} = p \sum_{k=1}^{\infty} k^2 (1-p)^{k-1} = \frac{2-p}{p^2}.$$

这里借助公式
$$\sum_{k=1}^{\infty} kx^{k-1} = \frac{1}{(1-x)^2}, \sum_{k=1}^{\infty} k^2 x^{k-1} = \frac{1+x}{(1-x)^3}.$$

于是
$$DX = E(X^2) - (EX)^2 = \frac{1-p}{p^2}.$$

21. 设长方形的长(以 m 计)$X \sim U(0,2)$，已知长方形的周长(以 m 计)为 20. 求长方形面积 $A$ 的数学期望和方差.

**【解析】** $X \sim U(0,2)$，$X$ 的概率密度为

$$f_X(x) = \begin{cases} \frac{1}{2}, & 0 < x < 2, \\ 0, & 其他. \end{cases}$$

长方形的面积 $A = X(10-X)$，于是

$$EA = \int_{-\infty}^{+\infty} x(10-x) f(x) dx = \frac{1}{2} \int_0^2 x(10-x) dx = \frac{1}{2} \left( 5x^2 - \frac{x^3}{3} \right) \Big|_0^2 = \frac{26}{3}.$$

$$E(A^2) = \int_{-\infty}^{+\infty} x^2 (10-x)^2 f(x) dx = \frac{1}{2} \int_0^2 x^2 (10-x)^2 dx$$

$$= \frac{1}{2} \left( \frac{100}{3} x^3 - 5x^4 + \frac{x^5}{5} \right) \Big|_0^2 = \frac{1\ 448}{15}.$$

于是
$$DA = E(A^2) - (EA)^2 = \frac{964}{45}.$$

22. (1)设随机变量 $X_1, X_2, X_3, X_4$ 相互独立，且有 $EX_i = i, DX_i = 5-i, i = 1, 2, 3, 4$，设 $Y = 2X_1 - X_2 + 3X_3 - \frac{1}{2} X_4$，求 $EY, DY$.

(2)设随机变量 $X, Y$ 相互独立，且 $X \sim N(720, 30^2), Y \sim N(640, 25^2)$，求 $Z_1 = 2X + Y, Z_2 = X - Y$ 的分布，并求概率 $P\{X > Y\}, P\{X + Y > 1\ 400\}$.

【解析】(1)$EY = E\left(2X_1 - X_2 + 3X_3 - \dfrac{1}{2}X_4\right) = 2EX_1 - EX_2 + 3EX_3 - \dfrac{1}{2}EX_4$

$\quad = 2 \times 1 - 2 + 3 \times 3 - \dfrac{1}{2} \times 4 = 7.$

$\quad\quad DY = D\left(2X_1 - X_2 + 3X_3 - \dfrac{1}{2}X_4\right) = 4DX_1 + DX_2 + 9DX_3 + \dfrac{1}{4}DX_4$

$\quad\quad\quad = 4 \times 4 + 3 + 9 \times 2 + \dfrac{1}{4} \times 1 = 37\dfrac{1}{4} = 37.25.$

(2)$EZ_1 = E(2X+Y) = 2EX + EY = 2\,080, EZ_2 = E(X-Y) = EX - EY = 80,$

$\quad DZ_1 = D(2X+Y) = 4DX + DY = 4\,225, DZ_2 = D(X-Y) = DX + DY = 1\,525,$

于是　　　　　　　　$Z_1 \sim N(2\,080, 4\,225), Z_2 \sim N(80, 1\,525).$

$\quad\quad P\{X > Y\} = P\{X - Y > 0\} = P\{Z_2 > 0\}$

$\quad\quad\quad = 1 - P\{Z_2 \leqslant 0\} = 1 - \varPhi\left(\dfrac{0-80}{\sqrt{1\,525}}\right) = \varPhi\left(\dfrac{80}{\sqrt{1\,525}}\right) = \varPhi(2.05) = 0.979\,8.$

又令 $Z = X + Y$, 则

$\quad\quad EZ = E(X+Y) = EX + EY = 1\,360, DZ = D(X+Y) = DX + DY = 1\,525.$

即　　　　　　　　　$Z \sim N(1\,360, 1\,525),$

$\quad\quad P\{X+Y > 1\,400\} = P\{Z > 1\,400\} = 1 - P\{Z \leqslant 1\,400\}$

$\quad\quad\quad = 1 - \varPhi\left(\dfrac{1\,400 - 1\,360}{\sqrt{1\,525}}\right) = 1 - \varPhi\left(\dfrac{40}{\sqrt{1\,525}}\right)$

$\quad\quad\quad = 1 - \varPhi(1.02) = 1 - 0.846\,1 = 0.153\,9.$

23. 五家商店联营, 它们每两周售出的某种农产品的数量 (以 kg 计) 分别是 $X_1, X_2, X_3, X_4, X_5$. 已知 $X_1 \sim N(200, 225)$, $X_2 \sim N(240, 240)$, $X_3 \sim N(180, 225)$, $X_4 \sim N(260, 265)$, $X_5 \sim N(320, 270)$, $X_1, X_2, X_3, X_4, X_5$ 相互独立.

(1)求五家商店两周的总销售量的均值和方差.

(2)商店每隔两周进货一次, 为了使新的供货到达前商店不会脱销的概率大于 0.99, 问商店的仓库应至少储存多少千克该产品?

【解析】(1)设五家商店两周的总销售量 $Y = X_1 + X_2 + X_3 + X_4 + X_5$.

于是　　　$EY = E\sum\limits_{i=1}^{5} X_i = \sum\limits_{i=1}^{5} EX_i = 1\,200, DY = D\sum\limits_{i=1}^{5} X_i = \sum\limits_{i=1}^{5} DX_i = 1\,225.$

(2)设仓库至少储存 $n$ 千克该产品, 才能使得新的供货到达前商店不会脱销的概率大于 0.99, 即 $P\{Y \leqslant n\} > 0.99$, 由题意可知 $Y \sim N(1\,200, 1\,225)$, 于是

$$P\{Y \leqslant n\} = \varPhi\left(\dfrac{n - 1\,200}{35}\right) > 0.99 = \varPhi(2.33),$$

即 $\dfrac{n - 1\,200}{35} > 2.33$, 解得 $n > 1\,281.55$. 所以至少储存 1\,282 kg.

24. 卡车装运水泥, 设每袋水泥重量 $X$ (以 kg 计) 服从 $N(50, 2.5^2)$, 问最多装多少袋水泥使总重量超过 2\,000 的概率不大于 0.05.

【解析】设卡车上至少装有 $n$ 袋水泥, 记 $X_i$ 为第 $i$ 袋水泥的重量, 于是卡车上的水泥总重量为 $Y = X_1 + X_2 + \cdots + X_n$, 即总重量超过 2\,000 的概率不大于 0.05 为 $P\{Y > 2\,000\} \leqslant 0.05$, 设 $X_1, X_2, \cdots, X_n$ 相互独立, 所以 $Y \sim N(50n, 2.5^2 n)$, 又

$$P\{Y > 2\,000\} = 1 - P\{Y \leqslant 2\,000\} = 1 - \Phi\left(\frac{2\,000 - 50n}{2.5\sqrt{n}}\right).$$

于是 $P\{Y > 2\,000\} \leqslant 0.05$，化简为 $\Phi\left(\dfrac{2\,000 - 50n}{2.5\sqrt{n}}\right) \geqslant 0.95 = \Phi(1.64)$，

即
$$\frac{2\,000 - 50n}{2.5\sqrt{n}} \geqslant 1.64,$$

解得 $n \leqslant 39.5$，故 $n$ 至多取 39. 所以最多装 39 袋水泥使总重量超过 2 000 的概率不大于 0.05.

25. 设随机变量 $X, Y$ 相互独立，且都服从 $(0, 1)$ 上的均匀分布.

(1) 求 $E(XY), E\left(\dfrac{X}{Y}\right), E[\ln(XY)], E[\,|Y - X|\,]$.

(2) 以 $X, Y$ 为边长作一长方形，以 $A, C$ 分别表示长方形的面积和周长，求 $A$ 和 $C$ 的相关系数.

【解析】(1) 随机变量 $X, Y$ 相互独立，则 $(X, Y)$ 的联合概率密度为

$$f(x, y) = \begin{cases} 1, & 0 < x, y < 1, \\ 0, & 其他. \end{cases}$$

由 $X, Y$ 的独立性可得

$$E(XY) = EX \cdot EY = \frac{1}{2} \times \frac{1}{2} = \frac{1}{4}.$$

$$E\left(\frac{X}{Y}\right) = \int_{-\infty}^{+\infty} \int_{-\infty}^{+\infty} \frac{x}{y} f(x, y) \mathrm{d}x \mathrm{d}y = \frac{1}{\pi} \int_0^1 x \mathrm{d}x \int_0^1 \frac{1}{y} \mathrm{d}y, \text{发散，所以 } E\left(\frac{X}{Y}\right) \text{不存在.}$$

$$E[\ln(XY)] = \int_{-\infty}^{+\infty} \int_{-\infty}^{+\infty} \ln(xy) f(x, y) \mathrm{d}x \mathrm{d}y = \int_0^1 \mathrm{d}x \int_0^1 \ln(xy) \mathrm{d}y = -2,$$

$$E(\,|Y - X|\,) = \int_{-\infty}^{+\infty} \int_{-\infty}^{+\infty} |y - x| f(x, y) \mathrm{d}x \mathrm{d}y = \int_0^1 \mathrm{d}x \int_0^x (x - y) \mathrm{d}y + \int_0^1 \mathrm{d}y \int_0^y (y - x) \mathrm{d}x$$

$$= \frac{1}{3}.$$

(2) 设 $A = XY, C = 2(X + Y)$，则 $EA = E(XY) = \dfrac{1}{4}$，

$$DA = D(XY) = E[(XY)^2] - [E(XY)]^2 = E(X^2 Y^2) - \frac{1}{16}$$

$$= E(X^2) E(Y^2) - \frac{1}{16} = \frac{1}{9} - \frac{1}{16} = \frac{7}{144}.$$

$$EC = E[2(X + Y)] = 2(EX + EY) = 2,$$

$$DC = D[2(X + Y)] = 4(DX + DY) = \frac{2}{3},$$

$$E(AC) = E[2XY(X + Y)] = 2[E(X^2 Y) + E(XY^2)] = 2[E(X^2)EY + EXE(Y^2)] = \frac{2}{3},$$

所以
$$\mathrm{Cov}(A, C) = E(AC) - EA \cdot EC = \frac{1}{6},$$

于是 $A$ 和 $C$ 的相关系数为 $\rho_{AC} = \dfrac{\mathrm{Cov}(A, C)}{\sqrt{DA}\sqrt{DC}} = \dfrac{\sqrt{42}}{7}$.

26. (1) 设随机变量 $X_1, X_2, X_3$ 相互独立，且有 $X_1 \sim b\left(4, \dfrac{1}{2}\right), X_2 \sim b\left(6, \dfrac{1}{3}\right), X_3 \sim b\left(6, \dfrac{1}{3}\right)$，求 $P\{X_1 = 2, X_2 = 2, X_3 = 5\}, E(X_1 X_2 X_3), E(X_1 - X_2), E(X_1 - 2X_2)$.

(2) 设 $X, Y$ 是随机变量，且有 $EX = 3, EY = 1, DX = 4, DY = 9$，令 $Z = 5X - Y + 15$，分别在下列 3 种情况下求 $EZ$ 和 $DZ$.

(i)$X,Y$ 相互独立;(ii)$X,Y$ 不相关;(iii)$X$ 与 $Y$ 的相关系数为 0.25.

**【解析】**(1)$P\{X_1=2,X_2=2,X_3=5\}=P\{X_1=2\}\cdot P\{X_2=2\}\cdot P\{X_3=5\}$

$$=\mathrm{C}_4^2\left(\frac{1}{2}\right)^2\left(\frac{1}{2}\right)^2\mathrm{C}_6^2\left(\frac{1}{3}\right)^2\left(\frac{2}{3}\right)^4\mathrm{C}_6^5\left(\frac{1}{3}\right)^5\left(\frac{2}{3}\right)=0.002\ 03.$$

$$E(X_1X_2X_3)=EX_1EX_2EX_3=2\times2\times2=8.$$

$$E(X_1-X_2)=EX_1-EX_2=2-2=0.$$

$$E(X_1-2X_2)=EX_1-2EX_2=2-2\times2=-2.$$

(2)在下列 3 种情况下,均有

$$EZ=E(5X-Y+15)=5EX-EY+15=29.$$

(i)当 $X,Y$ 相互独立,$DZ=D(5X-Y+15)=25DX+DY=109$;

(ii)当 $X,Y$ 不相关,$DZ=D(5X-Y+15)=25DX+DY-10\mathrm{Cov}(X,Y)=109$;

(iii)$X$ 与 $Y$ 的相关系数为 0.25,

$$DZ=D(5X-Y+15)=25DX+DY-10\mathrm{Cov}(X,Y)$$

$$=25DX+DY-10\sqrt{DX}\sqrt{DY}\rho_{XY}=94.$$

27. 下列各对随机变量 $X$ 和 $Y$,问哪几对是相互独立的,哪几对是不相关的.

(1)$X\sim U(0,1),Y=X^2$.

(2)$X\sim U(-1,1),Y=X^2$.

(3)$X=\cos V,Y=\sin V,V\sim U(0,2\pi)$.

若$(X,Y)$的概率密度为 $f(x,y)$,

(4)$f(x,y)=\begin{cases}x+y, & 0<x<1,0<y<1,\\0, & \text{其他}.\end{cases}$

(5)$f(x,y)=\begin{cases}2y, & 0<x<1,0<y<1,\\0, & \text{其他}.\end{cases}$

**【解析】**(1)随机变量 $X,Y$ 不是不相关,继而 $X,Y$ 不独立.

$X\sim U(0,1)$,所以 $X$ 的概率密度为

$$f_X(x)=\begin{cases}1, & 0<x<1,\\0, & \text{其他}.\end{cases}$$

于是　　　　　　　　$EX=\frac{1}{2},EY=E(X^2)=DX+(EX)^2=\frac{1}{3},$

$$E(XY)=E(X^3)=\int_0^1 x^3\mathrm{d}x=\frac{1}{4},$$

于是　　　　　　　　$\mathrm{Cov}(X,Y)=E(XY)-EXEY=\frac{1}{12}\neq0.$

所以随机变量 $X,Y$ 不是不相关,不独立.

(2)随机变量 $X,Y$ 不相关且 $X,Y$ 并不独立.

$X\sim U(-1,1)$,所以 $X$ 概率密度为

$$f_X(x)=\begin{cases}\dfrac{1}{2}, & -1<x<1,\\0, & \text{其他}.\end{cases}$$

于是　　　　　　　　$EX=0,EY=E(X^2)=DX+(EX)^2=\frac{1}{3},$

$$E(XY)=E(X^3)=\frac{1}{2}\int_{-1}^1 x^3\mathrm{d}x=0,$$

于是 $\qquad\qquad\qquad\qquad \mathrm{Cov}(X,Y)=E(XY)-EXEY=0.$

所以随机变量 $X,Y$ 不相关.

取 $\qquad\qquad\qquad\qquad P(A)=P\left\{0<x<\dfrac{1}{2}\right\}=\dfrac{1}{4}$

$$P(B)=P\left\{Y<\dfrac{1}{2}\right\}=P\left\{x^2<\dfrac{1}{2}\right\}$$

$$=P\left\{-\dfrac{\sqrt{2}}{2}<X<\dfrac{\sqrt{2}}{2}\right\}=\dfrac{\sqrt{2}}{2}$$

且 $\qquad\qquad\qquad P(AB)=P\left\{0<X<\dfrac{1}{2},-\dfrac{\sqrt{2}}{2}<X<\dfrac{\sqrt{2}}{2}\right\}$

$$=P\left\{0<X<\dfrac{1}{2}\right\}=\dfrac{1}{4}$$

于是 $P(A)\cdot P(B)\neq P(AB)$,故 $X,Y$ 不独立.

(3)随机变量 $X,Y$ 不相关且 $X,Y$ 并不独立.

$V\sim U(0,2\pi)$,于是 $V$ 的概率密度为

$$f_V(v)=\begin{cases}\dfrac{1}{2\pi}, & 0<v<2\pi,\\ 0, & 其他.\end{cases}$$

于是 $\qquad\qquad EX=E(\cos V)=\dfrac{1}{2\pi}\displaystyle\int_0^{2\pi}\cos v\,dv=0,$

$$EY=E(\sin V)=\dfrac{1}{2\pi}\int_0^{2\pi}\sin v\,dv=0,$$

$$E(XY)=E(\cos V\cdot\sin V)$$

$$=\dfrac{1}{2\pi}\int_0^{2\pi}\sin v\cdot\cos v\,dv=\dfrac{1}{2\pi}\cdot\dfrac{1}{2}\sin^2 x\Big|_0^{2\pi}=0,$$

于是 $\qquad\qquad\qquad\qquad \mathrm{Cov}(X,Y)=E(XY)-EXEY=0.$

所以随机变量 $X,Y$ 不相关,不相互独立(不独立可仿(2)中证明).

(4)随机变量 $X,Y$ 不是不相关,继而 $X,Y$ 不独立.

$$EX=\int_{-\infty}^{+\infty}\int_{-\infty}^{+\infty}xf(x,y)\mathrm{d}x\mathrm{d}y=\int_0^1 x\mathrm{d}x\int_0^1(x+y)\mathrm{d}y=\dfrac{7}{12},$$

$$EY=\int_{-\infty}^{+\infty}\int_{-\infty}^{+\infty}yf(x,y)\mathrm{d}x\mathrm{d}y=\int_0^1\mathrm{d}x\int_0^1 y(x+y)\mathrm{d}y=\dfrac{7}{12},$$

$$E(XY)=\int_{-\infty}^{+\infty}\int_{-\infty}^{+\infty}xyf(x,y)\mathrm{d}x\mathrm{d}y=\int_0^1\mathrm{d}x\int_0^1 xy(x+y)\mathrm{d}y=\dfrac{1}{3},$$

于是 $\qquad\qquad \mathrm{Cov}(X,Y)=E(XY)-EXEY=-\dfrac{1}{144}\neq 0.$

所以随机变量 $X,Y$ 不是不相关,不独立.

(5)随机变量 $X,Y$ 不相关且相互独立.

事实上,$X,Y$ 的边缘概率密度分别为

$$f_X(x)=\int_{-\infty}^{+\infty}f(x,y)\mathrm{d}y=\begin{cases}\int_0^1 2y\mathrm{d}y, & 0<x<1,\\ 0, & 其他\end{cases}=\begin{cases}1, & 0<x<1,\\ 0, & 其他.\end{cases}$$

同理可得

$$f_Y(y) = \int_{-\infty}^{+\infty} f(x,y)\mathrm{d}x = \begin{cases} \int_0^1 2y\mathrm{d}x, & 0 < y < 1, \\ 0, & \text{其他} \end{cases} = \begin{cases} 2y, & 0 < y < 1, \\ 0, & \text{其他}. \end{cases}$$

所以 $f(x,y) = f_X(x)f_Y(y)$. 即 $X$ 和 $Y$ 相互独立,不相关.

28. 设二维随机变量 $(X,Y)$ 的概率密度为

$$f(x,y) = \begin{cases} \dfrac{1}{\pi}, & x^2 + y^2 \leqslant 1, \\ 0, & \text{其他}. \end{cases}$$

试验证 $X$ 和 $Y$ 是不相关的,但 $X$ 和 $Y$ 不是相互独立的.

【证明】
$$EX = \int_{-\infty}^{+\infty}\int_{-\infty}^{+\infty} xf(x,y)\mathrm{d}x\mathrm{d}y = \frac{1}{\pi}\int_{-1}^1 x\mathrm{d}x\int_{-\sqrt{1-x^2}}^{\sqrt{1-x^2}}\mathrm{d}y = 0,$$

$$EY = \int_{-\infty}^{+\infty}\int_{-\infty}^{+\infty} yf(x,y)\mathrm{d}x\mathrm{d}y = \frac{1}{\pi}\int_{-1}^1 \mathrm{d}x\int_{-\sqrt{1-x^2}}^{\sqrt{1-x^2}} y\mathrm{d}y = 0,$$

$$E(XY) = \int_{-\infty}^{+\infty}\int_{-\infty}^{+\infty} xyf(x,y)\mathrm{d}x\mathrm{d}y = \frac{1}{\pi}\int_{-1}^1 x\mathrm{d}x\int_{-\sqrt{1-x^2}}^{\sqrt{1-x^2}} y\mathrm{d}y = 0,$$

于是 $\qquad\qquad\qquad \mathrm{Cov}(X,Y) = E(XY) - EXEY = 0.$

事实上,$X,Y$ 的边缘概率密度分别为

$$f_X(x) = \int_{-\infty}^{+\infty} f(x,y)\mathrm{d}y = \begin{cases} \int_{-\sqrt{1-x^2}}^{\sqrt{1-x^2}} \dfrac{1}{\pi}\mathrm{d}y, & -1 \leqslant x \leqslant 1, \\ 0, & \text{其他} \end{cases}$$

$$= \begin{cases} \dfrac{2}{\pi}\sqrt{1-x^2}, & -1 \leqslant x \leqslant 1, \\ 0, & \text{其他}. \end{cases}$$

同理 $\qquad f_Y(y) = \int_{-\infty}^{+\infty} f(x,y)\mathrm{d}x = \begin{cases} \dfrac{2}{\pi}\sqrt{1-y^2}, & -1 \leqslant y \leqslant 1, \\ 0, & \text{其他}. \end{cases}$

所以 $f(x,y) \neq f_X(x)f_Y(y)$,即 $X$ 和 $Y$ 不是相互独立的.

29. 设随机变量 $(X,Y)$ 的分布律为

| $X$ \ $Y$ | $-1$ | $0$ | $1$ |
|---|---|---|---|
| $-1$ | $\dfrac{1}{8}$ | $\dfrac{1}{8}$ | $\dfrac{1}{8}$ |
| $0$ | $\dfrac{1}{8}$ | $0$ | $\dfrac{1}{8}$ |
| $1$ | $\dfrac{1}{8}$ | $\dfrac{1}{8}$ | $\dfrac{1}{8}$ |

验证 $X$ 和 $Y$ 是不相关的,但 $X$ 和 $Y$ 不是相互独立的.

【证明】根据 $(X,Y)$ 分布律得出 $X,Y$ 的边缘分布律为

| $X$ | $-1$ | $0$ | $1$ |
|---|---|---|---|
| $p$ | $\dfrac{3}{8}$ | $\dfrac{1}{4}$ | $\dfrac{3}{8}$ |

| $Y$ | $-1$ | $0$ | $1$ |
|---|---|---|---|
| $p$ | $\dfrac{3}{8}$ | $\dfrac{1}{4}$ | $\dfrac{3}{8}$ |

于是 $EX=0, EY=0$, 又 $E(XY)=0$, 所以

$$\text{Cov}(X,Y) = E(XY) - EXEY = 0.$$

即 $X$ 和 $Y$ 是不相关的.

事实上, $P\{X=-1, Y=-1\} = \frac{1}{8}, P\{X=-1\} = P\{Y=-1\} = \frac{3}{8}$,

所以 $P\{X=-1, Y=-1\} \neq P\{X=-1\} \cdot P\{Y=-1\}$, 即 $X$ 和 $Y$ 不是相互独立的.

30. 设 $A$ 和 $B$ 是试验 $E$ 的两个事件, 且 $P(A)>0, P(B)>0$, 并定义随机变量 $X, Y$ 如下:

$$X = \begin{cases} 1, & \text{若 } A \text{ 发生}, \\ 0, & \text{若 } A \text{ 不发生}, \end{cases} \qquad Y = \begin{cases} 1, & \text{若 } B \text{ 发生}, \\ 0, & \text{若 } B \text{ 不发生}. \end{cases}$$

证明若 $\rho_{XY}=0$, 则 $X$ 和 $Y$ 必定相互独立.

【证明】随机变量 $X, Y$ 为离散型, 由公式可得

$$EX = P(A), E(X^2) = P(A), EY = P(B), E(Y^2) = P(B), E(XY) = P(AB),$$

因为 $X, Y$ 的相关系数为 $\rho_{XY}=0$, 即得 $\text{Cov}(X,Y) = E(XY) - EXEY = 0$, 于是

$$P(AB) = P(A)P(B).$$

所以随机事件 $A, B$ 相互独立, 进而可以判定 $X, Y$ 相互独立.

31. 设随机变量 $(X, Y)$ 具有概率密度

$$f(x,y) = \begin{cases} 1, & |y| < x, 0 < x < 1, \\ 0, & \text{其他}. \end{cases}$$

求 $EX, EY, \text{Cov}(X,Y)$.

【解析】
$$EX = \int_{-\infty}^{+\infty} \int_{-\infty}^{+\infty} xf(x,y)\,dxdy = \int_0^1 x\,dx \int_{-x}^x dy = \frac{2}{3},$$

$$EY = \int_{-\infty}^{+\infty} \int_{-\infty}^{+\infty} yf(x,y)\,dxdy = \int_0^1 dx \int_{-x}^x y\,dy = 0,$$

$$E(XY) = \int_{-\infty}^{+\infty} \int_{-\infty}^{+\infty} xyf(x,y)\,dxdy = \int_0^1 x\,dx \int_{-x}^x y\,dy = 0,$$

于是
$$\text{Cov}(X,Y) = E(XY) - EXEY = 0.$$

32. 设随机变量 $(X, Y)$ 具有概率密度

$$f(x,y) = \begin{cases} \dfrac{1}{8}(x+y), & 0 \leqslant x \leqslant 2, 0 \leqslant y \leqslant 2, \\ 0, & \text{其他}. \end{cases}$$

求 $EX, EY, \text{Cov}(X,Y), \rho_{XY}, D(X+Y)$.

【解析】方法一 $\quad EX = \int_{-\infty}^{+\infty} \int_{-\infty}^{+\infty} xf(x,y)\,dxdy = \frac{1}{8} \int_0^2 x\,dx \int_0^2 (x+y)\,dy = \frac{7}{6}.$

同理可得 $EY = \frac{7}{6}$.

$$E(X^2) = \int_{-\infty}^{+\infty} \int_{-\infty}^{+\infty} x^2 f(x,y)\,dxdy = \frac{1}{8} \int_0^2 x^2\,dx \int_0^2 (x+y)\,dy = \frac{5}{3},$$

同理可得 $E(Y^2) = \frac{5}{3}$. 即得

$$DX = E(X^2) - (EX)^2 = \frac{11}{36}, DY = E(Y^2) - (EY)^2 = \frac{11}{36},$$

$$E(XY) = \int_{-\infty}^{+\infty} \int_{-\infty}^{+\infty} xyf(x,y)\,dxdy = \frac{1}{8} \int_0^2 x\,dx \int_0^2 y(x+y)\,dy = \frac{4}{3},$$

于是可得

$$\text{Cov}(X,Y) = E(XY) - EXEY = -\frac{1}{36}.$$

所以 $X$ 和 $Y$ 的相关系数为

$$\rho_{XY} = \frac{\text{Cov}(X,Y)}{\sqrt{DX} \cdot \sqrt{DY}} = -\frac{1}{11}.$$

由数学期望的性质可得

$$E(X+Y) = EX + EY = \frac{7}{3},$$

又

$$E[(X+Y)^2] = E(X^2) + E(Y^2) + 2E(XY) = 6,$$

即得

$$D(X+Y) = E[(X+Y)^2] - [E(X+Y)]^2 = \frac{5}{9}.$$

**方法二** 首先求出 $X,Y$ 的边缘概率密度,再求解数字特征.

$X,Y$ 的边缘概率密度分别为

$$f_X(x) = \int_{-\infty}^{+\infty} f(x,y)\mathrm{d}y = \begin{cases} \int_0^2 \frac{1}{8}(x+y)\mathrm{d}y, & 0 \leqslant x \leqslant 2, \\ 0, & \text{其他} \end{cases}$$

$$= \begin{cases} \frac{1}{4}(x+1), & 0 \leqslant x \leqslant 2, \\ 0, & \text{其他}. \end{cases}$$

同理可得

$$f_Y(y) = \int_{-\infty}^{+\infty} f(x,y)\mathrm{d}x = \begin{cases} \frac{1}{4}(y+1), & 0 \leqslant y \leqslant 2, \\ 0, & \text{其他}. \end{cases}$$

所以

$$EX = \int_{-\infty}^{+\infty} x f_X(x)\mathrm{d}x = \frac{1}{4}\int_0^2 x(x+1)\mathrm{d}x = \frac{7}{6},$$

$$EY = \int_{-\infty}^{+\infty} y f_Y(y)\mathrm{d}y = \frac{1}{4}\int_0^2 y(y+1)\mathrm{d}y = \frac{7}{6},$$

$$E(X^2) = \int_{-\infty}^{+\infty} x^2 f_X(x)\mathrm{d}x = \frac{1}{4}\int_0^2 x^2(x+1)\mathrm{d}x = \frac{5}{3},$$

$$E(Y^2) = \int_{-\infty}^{+\infty} y^2 f_Y(y)\mathrm{d}y = \frac{5}{3},$$

进而求解 $DX = E(X^2) - (EX)^2 = \frac{11}{36}, DY = E(Y^2) - (EY)^2 = \frac{11}{36}.$

而 $E(XY)$ 和 $\text{Cov}(X,Y)$ 的求法与法一求解相同,则

$$E(XY) = \frac{4}{3}, \text{Cov}(X,Y) = -\frac{1}{36},$$

$$D(X+Y) = DX + DY + 2\text{Cov}(X,Y) = \frac{5}{9}.$$

33. 设随机变量 $X \sim N(\mu,\sigma^2), Y \sim N(\mu,\sigma^2)$,且设 $X,Y$ 相互独立,试求 $Z_1 = \alpha X + \beta Y$ 和 $Z_2 = \alpha X - \beta Y$ 的相关系数(其中 $\alpha, \beta$ 是不为零的常数).

【解析】 $\text{Cov}(Z_1, Z_2) = \text{Cov}(\alpha X + \beta Y, \alpha X - \beta Y) = \alpha^2 DX - \beta^2 DY = (\alpha^2 - \beta^2)\sigma^2,$

$\qquad DZ_1 = D(\alpha X + \beta Y) = \alpha^2 DX + \beta^2 DY = (\alpha^2 + \beta^2)\sigma^2,$

$\qquad DZ_2 = D(\alpha X - \beta Y) = \alpha^2 DX + \beta^2 DY = (\alpha^2 + \beta^2)\sigma^2,$

于是
$$\rho_{Z_1Z_2} = \frac{\mathrm{Cov}(Z_1, Z_2)}{\sqrt{DZ_1}\sqrt{DZ_2}} = \frac{\alpha^2 - \beta^2}{\alpha^2 + \beta^2}.$$

34.(1)设随机变量
$$W = (aX + 3Y)^2, EX = EY = 0, DX = 4, DY = 16, \rho_{XY} = -0.5.$$
求常数 $a$ 使 $EW$ 为最小,并求 $EW$ 的最小值.

(2)设随机变量 $(X, Y)$ 服从二维正态分布,且有 $DX = \sigma_X^2, DY = \sigma_Y^2$. 证明当 $a^2 = \dfrac{\sigma_X^2}{\sigma_Y^2}$ 时,随机变量 $W = X - aY$ 与 $V = X + aY$ 相互独立.

(1)【解析】
$$EW = E(aX + 3Y)^2 = E(a^2 X^2 + 9Y^2 + 6aXY)$$
$$= a^2 E(X^2) + 9E(Y^2) + 6aE(XY),$$
$$E(X^2) = DX + (EX)^2 = 4, E(Y^2) = DY + (EY)^2 = 16,$$
另一方面,
$$E(XY) = \mathrm{Cov}(X, Y) + EXEY = \rho_{XY} \cdot \sqrt{DX} \cdot \sqrt{DY} = -4,$$
所以 $EW = 4a^2 - 24a + 144$,即当 $a = 3$ 时,$EW$ 取得最小值,且最小值为 108.

(2)【证明】$(X, Y)$ 服从二维正态分布,故 $(W, V)$ 服从二维正态分布,于是当 $a^2 = \dfrac{\sigma_X^2}{\sigma_Y^2}$ 时,
$$\mathrm{Cov}(W, V) = \mathrm{Cov}(X - aY, X + aY) = \mathrm{Cov}(X, X) - a^2 \mathrm{Cov}(Y, Y)$$
$$= DX - a^2 DY = \sigma_X^2 - \frac{\sigma_X^2}{\sigma_Y^2}\sigma_Y^2 = 0.$$

所以 $W, V$ 不相关,于是 $W, V$ 相互独立.

35. 设随机变量 $(X, Y)$ 服从二维正态分布,且 $X \sim N(0, 3), Y \sim N(0, 4)$,相关系数 $\rho_{XY} = -\dfrac{1}{4}$,试写出 $X$ 和 $Y$ 的联合概率密度.

【解析】$X \sim N(0, 3), Y \sim N(0, 4)$,即 $\mu_1 = \mu_2 = 0, \sigma_1^2 = 3, \sigma_2^2 = 4, \rho = -\dfrac{1}{4}$,所以 $X$ 和 $Y$ 的联合概率密度为
$$f(x, y) = \frac{1}{4\sqrt{3}\pi\sqrt{1 - \frac{1}{16}}} \exp\left\{ \frac{-1}{2\left(1 - \frac{1}{16}\right)} \left( \frac{x^2}{3} + \frac{xy}{4\sqrt{3}} + \frac{y^2}{4} \right) \right\}$$
$$= \frac{1}{3\sqrt{5}\pi} \exp\left\{ -\frac{8}{15}\left( \frac{x^2}{3} + \frac{xy}{4\sqrt{3}} + \frac{y^2}{4} \right) \right\}.$$

36. 已知正常男性成人血液中,每一毫升白细胞数平均是 7 300,均方差是 700. 利用切比雪夫不等式估计每毫升含白细胞数在 5 200～9 400 之间的概率 $p$.

【解析】设 $X$ 为正常男性成人血液中的每毫升白细胞数,$EX = 7\,300, \sqrt{DX} = 700$,于是
$$p = P\{5\,200 < X < 9\,400\} = P\{|X - EX| < 2\,100\} \geqslant 1 - \frac{DX}{(2\,100)^2} = \frac{8}{9}.$$

即 $p \geqslant \dfrac{8}{9}$.

37. 对于两个随机变量 $V, W$,若 $E(V^2), E(W^2)$ 存在,证明
$$[E(VW)]^2 \leqslant E(V^2)E(W^2).$$
这一不等式称为柯西-施瓦茨(Cauchy-Schwarz)不等式.

提示:考虑实变量 $t$ 的函数

$$q(t) = E[(V + tW)^2] = E(V^2) + 2tE(VW) + t^2 E(W^2).$$

【证明】构造实变量 $t$ 的一元二次函数

$$q(t) = E[(V + tW)^2] = E(V^2) + 2tE(VW) + t^2 E(W^2).$$

事实上对于任意 $t \in \mathbf{R}, q(t)$ 值为非负,即 $q(t) \geqslant 0$,于是

$$\Delta = [2E(VW)]^2 - 4E(V^2)E(W^2) \leqslant 0.$$

所以得证.

38. 分位数(分位点).

**定义** 设连续型随机变量 $X$ 的分布函数为 $F(x)$. 概率密度函数为 $f(x)$,

1° 对于任意正数 $\alpha(0 < \alpha < 1)$,称满足条件

$$P\{X \leqslant x_\alpha\} = F(x_\alpha) = \int_{-\infty}^{x_\alpha} f(x)\mathrm{d}x = \alpha$$

的数 $x_\alpha$ 为此分布的 **$\alpha$ 分位数**或**下 $\alpha$ 分位数**,如图 4-1(a) 所示.

2° 对于任意正数 $\alpha(0 < \alpha < 1)$,称满足条件

$$P\{X > x_\alpha\} = 1 - F(x_\alpha) = \int_{x_\alpha}^{+\infty} f(x)\mathrm{d}x = \alpha$$

的数 $x_\alpha$ 为此分布的**上 $\alpha$ 分位数**,如图 4-1(b) 所示.

特别,当 $\alpha = 0.5$ 时,

$$F(x_{0.5}) = F(x_{0.5}) = \int_{0.5}^{+\infty} f(x)\mathrm{d}x = 0.5,$$

$x_{0.5}$ 称为此分布的**中位数**.

下 $\alpha$ 分位数 $x_\alpha$ 将概率密度曲线下的面积分为两部分,左侧的面积恰为 $\alpha$(如图 4-1(a)所示). 上 $\alpha$ 分位数 $x_\alpha$ 也将概率密度曲线下的面积分为两部分,右侧的面积恰为 $\alpha$(如图 4-1(b)所示).

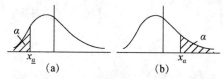

图 4-1

下 $\alpha$ 分位数与上 $\alpha$ 分位数有以下的关系:

$$x_\alpha = x_{1-\alpha}, x_\alpha = x_{1-\alpha}.$$

类似地,可定义离散型随机变量 $X$ 的分位数.

**定义** 对于任意正数 $\alpha(0 < \alpha < 1)$,称满足条件

$$P\{X < x_\alpha\} \leqslant \alpha \text{ 且 } P\{X \leqslant x_\alpha\} \geqslant \alpha$$

的数 $x_\alpha$ 为此分布的 **$\alpha$ 分位数**和**下 $\alpha$ 分位数**.

设 $X$ 的概率密度为

$$f(x) = \begin{cases} 2\mathrm{e}^{-2x}, & x \geqslant 0, \\ 0, & \text{其他}. \end{cases}$$

试求 $X$ 的中位数 $M$.

【解析】设 $F(x)$ 为分布函数.

$M$ 应满足 $F(M) = \dfrac{1}{2}$.

即

$$\frac{1}{2} = F(M) = P\{X \leqslant M\} = \int_0^M 2\mathrm{e}^{-2x}\mathrm{d}x = -\mathrm{e}^{-2x} \Big|_0^M = 1 - \mathrm{e}^{-2M},$$

故
$$e^{-2M} = \frac{1}{2}, e^{2M} = 2,$$

得 $M = \frac{1}{2}\ln 2$.

此即为所求的中位数.

## 经典例题选讲

本节主要讨论数学期望的计算,数学期望是其他数字特征的基础.本节考题形式不定,考查内容主要有:分布律或概率密度已知情形,直接用定义计算数学期望;求随机试验中随机变量的数学期望或利用常见分布的数学期望直接计算;对随机变量分解后再利用期望的性质求期望.

**例1** 设随机变量 $X$ 服从参数为 $\lambda$ 的泊松分布,如果 $E(5^X) = e^4$,则 $P\{X \geqslant 1\} = $ _____.

**【解析】** $P\{X = k\} = \frac{\lambda^k}{k!}e^{-\lambda}(k = 0,1,2,\cdots)$,又

$$E(5^X) = \sum_{k=0}^{\infty} 5^k \frac{\lambda^k}{k!}e^{-\lambda} = \sum_{k=0}^{\infty} \frac{(5\lambda)^k}{k!}e^{-\lambda} = e^{5\lambda}e^{-\lambda} = e^{4\lambda} = e^4,$$

故 $\lambda = 1$,于是 $P\{X \geqslant 1\} = 1 - P\{X = 0\} = 1 - e^{-\lambda} = 1 - e^{-1}$.

**例2** 设随机变量 $X$ 的概率密度为 $f(x) = \frac{1}{\sqrt{\pi}}e^{-x^2+x-\frac{1}{4}}$ $(-\infty < x < +\infty)$,则 $E(X^2) = $

_____.

**【解析】** $f(x) = \frac{1}{\sqrt{\pi}}e^{-x^2+x-\frac{1}{4}} = \frac{1}{\sqrt{2\pi}\sqrt{1/2}}e^{-\frac{(x-1/2)^2}{2\times(1/2)}}$.

由此可见随机变量 $X$ 服从正态分布,$EX = \frac{1}{2}, DX = \frac{1}{2}$,于是

$$E(X^2) = DX + (EX)^2 = \frac{3}{4}.$$

**【注】** 配方向正态分布靠拢,常见随机变量的数字特征经常考查 $E(X^2) = DX + (EX)^2$.

**例3** 设 $X, Y$ 独立且同服从 $N(0,1)$,求 $Z = \sqrt{X^2 + Y^2}$ 的数学期望.

**【解析】方法一** $EZ = \int_{-\infty}^{+\infty}\int_{-\infty}^{+\infty} \sqrt{x^2+y^2} f(x,y)dxdy = \frac{1}{2\pi}\int_{-\infty}^{+\infty}\int_{-\infty}^{+\infty} \sqrt{x^2+y^2} e^{-\frac{x^2+y^2}{2}}dxdy$

$$= \frac{1}{2\pi}\int_0^{+\infty}\int_0^{2\pi} \rho^2 e^{-\frac{\rho^2}{2}}d\rho d\theta = \int_0^{+\infty} \rho^2 e^{-\frac{\rho^2}{2}}d\rho = \sqrt{2}\int_0^{+\infty} t^{\frac{3}{2}-1}e^{-t}dt$$

$$= \sqrt{2}\Gamma\left(\frac{3}{2}\right) = \sqrt{\frac{\pi}{2}}.$$

**方法二** 对 $z > 0, P\{Z \leqslant z\} = P\{\sqrt{X^2+Y^2} \leqslant z\} = \int_0^{2\pi}\int_0^z \rho \frac{1}{2\pi}e^{-\frac{\rho^2}{2}}d\rho d\theta = \int_0^z \rho e^{-\frac{\rho^2}{2}}d\rho$,

则 $Z$ 的概率密度为 $f_Z(z) = z e^{-\frac{z^2}{2}}, z > 0, EZ = \int_0^{+\infty} z^2 e^{-\frac{z^2}{2}}dz = \sqrt{\frac{\pi}{2}}$.

**例4** 将一均匀的骰子独立地抛掷 3 次,求掷得的三数之和 $X$ 的数学期望.

**【解析】** 设随机变量 $X_i = $ "第 $i$ 次抛掷所出现的点数",$i = 1,2,3$,显然,出现的点数之和为
$$X = X_1 + X_2 + X_3.$$

由于
$$P\{X_i = k\} = \frac{1}{6}, k = 1,2,3,4,5,6, i = 1,2,3.$$

故
$$EX_i = \sum_{k=1}^{6} kP\{X_i = k\} = \frac{1}{6}(1+2+\cdots+6) = 3.5,$$

从而
$$EX = EX_1 + EX_2 + EX_3 = 3 \times 3.5 = 10.5.$$

【注】本题如果先求出随机变量 $X$ 的分布律
$$P\{X = j\} = p_j, j = 3, 4, \cdots, 18,$$

再用公式 $EX = \sum_{j=3}^{18} jp_j$ 就会大大地增加计算的难度.

现利用性质,将 $X$ 分解成 $X_1 + X_2 + X_3$,而 $X_i$ 的分布律是一样的,求解 $EX$ 就大为简化.

**例 5**　已知随机变量 $X_1, X_2, X_3, X_4$ 相互独立,且都服从正态分布 $N(0, \sigma^2)$,如果二阶行列式 $Y = \begin{vmatrix} X_1 & X_2 \\ X_3 & X_4 \end{vmatrix}$,方差 $DY = \frac{1}{4}$,则 $\sigma^2 =$ _____.

【解析】$Y = X_1X_4 - X_2X_3$,由于 $X_i$ 相互独立,所以 $DY = D(X_1X_4) + D(X_2X_3)$,其中
$$D(X_1X_4) = E[(X_1X_4)^2] - [E(X_1X_4)]^2 = E(X_1^2X_4^2) - (EX_1EX_4)^2 = (\sigma^2)^2,$$

同理 $D(X_2X_3) = (\sigma^2)^2$,所以 $DY = 2(\sigma^2)^2 = \frac{1}{4}, \sigma^2 = \frac{1}{\sqrt{8}} = \frac{\sqrt{2}}{4}$.

【注】一般情况下 $D(X_1X_4) \neq DX_1DX_4$,没有性质只能先利用公式计算.

**例 6**　假定国际市场每年对我国某种出口商品的需求量是随机变量 $X$(单位:吨),它服从 $[2\,000, 4\,000]$ 上的均匀分布. 设每售出这种商品一吨,可为国家挣得外汇 3 万元;但假如销售不出而囤积于仓库,则每吨需花费保养费用 1 万元,问需要组织多少货源,才能使国家的收益最大.

【解析】每年需要出口的商品数量是一随机变量 $X$,若以 $y$ 记某年预备出口的该种商品量,其只要考虑 $2\,000 \leqslant y \leqslant 4\,000$ 的情况,则国家的收益(单位:万元)是随机变量 $X$ 的函数,仍是一个随机变量记为 $Y$,则有 $Y = H(X) = \begin{cases} 3y, & X \geqslant y, \\ 3X - (y - X), & X < y. \end{cases}$

由于 $Y$ 是一随机变量,因此题中所指的国家受益最大可理解为收益的均值最大,因而来求 $Y$ 的均值,即
$$EY = \int_{-\infty}^{+\infty} H(x)f(x)dx = \frac{1}{2\,000}\int_{2\,000}^{4\,000} H(x)dx$$
$$= \frac{1}{2\,000}\int_{2\,000}^{y}[3x - (y - x)]dx + \frac{1}{2\,000}\int_{y}^{4\,000} 3ydx = \frac{1}{1\,000}(-y^2 + 7\,000y - 4 \times 10^6)$$

由于 $-y^2 + 7\,000y - 4 \times 10^6 = -(y - 3\,500)^2 + [(3\,500)^2 - 4 \times 10^6]$,此式当 $y = 3\,500$ 时取得最大值,因此组织 $3\,500$ 吨这种商品,能使国家所得的收益均值最大.

**例 7**　(圆周上均匀分布的期望和方差)设二维坐标平面上有一中心在原点,半径为 $R$ 的圆,向该圆周上随机地抛掷一个质点,设随机变量 $X$ 表示所落点的横坐标,求 $EX$ 和 $DX$.

【解析】**方法一**　设 $F(x) = P\{X \leqslant x\}$ 表示随机变量 $X$ 的分布函数,$f(x)$ 为其概率密度. 易见,当 $x < -R$ 时,$F(x) = 0$;当 $x \geqslant R$ 时,$F(x) = 1$;而当 $-R \leqslant x < R$ 时,由于 $X$ 服从圆周上的均匀分布,故 $P\{X \leqslant x\}$ 等于满足横坐标小于 $x$ 的弧长与圆周长的比值,可得,

$$F(x) = \begin{cases} 0, & x < -R, \\ \frac{1}{\pi}\arccos\left(-\frac{x}{R}\right), & -R \leqslant x < 0, \\ 1 - \frac{1}{\pi}\arccos\frac{x}{R}, & 0 \leqslant x < R, \\ 1, & x \geqslant R. \end{cases}$$

进而 $X$ 的概率密度为 $f(x) = F'(x) = \begin{cases} \dfrac{1}{\pi\sqrt{R^2-x^2}}, & -R < x < R, \\ 0, & \text{其他.} \end{cases}$

则

$$EX = \frac{1}{\pi}\int_{-R}^{R}\frac{x}{\sqrt{R^2-x^2}}\mathrm{d}x = 0,$$

$$DX = EX^2 - (EX)^2 = EX^2 = \frac{1}{\pi}\int_{-R}^{R}\frac{x^2}{\sqrt{R^2-x^2}}\mathrm{d}x = \frac{R^2}{2}.$$

**方法二** 方法一是将样本空间看成是二维平面上的圆周,这给解题带来了一定的难度. 实际上,可以将该质点的横坐标 $X$ 看作是该质点极坐标角度随机变量 $\theta$ 的一个函数 $X = R\cos\theta$. 而随机变量 $\theta$ 服从 $[0,2\pi)$ 上的均匀分布,即 $\theta \sim U[0,2\pi)$,则

$$EX = E(R\cos\theta) = \int_{0}^{2\pi}(R\cos x)\frac{1}{2\pi}\mathrm{d}x = 0,$$

$$DX = EX^2 - (EX)^2 = EX^2 = \int_{0}^{2\pi}(R^2\cos^2 x)\frac{1}{2\pi}\mathrm{d}x = \frac{R^2}{2}.$$

**例8** 设随机变量 $X$ 的概率密度为 $f(x) = \dfrac{1}{\pi(1+x^2)}$,求 $E[\min\{|X|,1\}]$ 和 $D[\min\{|X|,1\}]$.

**【解析】** $X$ 的概率密度为 $f(x) = \dfrac{1}{\pi(1+x^2)}$,则

$$E[\min\{|X|,1\}] = \int_{-\infty}^{+\infty}\min\{|x|,1\}f(x)\mathrm{d}x = \frac{1}{\pi}\int_{|x|\leqslant 1}\frac{|x|}{1+x^2}\mathrm{d}x + \frac{1}{\pi}\int_{|x|>1}\frac{1}{1+x^2}\mathrm{d}x$$

$$= \frac{2}{\pi}\left(\int_{0}^{1}\frac{x}{1+x^2}\mathrm{d}x + \int_{1}^{+\infty}\frac{1}{1+x^2}\mathrm{d}x\right)$$

$$= \frac{2}{\pi}\left[\frac{1}{2}\ln(1+x^2)\Big|_{0}^{1} + \arctan x\Big|_{1}^{+\infty}\right] = \frac{\ln 2}{\pi} + \frac{1}{2},$$

$$E\{[\min\{|X|,1\}]^2\} = \int_{-\infty}^{+\infty}[\min\{|x|,1\}]^2 f(x)\mathrm{d}x$$

$$= \frac{2}{\pi}\left[\int_{0}^{1}\frac{x^2}{1+x^2}\mathrm{d}x + \int_{1}^{+\infty}\frac{1}{1+x^2}\mathrm{d}x\right]$$

$$= \frac{2}{\pi}\left[(x-\arctan x)\Big|_{0}^{1} + \arctan x\Big|_{1}^{+\infty}\right] = \frac{2}{\pi},$$

因此 $\quad D[\min(|X|,1)] = \dfrac{2}{\pi} - \left(\dfrac{\ln 2}{\pi} + \dfrac{1}{2}\right)^2 = \dfrac{2\pi - \pi\ln 2 - \ln^2 2}{\pi^2} - \dfrac{1}{4}.$

**例9** 设随机变量 $\theta$ 服从 $[-\pi,\pi]$ 上的均匀分布,$X = \sin\theta, Y = \cos\theta$,则 $\rho_{XY} = 0$,但 $X,Y$ 不独立.

**【证明】**
$$EX = \frac{1}{2\pi}\int_{-\pi}^{\pi}\sin x\mathrm{d}x = \frac{1}{2\pi}(-\cos x)\Big|_{-\pi}^{\pi} = 0,$$

$$EY = \frac{1}{2\pi}\int_{-\pi}^{\pi}\cos x\mathrm{d}x = \frac{1}{2\pi}(\sin x)\Big|_{-\pi}^{\pi} = 0,$$

$$E(XY) = \frac{1}{2\pi}\int_{-\pi}^{\pi}\sin x\cos x\mathrm{d}x = \frac{1}{2\pi}\left(\frac{\sin^2 x}{2}\right)\Big|_{-\pi}^{\pi} = 0,$$

则 $\mathrm{Cov}(X,Y) = E(XY) - EXEY = 0$,即 $\rho_{XY} = 0$,$X,Y$ 不相关,但由于 $X^2 + Y^2 = \sin^2\theta + \cos^2\theta = 1$,可见 $X,Y$ 有函数关系,故并不独立.

要说明 $X,Y$ 不独立,也可以通过如下过程给予说明:

$$P\left\{X \leqslant -\frac{\sqrt{2}}{2}\right\} = P\left\{\sin\theta \leqslant -\frac{\sqrt{2}}{2}\right\} = P\left\{-\frac{3\pi}{4} \leqslant \theta \leqslant -\frac{\pi}{4}\right\} = \frac{1}{4},$$

$$P\left\{Y \leqslant -\frac{\sqrt{2}}{2}\right\} = P\left\{\cos\theta \leqslant -\frac{\sqrt{2}}{2}\right\} = P\left\{-\pi \leqslant \theta \leqslant -\frac{3\pi}{4}\right\} + P\left\{\frac{3\pi}{4} \leqslant \theta \leqslant \pi\right\} = \frac{1}{4}.$$

而

$$P\left\{X \leqslant -\frac{\sqrt{2}}{2}, Y \leqslant -\frac{\sqrt{2}}{2}\right\} = P\left\{\sin\theta \leqslant -\frac{\sqrt{2}}{2}, \cos\theta \leqslant -\frac{\sqrt{2}}{2}\right\}$$

$$= P\left\{-\frac{3\pi}{4} \leqslant \theta \leqslant -\frac{\pi}{4}, -\pi \leqslant \theta \leqslant -\frac{3\pi}{4} \text{ 或} \frac{3\pi}{4} \leqslant \theta \leqslant \pi\right\} = 0,$$

即 $P\left\{X \leqslant -\frac{\sqrt{2}}{2}, Y \leqslant -\frac{\sqrt{2}}{2}\right\} \neq P\left\{X \leqslant -\frac{\sqrt{2}}{2}\right\}P\left\{Y \leqslant -\frac{\sqrt{2}}{2}\right\}$，于是有 $X, Y$ 不独立.

**【注】**上例说明两个随机变量不相关不能推出独立性，因为即使不相关，它们之间也可能有其他函数关系.

**例 10** 将 $n$ 个带有号码 1 至 $n$ 的球放入编有号码 1 至 $n$ 的匣子,并限制每一个匣子只能进一只球,设球与匣子号码一致的只数是 $S_n$,试证明:$\dfrac{S_n - ES_n}{n} \xrightarrow{P} 0.$

**【证明】**令 $X_i = \begin{cases} 1, & \text{第 } i \text{ 号球投入第 } i \text{ 号匣子}, \\ 0, & \text{其他}, \end{cases}$ 则 $S_n = X_1 + X_2 + \cdots + X_n.$

$$EX_i = P\{X_i = 1\} = \frac{1}{n}, \quad DX_i = EX_i^2 - (EX_i)^2 = \frac{1}{n}\left(1 - \frac{1}{n}\right),$$

$$\text{Cov}(X_i, X_j) = E(X_i X_j) - EX_i EX_j = \frac{1}{n(n-1)} - \left(\frac{1}{n}\right)^2 = \frac{1}{n^2(n-1)},$$

$$DS_n = \sum_{i=1}^{n} DX_i + 2 \sum_{1 \leqslant i < j \leqslant n} \text{Cov}(X_i, X_j) = nDX_i + n(n-1)\text{Cov}(X_1, X_2) = 1.$$

由切比雪夫不等式,对任意的 $\varepsilon > 0$,有

$$P\left\{\left|\frac{S_n - ES_n}{n}\right| \geqslant \varepsilon\right\} = P\{|S_n - ES_n| \geqslant n\varepsilon\} \leqslant \frac{DS_n}{n^2 \varepsilon^2} = \frac{1}{n^2 \varepsilon^2} \to 0.$$

故

$$\lim_{n \to \infty} P\left\{\left|\frac{S_n - ES_n}{n}\right| \geqslant \varepsilon\right\} = 0, \quad \text{即} \frac{S_n - ES_n}{n} \xrightarrow{P} 0.$$

**【注】**配对问题数字特征、切比雪夫不等式、依概率收敛综合题.

**例 11** 设随机变量 $X \sim N(0, 4), Y \sim E(0.5)$,令 $Z = X - aY$. 若 $\text{Cov}(X, Y) = -1$,$\text{Cov}(X, Z) = \text{Cov}(Y, Z)$,则 $X$ 与 $Z$ 的相关系数 $\rho = $ _____.

**【解析】** $\text{Cov}(X, Z) = \text{Cov}(X, X) - a\text{Cov}(X, Y) = DX + a = 4 + a,$

$$\text{Cov}(Y, Z) = \text{Cov}(X, Y) - a\text{Cov}(Y, Y) = -1 - aDY = -1 - 4a,$$

所以 $a = -1, \text{Cov}(X, Z) = 3, DZ = D(X + Y) = 6$,则 $\rho = \dfrac{\sqrt{6}}{4}.$

**例 12** 将一枚硬币重复掷 $n$ 次,以 $X$ 和 $Y$ 分别表示正面向上和反面向上的次数,则 $X$ 和 $Y$ 的相关系数为 _____.

**【解析】** $X + Y = n$,即 $Y = -X + n$,则相关系数为 $-1$.

**【注】**若 $Y = aX + b$,则当 $a > 0$ 时,$\rho_{XY} = 1$;$a < 0$ 时,$\rho_{XY} = -1$.

**例 13** 设二维随机变量 $(X, Y)$ 服从区域 $D = \{(x, y) \mid 0 < x < 1, 0 < x < y < 1\}$ 上的均匀分布,求 $X$ 与 $Y$ 的协方差及相关系数.

**【解析】**因为区域 $D$ 的面积为 $\dfrac{1}{2}$,所以 $(X, Y)$ 的联合概率密度为

$$f(x,y) = \begin{cases} 2, & (x,y) \in D, \\ 0, & (x,y) \notin D. \end{cases}$$

由此得 $X$ 与 $Y$ 各自的边缘密度函数为

当 $0 < x < 1$ 时,$f_X(x) = \int_x^1 2\mathrm{d}y = 2(1-x)$;当 $0 < y < 1$ 时,$f_Y(y) = \int_0^y 2\mathrm{d}x = 2y$.

由此可以计算得 $X$ 与 $Y$ 的期望与方差

$$EX = \frac{1}{3}, EY = \frac{2}{3}, E(X^2) = \frac{1}{6}, E(Y^2) = \frac{1}{2}, DX = \frac{1}{18}, DY = \frac{1}{18}.$$

另外,还需计算 $XY$ 的期望 $E(XY) = \int_0^1 \int_x^1 2xy\mathrm{d}y\mathrm{d}x = \frac{1}{4}$.

由此得 $X$ 与 $Y$ 的协方差及相关系数 $\mathrm{Cov}(X,Y) = E(XY) - EXEY = \frac{1}{4} - \frac{1}{3} \times \frac{2}{3} = \frac{1}{36}$.

$$\rho_{XY} = \frac{\mathrm{Cov}(X,Y)}{\sqrt{DX}\sqrt{DY}} = \frac{1/36}{1/18} = \frac{1}{2}.$$

**例 14** 设在长度为 $L$ 的一段路 $[0,L]$ 上某一点 $X$ 处了生了车祸. 在发生车祸的同时,在 $[0,L]$ 的某一点 $Y$ 处有一辆救护车. 假定 $X,Y$ 都是均匀地分布在地段 $[0,L]$ 上,并且相互独立,求事故地点和救护车之间的平均距离.

**【解析】** $X$ 和 $Y$ 之间的平均距离就是 $E(|X-Y|)$. $(X,Y)$ 的联合概率密度为

$$f(x,y) = \begin{cases} \dfrac{1}{L^2}, & 0 < x < L, 0 < y < L, \\ 0, & \text{其他.} \end{cases}$$

$$E(|X-Y|) = \frac{1}{L^2} \int_0^L \int_0^L |x-y|\,\mathrm{d}x\mathrm{d}y = \frac{1}{L^2}\int_0^L \mathrm{d}x\left[\int_0^x (x-y)\mathrm{d}y + \int_x^L (y-x)\mathrm{d}y\right]$$

$$= \frac{1}{L^2}\int_0^L \left(\frac{L^2}{2} + x^2 - xL\right)\mathrm{d}x = \frac{L}{3}.$$

**例 15** 设随机变量 $X,Y$ 相互独立,且都服从正态分布 $N(0, 0.5)$,求 $D(|X-Y|)$.

**【解析】方法一** 按二维随机变量处理. $(X,Y)$ 的联合概率密度为

$$f(x,y) = \frac{1}{\pi}\mathrm{e}^{-(x^2+y^2)}, \quad -\infty < x, y < +\infty.$$

$$E(|X-Y|) = \int_{-\infty}^{+\infty}\int_{-\infty}^{+\infty} |x-y|\frac{1}{\pi}\mathrm{e}^{-(x^2+y^2)}\mathrm{d}x\mathrm{d}y = \frac{1}{\pi}\int_0^{2\pi}\mathrm{d}\theta\int_0^{+\infty} r|\cos\theta - \sin\theta|\mathrm{e}^{-r^2}r\mathrm{d}r$$

$$= \frac{1}{\pi}\int_0^{2\pi}|\cos\theta - \sin\theta|\mathrm{d}\theta\int_0^{+\infty} r^2\mathrm{e}^{-r^2}\mathrm{d}r = \frac{4}{\pi}\int_0^{\frac{\pi}{2}}|\cos\theta - \sin\theta|\mathrm{d}\theta\int_0^{+\infty} r^2\mathrm{e}^{-r^2}\mathrm{d}r$$

$$= \frac{4}{\pi}\left[\int_0^{\frac{\pi}{4}}(\cos\theta - \sin\theta)\mathrm{d}\theta + \int_{\frac{\pi}{4}}^{\frac{\pi}{2}}(\sin\theta - \cos\theta)\mathrm{d}\theta\right]\left(-\frac{1}{2}r\mathrm{e}^{-r^2}\Big|_0^{+\infty} + \frac{1}{2}\int_0^{+\infty}\mathrm{e}^{-r^2}\mathrm{d}r\right)$$

$$= 4\sqrt{2} \times \frac{1}{4\sqrt{\pi}} = \sqrt{\frac{2}{\pi}},$$

$$E(|X-Y|^2) = E(X^2 - 2XY + Y^2) = E(X^2) - 2EXEY + E(Y^2) = DX + DY = 1.$$

则 $$D(|X-Y|) = E(|X-Y|^2) - [E(|X-Y|)]^2 = 1 - \frac{2}{\pi}.$$

**方法二** 按一维随机变量处理. 令 $Z = X - Y$,由于相互独立的正态变量的线性组合仍是正态变量,故 $Z \sim N(0,1)$,由 $EZ = 0$ 得 $E(Z^2) = DZ = 1$.

$$E(|Z|) = \int_{-\infty}^{+\infty}|z|\frac{1}{\sqrt{2\pi}}\mathrm{e}^{-\frac{z^2}{2}}\mathrm{d}z = \sqrt{\frac{2}{\pi}}\int_0^{+\infty} z\mathrm{e}^{-\frac{z^2}{2}}\mathrm{d}z = \sqrt{\frac{2}{\pi}}\left[-\exp\left\{-\frac{z^2}{2}\right\}\right]\Big|_0^{+\infty} = \sqrt{\frac{2}{\pi}}.$$

则 $$D(|X-Y|)=D(|Z|)=E(Z^2)-[E(|Z|)]^2=1-\frac{2}{\pi}.$$

**例 16** 已知随机变量 $X$ 服从参数为 1 的指数分布,随机变量 $Y$ 在 $(0,1)$ 上服从均匀分布,且 $X$ 与 $Y$ 相互独立,求数学期望 $E(|X-Y|)$.

**【解析】** $X$ 与 $Y$ 的联合概率密度为 $f(x,y)=f_X(x)f_Y(y)=\begin{cases}e^{-x}, & x>0,0<y<1,\\ 0, & 其他.\end{cases}$

$$E(|X-Y|)=\int_{-\infty}^{+\infty}\int_{-\infty}^{+\infty}|x-y|f(x,y)\mathrm{d}x\mathrm{d}y$$
$$=\int_0^1\mathrm{d}x\int_x^1(y-x)e^{-x}\mathrm{d}y+\int_0^1\mathrm{d}y\int_y^{+\infty}(x-y)e^{-x}\mathrm{d}x=\frac{3}{2}-\frac{2}{e}.$$

**例 17** 已知随机变量 $(X,Y)\sim N(0,0;1,1;0.5)$,$U=\max\{X,Y\}$,$V=\min\{X,Y\}$,则 $E(U+V)=$ _____,$E(U-V)=$ _____,$E(UV)=$ _____.

**【分析】** 若按照最值的数学期望的计算方法处理,计算量非常大. 给出下列等式
$$U=\max\{X,Y\}=\frac{1}{2}\big[(X+Y)+|X-Y|\big],$$
$$V=\min\{X,Y\}=\frac{1}{2}\big[(X+Y)-|X-Y|\big],$$
这个等式对所有随机变量均适用,但主要用于求正态分布的数字特征.

**【解析】** $$U=\max\{X,Y\}=\frac{1}{2}\big[(X+Y)+|X-Y|\big],$$
$$V=\min\{X,Y\}=\frac{1}{2}\big[(X+Y)-|X-Y|\big],$$
则 $$U+V=X+Y,U-V=|X-Y|,UV=XY,$$
$$E(U+V)=EX+EY=0,$$
$$Z=X-Y\sim N(0,1),$$
则
$$E(U-V)=E(|X-Y|)=E(|Z|)=\int_{-\infty}^{+\infty}|z|\frac{1}{\sqrt{2\pi}}e^{-\frac{z^2}{2}}\mathrm{d}z=\sqrt{\frac{2}{\pi}},$$
$$E(UV)=E(XY)=\mathrm{Cov}(X,Y)+EXEY=0.5+0=0.5.$$

**例 18** 设随机变量 $X$ 和 $Y$ 相互独立,证明
$$D(XY)=DXDY+(EX)^2DY+(EY)^2DX.$$

**【证明】** 因为随机变量 $X$ 与 $Y$ 独立,所以 $E(XY)=EXEY$,$E(X^2Y^2)=E(X^2)E(Y^2)$,
于是有 $$D(XY)=E(X^2Y^2)-[E(XY)]^2=E(X^2)E(Y^2)-(EX)^2(EY)^2,$$
又因为 $$DX=E(X^2)-(EX)^2,DY=E(Y^2)-(EY)^2,$$
所以 $$E(X^2)=DX+(EX)^2,E(Y^2)=DY+(EY)^2,$$
从而 $$D(XY)=[DX+(EX)^2]E(Y^2)-(EX)^2(EY)^2$$
$$=DXE(Y^2)+(EX)^2[E(Y^2)-(EY)^2]=DX[DY+(EY)^2]+(EX)^2DY$$
$$=DXDY+(EX)^2DY+(EY)^2DX.$$

**例 19** 设随机变量 $X$ 与 $Y$ 均服从两点分布,试证明 $X$ 与 $Y$ 不相关时必有 $X$ 与 $Y$ 相互独立.

**【证明】** 设 $X\sim\begin{pmatrix}0 & 1\\ q_1 & p_1\end{pmatrix}$,$Y\sim\begin{pmatrix}0 & 1\\ q_2 & p_2\end{pmatrix}$,$q_1=1-p_1,q_2=1-p_2$.
则 $$EX=p_1,EY=p_2,E(XY)=P\{X=1,Y=1\}.$$

因为 $X$ 与 $Y$ 不相关，$\mathrm{Cov}(X,Y)=E(XY)-EXEY=0$，从而有

$E(XY)=EXEY=p_1p_2,P\{X=1,Y=1\}=E(XY)=p_1p_2=P\{X=1\}P\{Y=1\}$,

进而 
$$P\{X=0,Y=1\}=P\{Y=1\}-P\{X=1\}P\{Y=1\}=p_2-p_1p_2$$
$$=(1-p_1)p_2=q_1p_2=P\{X=0\}P\{Y=1\}.$$
$$P\{X=1,Y=0\}=P\{X=1\}-P\{X=1\}P\{Y=1\}=p_1-p_1p_2$$
$$=p_1(1-p_2)=p_1q_2=P\{X=1\}P\{Y=0\}.$$
$$P\{X=0,Y=0\}=P\{Y=0\}-P\{X=1\}P\{Y=0\}=q_2-p_1q_2$$
$$=(1-p_1)q_2=q_1q_2=P\{X=0\}P\{Y=0\}.$$

即得 $X$ 与 $Y$ 相互独立，也即对两个两点分布其独立性与不相关性是等价的.

**例20** 设 $X$ 的概率密度为 $f(x)=\begin{cases}\dfrac{x^m}{m!}\mathrm{e}^{-x}, & x>0,\\0, & \text{其他},\end{cases}$ 其中 $m$ 为非负整数，试证：
$$P\{0<X<2(m+1)\}\geqslant\frac{m}{m+1}.$$

**【证明】** $EX=\int_{-\infty}^{+\infty}xf(x)\mathrm{d}x=\frac{1}{m!}\int_0^{+\infty}x^{m+1}\mathrm{e}^{-x}\mathrm{d}x=\frac{1}{m!}\Gamma(m+2)=m+1$,

$EX^2=\int_{-\infty}^{+\infty}x^2f(x)\mathrm{d}x=\frac{1}{m!}\int_0^{+\infty}x^{m+2}\mathrm{e}^{-x}\mathrm{d}x=\frac{1}{m!}\Gamma(m+3)=(m+1)(m+2)$,

$DX=EX^2-(EX)^2=(m+1)(m+2)-(m+1)^2=m+1$.

由切比雪夫不等式
$$P\{0<X<2(m+1)\}=P\{-(m+1)<X-(m+1)<(m+1)\}$$
$$=P\{|X-EX|<m+1\}=1-P\{|X-EX|\geqslant m+1\}\geqslant1-\frac{DX}{(m+1)^2}$$
$$=1-\frac{1}{m+1}=\frac{m}{m+1}.$$

# 第五章 大数定律及中心极限定理

## ▰ 章节同步导学

| 章节 | 教材内容 | 考纲要求 | 必做例题 | 必做习题(P126−127) |
|---|---|---|---|---|
| §5.1 大数定律 | 依概率收敛的定义 | 了解 | | |
| | 定理一(切比雪夫大数定律) | 了解(注意三个大数定律的相同点与不同点) | | |
| | 定理二(伯努利大数定律) | | | |
| | 定理三(辛钦大数定律) | | | |
| §5.2 中心极限定理 | 定理一(独立同分布的中心极限定理),公式(2.2)和公式(2.3) | 了解(数一)会(数三)了解并会用相关定理近似计算有关随机事件的概率 | 例1,2,3 | 习题 3,4,7,8 |
| | 定理三(棣莫弗−拉普拉斯定理) | | | 习题 12, 13 |

## ▰ 知识结构网图

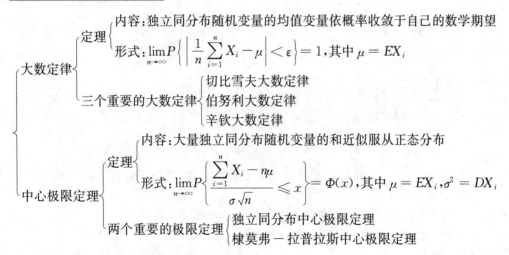

$$
\text{大数定律}
\begin{cases}
\text{定理}
\begin{cases}
\text{内容:独立同分布随机变量的均值变量依概率收敛于自己的数学期望}\\
\text{形式:}\lim_{n\to\infty}P\left\{\left|\dfrac{1}{n}\sum_{i=1}^{n}X_i-\mu\right|<\varepsilon\right\}=1,\text{其中}\ \mu=EX_i
\end{cases}\\
\text{三个重要的大数定律}
\begin{cases}
\text{切比雪夫大数定律}\\
\text{伯努利大数定律}\\
\text{辛钦大数定律}
\end{cases}
\end{cases}
$$

$$
\text{中心极限定理}
\begin{cases}
\text{定理}
\begin{cases}
\text{内容:大量独立同分布随机变量的和近似服从正态分布}\\
\text{形式:}\lim_{n\to\infty}P\left\{\dfrac{\sum_{i=1}^{n}X_i-n\mu}{\sigma\sqrt{n}}\leqslant x\right\}=\Phi(x),\text{其中}\ \mu=EX_i,\sigma^2=DX_i
\end{cases}\\
\text{两个重要的极限定理}
\begin{cases}
\text{独立同分布中心极限定理}\\
\text{棣莫弗−拉普拉斯中心极限定理}
\end{cases}
\end{cases}
$$

## ▰ 课后习题全解

1. 据以往经验,某种电器元件的寿命服从均值为 100 h 的指数分布,现随机地取 16 只,设它们的寿命是相互独立的. 求这 16 只元件的寿命的总和大于 1 920 h 的概率.

【解析】设 $X_i(i=1,2,\cdots,16)$ 为第 $i$ 只电子元件的寿命,令 16 只电子元件的寿命的总和为 $X=$

$\sum\limits_{i=1}^{16} X_i$,由中心极限定理可得 $X$ 近似服从正态分布,因

$$EX = E\left(\sum_{i=1}^{16} X_i\right) = \sum_{i=1}^{16} EX_i = 1\,600, DX = D\left(\sum_{i=1}^{16} X_i\right) = 160\,000,$$

即 $X \sim N(1\,600, 400^2)$,所以

$$P\{X > 1\,920\} = 1 - P\{X \leqslant 1\,920\} \approx 1 - \Phi\left(\frac{1\,920 - 1\,600}{400}\right)$$

$$= 1 - \Phi(0.8) \approx 0.211\,9.$$

2.(1)一保险公司有 10 000 个汽车投保人,每个投保人索赔金额的数学期望为 280 美元,标准差为 800 美元,求索赔总金额超过 2 700 000 美元的概率;

(2)一公司有 50 张签约保险单,各张保险单的索赔金额为 $X_i, i = 1, 2, \cdots, 50$(以千美元计)服从韦布尔(Weibull)分布,均值 $EX_i = 5$,方差 $DX_i = 6$,求 50 张保险单索赔的合计金额大于 300 的概率(设各保险单索赔金额是相互独立的).

【解析】(1)设 $X_i(i = 1, 2, \cdots, 10\,000)$ 为第 $i$ 个汽车投保人索赔金额,令索赔的总金额为 $X = \sum\limits_{i=1}^{10\,000} X_i$,由中心极限定理可得 $X$ 近似服从正态分布,则

$$EX = E\left(\sum_{i=1}^{10\,000} X_i\right) = \sum_{i=1}^{10\,000} EX_i = 2.8 \times 10^6, DX = D\left(\sum_{i=1}^{10\,000} X_i\right) = 800^2 \times 10^4.$$

即 $X \sim N(2.8 \times 10^6, 800^2 \times 10^4)$,所以

$$P\{X > 2.7 \times 10^6\} = 1 - P\{X \leqslant 2.7 \times 10^6\}$$

$$\approx 1 - \Phi\left(\frac{2.7 \times 10^6 - 2.8 \times 10^6}{\sqrt{800^2 \times 10^4}}\right)$$

$$= 1 - \Phi\left(-\frac{0.1 \times 10^6}{800 \times 10^2}\right) = \Phi\left(\frac{5}{4}\right) \approx 0.894\,4.$$

(2)50 张保险单索赔的合计金额 $X = \sum\limits_{i=1}^{50} X_i$,由中心极限定理可得 $X$ 近似服从正态分布,则有

$$EX = E\left(\sum_{i=1}^{50} X_i\right) = \sum_{i=1}^{50} EX_i = 250, DX = D\left(\sum_{i=1}^{50} X_i\right) = \sum_{i=1}^{50} DX_i = 300.$$

即 $X \sim N(250, 300)$,所以

$$P\{X > 300\} = 1 - P\{X \leqslant 300\} \approx 1 - \Phi\left(\frac{300 - 250}{\sqrt{300}}\right)$$

$$= 1 - \Phi\left(\frac{5}{3}\sqrt{3}\right) \approx 1 - \Phi(2.89) \approx 0.001\,9.$$

3. 计算器在进行加法时,将每个加数舍入最靠近它的整数,设所有舍入误差相互独立且在 $(-0.5, 0.5)$ 上服从均匀分布.

(1)将 1 500 个数相加,问误差总和的绝对值超过 15 的概率是多少?

(2)最多可有几个数相加使得误差总和的绝对值小于 10 的概率不小于 0.90?

【解析】(1)设 $X_i(i = 1, 2, \cdots, 1\,500)$ 为第 $i$ 个数误差,令 1 500 个数相加误差的总和 $X = \sum\limits_{i=1}^{1\,500} X_i$,由中心极限定理可得 $X$ 近似服从正态分布,则

$$EX = E\left(\sum_{i=1}^{1\,500} X_i\right) = \sum_{i=1}^{1\,500} EX_i = 0, DX = D\left(\sum_{i=1}^{1\,500} X_i\right) = \sum_{i=1}^{1\,500} DX_i = 125.$$

即 $X \sim N(0, 125)$,所以

$$P\{|X| > 15\} = 1 - P\{-15 \leqslant X \leqslant 15\}$$

$$\approx 2\left[1 - \Phi\left(\frac{15}{\sqrt{125}}\right)\right] = 2\left[1 - \Phi\left(\frac{3}{5}\sqrt{5}\right)\right] = 0.180\ 2.$$

(2)设最多可有 $n$ 个数相加,误差总和 $X = \sum\limits_{i=1}^{n} X_i$ 满足

$$P\{|X| < 10\} = P\{-10 < X < 10\} = 2\Phi\left(\frac{10}{\sqrt{n/12}}\right) - 1 \geqslant 0.90,$$

即得

$$\Phi\left(\frac{10}{\sqrt{n/12}}\right) \geqslant 0.95 = \Phi(1.645),$$

于是 $\frac{10}{\sqrt{n/12}} \geqslant 1.645$,所以 $n \leqslant 443.45$,即最多只能有 443 个数相加才能使得总和的绝对值小于 10 的概率不小于 0.90.

4. 设各零件的重量都是随机变量,它们相互独立,且服从相同的分布,其数学期望为 0.5 kg,均方差为 0.1 kg,问 5 000 只零件的总重量超过 2 510 kg 的概率是多少?

【解析】设 $X_i(i=1,2,\cdots,5\ 000)$ 为第 $i$ 只零件的重量,令 5 000 只零件总重量为 $X = \sum\limits_{i=1}^{5\ 000} X_i$,由中心极限定理可得 $X$ 近似服从正态分布,

$$EX = E\left(\sum_{i=1}^{5\ 000} X_i\right) = \sum_{i=1}^{5\ 000} EX_i = 2\ 500,$$

$$DX = D\left(\sum_{i=1}^{5\ 000} X_i\right) = \sum_{i=1}^{5\ 000} DX_i = 0.01 \times 5\ 000 = 50,$$

即 $X \sim N(2\ 500, 50)$,所以

$$P\{X > 2\ 510\} = 1 - P\{X \leqslant 2\ 510\} \approx 1 - \Phi\left(\frac{2\ 510 - 2\ 500}{\sqrt{50}}\right)$$

$$= 1 - \Phi(\sqrt{2}) = 0.078\ 7.$$

5. 有一批建筑房屋用的木柱,其中 80% 的长度不小于 3 m,现从这批木柱中随机地取 100 根,求其中至少有 30 根短于 3 m 的概率.

【解析】随机抽取这批木柱 100 根,记 $X$ 为 100 根木柱中长度短于 3 m 的根数,于是 $X$ 服从二项分布,即 $X \sim b(100, 0.2)$,由棣莫弗—拉普拉斯中心极限定理可得 $X$ 近似服从正态分布 $N(20, 16)$,则其中至少有 30 根短于 3 m 的概率为

$$P\{X \geqslant 30\} = 1 - P\{X < 30\} \approx 1 - \Phi\left(\frac{30 - 20}{4}\right) = 1 - \Phi(2.5) = 0.006\ 2.$$

6. 一工人修理一台机器需两个阶段,第一阶段所需时间(小时)服从均值为 0.2 的指数分布,第二阶段所需时间服从均值为 0.3 的指数分布,且与第一阶段独立,现有 20 台机器需要修理,求他在 8 小时内完成的概率.

【解析】设 $X_i, Y_i(i=1,2,\cdots,20)$ 为第 $i$ 台机器需要修理第一阶段、第二阶段所需要的时间,$Z_i = X_i + Y_i$ 为第 $i$ 台机器需要修理时需要的时间,令 $Z = \sum\limits_{i=1}^{20} Z_i$,由题意可知

$$EZ_i = E(X_i + Y_i) = EX_i + EY_i = 0.5, DZ_i = D(X_i + Y_i) = DX_i + DY_i = 0.13.$$

由中心极限定理可得 $Z$ 近似服从正态分布,则

$$EZ = E\left(\sum_{i=1}^{20} Z_i\right) = \sum_{i=1}^{20} EZ_i = 10, DZ = D\left(\sum_{i=1}^{20} Z_i\right) = \sum_{i=1}^{20} ZX_i = 2.6.$$

即 $Z \sim N(10, 2.6)$,所以

$$P\{Z \leqslant 8\} \approx \Phi\left(\frac{8 - 10}{\sqrt{2.6}}\right) = \Phi(-1.24) = 1 - \Phi(1.24) = 0.107\ 5.$$

7. 一食品店有三种蛋糕出售,由于售出哪一种蛋糕是随机的,因而售出一只蛋糕的价格是一个随机变量,它取 1 元、1.2 元、1.5 元各个值的概率分别为 0.3、0.2、0.5,若售出 300 只蛋糕.

(1)求收入至少 400 元的概率;

(2)求售出价格为 1.2 元的蛋糕多于 60 只的概率.

**【解析】**(1)设 $X_i$ 为随机出售第 $i$ 只蛋糕的价钱,记 $X = \sum\limits_{i=1}^{300} X_i$ 为这一天食品店销售的收入,$X_i$ 的分布律为

| $X_i$ | 1 | 1.2 | 1.5 |
|---|---|---|---|
| $p$ | 0.3 | 0.2 | 0.5 |

于是
$$EX_i = 1 \times 0.3 + 1.2 \times 0.2 + 1.5 \times 0.5 = 1.29,$$
$$E(X_i^2) = 1^2 \times 0.3 + 1.2^2 \times 0.2 + 1.5^2 \times 0.5 = 1.713,$$

即得
$$DX_i = E(X_i^2) - (EX_i)^2 = 0.048\,9.$$

由中心极限定理可得 $X$ 近似服从正态分布,则

$$EX = E\left(\sum_{i=1}^{300} X_i\right) = \sum_{i=1}^{300} EX_i = 387, \quad DX = D\left(\sum_{i=1}^{300} X_i\right) = \sum_{i=1}^{300} DX_i = 14.67.$$

即 $X \sim N(387, 14.67)$,所以

$$P\{X \geqslant 400\} = 1 - P\{X < 400\} \approx 1 - \Phi\left(\frac{400 - 387}{\sqrt{14.67}}\right) = 1 - \Phi(3.39) = 0.000\,3.$$

(2)记 $Y$ 为售出价格为 1.2 元的蛋糕数,即 $Y \sim b(300, 0.2)$,由棣莫弗-拉普拉斯中心极限定理可得 $Y$ 近似服从 $N(60, 48)$,于是售出价格为 1.2 元的蛋糕多于 60 只的概率为

$$P\{Y > 60\} = 1 - P\{Y \leqslant 60\} \approx 1 - \Phi(0) = 0.5.$$

8. 一复杂的系统由 100 个相互独立起作用的部件所组成,在整个运行期间每个部件损坏的概率为 0.10. 为了使整个系统起作用,至少必须有 85 个部件正常工作,求整个系统起作用的概率.

**【解析】**记 $X$ 为系统中损坏的部件数,即 $X \sim b(100, 0.1)$,由棣莫弗-拉普拉斯中心极限定理可得 $X$ 近似服从 $N(10, 9)$,于是整个系统起作用的概率为

$$P\{X < 15\} \approx \Phi\left(\frac{15 - 10}{3}\right) = \Phi\left(\frac{5}{3}\right) = 0.952\,5.$$

9. 已知在某十字路口,一周事故发生数的数学期望为 2.2,标准差为 1.4.

(1)以 $\overline{X}$ 表示一年(以 52 周计)此十字路口事故发生数的算术平均,试用中心极限定理求 $\overline{X}$ 的近似分布,并求 $P\{\overline{X} < 2\}$.

(2)求一年事故发生数小于 100 的概率.

**【解析】**(1)记 $X_i (i = 1, 2, \cdots, 52)$ 为第 $i$ 周十字路口事故发生数,则一年此十字路口事故发生总数 $X = \sum\limits_{i=1}^{52} X_i, \overline{X} = \frac{1}{52} \sum\limits_{i=1}^{52} X_i$,由中心极限定理可得 $X$ 近似服从正态分布,则

$$EX = E\left(\sum_{i=1}^{52} X_i\right) = \sum_{i=1}^{52} EX_i = 2.2 \times 52,$$

$$DX = D\left(\sum_{i=1}^{52} X_i\right) = \sum_{i=1}^{52} DX_i = 1.4^2 \times 52.$$

即 $X \sim N(2.2 \times 52, 1.4^2 \times 52)$,进而 $\overline{X} \sim N\left(2.2, \frac{1.4^2}{52}\right)$,所以

$$P\{\overline{X} \leqslant 2\} \approx \varPhi\left(\frac{2-2.2}{1.4/\sqrt{52}}\right) = \varPhi(-1.03) = 1 - \varPhi(1.03) = 0.151\ 5.$$

(2)因为 $X \sim N(114.4, 101.92)$,一年事故发生数小于 100 的概率为

$$P\{X < 100\} \approx \varPhi\left(\frac{100 - 2.2 \times 52}{1.4 \times \sqrt{52}}\right) = \varPhi(-1.43) = 1 - \varPhi(1.43) = 0.077\ 0.$$

10. 某种小汽车氧化氮的排放量的数学期望为 0.9 g/km,标准差为 1.9 g/km,某汽车公司有这种小汽车 100 辆,以 $\overline{X}$ 表示这些车辆氧化氮排放量的算术平均,问当 $L$ 为何值时 $\overline{X} > L$ 的概率不超过 0.01.

【解析】记 $X_i(i=1,2,\cdots,100)$ 为第 $i$ 辆小汽车氧化氮排放量,则该公司小汽车的氧化氮总的排放量 $X = \sum\limits_{i=1}^{100} X_i$,这些车辆氧化氮排放量的算术平均数 $\overline{X} = \frac{1}{100} \sum\limits_{i=1}^{100} X_i$,由中心极限定理可得 $X$ 近似服从正态分布,则

$$EX = E\left(\sum_{i=1}^{100} X_i\right) = \sum_{i=1}^{100} EX_i = 0.9 \times 100, DX = D\left(\sum_{i=1}^{100} X_i\right) = \sum_{i=1}^{100} DX_i = 1.9^2 \times 100.$$

即 $X \sim N(0.9 \times 100, 1.9^2 \times 100)$,进而 $\overline{X} \sim N\left(0.9, \frac{1.9^2}{100}\right)$,所以

$$P\{\overline{X} > L\} = 1 - P\{\overline{X} \leqslant L\} \approx 1 - \varPhi\left(\frac{L-0.9}{0.19}\right) \leqslant 0.01,$$

即 $\varPhi\left(\frac{L-0.9}{0.19}\right) \geqslant 0.99 = \varPhi(2.33)$,于是 $\frac{L-0.9}{0.19} \geqslant 2.33$,解得 $L \geqslant 1.342\ 7$.

故 $L$ 取值为 1.342 7g/km.

11. 随机地选取两组学生,每组 80 人,分别在两个实验室里测量某种化合物的 pH 值,各人测量的结果是随机变量,它们相互独立,服从同一分布,数学期望为 5,方差为 0.3,以 $\overline{X}, \overline{Y}$ 分别表示第一组和第二组所得结果的算术平均.

(1)求 $P\{4.9 < \overline{X} < 5.1\}$;

(2)求 $P\{-0.1 < \overline{X} - \overline{Y} < 0.1\}$.

【解析】(1)由题意可得

$$\overline{X} \sim N\left(5, \frac{0.3}{80}\right), \overline{Y} \sim N\left(5, \frac{0.3}{80}\right),$$

则

$$P\{4.9 < \overline{X} < 5.1\} \approx 2\varPhi\left(\frac{0.1}{\sqrt{\frac{0.3}{80}}}\right) - 1 = 2\varPhi(1.63) - 1 = 0.896\ 8.$$

(2)$\overline{X}, \overline{Y}$ 相互独立,于是 $\overline{X} - \overline{Y} \sim N\left(0, \frac{0.3}{40}\right)$,即

$$P\{-0.1 < \overline{X} - \overline{Y} < 0.1\} \approx 2\varPhi\left(\frac{0.1}{\sqrt{0.3/40}}\right) - 1 = 2\varPhi(1.15) - 1 = 0.749\ 8.$$

12. 一公寓有 200 户住户,一户住户拥有汽车辆数 $X$ 的分布律为

| $X$ | 0 | 1 | 2 |
|---|---|---|---|
| $p_k$ | 0.1 | 0.6 | 0.3 |

问需要多少车位,才能使每辆汽车都具有一个车位的概率至少为 0.95.

**【解析】**设公寓含有车位数为 $n$，记 $X_i$ 为第 $i$ 户拥有汽车车辆数，此时

$$EX_i = 0 \times 0.1 + 1 \times 0.6 + 2 \times 0.3 = 1.2,$$
$$E(X_i^2) = 0^2 \times 0.1 + 1^2 \times 0.6 + 2^2 \times 0.3 = 1.8,$$

即得

$$DX_i = E(X_i^2) - (EX_i)^2 = 0.36.$$

令公寓中汽车保有量为 $X = \sum\limits_{i=1}^{200} X_i$，因为

$$EX = E\left(\sum_{i=1}^{200} X_i\right) = \sum_{i=1}^{200} EX_i = 240, DX = D\left(\sum_{i=1}^{200} X_i\right) = \sum_{i=1}^{200} DX_i = 72,$$

则 $X$ 近似服从 $N(240,72)$，每辆汽车都具有一个车位的概率至少为 $0.95$. 即为

$$P\{X \leqslant n\} \geqslant 0.95,$$

即得

$$P\{X \leqslant n\} \approx \Phi\left(\frac{n-240}{\sqrt{72}}\right) \geqslant 0.95 = \Phi(1.645),$$

解得 $\dfrac{n-240}{\sqrt{72}} \geqslant 1.645$，即 $n \geqslant 253.96$. 该公寓至少需要 254 个车位.

13. 某种电子器件的寿命(小时)具有数学期望 $\mu$(未知)，方差 $\sigma^2 = 400$. 为了估计 $\mu$，随机地取 $n$ 只这种器件，在时刻 $t=0$ 投入测试(测试是相互独立的)直到失效，测得其寿命为 $X_1, X_2, \cdots, X_n$，以 $\overline{X} = \dfrac{1}{n}\sum\limits_{i=1}^{n} X_i$ 作为 $\mu$ 的估计，为使 $P\{|\overline{X} - \mu| < 1\} \geqslant 0.95$，问 $n$ 至少为多少？

**【解析】**由中心极限定理 $X = \sum\limits_{i=1}^{n} X_i$ 近似服从正态分布，即 $X \sim N(n\mu, 400n)$，从而

$$\overline{X} \sim N\left(\mu, \frac{400}{n}\right),$$

于是

$$P\{|\overline{X} - \mu| < 1\} \approx 2\Phi\left(\frac{1}{\sqrt{400/n}}\right) - 1 \geqslant 0.95.$$

即得

$$\Phi\left(\frac{1}{\sqrt{400/n}}\right) \geqslant 0.975 = \Phi(1.96).$$

解得 $n \geqslant 1\,536.64$，此时 $n = 1\,537$.

14. 某药厂断言，该厂生产的某种药品对于医治一种疑难血液病的治愈率为 $0.8$，医院任意抽查 100 个服用此药品的病人，若其中多于 75 人治愈，就接受此断言，否则就拒绝此断言.

(1)若实际上此药品对这种疾病的治愈率是 $0.8$，问接受这一断言的概率是多少？

(2)若实际上此药品对这种疾病的治愈率是 $0.7$，问接受这一断言的概率是多少？

**【解析】**(1)记 $X$ 为 100 个服用此药品中治愈的人数，则 $X \sim b(100, 0.8)$，由棣莫弗—拉普拉斯中心极限定理可得 $X$ 近似服从正态分布 $N(80, 16)$，则接受这一断言的概率为

$$P\{X > 75\} = 1 - P\{X \leqslant 75\} \approx 1 - \Phi\left(\frac{75-80}{4}\right) = \Phi\left(\frac{5}{4}\right) = 0.894\,4.$$

(2)若实际药品对这种疾病的治愈率为 $0.7$，记 $X$ 为 100 个服用此药品中治愈的人数，则 $X \sim b(100, 0.7)$，由棣莫弗—拉普拉斯中心极限定理可得 $X$ 近似服从正态分布 $N(70, 21)$，则接受这一

断言的概率为

$$P\{X>75\}=1-P\{X\leqslant 75\}\approx 1-\Phi\left(\frac{75-70}{\sqrt{21}}\right)=1-\Phi(1.09)=0.137\ 9.$$

## 经典例题选讲

**例1** 假设随机变量 $X_1,X_2,\cdots,X_n,\cdots$ 相互独立且均服从参数为 $\lambda$ 的泊松分布,则下列随机变量序列中不满足切比雪夫大数定律条件的是(    ).

(A)$X_1,X_2,\cdots,X_n,\cdots$            (B)$X_1+1,X_2+2,\cdots,X_n+n,\cdots$

(C)$X_1,\dfrac{1}{2}X_2,\cdots,\dfrac{1}{n}X_n,\cdots$            (D)$X_1,2X_2,\cdots,nX_n,\cdots$

【解析】切比雪夫大数定律的条件有三个.

第一个要求构成随机变量序列的各随机变量是相互独立的,显然无论是 $X_1,X_2,\cdots,X_n,\cdots$,还是 $X_1+1,X_2+2,\cdots,X_n+n,\cdots$;$X_1,\dfrac{1}{2}X_2,\cdots,\dfrac{1}{n}X_n,\cdots$ 以及 $X_1,2X_2,\cdots,nX_n,\cdots$ 都是相互独立的;

第二个条件要求各随机变量的期望与方差都存在,由于

$$EX_n=\lambda,DX_n=\lambda,E(X_n+n)=\lambda+n,D(X_n+n)=\lambda,$$

$$E\left(\frac{1}{n}X_n\right)=\frac{\lambda}{n},D\left(\frac{1}{n}X_n\right)=\frac{1}{n^2}\lambda,E(nX_n)=n\lambda,D(nX_n)=n^2\lambda.$$

因此四个备选答案都满足第二个条件;

第三个条件是方差 $DX_1,\cdots,DX_n,\cdots$ 有公共上界,即 $DX_n<c,c$ 是与 $n$ 无关的常数,对于(A):$DX_n=\lambda<\lambda+1$;对于(B):$D(X_n+n)=DX_n=\lambda<\lambda+1$;对于(C):$D\left(\dfrac{X_n}{n}\right)=\dfrac{1}{n^2}\lambda<\lambda+1$;对于(D):$D(nX_n)=n^2DX_n=n^2\lambda$ 没有公共上界.

综上分析,只有(D)中方差不满足一致有界的条件,因此应选(D).

**例2** 设随机变量 $X_1,X_2,\cdots,X_n,\cdots$ 相互独立,则根据辛钦大数定律,当 $n$ 充分大时 $X_1,X_2,\cdots,X_n,\cdots$ 依概率收敛于其共同的数学期望. 只要 $X_1,X_2,\cdots,X_n,\cdots$(    ).

(A) 有相同的数学期望            (B) 服从同一离散型分布

(C) 服从同一泊松分布            (D) 服从同一连续型分布

【解析】辛钦大数定律要求 $X_i$ 独立同分布,期望存在,只有(C)满足要求.

(A)不能保证同分布,(B)和(D)均不能保证期望存在,选(C).

**例3** 设随机变量序列 $X_1,X_2,\cdots,X_n,\cdots$ 相互独立且都服从正态分布 $N(\mu,\sigma^2)$,记 $Y_n=X_{2n}-X_{2n-1}$,根据辛钦大数定律,当 $n\to\infty$ 时,$\dfrac{1}{n}\sum\limits_{i=1}^{n}Y_i^2$ 依概率收敛于 _____.

【解析】由于 $\{X_n,n\geqslant 1\}$ 相互独立且都服从 $N(\mu,\sigma^2)$,则 $Y_n=X_{2n}-X_{2n-1}(n\geqslant 1)$ 相互独立且都服从 $N(0,2\sigma^2)$,所以 $\{Y_n^2,n\geqslant 1\}$ 独立同分布且 $E(Y_n^2)=DY_n+(EY_n)^2=2\sigma^2$,根据辛钦大数定律,当 $n\to\infty$ 时,$\dfrac{1}{n}\sum\limits_{i=1}^{n}Y_i^2$ 依概率收敛于 $2\sigma^2$.

**例4** 设随机变量序列 $X_1,\cdots,X_n,\cdots$ 相互独立且都服从 $(-1,1)$ 上均匀分布,则

$$\lim_{n\to\infty}P\left\{\frac{1}{\sqrt{n}}\sum_{i=1}^{n}X_i\leqslant 1\right\}=\underline{\qquad}.(结果用标准正态分布函数 \Phi(x) 表示)$$

**【解析】**由于 $X_n$ 相互独立且都服从 $(-1,1)$ 上的均匀分布,所以 $EX_n = 0, DX_n = \dfrac{2^2}{12} = \dfrac{1}{3}$,根据独立同分布中心极限定理,对任意 $x \in \mathbf{R}$ 有

$$\lim_{n \to \infty} P\left\{ \frac{\sum\limits_{i=1}^{n} X_i - E\left(\sum\limits_{i=1}^{n} X_i\right)}{\sqrt{D\left(\sum\limits_{i=1}^{n} X_i\right)}} \leqslant x \right\} = \lim_{n \to \infty} P\left\{ \frac{\sqrt{3} \sum\limits_{i=1}^{n} X_i}{\sqrt{n}} \leqslant x \right\} = \Phi(x),$$

取 $x = \sqrt{3}$,得 $\lim\limits_{n \to \infty} P\left\{ \dfrac{\sum\limits_{i=1}^{n} X_i}{\sqrt{n}} \leqslant 1 \right\} = \Phi(\sqrt{3})$.

**例 5** 设某公司生产每件产品的时间服从指数分布,平均需要 10 min,且生产每件产品的时间是相互独立的.

(1) 试求生产 100 件产品需要 15 h 至 20 h 的概率;

(2) 16 h 最多可以生产多少件产品才能保证有 95% 的可能性.

**【解析】**记 $X_i$ 为组装第 $i$ 件产品的时间,由 $X_i \sim E(\lambda)$,设 $S_n = \sum\limits_{i=1}^{n} X_i$.

(1) 由独立同分布中心极限定理可得

$$P\{15 \times 60 \leqslant S_n \leqslant 20 \times 60\} \approx \Phi\left(\frac{1\,200 - 100 \times 10}{\sqrt{100 \times 100}}\right) - \Phi\left(\frac{900 - 100 \times 10}{\sqrt{100 \times 100}}\right)$$

$$= \Phi(2) - \Phi(-1) = \Phi(2) + \Phi(1) - 1 = 0.818\,5.$$

(2) 设 16 h 内最多可以生产 $x$ 件产品,由独立同分布中心极限定理可得

$$P\left\{\sum_{i=1}^{n} X_i \leqslant 16 \times 60\right\} \geqslant 0.95, \quad \Phi\left(\frac{960 - 10x}{\sqrt{100x}}\right) \geqslant 0.95,$$

查表可得 $\dfrac{960 - 10x}{10\sqrt{x}} \geqslant 1.645$,解得 $x \leqslant 81$.

**例 6** 用概率论方法证明 $\lim\limits_{n \to \infty} \left(1 + n + \dfrac{n^2}{2!} + \cdots + \dfrac{n^n}{n!}\right) e^{-n} = \dfrac{1}{2}$.

**【解析】**设 $\{X_n\}$ 为一独立同分布随机变量序列,每个 $X_k$ 都服从参数为 1 的泊松分布,则

$EX_k = 1, DX_k = 1, \sum\limits_{k=1}^{n} X_k$ 服从参数为 $n$ 的泊松分布. 故有

$$P\left\{\sum_{k=1}^{n} X_k \leqslant n\right\} = \left(1 + n + \frac{n^2}{2!} + \cdots + \frac{n^n}{n!}\right) e^{-n}.$$

由独立同分布中心极限定理可知

$$\lim_{n \to \infty} P\left\{\sum_{k=1}^{n} X_k \leqslant n\right\} = \lim_{n \to \infty} P\left\{\frac{\sum\limits_{k=1}^{n} X_k - n}{\sqrt{n}} \leqslant 0\right\} = \frac{1}{\sqrt{2\pi}} \int_{-\infty}^{0} e^{-\frac{t^2}{2}} \, dt = \frac{1}{2}.$$

# 第六章   样本及抽样分布

## 章节同步导学

| 章节 | 教材内容 | 考纲要求 | 必做例题 | 必做习题 (P147－148) |
|---|---|---|---|---|
| §6.1 随机样本 | 总体、个体的定义 | 理解(数一)了解(数三) | | |
| | 简单随机样本、样本值的定义 | 理解(数一)了解(数三)【重点】 | | |
| §6.2 直方图和箱线图 | | 考研不要求 | | |
| §6.3 抽样分布 | 统计量及其数字特征(样本均值、样本方差、样本$k$阶原点矩、样本$k$阶中心矩) | 理解(数一)了解(数三)【重点】 | | 习题6,7,8 |
| | 抽样分布的定义 | 了解 | | 习题1,2,3 |
| | 经验分布函数 | 了解(仅数学三要求) | | |
| | $\chi^2$分布的定义、可加性、数学期望和方差、分位点(3.1~3.6) | 了解【重点】(但概率密度不用记忆) | | 习题4,9 |
| | $t$分布的定义、图形性质、分位点性质(3.8~3.12) | | | |
| | $F$分布的定义、分位点性质(3.14~3.18) | | P142脚注①了解 | |
| | 正态总体的样本均值与样本方差的分布(定理一、二、三、四) | 掌握(数一)了解(数三)【重点、难点】(定理二证明不要求) | | |

## ◼◼ 知识结构网图

$$
基本概念
\begin{cases}
总体与个体 \\
样本
\begin{cases}
代表性：与总体具有相同概率分布 \\
独立性：个体两两相互独立
\end{cases}
\end{cases}
$$

$$
统计量
\begin{cases}
概念：不含其他未知参数的样本函数 \\
常见统计量
\begin{cases}
样本均值：\overline{X}=\dfrac{1}{n}\sum\limits_{i=1}^{n}X_i \\[2mm]
样本方差：S^2=\dfrac{1}{n-1}\sum\limits_{i=1}^{n}(X_i-\overline X)^2=\dfrac{1}{n-1}\left(\sum\limits_{i=1}^{n}X_i^2-n\overline{X}^2\right) \\[2mm]
样本\,k\,阶原点矩：A_k=\dfrac{1}{n}\sum\limits_{i=1}^{n}X_i^k \\[2mm]
样本\,k\,阶中心距：B_k=\dfrac{1}{n}\sum\limits_{i=1}^{n}(X_i-\overline{X})^k,k=2,3,\cdots
\end{cases} \\[4mm]
常用统计量的数字特征
\begin{cases}
E\overline{X}=EX,D\overline{X}=\dfrac{DX}{n} \\[2mm]
E(S^2)=DX
\end{cases}
\end{cases}
$$

$$
抽样分布
\begin{cases}
\chi^2\,分布
\begin{cases}
形式：n\,个独立标准正态分布的平方和，自由度为\,n \\
性质：(1)独立可加性；(2)若\,X\sim\chi^2(n)，则\,EX=n,DX=2n
\end{cases} \\[4mm]
t\,分布
\begin{cases}
形式：t=\dfrac{X}{\sqrt{Y/n}}，其中\,X,Y\,独立且\,X\sim N(0,1),Y\sim\chi^2(n) \\[2mm]
性质：若\,t\sim t(n)，则\,Et=0,Dt=\dfrac{n}{n-1}
\end{cases} \\[4mm]
F\,分布
\begin{cases}
形式：F=\dfrac{X/n_1}{Y/n_2}\sim F(n_1,n_2)，其中\,X,Y\,独立且\,X\sim\chi^2(n_1),Y\sim\chi^2(n_2) \\[2mm]
性质：若\,X\sim t(n)，则\,X^2\sim F(1,n)
\end{cases} \\[4mm]
单个正态总体\,X\sim N(\mu,\sigma^2)下的抽样分布
\begin{cases}
\dfrac{\overline{X}-\mu}{\sigma/\sqrt{n}}\sim N(0,1),\dfrac{(n-1)S^2}{\sigma^2}\sim\chi^2(n-1),\overline{X}\,与\,S^2\,独立 \\[2mm]
\sum\limits_{i=1}^{n}\left(\dfrac{X_i-\mu}{\sigma}\right)^2\sim\chi^2(n),\dfrac{\overline{X}-\mu}{S/\sqrt{n}}\sim t(n-1)
\end{cases} \\[4mm]
两个正态总体\,X\sim N(\mu_1,\sigma_1^2),Y\sim N(\mu_2,\sigma_2^2)的抽样分布
\end{cases}
$$

## ◼◼ 课后习题全解

1. 在总体 $N(52,6.3^2)$ 中随机抽取一容量为 36 的样本，求样本均值 $\overline{X}$ 落在 50.8 到 53.8 之间的概率.

【解析】样本均值 $\overline{X}\sim N\left(52,\dfrac{6.3^2}{36}\right)$，于是样本均值 $\overline{X}$ 落在 50.8 到 53.8 之间的概率为

$$
P\{50.8<\overline{X}<53.8\}=\varPhi\left(\frac{53.8-52}{6.3/6}\right)-\varPhi\left(\frac{50.8-52}{6.3/6}\right)
$$

$$
=\varPhi(1.71)-\varPhi(-1.14)=\varPhi(1.71)+\varPhi(1.14)-1=0.829\,3.
$$

2. 在总体 $N(12,4)$ 中随机抽一容量为 5 的样本 $X_1,X_2,X_3,X_4,X_5$.

(1)求样本均值与总体均值之差的绝对值大于 1 的概率;

(2)求概率 $P\{\max\{X_1,X_2,X_3,X_4,X_5\}>15\}$，$P\{\min\{X_1,X_2,X_3,X_4,X_5\}<10\}$.

【解析】(1)令 $\overline{X}=\dfrac{1}{5}\sum\limits_{i=1}^{5}X_i$ 为样本均值,即 $\overline{X}\sim N\left(12,\dfrac{4}{5}\right)$,样本均值与总体均值之差的绝对值大于 1 的概率为

$$P\{|\overline{X}-12|>1\}=1-P\{|\overline{X}-12|\leqslant 1\}=1-P\{11\leqslant\overline{X}\leqslant 13\}$$
$$=1-\Phi\left(\dfrac{13-12}{2/\sqrt{5}}\right)+\Phi\left(\dfrac{11-12}{2/\sqrt{5}}\right)=2-2\Phi\left(\dfrac{\sqrt{5}}{2}\right)=0.262\,8.$$

(2)
$$P\{\max\{X_1,X_2,X_3,X_4,X_5\}>15\}$$
$$=1-P\{\max\{X_1,X_2,X_3,X_4,X_5\}\leqslant 15\}$$
$$=1-P\{X_1\leqslant 15,X_2\leqslant 15,X_3\leqslant 15,X_4\leqslant 15,X_5\leqslant 15\}$$
$$=1-P\{X_1\leqslant 15\}P\{X_2\leqslant 15\}P\{X_3\leqslant 15\}P\{X_4\leqslant 15\}P\{X_5\leqslant 15\}$$
$$=1-\left[\Phi\left(\dfrac{15-12}{2}\right)\right]^5=1-\left[\Phi(1.5)\right]^5=1-(0.933\,2)^5=0.292\,3.$$
$$P\{\min\{X_1,X_2,X_3,X_4,X_5\}<10\}$$
$$=1-P\{\min\{X_1,X_2,X_3,X_4,X_5\}\geqslant 10\}$$
$$=1-P\{X_1\geqslant 10,X_2\geqslant 10,X_3\geqslant 10,X_4\geqslant 10,X_5\geqslant 10\}$$
$$=1-P\{X_1\geqslant 10\}P\{X_2\geqslant 10\}P\{X_3\geqslant 10\}P\{X_4\geqslant 10\}P\{X_5\geqslant 10\}$$
$$=1-\left[1-\Phi\left(\dfrac{10-12}{2}\right)\right]^5$$
$$=1-\left[1-\Phi(-1.0)\right]^5=1-\left[\Phi(1.0)\right]^5=1-(0.841\,3)^5=0.578\,5.$$

3. 求总体 $N(20,3)$ 的容量分别为 $10,15$ 的两独立样本均值差的绝对值大于 0.3 的概率.

【解析】$\overline{X}\sim N\left(20,\dfrac{3}{10}\right)$，$\overline{Y}\sim N\left(20,\dfrac{1}{5}\right)$,于是两个独立样本均值 $\overline{X}-\overline{Y}\sim N\left(0,\dfrac{1}{2}\right)$,则两个独立样本均值差的绝对值大于 0.3 的概率为

$$P\{|\overline{X}-\overline{Y}|>0.3\}=1-P\{|\overline{X}-\overline{Y}|\leqslant 0.3\}=1-\left[2\Phi\left(\dfrac{0.3}{1/\sqrt{2}}\right)-1\right]$$
$$=2\left[1-\Phi(0.3\sqrt{2})\right]$$
$$=2\left[1-\Phi(0.42)\right]=0.674\,4.$$

4. (1)设样本 $X_1,X_2,\cdots,X_6$ 来自总体 $N(0,1)$,
$$Y=(X_1+X_2+X_3)^2+(X_4+X_5+X_6)^2,$$
试确定常数 $C$,使 $CY$ 服从 $\chi^2$ 分布;

(2)设样本 $X_1,X_2,\cdots,X_5$ 来自总体 $N(0,1)$，$Y=\dfrac{C(X_1+X_2)}{(X_3^2+X_4^2+X_5^2)^{\frac{1}{2}}}$,试确定常数 $C$ 使 $Y$ 服从 $t$ 分布;

(3)已知 $X\sim t(n)$,求证 $X^2\sim F(1,n)$.

(1)【解析】$X_1+X_2+X_3\sim N(0,3)$，$X_4+X_5+X_6\sim N(0,3)$,于是
$$\dfrac{X_1+X_2+X_3}{\sqrt{3}}\sim N(0,1)，\qquad \dfrac{X_4+X_5+X_6}{\sqrt{3}}\sim N(0,1).$$
$$CY=C(X_1+X_2+X_3)^2+C(X_4+X_5+X_6)^2$$

$$= \left[\sqrt{C}(X_1 + X_2 + X_3)\right]^2 + \left[\sqrt{C}(X_4 + X_5 + X_6)\right]^2,$$

要使 $CY$ 服从 $\chi^2$ 分布, 于是 $\sqrt{C} = \dfrac{1}{\sqrt{3}}$, 即得 $C = \dfrac{1}{3}$.

(2)【解析】$X_1 + X_2 \sim N(0,2)$, 于是 $\dfrac{X_1 + X_2}{\sqrt{2}} \sim N(0,1)$, 且 $X_3^2 + X_4^2 + X_5^2 \sim \chi^2(3)$, 即

$$Y = \frac{C(X_1 + X_2)}{(X_3^2 + X_4^2 + X_5^2)^{\frac{1}{2}}} = C \cdot \frac{\sqrt{2}}{\sqrt{3}} \cdot \frac{(X_1 + X_2)/\sqrt{2}}{\sqrt{X_3^2 + X_4^2 + X_5^2/3}}.$$

若 $Y$ 服从 $t$ 分布, 则 $C\sqrt{\dfrac{2}{3}} = 1$, 解得 $C = \sqrt{\dfrac{3}{2}}$.

(3)【证明】由于 $X \sim t(n)$, 于是存在独立的随机变量 $Y \sim N(0,1)$, $Z \sim \chi^2(n)$, 使得 $X = \dfrac{Y}{\sqrt{Z/n}}$, 而

$$X^2 = \frac{Y^2/1}{Z/n} \sim F(1,n).$$

5.(1)已知某种能力测试的得分服从正态分布 $N(\mu, \sigma^2)$, 随机取 10 个人参与这一测试. 求他们得分的联合概率密度, 并求这 10 个人得分的平均值小于 $\mu$ 的概率;

(2)在(1)中设 $\mu = 62$, $\sigma^2 = 25$, 若得分超过 70 就能得奖, 求至少有一个人得奖的概率.

【解析】(1)记该测试得分为 $X$, 则 $X \sim N(\mu, \sigma^2)$, 总体概率密度为

$$f(x) = \frac{1}{\sigma \sqrt{2\pi}} e^{-\frac{(x-\mu)^2}{2\sigma^2}}.$$

设随机取 10 个人参与这一测试, 得分分别为 $X_1, X_2, \cdots, X_{10}$, 则联合概率密度为

$$f(x_1, x_2, \cdots, x_{10}) = \prod_{i=1}^{10} \frac{1}{\sigma \sqrt{2\pi}} e^{-\frac{(x_i-\mu)^2}{2\sigma^2}}.$$

记 $\overline{X} = \dfrac{1}{10} \sum\limits_{i=1}^{10} X_i$, 即 $\overline{X} \sim N\left(\mu, \dfrac{\sigma^2}{10}\right)$, 这 10 个人得分的平均值小于 $\mu$ 的概率为

$$P\{\overline{X} < \mu\} = \Phi(0) = \frac{1}{2}.$$

(2)记 $Y$ 为 10 个人中获奖的人数, 则 $Y \sim b(10, p)$, 其中每个人得奖的概率均为 $p$, 即

$$p = P\{X > 70\} = 1 - P\{X \leqslant 70\} = 1 - \Phi\left(\frac{70 - 62}{5}\right) = 1 - \Phi(1.6) = 0.054\ 8.$$

所以至少有一人得奖的概率为

$$P\{Y \geqslant 1\} = 1 - P\{Y = 0\} = 1 - (1-p)^{10} = 0.431.$$

6. 设总体 $X \sim b(1, p)$, $X_1, X_2, \cdots, X_n$ 是来自 $X$ 的样本.

(1)求 $(X_1, X_2, \cdots, X_n)$ 的分布律;

(2)求 $\sum\limits_{i=1}^{n} X_i$ 的分布律;

(3)求 $E(\overline{X})$, $D(\overline{X})$, $E(S^2)$.

【解析】(1)总体 $X \sim b(1, p)$, 则 $X$ 的分布律为 $P\{X = x\} = p^x (1-p)^{1-x}$, 于是样本 $X_1, X_2, \cdots, X_n$ 的分布律为

$$P\{X_1 = x_1, X_2 = x_2, \cdots, X_n = x_n\} = P\{X_1 = x_1\} P\{X_2 = x_2\} \cdots P\{X_n = x_n\}$$

$$= \prod_{i=1}^{n} p^{x_i} (1-p)^{1-x_i} = p^{\sum\limits_{i=1}^{n} x_i} (1-p)^{n - \sum\limits_{i=1}^{n} x_i}.$$

(2)由题意可知 $X_i \sim b(1, p)$, 于是 $\sum\limits_{i=1}^{n} X_i \sim b(n, p)$, 其分布律为

$$P\left\{\sum_{i=1}^{n} X_i = k\right\} = \binom{n}{k} p^k (1-p)^{n-k}, k = 0, 1, 2, \cdots, n.$$

(3) $X \sim b(1, p)$,于是

$$E(\overline{X}) = EX = p, D(\overline{X}) = \frac{DX}{n} = \frac{p(1-p)}{n}, E(S^2) = DX = p(1-p).$$

7. 设总体 $X \sim \chi^2(n)$, $X_1, X_2, \cdots, X_{10}$ 是来自 $X$ 的样本,求 $E(\overline{X})$, $D(\overline{X})$, $E(S^2)$.

【解析】若 $X \sim \chi^2(n)$,则 $EX = n$, $DX = 2n$,记 $\overline{X} = \frac{1}{10} \sum_{i=1}^{10} X_i$,则

$$E(\overline{X}) = EX = n, D(\overline{X}) = \frac{DX}{10} = \frac{2n}{10} = \frac{n}{5}, E(S^2) = DX = 2n.$$

8. 设总体 $X \sim N(\mu, \sigma^2)$, $X_1, X_2, \cdots, X_{10}$ 是来自 $X$ 的样本.

(1)写出 $X_1, X_2, \cdots, X_{10}$ 的联合概率密度;

(2)写出 $\overline{X}$ 的概率密度.

【解析】(1)设 $X \sim N(\mu, \sigma^2)$,总体概率密度为

$$f(x) = \frac{1}{\sigma\sqrt{2\pi}} e^{-\frac{(x-\mu)^2}{2\sigma^2}}.$$

则 $X_1, X_2, \cdots, X_{10}$ 联合概率密度为

$$f(x_1, x_2, \cdots, x_{10}) = \prod_{i=1}^{10} \frac{1}{\sigma\sqrt{2\pi}} e^{-\frac{(x_i-\mu)^2}{2\sigma^2}}.$$

(2)记 $\overline{X} = \frac{1}{10} \sum_{i=1}^{10} X_i$,即 $\overline{X} \sim N\left(\mu, \frac{\sigma^2}{10}\right)$,于是样本均值的概率密度为

$$f_{\overline{X}}(x) = \frac{\sqrt{10}}{\sigma\sqrt{2\pi}} e^{-\frac{5(x-\mu)^2}{\sigma^2}} = \frac{1}{\sigma}\sqrt{\frac{5}{\pi}} e^{-\frac{5(x-\mu)^2}{\sigma^2}}.$$

9. 设在总体 $N(\mu, \sigma^2)$ 中抽得一容量为 16 的样本,这里 $\mu, \sigma^2$ 均未知.

(1)求 $P\left\{\frac{S^2}{\sigma^2} \leqslant 2.041\right\}$,其中 $S^2$ 为样本方差;

(2)求 $D(S^2)$.

【解析】(1)当 $n = 16$ 时,$\frac{15S^2}{\sigma^2} \sim \chi^2(15)$,于是

$$P\left\{\frac{S^2}{\sigma^2} \leqslant 2.041\right\} = P\left\{\frac{15S^2}{\sigma^2} \leqslant 15 \times 2.041\right\} = 1 - P\left\{\frac{15S^2}{\sigma^2} > 30.615\right\}.$$

经查表可得 $\chi^2_{0.01}(15) = 30.577$,则

$$P\left\{\frac{S^2}{\sigma^2} \leqslant 2.041\right\} = 1 - 0.01 = 0.99.$$

(2)因为 $\frac{15S^2}{\sigma^2} \sim \chi^2(15)$, $D\left(\frac{15S^2}{\sigma^2}\right) = 30$,利用方差的性质可得

$$D(S^2) = \frac{30\sigma^4}{225} = \frac{2}{15}\sigma^4.$$

10. 下面列出了 30 个美国 NBA 球员的体重(以磅计,1 磅 $= 0.454$ kg)数据,这些数据是从美国 NBA 球队 1990－1991 赛季的花名册中抽样得到的.

```
225  232  232  245  235  245  270  225  240  240
217  195  225  185  200  220  200  210  271  240
220  230  215  252  225  220  206  185  227  236
```

(1)画出这些数据的频率直方图(提示:最大和最小观察值分别为 271 和 185,区间 $[184.5, 271.5]$

包含所有数据,将整个区间分为 5 等份,为计算方便,将区间调整为(179.5,279.5));

(2)作出这些数据的箱线图.

**【解析】**(1)取区间 $I=[179.5,279.5]$,取区间数为 5,于是小区间的长度为 20,记 $f_i$ 为频数,即观测值落在小区间上的个数,$\frac{f_i}{n}$ 为频率,即观测值落在小区间上的频率,计算结果如下:

| 组限 | $f_i$ | $f_i/n$ | 累计频率 |
|---|---|---|---|
| 179.5～199.5 | 3 | 0.1 | 0.10 |
| 199.5～219.5 | 6 | 0.2 | 0.30 |
| 219.5～239.5 | 13 | 0.43 | 0.73 |
| 239.5～259.5 | 6 | 0.2 | 0.93 |
| 259.5～279.5 | 2 | 0.07 | 1 |

则这些数据的频率直方图如图 6-1 所示

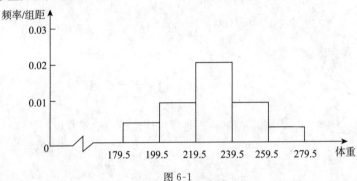

图 6-1

(2)求解得第一四分位数 $Q_1=215$,中位数为 $Q_2=225$,第三四分位数为 $Q_3=240$,且 Min$=185$,Max$=271$. 所以可作出数据的箱线图如图 6-2 所示.

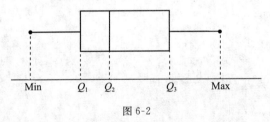

图 6-2

**11. 截尾均值** 设数据集包含 $n$ 个数据,将这些数据自小到大排序为

$$x_{(1)}\leqslant x_{(2)}\leqslant\cdots\leqslant x_{(n)},$$

删去 $100\alpha\%$ 个数值小的数,同时删去 $100\alpha\%$ 个数值大的数,将留下的数据取算术平均,记为 $\bar{x}_\alpha$,即

$$\bar{x}_\alpha=\frac{x_{([n\alpha]+1)}+\cdots+x_{(n-[n\alpha])}}{n-2[n\alpha]}.$$

其中 $[n\alpha]$ 是小于或等于 $n\alpha$ 的最大整数(一般取 $\alpha$ 为 0.1～0.2). $\bar{x}_\alpha$ 称为 $100\alpha\%$ 截尾均值,例如对于第 10 题中的数据,取 $\alpha=0.1$,则有 $[n\alpha]=[30\times0.1]=3$,得 $100\times0.1\%$ 截尾均值为

$$\bar{x}_\alpha=\frac{200+200+\cdots+245+245}{30-6}=225.416\ 7.$$

若数据来自某一总体的样本,则 $\bar{x}_\alpha$ 是一个统计量. $\bar{x}_\alpha$ 不受样本的极端值的影响. 截尾均值在实际应用问题中是常会用到的.

试求第 10 题的 30 个数据的 $\alpha = 0.2$ 的截尾均值.

【解析】$\alpha = 0.2$，$[n\alpha] = [30 \times 0.2] = 6$，代入公式可得

$$\bar{x}_\alpha = \frac{210 + 215 + \cdots + 240 + 240}{30 - 12} = 226.333\ 3.$$

# 经典例题选讲

## 1. 求统计量的抽样分布

要熟悉 $\chi^2, t, F$ 分布的定义结构式，推导的第一步往往是非标准正态分布标准化.

**例 1** $X_1, X_2, \cdots, X_9$ 是来自总体 $X \sim N(0,4)$ 的简单随机样本. 求非零系数 $a, b, c$ 使得 $Y = a(X_1 + X_2)^2 + b(X_3 + X_4 + X_5)^2 + c(X_6 + X_7 + X_8 + X_9)^2$ 服从 $\chi^2$ 分布，并求自由度.

【解析】因为 $X_1, X_2, \cdots, X_9$ 独立同分布且 $X_i \sim N(0,4)$，$i = 1, 2, \cdots, 9$.

故 $\quad X_1 + X_2 \sim N(0,8), X_3 + X_4 + X_5 \sim N(0,12), X_6 + X_7 + X_8 + X_9 \sim N(0,16)$，

从而 $\quad \dfrac{X_1 + X_2}{\sqrt{8}} \sim N(0,1), \dfrac{X_3 + X_4 + X_5}{\sqrt{12}} \sim N(0,1), \dfrac{X_6 + X_7 + X_8 + X_9}{4} \sim N(0,1)$，

故 $\quad \dfrac{(X_1 + X_2)^2}{8} + \dfrac{(X_3 + X_4 + X_5)^2}{12} + \dfrac{(X_6 + X_7 + X_8 + X_9)^2}{16} \sim \chi^2(3)$，

即 $\quad Y = \dfrac{(X_1 + X_2)^2}{8} + \dfrac{(X_3 + X_4 + X_5)^2}{12} + \dfrac{(X_6 + X_7 + X_8 + X_9)^2}{16} \sim \chi^2(3)$，

得 $a = \dfrac{1}{8}, b = \dfrac{1}{12}, c = \dfrac{1}{16}$，自由度为 3.

**例 2** 设 $X_1, X_2, \cdots, X_n$ 是来自 $N(0,1)$ 的简单随机样本，求 $n\bar{X}^2 + (n-1)S^2$ 的分布.

【解析】$X_i \sim N(0,1) \Rightarrow \bar{X} = \dfrac{1}{n} \sum_{i=1}^{n} X_i \sim N\left(0, \dfrac{1}{n}\right)$

$$\Rightarrow \frac{\bar{X} - 0}{\sqrt{1/n}} = \sqrt{n}\bar{X} \sim N(0,1) \Rightarrow n\bar{X}^2 \sim \chi^2(1).$$

而 $\dfrac{(n-1)S^2}{1^2} \sim \chi^2(n-1)$，又 $\bar{X}$ 与 $S^2$ 独立，根据 $\chi^2$ 分布的可加性

$$n\bar{X}^2 + (n-1)S^2 \sim \chi^2(n).$$

**例 3** 已知 $X_1, X_2, X_3$ 独立且服从 $N(0, \sigma^2)$ 分布，证明：$\sqrt{\dfrac{2}{3}} \dfrac{X_1 + X_2 + X_3}{|X_2 - X_3|}$ 服从 $t(1)$ 分布.

**【证明】** 记 $Y_1 = X_2 + X_3, Y_2 = X_2 - X_3$，则 $EY_1 = EY_2 = 0$，且 $(Y_1, Y_2) = (X_2, X_3)\begin{pmatrix} 1 & 1 \\ 1 & -1 \end{pmatrix}$，

$\begin{vmatrix} 1 & 1 \\ 1 & -1 \end{vmatrix} \neq 0$，从而 $(Y_1, Y_2)$ 服从二维正态.

$\mathrm{Cov}(Y_1, Y_2) = E(Y_1 Y_2) - EY_1 EY_2 = E[(X_2 + X_3)(X_2 - X_3)] = E(X_2^2) - E(X_3^2) = \sigma^2 - \sigma^2 = 0$，

故 $Y_1, Y_2$ 独立且服从 $N(0, 2\sigma^2)$ 分布并与 $X_1$ 独立.

有 $\quad X_1 + X_2 + X_3 = X_1 + Y_1 \sim N(0, 3\sigma^2)$，

故 $\quad \dfrac{X_1 + X_2 + X_3}{\sigma\sqrt{3}} \sim N(0,1)$，

$$\left(\frac{X_2 - X_3}{\sqrt{2}\sigma}\right)^2 \sim \chi^2(1),$$

且 $X_1 + X_2 + X_3$ 与 $X_2 - X_3$ 相互独立,按照 $t$ 分布的定义有

$$\sqrt{\frac{2}{3}} \frac{X_1 + X_2 + X_3}{|X_2 - X_3|} \sim t(1).$$

**例 4** 设总体 $X$ 与 $Y$ 独立且都服从正态分布 $N(0, \sigma^2)$,已知 $X_1, \cdots, X_m$ 与 $Y_1, \cdots, Y_n$ 是分别来自总体 $X$ 与 $Y$ 的简单随机样本,统计量 $T = \dfrac{2(X_1 + \cdots + X_m)}{\sqrt{Y_1^2 + \cdots + Y_n^2}}$ 服从 $t(n)$ 分布,则 $\dfrac{m}{n} = $ _____.

**【解析】** 依题意 $X_i \sim N(0, \sigma^2)$,$Y_i \sim N(0, \sigma^2)$ 且相互独立,所以

$$\sum_{i=1}^{m} X_i \sim N(0, m\sigma^2), U = \frac{\sum_{i=1}^{m} X_i}{\sqrt{m}\sigma} \sim N(0, 1), V = \sum_{i=1}^{n} \left(\frac{Y_i}{\sigma}\right)^2 = \frac{\sum_{i=1}^{n} Y_i^2}{\sigma^2} \sim \chi^2(n),$$

$U$ 与 $V$ 相互独立,由 $t$ 分布的定义知 $\dfrac{U}{\sqrt{V/n}} = \sqrt{\dfrac{n}{m}} \dfrac{\sum\limits_{i=1}^{m} X_i}{\sqrt{\sum\limits_{i=1}^{n} Y_i^2}} \sim t(n),$

根据题设知 $\sqrt{\dfrac{n}{m}} = 2$,所以 $\dfrac{m}{n} = \dfrac{1}{4}.$

**例 5** 设随机变量 $X$ 服从自由度为 $n$ 的 $t$ 分布,定义 $t_\alpha$ 满足 $P\{X \leqslant t_\alpha\} = 1 - \alpha(0 < \alpha < 1)$,若已知 $P\{|X| > x\} = b(b > 0)$,则 $x$ 等于(    ).

(A) $t_{1-b}$　　　　(B) $t_{1-\frac{b}{2}}$　　　　(C) $t_b$　　　　(D) $t_{\frac{b}{2}}$

**【解析】** 根据 $t$ 分布的对称性及 $b > 0$,可知 $x > 0$,从而

$$P\{X \leqslant x\} = 1 - P\{X > x\} = 1 - \frac{1}{2} P\{|X| > x\} = 1 - \frac{b}{2},$$

根据题设定义 $P\{X \leqslant t_\alpha\} = 1 - \alpha$,可知 $x = t_{\frac{b}{2}}$,应选(D).

**2. 求统计量的数字特征**

首先要记住常用结论,其次要学会向分布靠拢(特别是 $\chi^2$ 分布),最后要会分解法(将不独立的两个部分分解为相互独立的两个部分).

**例 6** 设总体 $X$ 的密度 $f(x) = \begin{cases} |x|, & |x| < 1, \\ 0, & \text{其他}. \end{cases}$ $\overline{X}, S^2$ 分别为取自总体 $X$ 容量为 $n$ 的样本均值和方差,则 $E\overline{X} = $ _____;$D\overline{X} = $ _____;$E(S^2) = $ _____.

**【解析】** 由于 $E(\overline{X}) = EX, D(\overline{X}) = \dfrac{DX}{n}, E(S^2) = DX$,由题设有

$$EX = \int_{-\infty}^{+\infty} xf(x) \, \mathrm{d}x = \int_{-1}^{1} x|x| \, \mathrm{d}x = 0,$$

$$DX = E(X^2) - (EX)^2 = \int_{-\infty}^{+\infty} x^2 f(x) \, \mathrm{d}x = \int_{-1}^{1} x^2 |x| \, \mathrm{d}x = 2 \int_{0}^{1} x^3 \, \mathrm{d}x = \frac{1}{2}.$$

所以 $E(\overline{X}) = 0, D(\overline{X}) = \dfrac{1}{2n}, E(S^2) = \dfrac{1}{2}.$

**例 7** 设总体 $X \sim N(\mu, \sigma^2)$,$X_1, X_2, \cdots, X_{2n}$ 是来自总体容量为 $2n$ 的一组简单随机样本,统计量 $Y = \dfrac{1}{2n} \sum\limits_{i=1}^{n} (X_{2i} - X_{2i-1})^2$,求期望 $EY$、方差 $DY$.

**【解析】方法一** (分布法)先求 $X_{2i} - X_{2i-1}$ 的分布,而后应用性质(或已知结果)求 $EY, DY$.
由题设知 $X_{2i} \sim N(\mu, \sigma^2)$,$X_{2i-1} \sim N(\mu, \sigma^2)$. $X_{2i}$ 与 $X_{2i-1}$ 相互独立,所以

$$X_{2i} - X_{2i-1} \sim N(0, 2\sigma^2).$$

记 $Y_i = \dfrac{X_{2i} - X_{2i-1}}{\sqrt{2}\sigma} \sim N(0,1)$，且相互独立，$E(Y_i^2) = 1$.

所以

$$Y = \frac{2\sigma^2}{2n} \sum_{i=1}^{n} Y_i^2 = \frac{\sigma^2}{n} \sum_{i=1}^{n} Y_i^2, \quad EY = \frac{\sigma^2}{n} \sum_{i=1}^{n} E(Y_i^2) = \frac{\sigma^2}{n} \cdot n = \sigma^2.$$

$$DY = \frac{\sigma^4}{n^2} \sum_{i=1}^{n} D(Y_i^2) = \frac{\sigma^4}{n^2} \sum_{i=1}^{n} \left[ E(Y_i^4) - (E(Y_i^2))^2 \right],$$

其中

$$E(Y_i^4) = \int_{-\infty}^{+\infty} \frac{x^4}{\sqrt{2\pi}} e^{-\frac{x^2}{2}} dx = \frac{2}{\sqrt{2\pi}} \int_0^{+\infty} x^4 e^{-\frac{x^2}{2}} dx \xrightarrow{\frac{x^2}{2} = t} \frac{8}{\sqrt{2\pi} \cdot \sqrt{2}} \int_0^{+\infty} t^{\frac{5}{2}-1} e^{-t} dt = \frac{4}{\sqrt{\pi}} \Gamma\left(\frac{5}{2}\right)$$

$$= \frac{4}{\sqrt{\pi}} \times \frac{3}{2} \times \frac{1}{2} \Gamma\left(\frac{1}{2}\right) = 3,$$

故 $DY = \dfrac{\sigma^4}{n^2} \sum\limits_{i=1}^{n} (3-1) = \dfrac{2\sigma^4}{n}$.

**方法二** （性质法）已知 $X_i \sim N(\mu, \sigma^2)$ 且相互独立，将 $Y$ 的表达式化简，并应用数字特征性质计算 $EY, DY$.

$$Y = \frac{1}{2n} \sum_{i=1}^{n} (X_{2i} - X_{2i-1})^2 = \frac{1}{2n} \sum_{i=1}^{n} (X_{2i}^2 - 2X_{2i}X_{2i-1} + X_{2i-1}^2),$$

$$EY = \frac{1}{2n} \sum_{i=1}^{n} \left[ E(X_{2i}^2) - 2EX_{2i}EX_{2i-1} + E(X_{2i-1}^2) \right]$$

$$= \frac{1}{2n} \sum_{i=1}^{n} (\sigma^2 + \mu^2 - 2\mu^2 + \sigma^2 + \mu^2) = \frac{2n\sigma^2}{2n} = \sigma^2.$$

又 $Z_i = X_{2i} - X_{2i-1} \sim N(0, 2\sigma^2)$ 且相互独立，$EZ_i = 0$，$E(Z_i^2) = 2\sigma^2$，

所以

$$DY = \frac{1}{4n^2} \sum_{i=1}^{n} D(X_{2i} - X_{2i-1})^2 = \frac{1}{4n^2} \sum_{i=1}^{n} D(Z_i^2) = \frac{1}{4n^2} \sum_{i=1}^{n} \left[ E(Z_i^4) - (E(Z_i^2))^2 \right],$$

其中 $E(Z_i^2) = 2\sigma^2$. $E(Z_i^4) = 12\sigma^4$，

故

$$DY = \frac{1}{4n^2} \sum_{i=1}^{n} (12\sigma^4 - 4\sigma^4) = \frac{2\sigma^4}{n}.$$

**方法三** （分布法）记 $Y_i = \dfrac{X_{2i} - X_{2i-1}}{\sqrt{2}\sigma}$，由于 $Y_i \sim N(0,1)$ 且相互独立，根据 $\chi^2$ 分布的定义，

$$\sum_{i=1}^{n} Y_i^2 = \frac{1}{2\sigma^2} \sum_{i=1}^{n} (X_{2i} - X_{2i-1})^2 = \frac{n}{\sigma^2} Y \sim \chi^2(n).$$

所以 $E\left(\dfrac{nY}{\sigma^2}\right) = \dfrac{n}{\sigma^2} EY = n$，$EY = \sigma^2$；$D\left(\dfrac{n}{\sigma^2} Y\right) = 2n$，$DY = \dfrac{2\sigma^4}{n}$.

# 第七章　参数估计

章节同步导学

| 章节 | 教材内容 | 考纲要求[注] | 必做例题 | 必做习题(P173—177) |
|---|---|---|---|---|
| §7.1 点估计 | 估计量、估计值的定义 | 理解(数一)了解(数三) | | |
| | 矩估计法(一阶、二阶) | 掌握【重点】 | 例2,3 | 习题2,4 |
| | 似然函数、最大似然估计量、最大似然估计值 | 掌握【重点、难点】 | 例4,5,6 | 习题3,5,7 |
| §7.2 基于截尾样本的最大似然估计 | | 考研不作要求 | | |
| §7.3 估计量的评选标准 | 无偏性(无偏估计量) | 了解并会验证【重点】 | 例1,2 | 习题11,12,13,14 |
| | 有效性(最小方差性) | 了解 | | |
| | 相合性或称一致性(相合估计量) | | 例3 | |
| §7.4 区间估计 | 置信区间概念(置信下限、上限,置信水平) | 理解 | 例1 | |
| | 未知参数的置信区间的求解步骤 | | | |
| §7.5 正态总体均值与方差的区间估计 | 单个正态总体均值 $\mu$ 的置信区间:$\sigma^2$ 已知(公式(5.1)),$\sigma^2$ 未知(公式(5.4)) | 会求【重点】(P172 的表格中公式会自己推导) | 例1 | 习题16 |
| | 单个正态总体方差 $\sigma^2$ 的置信区间(公式(5.7)) | 会求【重点】(P172 的表格中公式会自己推导) | 例2 | 习题18,19 |
| | 两个正态总体均值差 $\mu_1-\mu_2$ 的置信区间(公式(5.12)) | 会求 | 例3,4 | 习题21,22 |
| | 两个正态总体方差比 $\sigma_1^2/\sigma_2^2$ 的置信区间(公式(5.16)) | 会求 | 例5 | 习题23,25 |

续表

| 章节 | 教材内容 | 考纲要求[注] | 必做例题 | 必做习题(P173−177) |
|---|---|---|---|---|
| §7.6(0−1)分布参数的区间估计 | | 考研不作要求 | | |
| §7.7单侧置信区间 | 单个正态总体的单侧置信区间 | 了解 | | 习题26 |

注:本章§7.1为数学一、数学三均要求的内容,除此之外各节为仅数学一要求.

## 知识结构网图

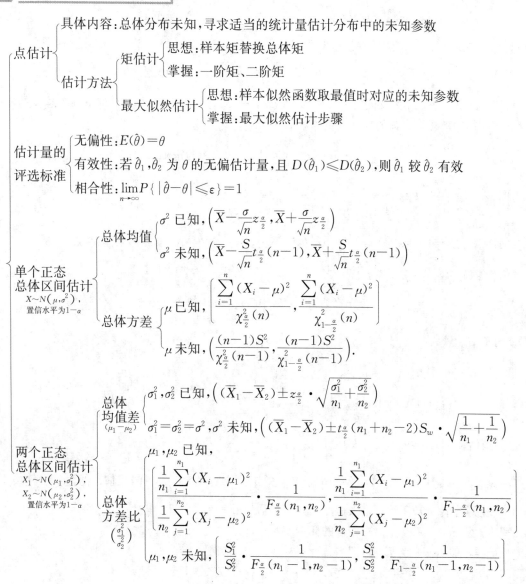

# 课后习题全解

1. 随机地取出 8 只活塞环, 测得它们的直径为(以 mm 计)

$$74.001 \quad 74.005 \quad 74.003 \quad 74.001$$
$$74.000 \quad 73.998 \quad 74.006 \quad 74.002$$

试求总体均值 $\mu$ 及方差 $\sigma^2$ 的矩估计值, 并求样本方差 $s^2$.

【解析】令 $\begin{cases} A_1 = \mu_1, \\ A_2 = \mu_2, \end{cases}$ 其中 $A_1 = \overline{X}, \quad A_2 = \dfrac{1}{n} \sum_{i=1}^{n} X_i^2,$

$$\mu_1 = EX = \mu, \quad \mu_2 = E(X^2) = DX + (EX)^2 = \mu^2 + \sigma^2.$$

于是总体均值及方差的矩估计量分别为 $\hat{\mu} = \overline{X}, \hat{\sigma}^2 = \dfrac{n-1}{n} S^2$, 经计算可得

$$\overline{x} = \frac{1}{8} \sum_{i=1}^{8} x_i = 74.002, \quad s^2 = \frac{1}{7} \sum_{i=1}^{8} (x_i - \overline{x})^2 = 6.86 \times 10^{-6}.$$

所以总体均值 $\mu$ 和 $\sigma^2$ 的矩估计值分别为

$$\hat{\mu} = \overline{x} = 74.002, \quad \hat{\sigma}^2 = \frac{n-1}{n} s^2 = 6 \times 10^{-6}.$$

2. 设 $X_1, X_2, \cdots, X_n$ 为总体的一个样本, $x_1, x_2, \cdots, x_n$ 为一相应的样本值, 求下列各总体的概率密度或分布律中的未知参数的矩估计量和矩估计值.

(1) $f(x) = \begin{cases} \theta c^\theta x^{-(\theta+1)}, & x > c, \\ 0, & \text{其他}, \end{cases}$ 其中 $c > 0$ 为已知, $\theta > 1, \theta$ 为未知参数;

(2) $f(x) = \begin{cases} \sqrt{\theta} x^{\sqrt{\theta}-1}, & 0 \leqslant x \leqslant 1, \\ 0, & \text{其他}, \end{cases}$ 其中 $\theta > 0, \theta$ 为未知参数;

(3) $P\{X = x\} = \dbinom{m}{x} p^x (1-p)^{m-x}, x = 0, 1, 2, \cdots, m$, 其中 $0 < p < 1, p$ 为未知参数.

【解析】(1) 令 $A_1 = \mu_1$, 其中 $A_1 = \overline{X}$,

$$\mu_1 = EX = \int_c^{+\infty} x \cdot \theta c^\theta x^{-(\theta+1)} \, dx = \theta c^\theta \int_c^{+\infty} x^{-\theta} \, dx = \theta c^\theta \frac{x^{-\theta+1}}{-\theta+1} \Big|_c^{+\infty} = \frac{c\theta}{\theta-1}.$$

于是 $\theta$ 的矩估计量为 $\hat{\theta} = \dfrac{\overline{X}}{\overline{X} - c}$, $\theta$ 的矩估计值为 $\hat{\theta} = \dfrac{\overline{x}}{\overline{x} - c}$.

(2) 令 $A_1 = \mu_1$, 其中 $A_1 = \overline{X}$,

$$\mu_1 = EX = \int_0^1 x \cdot \sqrt{\theta} x^{\sqrt{\theta}-1} \, dx = \sqrt{\theta} \int_0^1 x^{\sqrt{\theta}} \, dx = \sqrt{\theta} \frac{x^{\sqrt{\theta}+1}}{\sqrt{\theta}+1} \Big|_0^1 = \frac{\sqrt{\theta}}{\sqrt{\theta}+1}.$$

于是 $\theta$ 的矩估计量为 $\hat{\theta} = \left( \dfrac{\overline{X}}{1-\overline{X}} \right)^2$, $\theta$ 的矩估计值为 $\hat{\theta} = \left( \dfrac{\overline{x}}{1-\overline{x}} \right)^2$.

(3) 令 $A_1 = \mu_1$, 其中 $A_1 = \overline{X}, \mu_1 = mp$, 于是 $p$ 的矩估计量为 $\hat{p} = \dfrac{\overline{X}}{m}$, $p$ 的矩估计值为 $\hat{p} = \dfrac{\overline{x}}{m}$.

3. 求上题中各未知参数的最大似然估计值和估计量.

【解析】设 $x_1, x_2, \cdots, x_n$ 为一相应的样本值,

(1) 记样本似然函数为 $L(\theta)$, 即当 $x_i > c(i = 1, 2, \cdots, n)$ 时,

$$L(\theta) = \theta^n c^{n\theta} (x_1 x_2 \cdots x_n)^{-(\theta+1)},$$

两边同时取对数得

$$\ln L(\theta) = n\ln \theta + n\theta\ln c - (\theta + 1)\sum_{i=1}^{n}\ln x_i.$$

令 $\dfrac{\mathrm{d}\ln L(\theta)}{\mathrm{d}\theta} = \dfrac{n}{\theta} + n\ln c - \sum_{i=1}^{n}\ln x_i = 0$，解得 $\theta$ 的最大似然估计值为

$$\hat{\theta} = \frac{1}{\dfrac{1}{n}\sum\limits_{i=1}^{n}\ln x_i - \ln c},$$

且 $\theta$ 的最大似然估计量为

$$\hat{\theta} = \frac{1}{\dfrac{1}{n}\sum\limits_{i=1}^{n}\ln X_i - \ln c}.$$

(2)记样本似然函数为 $L(\theta)$，即当 $0 \leqslant x_i \leqslant 1(i=1,2,\cdots,n)$ 时，

$$L(\theta) = \theta^{\frac{n}{2}}(x_1 x_2 \cdots x_n)^{\sqrt{\theta}-1},$$

两边同时取对数得

$$\ln L(\theta) = \frac{n}{2}\ln \theta + (\sqrt{\theta}-1)\sum_{i=1}^{n}\ln x_i.$$

令 $\dfrac{\mathrm{d}\ln L(\theta)}{\mathrm{d}\theta} = \dfrac{n}{2\theta} + \dfrac{1}{2\sqrt{\theta}}\sum_{i=1}^{n}\ln x_i = 0$，解得 $\theta$ 的最大似然估计值为

$$\hat{\theta} = \frac{1}{\left(\dfrac{1}{n}\sum\limits_{i=1}^{n}\ln x_i\right)^2},$$

且 $\theta$ 的最大似然估计量为

$$\hat{\theta} = \frac{1}{\left(\dfrac{1}{n}\sum\limits_{i=1}^{n}\ln X_i\right)^2}.$$

(3)记样本似然函数为 $L(p)$，即当 $x_i = 0,1,2,\cdots,m(i=1,2,\cdots,n)$ 时，

$$L(p) = \left[\prod_{i=1}^{n}\binom{m}{x_i}\right] \cdot p^{\sum_{i=1}^{n}x_i}(1-p)^{\left(mn - \sum_{i=1}^{n}x_i\right)},$$

两边同时取对数得

$$\ln L(p) = \sum_{i=1}^{n}\ln\binom{m}{x_i} + \sum_{i=1}^{n}x_i \cdot \ln p + \left(mn - \sum_{i=1}^{n}x_i\right) \cdot \ln(1-p).$$

令 $\dfrac{\mathrm{d}\ln L(p)}{\mathrm{d}p} = \dfrac{\sum\limits_{i=1}^{n}x_i}{p} - \dfrac{mn - \sum\limits_{i=1}^{n}x_i}{1-p} = 0$，解得 $p$ 的最大似然估计值为

$$\hat{p} = \frac{\sum\limits_{i=1}^{n}x_i/n}{m} = \frac{\overline{x}}{m},$$

且 $p$ 的最大似然估计量为

$$\hat{p} = \frac{\overline{X}}{m}.$$

4.(1)设总体 $X$ 具有分布律

| $X$ | 1 | 2 | 3 |
|---|---|---|---|
| $p_k$ | $\theta^2$ | $2\theta(1-\theta)$ | $(1-\theta)^2$ |

其中 $\theta(0<\theta<1)$ 为未知参数.已知取得样本值 $x_1=1,x_2=2,x_3=1$.试求 $\theta$ 的矩估计值和最大似然估计值;

(2)设 $X_1,X_2,\cdots,X_n$ 是来自参数为 $\lambda$ 的泊松分布总体的一个样本,试求 $\lambda$ 的最大似然估计量和矩估计量;

(3)设随机变量 $X$ 服从以 $r,p$ 为参数的负二项分布,其分布律为

$$P\{X=x_k\}=\binom{x_k-1}{r-1}p^r(1-p)^{x_k-r},x_k=r,r+1,\cdots,$$

其中 $r$ 已知,$p$ 未知,设有样本值 $x_1,x_2,\cdots,x_n$,试求 $p$ 的最大似然估计值.

【解析】(1)令 $A_1=\mu_1$,其中 $A_1=\overline{X}$,

$$\mu_1=EX=1\times\theta^2+2\times2\theta(1-\theta)+3\times(1-\theta)^2=3-2\theta.$$

于是 $\theta$ 的矩估计量为 $\hat{\theta}=\dfrac{3-\overline{X}}{2}$,$\theta$ 的矩估计值为 $\hat{\theta}=\dfrac{3-\overline{x}}{2}$,样本值为 $x_1=1,x_2=2,x_3=1$,则 $\overline{x}=\dfrac{4}{3}$,于是解得 $\theta$ 的矩估计值为 $\hat{\theta}=\dfrac{5}{6}$.

记样本似然函数为 $L(\theta)$,样本值为 $x_1=1,x_2=2,x_3=1$,即

$$L(\theta)=\theta^2\cdot2\theta(1-\theta)\cdot\theta^2=2\theta^5(1-\theta),$$

两边同时取对数得

$$\ln L(\theta)=\ln 2+5\ln\theta+\ln(1-\theta).$$

令 $\dfrac{d\ln L(\theta)}{d\theta}=\dfrac{5}{\theta}-\dfrac{1}{1-\theta}=0$,解得 $\theta$ 的最大似然估计值为 $\hat{\theta}=\dfrac{5}{6}$.

(2)令 $A_1=\mu_1$,其中 $A_1=\overline{X}$,$\mu_1=EX=\lambda$,于是 $\lambda$ 的矩估计量为 $\hat{\lambda}=\overline{X}$.

记样本似然函数为 $L(\lambda)$,设 $x_1,x_2,\cdots,x_n$ 为样本值,即当 $x_i=0,1,\cdots,(i=1,2,\cdots,n)$ 时,

$$L(\lambda)=e^{-n\lambda}\lambda^{\sum\limits_{i=1}^{n}x_i}\Big/\prod_{i=1}^{n}x_i!,$$

两边同时取对数得

$$\ln L(\lambda)=\ln\Big(\prod_{i=1}^{n}\frac{1}{(x_i)!}\Big)+\sum_{i=1}^{n}x_i\ln\lambda-n\lambda.$$

令 $\dfrac{d\ln L(\lambda)}{d\lambda}=\dfrac{\sum\limits_{i=1}^{m}x_i}{\lambda}-n=0$,解得 $\lambda$ 的最大似然估计值为

$$\hat{\lambda}=\frac{\sum\limits_{i=1}^{n}x_i}{n}=\overline{x},$$

且 $\lambda$ 的最大似然估计量为 $\hat{\lambda}=\overline{X}$.

(3)记样本似然函数为 $L(p)$,设 $x_1,x_2,\cdots,x_n$ 为样本值,即当 $x_i=r,r+1,\cdots,(i=1,2,\cdots,n)$ 时,

$$L(p)=\prod_{i=1}^{n}\binom{x_i-1}{r-1}\cdot p^{nr}(1-p)^{\sum\limits_{i=1}^{n}x_i-nr},$$

两边同时取对数得

$$\ln L(p) = \ln \prod_{i=1}^{n} \binom{x_i-1}{r-1} + nr\ln p + \left(\sum_{i=1}^{n} x_i - nr\right)\ln(1-p).$$

令 $\dfrac{\mathrm{d}\ln L(p)}{\mathrm{d}p} = \dfrac{nr}{p} - \dfrac{\left(\sum\limits_{i=1}^{m} x_i - nr\right)}{1-p} = 0$, 解得 $p$ 的最大似然估计值为

$$\hat{p} = \frac{r}{\left(\sum\limits_{i=1}^{n} x_i\right)/n} = \frac{r}{\overline{x}},$$

且 $p$ 的最大似然估计量为

$$\hat{p} = \frac{r}{\overline{X}}.$$

5. 设某种电子器件的寿命(以 h 计)$T$ 服从双参数的指数分布, 其概率密度为

$$f(t) = \begin{cases} \dfrac{1}{\theta}\mathrm{e}^{-\frac{t-c}{\theta}}, & t \geqslant c, \\ 0, & 其他, \end{cases}$$

其中 $c, \theta(c, \theta > 0)$ 为未知参数. 自一批这种器件中随机地取 $n$ 件进行寿命试验. 设它们的失效时间依次为 $x_1 \leqslant x_2 \leqslant \cdots \leqslant x_n$.

(1) 求 $\theta$ 与 $c$ 的最大似然估计值;

(2) 求 $\theta$ 与 $c$ 的矩估计量.

【解析】(1) 设 $x_1, x_2, \cdots, x_n$ 为样本值, 记样本似然函数为 $L(c, \theta)$, 于是当 $c \leqslant x_1 \leqslant x_2 \leqslant \cdots \leqslant x_n$ 时,

$$L(c, \theta) = \frac{1}{\theta^n}\mathrm{e}^{\frac{-\sum\limits_{i=1}^{n}(x_i-c)}{\theta}},$$

两边同时取对数得

$$\ln L(c, \theta) = -n\ln\theta - \frac{\sum\limits_{i=1}^{n}(x_i-c)}{\theta}.$$

令
$$\begin{cases} \dfrac{\partial\ln L(c,\theta)}{\partial c} = n > 0, \\ \dfrac{\partial\ln L(c,\theta)}{\partial\theta} = -\dfrac{n}{\theta} + \dfrac{\sum\limits_{i=1}^{n}(x_i-c)}{\theta^2} = 0. \end{cases}$$

所以函数 $L(c, \theta)$ 为关于参数 $c$ 的单调递增函数, 当 $c$ 取最大值时, $L(c, \theta)$ 取得最大值, 即 $c$ 的最大似然估计值为 $\hat{c} = x_1$.

方程组中第二个方程解得 $\theta$ 的最大似然估计值为

$$\hat{\theta} = \frac{1}{n}\sum_{i=1}^{n}(x_i-c) = \overline{x} - c = \overline{x} - x_1.$$

(2) 令 $\begin{cases} A_1 = \mu_1, \\ A_2 = \mu_2, \end{cases}$ 其中 $A_1 = \overline{X}, A_2 = \dfrac{1}{n}\sum\limits_{i=1}^{n} X_i^2$,

$$\mu_1 = EX = \int_c^{+\infty} x \cdot \frac{1}{\theta}\mathrm{e}^{-\frac{x-c}{\theta}}\mathrm{d}x = \theta + c,$$

$$\mu_2 = E(X^2) = \int_c^{+\infty} x^2 \cdot \frac{1}{\theta}\mathrm{e}^{-\frac{x-c}{\theta}}\mathrm{d}x = 2\theta^2 + 2\theta c + c^2,$$

于是解得未知参数 $c,\theta$ 的矩估计量分别为

$$\hat{c} = \overline{X} - \sqrt{\frac{n-1}{n}}S, \quad \hat{\theta} = \sqrt{\frac{n-1}{n}}S,$$

其中 $S$ 为样本标准差.

6. 一地质学家为研究密歇根湖湖滩地区的岩石成分,随机地自该地区取 100 个样品,每个样品中有 10 块石子,记录了每个样品中属石灰石的石子数. 假设这 100 次观察相互独立,并且由过去经验知,它们都服从参数为 $m=10,p$ 的二项分布,$p$ 是这地区一块石子是石灰石的概率. 求 $p$ 的最大似然估计值. 该地质学家所得的数据如下:

| 样品中属石灰石的石子数 $i$ | 0 | 1 | 2 | 3 | 4 | 5 | 6 | 7 | 8 | 9 | 10 |
|---|---|---|---|---|---|---|---|---|---|---|---|
| 观察到 $i$ 块石灰石的样品个数 | 0 | 1 | 6 | 7 | 23 | 26 | 21 | 12 | 3 | 1 | 0 |

**【解析】**记 $X$ 为样品中属石灰石的石子数,$X_i$ 为第 $i$ 份样品中属石灰石的石子数,则 $X \sim$ $b(10,p)$,由本章第 3 题第(3)问可知二项分布的 $p$ 的最大似然估计值为 $\hat{p} = \dfrac{\overline{x}}{10}$.

经计算可得

$$\overline{x} = \frac{0 \times 0 + 1 \times 1 + 2 \times 6 + \cdots + 9 \times 1 + 10 \times 0}{100} = 4.99.$$

于是 $p$ 的最大似然估计值为 $\hat{p} = 0.499$.

7. (1)设 $X_1, X_2, \cdots, X_n$ 是来自总体 $X$ 的一个样本,且 $X \sim \pi(\lambda)$,求 $P\{X=0\}$ 的最大似然估计值;

(2)某铁路局证实一个扳道员在五年内所引起的严重事故的次数服从泊松分布. 求一个扳道员在五年内未引起严重事故的概率 $p$ 的最大似然估计. 使用下面 122 个观察值. 下表中,$r$ 表示一扳道员五年中引起严重事故的次数,$s$ 表示观察到的扳道员人数.

| $r$ | 0 | 1 | 2 | 3 | 4 | 5 |
|---|---|---|---|---|---|---|
| $s$ | 44 | 42 | 21 | 9 | 4 | 2 |

**【解析】**(1)由本章第 4 题第(2)问可知若 $X \sim \pi(\lambda)$,则参数 $\lambda$ 的最大似然估计值为 $\hat{\lambda} = \overline{x}$,事实上,$P\{X=0\} = e^{-\lambda}$. 由于函数 $u = e^{-\lambda}$ 为单调函数,由最大似然估计的不变性得 $P\{X=0\}$ 的最大似然估计值为

$$\hat{P}\{X=0\} = e^{-\overline{x}}.$$

(2)经计算可得

$$\overline{x} = \frac{0 \times 44 + 1 \times 42 + 2 \times 21 + 3 \times 9 + 4 \times 4 + 5 \times 2}{122} = 1.12,$$

一个扳道员在五年内未引起严重事故的概率 $p$ 的最大似然估计值为

$$\hat{P}\{X=0\} = e^{-1.12} = 0.325\ 3.$$

8. (1)设 $X_1, X_2, \cdots, X_n$ 是来自概率密度为

$$f(x;\theta) = \begin{cases} \theta x^{\theta-1}, & 0 < x < 1, \\ 0, & \text{其他} \end{cases}$$

的总体的样本,$\theta$ 未知,求 $U = e^{-\frac{1}{\theta}}$ 的最大似然估计值;

(2)设 $X_1, X_2, \cdots, X_n$ 是来自正态总体 $N(\mu,1)$ 的样本,$\mu$ 未知,求 $\theta = P\{X>2\}$ 的最大似然估计值;

(3)设 $x_1, x_2, \cdots, x_n$ 是来自总体 $b(m, \theta)$ 的样本值,又 $\theta = \dfrac{1}{3}(1+\beta)$,求 $\beta$ 的最大似然估计值.

**【解析】**(1)首先,确定未知参数 $\theta$ 的最大似然估计值,设 $x_1, x_2, \cdots, x_n$ 为一样本值,当 $0 < x_i < 1$ $(i = 1, 2, \cdots, n)$时,样本似然函数为

$$L(\theta) = \theta^n (x_1 x_2 \cdots x_n)^{\theta-1}.$$

两边取对数得

$$\ln L(\theta) = n\ln \theta + (\theta - 1) \sum_{i=1}^{n} \ln x_i.$$

令 $\dfrac{\mathrm{d}\ln L(\theta)}{\mathrm{d}\theta} = \dfrac{n}{\theta} + \sum_{i=1}^{n} \ln x_i = 0$,解得 $\hat{\theta} = -\dfrac{n}{\displaystyle\sum_{i=1}^{n} \ln x_i}$.

其次,$U = \mathrm{e}^{-\frac{1}{\theta}}$ 为单调函数,由最大似然估计的不变性得 $U$ 的最大似然估计为 $\hat{U} = \mathrm{e}^{-\frac{1}{\hat{\theta}}}$,即 $U$ 的最大似然估计值为

$$\hat{U} = \mathrm{e}^{\frac{\sum_{i=1}^{n} \ln x_i}{n}} = \sqrt[n]{x_1 \cdots x_n}.$$

(2)正态总体分布中的总体均值 $\mu$ 的最大似然估计值为 $\bar{x}$,于是

$$\theta = P\{X > 2\} = 1 - P\{X \leqslant 2\} = 1 - \Phi(2 - \mu).$$

函数 $\theta = 1 - \Phi(2 - \mu)$ 为单调函数,由最大似然估计的不变性得 $\theta$ 的最大似然估计值为

$$\hat{\theta} = 1 - \Phi(2 - \hat{\mu}) = 1 - \Phi(2 - \bar{x}).$$

(3)总体 $b(m, \theta)$ 中参数 $\theta$ 的最大似然估计值为 $\hat{\theta} = \dfrac{\bar{x}}{m}$,又 $\theta = \dfrac{1}{3}(1+\beta)$,解得

$$\beta = 3\theta - 1.$$

上述函数为单调函数,由最大似然估计的不变性得 $\beta$ 的最大似然估计值为

$$\hat{\beta} = 3\hat{\theta} - 1 = 3\,\frac{\bar{x}}{m} - 1.$$

9.(1)验证教材第六章§3定理四中的统计量

$$S_w^2 = \frac{n_1 - 1}{n_1 + n_2 - 2}S_1^2 + \frac{n_2 - 1}{n_1 + n_2 - 2}S_2^2 = \frac{(n_1 - 1)S_1^2 + (n_2 - 1)S_2^2}{n_1 + n_2 - 2}$$

是两总体公共方差 $\sigma^2$ 的无偏估计量($S_w^2$ 称为 $\sigma^2$ 的合并估计);

(2)设总体 $X$ 的数学期望为 $\mu$,$X_1, X_2, \cdots, X_n$ 是来自 $X$ 的样本,$a_1, a_2, \cdots, a_n$ 是任意常数,验证 $\dfrac{\left(\displaystyle\sum_{i=1}^{n} a_i X_i\right)}{\displaystyle\sum_{i=1}^{n} a_i}$(其中 $\displaystyle\sum_{i=1}^{n} a_i \neq 0$)是 $\mu$ 的无偏估计量.

**【证明】**(1)首先,$E(S_1^2) = E(S_2^2) = \sigma^2$;其次,利用数学期望的性质验证 $S_w^2$ 为 $\sigma^2$ 的无偏估计量.

$$E(S_w^2) = E\left(\frac{n_1 - 1}{n_1 + n_2 - 2}S_1^2 + \frac{n_2 - 1}{n_1 + n_2 - 2}S_2^2\right)$$

$$= \frac{n_1 - 1}{n_1 + n_2 - 2}E(S_1^2) + \frac{n_2 - 1}{n_1 + n_2 - 2}E(S_2^2)$$

$$= \frac{n_1 - 1}{n_1 + n_2 - 2}\sigma^2 + \frac{n_2 - 1}{n_1 + n_2 - 2}\sigma^2 = \sigma^2.$$

所以 $S_w^2$ 为 $\sigma^2$ 的无偏估计量.

(2)首先,$EX_i = EX = \mu(i=1,2,\cdots,n)$;其次,利用数学期望的性质验证 $\dfrac{\sum\limits_{i=1}^{n}a_iX_i}{\sum\limits_{i=1}^{n}a_i}$ 为 $\mu$ 的无偏估

计量.

$$E\left(\dfrac{\sum\limits_{i=1}^{n}a_iX_i}{\sum\limits_{i=1}^{n}a_i}\right) = \dfrac{1}{\sum\limits_{i=1}^{n}a_i}E\left(\sum_{i=1}^{n}a_iX_i\right) = \dfrac{1}{\sum\limits_{i=1}^{n}a_i}\sum_{i=1}^{n}a_iEX_i = \dfrac{1}{\sum\limits_{i=1}^{n}a_i}\sum_{i=1}^{n}a_i\mu = \mu,$$

所以 $\dfrac{\sum\limits_{i=1}^{n}a_iX_i}{\sum\limits_{i=1}^{n}a_i}$ 为 $\mu$ 的无偏估计量.

10. 设 $X_1, X_2, \cdots, X_n$ 是来自总体 $X$ 的一个样本,设 $EX = \mu, DX = \sigma^2$.

(1)确定常数 $c$,使 $c\sum\limits_{i=1}^{n-1}(X_{i+1} - X_i)^2$ 为 $\sigma^2$ 的无偏估计;

(2)确定常数 $c$,使 $(\overline{X})^2 - cS^2$ 是 $\mu^2$ 的无偏估计($\overline{X}, S^2$ 是样本均值和样本方差).

【解析】(1)因为 $\quad E(X_i^2) = (EX_i)^2 + DX_i = \mu^2 + \sigma^2, E(X_{i+1}X_i) = EX_{i+1}EX_i,$

于是 $\quad E\left[c\sum\limits_{i=1}^{n-1}(X_{i+1} - X_i)^2\right] = c\sum\limits_{i=1}^{n-1}E\left[(X_{i+1} - X_i)^2\right] = c\sum\limits_{i=1}^{n-1}E(X_{i+1}^2 - 2X_{i+1}X_i + X_i^2)$

$$= c\sum_{i=1}^{n-1}(\mu^2 + \sigma^2 + \mu^2 + \sigma^2 - 2\mu^2)$$

$$= c\sum_{i=1}^{n-1}2\sigma^2 = 2c(n-1)\sigma^2 = \sigma^2.$$

解得 $c = \dfrac{1}{2(n-1)}$.

(2)因为 $\quad E(\overline{X}) = EX = \mu, D(\overline{X}) = \dfrac{DX}{n} = \dfrac{\sigma^2}{n}, E(S^2) = DX = \sigma^2.$

于是 $\quad E\left[(\overline{X})^2 - cS^2\right] = E(\overline{X})^2 - cE(S^2) = D(\overline{X}) + \left[E(\overline{X})\right]^2 - cE(S^2)$

$$= \dfrac{\sigma^2}{n} + \mu^2 - c\sigma^2 = \mu^2,$$

解得 $c = \dfrac{1}{n}$.

11. 设总体 $X$ 的概率密度为

$$f(x;\theta) = \begin{cases} \dfrac{1}{\theta}x^{\frac{1-\theta}{\theta}}, & 0 < x < 1, \\ 0, & \text{其他}, \end{cases} \quad 0 < \theta < +\infty,$$

$X_1, X_2, \cdots, X_n$ 是来自总体 $X$ 的样本.

(1)验证 $\theta$ 的最大似然估计量为 $\hat{\theta} = -\dfrac{1}{n}\sum\limits_{i=1}^{n}\ln X_i$;

(2)证明 $\hat{\theta}$ 为 $\theta$ 的无偏估计量.

【证明】(1)设 $x_1, x_2, \cdots, x_n$ 为一样本值,当 $0 < x_i < 1(i=1,2,\cdots,n)$时,样本似然函数为

$$L(\theta) = \theta^{-n}(x_1 x_2 \cdots x_n)^{(1-\theta)/\theta},$$

两边取对数得

$$\ln L(\theta) = -n\ln\theta + \frac{1-\theta}{\theta}\sum_{i=1}^{n}\ln x_i.$$

令 $\dfrac{\mathrm{d}\ln L(\theta)}{\mathrm{d}\theta} = -\dfrac{n}{\theta} - \dfrac{1}{\theta^2}\sum_{i=1}^{n}\ln x_i = 0$, 解得 $\hat{\theta} = -\dfrac{\sum\limits_{i=1}^{n}\ln x_i}{n}$,

即 $\theta$ 的最大似然估计量为 $\hat{\theta} = -\dfrac{1}{n}\sum_{i=1}^{n}\ln X_i.$

(2)下面对 $\theta$ 的最大似然估计量求期望.

$$E\hat{\theta} = E\left(-\frac{1}{n}\sum_{i=1}^{n}\ln X_i\right) = -\frac{1}{n}\sum_{i=1}^{n}E(\ln X_i).$$

又

$$E(\ln X) = \frac{1}{\theta}\int_0^1 \ln x \cdot x^{\frac{1-\theta}{\theta}}\mathrm{d}x = \int_0^1 \ln x \cdot \mathrm{d}(x^{\frac{1}{\theta}})$$

$$= x^{\frac{1}{\theta}}\ln x\Big|_0^1 - \int_0^1 x^{\frac{1-\theta}{\theta}}\mathrm{d}x = \theta \cdot x^{\frac{1}{\theta}}\Big|_0^1 = -\theta.$$

所以 $E\hat{\theta} = -\dfrac{1}{n}\sum_{i=1}^{n}E(\ln X_i) = \theta.$ 即 $\hat{\theta}$ 为 $\theta$ 的无偏估计量.

12. 设 $X_1, X_2, X_3, X_4$ 是来自均值为 $\theta$ 的指数分布总体的样本,其中 $\theta$ 未知,设有估计量

$$T_1 = \frac{1}{6}(X_1 + X_2) + \frac{1}{3}(X_3 + X_4),$$

$$T_2 = \frac{1}{5}(X_1 + 2X_2 + 3X_3 + 4X_4),$$

$$T_3 = \frac{1}{4}(X_1 + X_2 + X_3 + X_4),$$

(1)指出 $T_1, T_2, T_3$ 中哪几个是 $\theta$ 的无偏估计量;

(2)在上述 $\theta$ 的无偏估计中指出哪一个较为有效.

【解析】$EX_i = \theta, DX_i = \theta^2, i = 1, 2, 3, 4.$

(1)$ET_1 = E\left[\frac{1}{6}(X_1 + X_2) + \frac{1}{3}(X_3 + X_4)\right] = \frac{1}{6}(EX_1 + EX_2) + \frac{1}{3}(EX_3 + EX_4) = \theta.$

$\quad ET_2 = E\left[\frac{1}{5}(X_1 + 2X_2 + 3X_3 + 4X_4)\right] = \frac{1}{5}(EX_1 + 2EX_2 + 3EX_3 + 4EX_4) = 2\theta.$

$\quad ET_3 = E\left[\frac{1}{4}(X_1 + X_2 + X_3 + X_4)\right] = \frac{1}{4}(EX_1 + EX_2 + EX_3 + EX_4) = \theta.$

所以 $T_1, T_3$ 为 $\theta$ 的无偏估计量,$T_2$ 不是 $\theta$ 的无偏质估量.

(2)对估计量 $T_1, T_3$ 求方差以比较有效性.

$$DT_1 = D\left[\frac{1}{6}(X_1 + X_2) + \frac{1}{3}(X_3 + X_4)\right] = \frac{1}{36}(DX_1 + DX_2) + \frac{1}{9}(DX_3 + DX_4) = \frac{5\theta^2}{18}.$$

$$DT_3 = D\left[\frac{1}{4}(X_1 + X_2 + X_3 + X_4)\right] = \frac{1}{16}(DX_1 + DX_2 + DX_3 + DX_4) = \frac{\theta^2}{4}.$$

由于 $DT_3 < DT_1$,所以 $T_3$ 较 $T_1$ 更加有效.

13.(1)设 $\hat{\theta}$ 是参数 $\theta$ 的无偏估计,且有 $D(\hat{\theta}) > 0$,试证 $\hat{\theta}^2 = (\hat{\theta})^2$ 不是 $\theta^2$ 的无偏估计;

(2)试证明均匀分布

$$f(x) = \begin{cases} \dfrac{1}{\theta}, & 0 < x \leqslant \theta, \\ 0, & \text{其他}. \end{cases}$$

中未知参数 $\theta$ 的最大似然估计量不是无偏的.

**【证明】** (1) $E(\widehat{\theta^2}) = E[(\hat{\theta})^2] = D\hat{\theta} + (E\hat{\theta})^2 = D\hat{\theta} + \theta^2 > \theta^2$, 所以 $\widehat{\theta^2} = (\hat{\theta})^2$ 不是 $\theta^2$ 的无偏估计量.

(2) 设 $x_1, x_2, \cdots, x_n$ 为一样本值, 当 $0 < x_i < \theta, i = 1, 2, \cdots, n$ 时, 样本似然函数为

$$L(\theta) = \theta^{-n},$$

两边取对数得

$$\ln L(\theta) = -n\ln\theta,$$

令 $\dfrac{\mathrm{d}\ln L(\theta)}{\theta} = -\dfrac{n}{\theta} < 0$, 所以 $L(\theta)$ 是关于变量 $\theta$ 的单调递减函数, 当 $\theta$ 取得最小值时, $L(\theta)$ 取得最大值, 即 $\theta$ 的最大似然估计值为

$$\hat{\theta} = \max\{x_1, x_2, \cdots, x_n\},$$

$\theta$ 的最大似然估计量为

$$\hat{\theta} = \max\{X_1, X_2, \cdots, X_n\}.$$

下面求 $\theta$ 的最大似然估计量的数学期望.

总体 $X \sim U(0, \theta)$, 总体对应的概率密度和分布函数分别为

$$f(x) = \begin{cases} \dfrac{1}{\theta}, & 0 < x \leqslant \theta, \\ 0, & \text{其他}, \end{cases} \qquad F(x) = \begin{cases} 0, & x \leqslant 0, \\ \dfrac{x}{\theta}, & 0 < x < \theta, \\ 1, & x \geqslant \theta. \end{cases}$$

于是 $\hat{\theta}$ 的概率密度为 $f_{\hat{\theta}}(x) = n[F(x)]^{n-1} f(x)$, 即

$$f_{\hat{\theta}}(x) = \begin{cases} \dfrac{n}{\theta}\left(\dfrac{x}{\theta}\right)^{n-1}, & 0 < x \leqslant \theta, \\ 0, & \text{其他} \end{cases} = \begin{cases} \dfrac{nx^{n-1}}{\theta^n}, & 0 < x \leqslant \theta, \\ 0, & \text{其他}. \end{cases}$$

所以 $E\hat{\theta} = \displaystyle\int_0^\theta x\,\dfrac{nx^{n-1}}{\theta^n}\,\mathrm{d}x = \int_0^\theta \dfrac{nx^n}{\theta^n}\,\mathrm{d}x = \dfrac{n}{\theta^n}\dfrac{x^{n+1}}{n+1}\Big|_0^\theta = \dfrac{n\theta}{n+1} \neq \theta$, 即未知参数 $\theta$ 的最大似然估计量不是无偏的.

14. 设从均值为 $\mu$, 方差为 $\sigma^2 > 0$ 的总体中分别抽取容量为 $n_1, n_2$ 的两独立样本, $\overline{X}_1$ 和 $\overline{X}_2$ 分别为两样本的均值. 试证: 对于任意常数 $a, b$ ($a + b = 1$), $Y = a\overline{X}_1 + b\overline{X}_2$ 都是 $\mu$ 的无偏估计, 并确定常数 $a, b$ 使 $DY$ 达到最小.

**【证明】** 首先, 证明 $Y = a\overline{X}_1 + b\overline{X}_2$ 是 $\mu$ 的无偏估计,

$$E(\overline{X}_1) = E(\overline{X}_2) = \mu, \quad D(\overline{X}_1) = \dfrac{\sigma^2}{n_1}, \quad D(\overline{X}_2) = \dfrac{\sigma^2}{n_2},$$

则

$$EY = E(a\overline{X}_1 + b\overline{X}_2) = aE(\overline{X}_1) + bE(\overline{X}_2) = a\mu + b\mu = \mu.$$

其次

$$DY = D(a\overline{X}_1 + b\overline{X}_2) = a^2 D(\overline{X}_1) + b^2 D(\overline{X}_2) = a^2\dfrac{\sigma^2}{n_1} + b^2\dfrac{\sigma^2}{n_2}.$$

另一方面, $a + b = 1$, 于是记

$$L(a) = DY = a^2\dfrac{\sigma^2}{n_1} + (1-a)^2\dfrac{\sigma^2}{n_2},$$

令

$$\dfrac{\mathrm{d}L(a)}{\mathrm{d}a} = 2a\dfrac{\sigma^2}{n_1} - 2(1-a)\dfrac{\sigma^2}{n_2} = 0,$$

解得 $a=\dfrac{n_1}{n_1+n_2}$，即当 $a=\dfrac{n_1}{n_1+n_2}$，$b=\dfrac{n_2}{n_1+n_2}$ 时，$DY$ 达到最小．

15. 设有 $k$ 台仪器，已知用第 $i$ 台仪器测量时，测定值总体的标准差为 $\sigma_i(i=1,2,\cdots,k)$．用这些仪器独立地对某一物理量 $\theta$ 各观察一次，分别得到 $X_1,X_2,\cdots,X_k$．设仪器都没有系统误差，即 $EX_i=\theta(i=1,2,\cdots,k)$．问 $a_1,a_2,\cdots,a_k$ 取何值，方能使在用 $\hat{\theta}=\sum_{i=1}^{k}a_iX_i$ 估计 $\theta$ 时，$\hat{\theta}$ 是无偏的，并且 $D(\hat{\theta})$ 最小？

【解析】已知 $EX_i=\theta,DX_i=\sigma_i^2$，令 $\hat{\theta}=\sum_{i=1}^{k}a_iX_i$，则若 $\hat{\theta}$ 为未知参数 $\theta$ 的无偏估计量，即

$$E\hat{\theta}=E\left(\sum_{i=1}^{k}a_iX_i\right)=\sum_{i=1}^{k}a_iEX_i=\theta\sum_{i=1}^{k}a_i=\theta,$$

可得 $\sum_{i=1}^{k}a_i=1$．

又

$$D\hat{\theta}=D\left(\sum_{i=1}^{k}a_iX_i\right)=\sum_{i=1}^{k}a_i^2DX_i=\sum_{i=1}^{k}a_i^2\sigma_i^2,$$

下面将利用拉格朗日乘数法求 $D\hat{\theta}$ 最小值，构造拉格朗日函数

$$L(a_1,a_2,\cdots,a_k)=\sum_{i=1}^{k}a_i^2\sigma_i^2+\lambda\left(\sum_{i=1}^{k}a_i-1\right),$$

令

$$\frac{\partial L(a_1,a_2,\cdots,a_k)}{\partial a_i}=2a_i\sigma_i^2+\lambda=0,i=1,2,\cdots,k,$$

解得 $a_i=-\dfrac{\lambda}{2\sigma_i^2},i=1,2,\cdots,k$，又满足 $\sum_{i=1}^{k}a_i=1$，所以 $\lambda=-\dfrac{1}{\sum_{i=1}^{k}\dfrac{1}{2\sigma_i^2}}$，故当 $a_i=\dfrac{-\dfrac{1}{\sum_{i=1}^{k}\dfrac{1}{2\sigma_i^2}}}{2\sigma_i^2},i=1,2,$

$\cdots,k$ 时，$\hat{\theta}$ 是无偏的，并且 $D\hat{\theta}$ 最小．

16. 设某种清漆的 9 个样品，其干燥时间（以 h 计）分别为

6.0　5.7　5.8　6.5　7.0　6.3　5.6　6.1　5.0

设干燥时间总体服从正态分布 $N(\mu,\sigma^2)$．求 $\mu$ 的置信水平为 0.95 的置信区间.

(1) 若由以往经验知 $\sigma=0.6(\mathrm{h})$；

(2) 若 $\sigma$ 为未知.

【解析】已知 $n=9,a=0.05$，经计算可得

$$\bar{x}=\frac{6.0+5.7+\cdots+5.0}{9}=6,$$

$$s^2=\frac{1}{8}\sum_{i=1}^{9}(x_i-\bar{x})^2=\frac{0^2+(-0.3)^2+\cdots+(-1)^2}{8}=0.33,$$

(1) 若 $\sigma=0.6(\mathrm{h})$ 时，$\mu$ 的置信水平为 0.95 的置信区间为

$$\left(\bar{X}-\frac{\sigma}{\sqrt{n}}z_{\frac{a}{2}},\bar{X}+\frac{\sigma}{\sqrt{n}}z_{\frac{a}{2}}\right).$$

其中 $z_{0.025}=1.96$，所以 $\mu$ 的置信水平为 0.95 的置信区间为 $(5.608,6.392)$.

(2) 若 $\sigma$ 未知，$\mu$ 的置信水平为 0.95 的置信区间为

$$\left(\bar{X}-\frac{S}{\sqrt{n}}t_{\frac{a}{2}}(n-1),\bar{X}+\frac{S}{\sqrt{n}}t_{\frac{a}{2}}(n-1)\right),$$

其中 $t_{0.025}(8) = 2.306$，所以 $\mu$ 的置信水平为 $0.95$ 的置信区间为 $(5.558, 6.442)$.

17. 分别使用金球和铂球测定引力常数(单位：$10^{-11}\mathrm{m}^3 \cdot \mathrm{kg}^{-1} \cdot \mathrm{s}^{-2}$).

(1)用金球测定观察值为

$$6.683 \quad 6.681 \quad 6.676 \quad 6.678 \quad 6.679 \quad 6.672$$

(2)用铂球测定观察值为

$$6.661 \quad 6.661 \quad 6.667 \quad 6.667 \quad 6.664$$

设测定值总体为 $N(\mu, \sigma^2)$，$\mu, \sigma^2$ 均为未知. 试就(1),(2)两种情况分别求 $\mu$ 的置信水平为 $0.9$ 的置信区间，并求 $\sigma^2$ 的置信水平为 $0.9$ 的置信区间.

【解析】(1)已知 $n = 6, \alpha = 0.10$，经计算可得

$$\overline{x} = \frac{6.683 + 6.681 + \cdots + 6.672}{6} = 6.678,$$

$$s^2 = \frac{1}{5} \sum_{i=1}^{6} (x_i - \overline{x})^2 = 1.5 \times 10^{-5},$$

经查表可得 $t_{0.05}(5) = 2.015$，$\chi^2_{0.95}(5) = 1.145$，$\chi^2_{0.05}(5) = 11.071$.

$\mu$ 的置信水平为 $0.9$ 的置信区间为

$$\left( \overline{X} - \frac{S}{\sqrt{n}} t_{\frac{\alpha}{2}}(n-1), \overline{X} + \frac{S}{\sqrt{n}} t_{\frac{\alpha}{2}}(n-1) \right).$$

所以 $\mu$ 的置信水平 $0.9$ 的置信区间为 $(6.675, 6.681)$.

$\sigma^2$ 的置信水平为 $0.9$ 的置信区间为

$$\left( \frac{(n-1)S^2}{\chi^2_{\frac{\alpha}{2}}(n-1)}, \frac{(n-1)S^2}{\chi^2_{1-\frac{\alpha}{2}}(n-1)} \right).$$

所以 $\sigma^2$ 的置信水平为 $0.9$ 的置信区间为

$$(6.8 \times 10^{-6}, 6.55 \times 10^{-5}).$$

(2)已知 $n = 5, \alpha = 0.10$，经计算可得

$$\overline{x} = \frac{6.661 + 6.661 + \cdots + 6.664}{5} = 6.664,$$

$$s^2 = \frac{1}{4} \sum_{i=1}^{5} (x_i - \overline{x})^2 = \frac{9 + 9 + \cdots + 0}{4 \times 10^6} = 9 \times 10^{-6},$$

经查表可得 $t_{0.05}(4) = 2.132$，$\chi^2_{0.95}(4) = 0.711$，$\chi^2_{0.05}(4) = 9.488$，

$\mu$ 的置信水平为 $0.9$ 的置信区间为

$$\left( \overline{X} - \frac{S}{\sqrt{n}} t_{\frac{\alpha}{2}}(n-1), \overline{X} + \frac{S}{\sqrt{n}} t_{\frac{\alpha}{2}}(n-1) \right).$$

所以 $\mu$ 的置信水平为 $0.9$ 的置信区间为 $(6.661, 6.667)$.

$\sigma^2$ 的置信水平为 $0.9$ 的置信区间为

$$\left( \frac{(n-1)S^2}{\chi^2_{\frac{\alpha}{2}}(n-1)}, \frac{(n-1)S^2}{\chi^2_{1-\frac{\alpha}{2}}(n-1)} \right).$$

所以 $\sigma^2$ 的置信水平为 $0.9$ 的置信区间为

$$(3.8 \times 10^{-6}, 5.06 \times 10^{-5}).$$

18. 随机地取某种炮弹 $9$ 发做试验，得炮口速度的样本标准差 $s = 11\ \mathrm{m/s}$. 设炮口速度服从正态分布. 求这种炮弹的炮口速度的标准差 $\sigma$ 的置信水平为 $0.95$ 的置信区间.

【解析】已知 $n = 9, \alpha = 0.05, s = 11$，经查表可得

$$\chi^2_{0.975}(8)=2.180, \quad \chi^2_{0.025}(8)=17.534.$$

$\sigma$ 的置信水平为 0.95 的置信区间为

$$\left( \sqrt{\frac{(n-1)S^2}{\chi^2_{\frac{\alpha}{2}}(n-1)}}, \sqrt{\frac{(n-1)S^2}{\chi^2_{1-\frac{\alpha}{2}}(n-1)}} \right).$$

所以 $\sigma$ 的置信水平为 0.95 的置信区间为 $(7.43, 21.07)$.

19. 设 $X_1, X_2, \cdots, X_n$ 来自分布 $N(\mu, \sigma^2)$ 的样本，$\mu$ 已知，$\sigma$ 未知.

(1) 验证 $\sum\limits_{i=1}^{n} \dfrac{(X_i-\mu)^2}{\sigma^2} \sim \chi^2(n)$. 利用这一结果构造 $\sigma^2$ 的置信水平为 $1-\alpha$ 的置信区间；

(2) 设 $\mu=6.5$，且有样本值 $7.5, 2.0, 12.1, 8.8, 9.4, 7.3, 1.9, 2.8, 7.0, 7.3$. 试求 $\sigma$ 的置信水平为 0.95 的置信区间.

(1)【证明】$X_i \sim N(\mu, \sigma^2)(i=1,2,\cdots,n)$，于是 $\dfrac{X_i-\mu}{\sigma} \sim N(0,1)(i=1,2,\cdots,n)$，即

$$\sum_{i=1}^{n} \left( \frac{X_i-\mu}{\sigma} \right)^2 = \sum_{i=1}^{n} \frac{(X_i-\mu)^2}{\sigma^2} \sim \chi^2(n).$$

根据题意 $\sum\limits_{i=1}^{n} \dfrac{(X_i-\mu)^2}{\sigma^2} \sim \chi^2(n)$，则

$$P\left\{ \chi^2_{1-\frac{\alpha}{2}}(n) < \sum_{i=1}^{n} \frac{(X_i-\mu)^2}{\sigma^2} < \chi^2_{\frac{\alpha}{2}}(n) \right\} = 1-\alpha,$$

化简得

$$P\left\{ \frac{\sum\limits_{i=1}^{n}(X_i-\mu)^2}{\chi^2_{\frac{\alpha}{2}}(n)} < \sigma^2 < \frac{\sum\limits_{i=1}^{n}(X_i-\mu)^2}{\chi^2_{1-\frac{\alpha}{2}}(n)} \right\} = 1-\alpha.$$

所以 $\sigma^2$ 的置信水平为 $1-\alpha$ 的置信区间为

$$\left( \frac{\sum\limits_{i=1}^{n}(X_i-\mu)^2}{\chi^2_{\frac{\alpha}{2}}(n)}, \frac{\sum\limits_{i=1}^{n}(X_i-\mu)^2}{\chi^2_{1-\frac{\alpha}{2}}(n)} \right).$$

(2)【解析】若 $n=10, \alpha=0.05, \mu=6.5$，经计算可得 $\sum\limits_{i=1}^{10}(X_i-\mu)^2=102.69$，查表可得

$$\chi^2_{0.975}(10)=3.247, \quad \chi^2_{0.025}(10)=20.483.$$

所以 $\sigma^2$ 的置信水平为 0.95 的置信区间为 $(5.013, 31.626)$，即 $\sigma$ 的置信水平为 0.95 的置信区间为 $(2.239, 5.624)$.

20. 在第 17 题中，设用金球和用铂球测定时测定值总体的方差相等. 求两个测定值总体均值差的置信水平为 0.90 的置信区间.

【解析】记 $X_1 \sim N(\mu_1, \sigma_1^2), X_2 \sim N(\mu_2, \sigma_2^2)$，若 $\sigma_1^2=\sigma_2^2=\sigma^2$ 时，根据公式可得

$$\frac{(\overline{X}_1-\overline{X}_2)-(\mu_1-\mu_1)}{S_w \sqrt{\dfrac{1}{n_1}+\dfrac{1}{n_2}}} \sim t(n_1+n_2-2),$$

其中 $S_w = \sqrt{\dfrac{(n_1-1)S_1^2+(n_2-1)S_2^2}{n_1+n_2-2}}$，此时 $n_1=6, n_2=5, \alpha=0.10, t_{0.05}(9)=1.833$，计算可得

$$\overline{x}_1-\overline{x}_2=0.014, \quad s_1^2=0.15 \times 10^{-4}, \quad s_2^2=9 \times 10^{-6},$$

所以 $\mu_1-\mu_2$ 的置信水平为 $1-\alpha$ 的置信区间为

$$\left((\overline{X}_1-\overline{X}_2)-t_{\frac{\alpha}{2}}(n_1+n_2-2)S_w\sqrt{\frac{1}{n_1}+\frac{1}{n_2}}, (\overline{X}_1-\overline{X}_2)+t_{\frac{\alpha}{2}}(n_1+n_2-2)S_w\sqrt{\frac{1}{n_1}+\frac{1}{n_2}}\right)$$

即解得两个测定值总体均值差的置信水平为 $0.90$ 的置信区间为 $(0.010,0.018)$.

21. 随机地从 A 批导线中抽取 4 根,又从 B 批导线中抽取 5 根,测得电阻($\Omega$)为

    A 批导线:0.143 0.142 0.143 0.137

    B 批导线:0.140 0.142 0.136 0.138 0.140

设测定数据分别来自分布 $N(\mu_1,\sigma^2),N(\mu_2,\sigma^2)$,且两样本相互独立,又 $\mu_1,\mu_2,\sigma^2$ 均为未知,试求 $\mu_1-\mu_2$ 置信水平为 $0.95$ 的置信区间.

 **【解析】** $n_1=4,n_2=5,\alpha=0.05,t_{0.025}(7)=2.365$,经计算样本均值为

$$\overline{x}_1=0.141\,25,\quad \overline{x}_2=0.139\,2,$$
$$3s_1^2=2.475\times10^{-5},\quad 4s_2^2=2.08\times10^{-5},$$
$$s_w^2=\frac{3S_1^2+4S_2^2}{7}=6.5\times10^{-6}.$$

所以 $\mu_1-\mu_2$ 的置信水平为 $1-\alpha$ 的置信区间为

$$\left((\overline{X}_1-\overline{X}_2)-t_{\frac{\alpha}{2}}(n_1+n_2-2)S_w\sqrt{\frac{1}{n_1}+\frac{1}{n_2}}, (\overline{X}_1-\overline{X}_2)+t_{\frac{\alpha}{2}}(n_1+n_2-2)S_w\sqrt{\frac{1}{n_1}+\frac{1}{n_2}}\right),$$

则 $\mu_1-\mu_2$ 的置信水平为 $0.95$ 的置信区间为 $(-0.002,0.006)$.

22. 研究两种固体燃料火箭推进器的燃烧率.设两者都服从正态分布,并且已知燃烧率的标准差均近似地为 $0.05\ \text{cm/s}$,取样本容量为 $n_1=n_2=20$. 得燃烧率的样本均值分别为 $\overline{x}_1=18\ \text{cm/s}$, $\overline{x}_2=24\ \text{cm/s}$,设两样本独立.求两燃烧率总体均值差 $\mu_1-\mu_2$ 的置信水平为 $0.99$ 的置信区间.

 **【解析】** 记两种固体燃料火箭推进器的燃烧率分别服从 $N(\mu_1,\sigma^2),N(\mu_2,\sigma^2)$,其中 $\sigma=0.05$ 为已知,

$$\frac{(\overline{X}_1-\overline{X}_2)-(\mu_1-\mu_2)}{\sigma\sqrt{\frac{1}{n_1}+\frac{1}{n_2}}}\sim N(0,1),$$

于是 $\mu_1-\mu_2$ 的置信水平为 $1-\alpha$ 的置信区间为

$$\left((\overline{X}_1-\overline{X}_2)-z_{\frac{\alpha}{2}}\cdot\sigma\cdot\sqrt{\frac{1}{n_1}+\frac{1}{n_2}}, (\overline{X}_1-\overline{X}_2)+z_{\frac{\alpha}{2}}\cdot\sigma\cdot\sqrt{\frac{1}{n_1}+\frac{1}{n_2}}\right),$$

这里 $\overline{x}_1=18,\overline{x}_2=24,n_1=n_2=20,z_{0.005}=2.57$,所以求解得燃烧率总体均值差 $\mu_1-\mu_2$ 的置信水平为 $0.99$ 的置信区间为 $(-6.04,-5.96)$.

23. 设两位化验员 $A,B$ 独立地对某种聚合物含氯量用相同的方法各做 10 次测定,其测定值的样本方差依次为 $s_A^2=0.541\,9,s_B^2=0.606\,5$. 设 $\sigma_A^2,\sigma_B^2$ 分别为 $A,B$ 所测定的测定值总体的方差.设总体均为正态的,且两样本独立.求方差比 $\sigma_A^2/\sigma_B^2$ 的置信水平为 $0.95$ 的置信区间.

 **【解析】** 已知 $n_1=n_2=10,s_A^2=0.541\,9,s_B^2=0.606\,5,\alpha=0.05$,查表可得

$$F_{0.025}(9,9)=4.03,\quad F_{0.975}(9,9)=0.248,$$

方差比 $\dfrac{\sigma_A^2}{\sigma_B^2}$ 的置信水平为 $0.95$ 的置信区间为

$$\left(\frac{S_A^2}{S_B^2}\cdot\frac{1}{F_{\frac{\alpha}{2}}(9,9)}, \frac{S_A^2}{S_B^2}\cdot\frac{1}{F_{1-\frac{\alpha}{2}}(9,9)}\right),$$

代入数值可得方差比 $\dfrac{\sigma_A^2}{\sigma_B^2}$ 的置信水平为 $0.95$ 的置信区间为 $(0.222,3.601)$.

24. 在一批货物的容量为 100 的样本中, 经检验发现有 16 只次品, 试求这批货物次品率的置信水平为 0.95 的置信区间.

【解析】设总体 $X$ 为 $(0-1)$ 分布, 概率分布为

| $X$ | 0 | 1 |
|-----|------|------|
| $p$ | $1-p$ | $p$ |

设 $X_i(i=1,2,\cdots,100)$ 为一个简单随机样本, $\overline{X}=\dfrac{1}{100}\sum\limits_{i=1}^{100}X_i$ 为样本均值, 由中心极限定理可得 $100\overline{X}=\sum\limits_{i=1}^{100}X_i$ 近似服从正态分布 $N(100p,100p(1-p))$, 于是

$$P\left\{-z_{\frac{\alpha}{2}}<\frac{100\overline{X}-100p}{\sqrt{100p(1-p)}}<z_{\frac{\alpha}{2}}\right\}\approx 1-\alpha.$$

其中 $\alpha=0.05, z_{0.025}=1.96, \overline{x}=0.16$, 则这批货物次品率的置信水平为 0.95 的置信区间为 $(0.101,0.244)$.

25. (1) 求第 16 题中 $\mu$ 的置信水平为 0.95 的单侧置信上限;

(2) 求第 21 题中 $\mu_1-\mu_2$ 的置信水平为 0.95 的单侧置信下限;

(3) 求第 23 题中方差比 $\sigma_A^2/\sigma_B^2$ 的置信水平为 0.95 的单侧置信上限.

【解析】(1) $n=9, \alpha=0.05$, 经计算可得 $\overline{x}=6, s^2=0.33$, 若 $\sigma=0.6(\mathrm{h})$, 则 $\mu$ 的置信水平为 0.95 的单侧置信上限为 $\overline{\mu}=\overline{X}+\dfrac{\sigma}{\sqrt{n}}z_\alpha$, 查表可得 $z_{0.05}=1.645$, 所以 $\mu$ 的置信水平为 0.95 的单侧置信上限为 6.329.

若 $\sigma$ 未知, 则 $\mu$ 的置信水平为 0.95 的单侧置信上限为 $\overline{\mu}=\overline{X}+\dfrac{S}{\sqrt{n}}t_\alpha(8)$, 查表可得 $t_{0.05}(8)=1.860$, 所以 $\mu$ 的置信水平为 0.95 的单侧置信上限为 6.356.

(2) $n_1=4, n_2=5, \alpha=0.05, t_{0.05}(7)=1.895$, 经计算样本均值为

$$\overline{x}_1=0.141, \overline{x}_2=0.1392, 3s_1^2=2.475\times 10^{-5}, 4s_2^2=2.08\times 10^{-5},$$

$$s_w^2=\frac{3s_1^2+4s_2^2}{7}=6.5\times 10^{-6}.$$

所以 $\mu_1-\mu_2$ 的置信水平为 0.95 的单侧置信下限为

$$(\overline{X}_1-\overline{X}_2)-t_\alpha(n_1+n_2-2)S_w\sqrt{\frac{1}{n_1}+\frac{1}{n_2}}.$$

则 $\mu_1-\mu_2$ 的置信水平为 0.95 的单侧置信下限为 $-0.0012$.

(3) 已知 $n_1=n_2=10, s_A^2=0.5419, s_B^2=0.6065, \alpha=0.05$, 查表可得

$$F_{0.05}(9,9)=3.18,$$

方差比 $\dfrac{\sigma_A^2}{\sigma_B^2}$ 的置信水平为 0.95 的单侧置信上限 $\dfrac{S_A^2}{S_B^2}\dfrac{1}{F_{1-\alpha}(9,9)}$, 代入数值可得方差比 $\dfrac{\sigma_A^2}{\sigma_B^2}$ 的置信水平为 0.95 的单侧置信上限为 2.84.

26. 为研究某种汽车轮胎的磨损特性, 随机地选择 16 只轮胎, 每只轮胎行驶到磨坏为止, 记录所行驶的路程(以 km 计)如下:

| 41 250 | 40 187 | 43 175 | 41 010 | 39 265 | 41 872 | 42 654 | 41 287 |
| 38 970 | 40 200 | 42 550 | 41 095 | 40 680 | 43 500 | 39 775 | 40 400 |

假设这些数据来自正态总体 $N(\mu,\sigma^2)$，其中 $\mu,\sigma^2$ 未知，试求 $\mu$ 的置信水平为 $0.95$ 的单侧置信下限.

【解析】若 $\sigma$ 未知，则 $\mu$ 的置信水平为 $0.95$ 的单侧置信下限为 $\underline{\mu}=\overline{X}-\dfrac{S}{\sqrt{n}}t_\alpha(15)$，此时 $n=16,\alpha=0.05$，经计算可得 $\overline{x}=41\,116.875,s^2=1\,813\,985.45$，查表可得 $t_{0.05}(15)=1.753$，所以 $\mu$ 的置信水平为 $0.95$ 的单侧置信下限为 $40\,527$.

27. 科学上的重大发现往往是由年轻人做出的. 下面列出了 16 世纪初期至 20 世纪早期的十二项重大发现的发现者和他们发现时的年龄：

| 发现内容 | 发现者 | 发现时间 | 年龄 |
| --- | --- | --- | --- |
| 1. 地球绕太阳运转 | 哥白尼(Copernicus) | 1513 | 40 |
| 2. 望远镜、天文学的基本定律 | 伽利略(Galileo) | 1600 | 36 |
| 3. 运动原理、重力、微积分 | 牛顿(Newton) | 1665 | 23 |
| 4. 电的本质 | 富兰克林(Franklin) | 1746 | 40 |
| 5. 燃烧是与氧气联系着的 | 拉瓦锡(Lavoisier) | 1774 | 31 |
| 6. 地球是渐进过程演化成的 | 莱尔(Lyell) | 1830 | 33 |
| 7. 自然选择控制演化的证据 | 达尔文(Darwin) | 1858 | 49 |
| 8. 光的场方程 | 麦克斯韦(Maxwell) | 1864 | 33 |
| 9. 放射性 | 居里夫人(Marie Curie) | 1896 | 34 |
| 10. 量子论 | 普朗克(Planck) | 1900 | 43 |
| 11. 狭义相对论，$E=mc^2$ | 爱因斯坦(Einstein) | 1905 | 26 |
| 12. 量子论的数学基础 | 薛定谔(Schrödinger) | 1926 | 39 |

设样本来自正态总体，试求发现者的平均年龄 $\mu$ 的置信水平为 $0.95$ 的单侧置信上限.

【解析】$\sigma$ 未知，则 $\mu$ 的置信水平为 $0.95$ 的单侧置信上限为 $\overline{\mu}=\overline{X}+\dfrac{S}{\sqrt{n}}t_\alpha(n-1)$，此时，$n=12,\alpha=0.05$，经计算可得 $\overline{x}=35.58,s^2=52.08$，查表可得 $t_{0.05}(11)=1.796$，所以 $\mu$ 的置信水平为 $0.95$ 的单侧置信上限为 $39.32$. 即发现者的平均年龄 $\mu$ 的置信水平为 $0.95$ 的单侧置信上限为 $39$ 岁零 $4$ 个月.

## 经典例题选讲

### 1.点估计

矩估计实质是利用替换的思想，核心是样本矩等于总体矩；

最大似然估计的思想是找使得样本发生可能性最大的那个参数的取值. 求最大可以利用导数，驻点不存在时只能利用定义.

**例 1** 设总体 $X\sim U(\theta_1,\theta_2)$，参数 $\theta_1,\theta_2$ 未知，$X_1,X_2,\cdots,X_n$ 为来自总体 $X$ 的一个简单随机样本，求参数 $\theta_1,\theta_2$ 的矩估计量与最大似然估计量.

【解析】由 $EX=\dfrac{\theta_1+\theta_2}{2},DX=\dfrac{(\theta_2-\theta_1)^2}{12},E(X^2)=DX+(EX)^2=\dfrac{(\theta_2-\theta_1)^2}{12}+\dfrac{(\theta_1+\theta_2)^2}{4}$，

由矩估计思想可建立方程 $\begin{cases}\dfrac{\theta_1+\theta_2}{2}=\dfrac{1}{n}\sum\limits_{i=1}^{n}X_i,\\[2mm]\dfrac{(\theta_2-\theta_1)^2}{12}+\dfrac{(\theta_1+\theta_2)^2}{4}=\dfrac{1}{n}\sum\limits_{i=1}^{n}X_i^2\end{cases}$ 或 $\begin{cases}\dfrac{\theta_1+\theta_2}{2}=\overline{X},\\[2mm]\dfrac{(\theta_2-\theta_1)^2}{12}=B_2.\end{cases}$

从中可解得 $\hat{\theta}_1 = \overline{X} - \sqrt{3B_2}$, $\hat{\theta}_2 = \overline{X} + \sqrt{3B_2}$.

$X$ 的密度函数为 $f(x;\theta_1,\theta_2) = \begin{cases} \dfrac{1}{\theta_2 - \theta_1}, & \theta_1 \leqslant x \leqslant \theta_2, \\ 0, & \text{其他}. \end{cases}$

似然函数为 $L(\theta_1,\theta_2) = \begin{cases} \dfrac{1}{(\theta_2 - \theta_1)^n}, & \theta_1 \leqslant x_1,x_2,\cdots,x_n \leqslant \theta_2, \\ 0, & \text{其他}. \end{cases}$

而 $\theta_1 \leqslant x_1,x_2,\cdots,x_n \leqslant \theta_2$, 其等价于 $\theta_1 \leqslant x_{(1)} \leqslant x_{(2)} \leqslant \cdots \leqslant x_{(n)} \leqslant \theta_2$,

则 $L(\theta_1,\theta_2) = \dfrac{1}{(\theta_2 - \theta_1)^n} \leqslant \dfrac{1}{(x_{(n)} - x_{(1)})^n}$,

于是参数 $\theta_1$ 的最大似然估计量为 $\hat{\theta}_1 = X_{(1)}$, $\theta_2$ 的最大似然估计量为 $\hat{\theta}_2 = X_{(n)}$,

另解:由于对 $\theta_1 \leqslant x_1,x_2,\cdots,x_n \leqslant \theta_2$, 其等价于 $\theta_1 \leqslant x_{(1)} \leqslant x_{(2)} \leqslant \cdots \leqslant x_{(n)} \leqslant \theta_2$,

$\ln L(\theta_1,\theta_2) = -n\ln(\theta_2 - \theta_1)$, $\dfrac{\partial \ln L(\theta_1,\theta_2)}{\partial \theta_1} = \dfrac{n}{\theta_2 - \theta_1} > 0$, $\dfrac{\partial \ln L(\theta_1,\theta_2)}{\partial \theta_2} = -\dfrac{n}{\theta_2 - \theta_1} < 0$,

即 $\ln L(\theta_1,\theta_2)$ 对 $\theta_1$ 严格单调增加,此时 $\theta_1$ 的最大似然估计量为 $\hat{\theta}_1 = X_{(1)}$;又 $\ln L(\theta_1,\theta_2)$ 对 $\theta_2$ 严格单调减小,此时 $\theta_2$ 的最大似然估计量为 $\hat{\theta}_2 = X_{(n)}$.

**例2** 设 $X_1,X_2,\cdots,X_n$ 为来自两参数指数分布总体 $X \sim E\left(\mu, \dfrac{1}{\theta}\right)$ 的一个简单随机样本,其密度函数为 $f(x) = \dfrac{1}{\theta}\exp\left\{-\dfrac{x-\mu}{\theta}\right\}$, $x \geqslant \mu$, $0 \leqslant \mu < +\infty$, $\theta > 0$.

(1) 求参数 $\mu,\theta$ 的最大似然估计量(记为 $\hat{\mu}_1,\hat{\theta}_1$);

(2) 求参数 $\mu,\theta$ 的矩估计量(记为 $\hat{\mu}_2,\hat{\theta}_2$).

**【解析】** 记次序统计量为 $X_{(1)} \leqslant X_{(2)} \leqslant \cdots \leqslant X_{(n)}$,样本观察值记为 $x_1,x_2,\cdots,x_n$,排序后记为 $x_{(1)} \leqslant x_{(2)} \leqslant \cdots \leqslant x_{(n)}$.

(1) 似然函数为 $L(\mu,\theta) = \dfrac{1}{\theta^n}\exp\left\{-\sum\limits_{i=1}^{n}\dfrac{x_i - \mu}{\theta}\right\} = \dfrac{1}{\theta^n}\exp\left\{-\dfrac{1}{\theta}\sum\limits_{i=1}^{n}x_i + n\dfrac{\mu}{\theta}\right\}$,

$\ln L(\mu,\theta) = -n\ln\theta - \dfrac{\sum\limits_{i=1}^{n}x_i}{\theta} + n\dfrac{\mu}{\theta}$, $\dfrac{\partial \ln L(\mu,\theta)}{\partial \mu} = \dfrac{n}{\theta} > 0$,

即似然函数 $L(\mu,\theta)$ 对 $\mu$ 严格单调增加,考虑到 $\mu \leqslant x_{(1)} \leqslant x_{(2)} \leqslant \cdots \leqslant x_{(n)}$,

于是 $\mu$ 的最大似然估计量为 $\hat{\mu}_1 = X_{(1)}$,又 $\dfrac{\partial \ln L(\mu,\theta)}{\partial \theta} = -\dfrac{n}{\theta} + \dfrac{\sum\limits_{i=1}^{n}x_i}{\theta^2} - n\dfrac{\mu}{\theta^2}$,则

$$\dfrac{\partial \ln L(x_{(1)},\theta)}{\partial \theta} = -\dfrac{n}{\theta} + \dfrac{\sum\limits_{i=1}^{n}x_i}{\theta^2} - n\dfrac{x_{(1)}}{\theta^2},$$

令 $\dfrac{\partial \ln L(x_{(1)},\theta)}{\partial \theta} = 0$,得方程 $-\dfrac{n}{\theta} + \dfrac{\sum\limits_{i=1}^{n}x_i}{\theta^2} - n\dfrac{x_{(1)}}{\theta^2} = 0$,

从中可解得 $\hat{\theta}_1 = \overline{x} - x_{(1)}$,

于是 $\theta$ 的最大似然估计量为 $\hat{\theta}_1 = \overline{X} - X_{(1)}$.

(2) 由于 $\dfrac{X-\mu}{\theta} \sim E(1)$, $E\left(\dfrac{X-\mu}{\theta}\right) = 1$, $D\left(\dfrac{X-\mu}{\theta}\right) = 1$,

所以
$$EX = \mu + \theta, DX = \theta^2,$$

由矩估计思想可建立方程组
$$\begin{cases} \mu + \theta = \overline{X}, \\ \theta^2 = \dfrac{1}{n}\sum_{i=1}^{n} X_i^2 = B_2, \end{cases}$$

从中可解得参数 $\mu, \theta$ 的矩估计量分别为 $\hat{\mu}_2 = \overline{X} - \sqrt{B_2}, \hat{\theta}_2 = \sqrt{B_2}$.

**例 3** 设总体 $X$ 服从参数为 $n, p$ 的二项分布,其中 $n$ 已知,$p$ 未知 $(0 < p < 1)$. 利用总体 $X$ 的如下样本值:$1, 3, 2, 3, 2, n-1, 2, n$,求参数 $p$ 的矩估计值和最大似然估计值.

**【解析】** 样本均值 $\overline{x} = \dfrac{1}{8}(1+3+2+3+2+n-1+2+n) = \dfrac{n+6}{4}$.

令 $\overline{x} = EX$,得到 $\dfrac{n+6}{4} = np$,即 $p = \dfrac{n+6}{4n}$,参数 $p$ 的矩估计值为 $\hat{p} = \dfrac{n+6}{4n}$.

似然函数为
$$L(p) = \prod_{i=1}^{n} P\{X = x_i\} = P\{X=1\}[P\{X=2\}]^3 [P\{X=3\}]^2 P\{X=n-1\}P\{X=n\}$$
$$= C_n^1 p(1-p)^{n-1}[C_n^2 p^2 (1-p)^{n-2}]^3 [C_n^3 p^3 (1-p)^{n-3}]^2 [C_n^{n-1} p^{n-1}(1-p)][C_n^n p^n (1-p)^0]$$
$$= C_n^1 (C_n^2)^3 (C_n^3)^2 C_n^{n-1} C_n^n p^{12+2n} (1-p)^{6n-12},$$

取对数,得到
$$\ln L(p) = \ln[C_n^1 (C_n^2)^3 (C_n^3)^2 C_n^{n-1} C_n^n] + (12+2n)\ln p + (6n-12)\ln(1-p),$$

求导,得到
$$\frac{\mathrm{d}}{\mathrm{d}p}\ln L(p) = \frac{12+2n}{p} - \frac{6n-12}{1-p} = \frac{12+2n-8np}{p(1-p)}.$$

令 $\dfrac{\mathrm{d}}{\mathrm{d}p}\ln L(p) = 0$,得到 $p = \dfrac{6+n}{4n}$. 参数 $p$ 的最大似然估计值 $\hat{p} = \dfrac{6+n}{4n}$.

**例 4** 设某种元件的使用寿命 $X$ 的概率密度为 $f(x; \theta) = \begin{cases} 2e^{-2(x-\theta)}, & x \geq \theta, \\ 0, & x < \theta. \end{cases}$ 其中 $\theta > 0$ 为未知参数. 设 $X_1, X_2, \cdots, X_n$ 是来自总体 $X$ 的简单随机样本. 求:

(1) 参数 $\theta$ 的矩估计量 $\hat{\theta}_1$;

(2) 参数 $\theta$ 的最大似然估计量 $\hat{\theta}_2$.

**【解析】** (1) $EX = \displaystyle\int_{-\infty}^{+\infty} x f(x; \theta)\mathrm{d}x = \int_{\theta}^{+\infty} x \cdot 2e^{-2(x-\theta)}\mathrm{d}x = \dfrac{1}{2} + \theta$,

令 $EX = \overline{X}$,即 $\dfrac{1}{2} + \theta = \overline{X}$,解得 $\theta = \overline{X} - \dfrac{1}{2}$.

所以 $\theta$ 的矩估计量 $\hat{\theta}_1 = \overline{X} - \dfrac{1}{2} = \dfrac{1}{n}\sum_{i=1}^{n} X_i - \dfrac{1}{2}$.

(2) 似然函数为 $L(\theta) = \displaystyle\prod_{i=1}^{n} f(x_i; \theta) = \begin{cases} 2^n e^{-2\sum_{i=1}^{n}(x_i-\theta)}, & x_i \geq \theta(i=1,2,\cdots,n), \\ 0, & 其他. \end{cases}$

当 $x_i \geq \theta(i=1,2,\cdots,n)$ 时,$L(\theta) > 0$,取对数得到 $\ln L(\theta) = n\ln 2 - 2\sum_{i=1}^{n}(x_i - \theta)$.

求导得到 $\dfrac{\mathrm{d}\ln L(\theta)}{\mathrm{d}\theta} = 2n > 0$,所以 $L(\theta)$ 单调增加,要使得 $L(\theta)$ 值最大,$\theta$ 是越大越好.

又由于 $\theta$ 必须满足 $x_i \geq \theta(i=1,2,\cdots,n)$,因此当 $\theta$ 取 $x_1, x_2, \cdots, x_n$ 中的最小值时,$x_i \geq \theta(i=1,2,\cdots,n)$ 恒成立,且此时 $L(\theta)$ 取最大值,所以 $\theta$ 的最大似然估计量为
$$\hat{\theta}_2 = \min\{X_1, X_2, \cdots, X_n\}.$$

【注】若似然函数关于未知参数单调,则未知参数的最大似然估计量只能是样本的最大值或最小值,具体要根据似然函数取非零值的区域来确定.

**例5** 罐中有 $N$ 个硬币,其中有 $\theta$ 个是普通均匀硬币,其余 $N-\theta$ 个硬币两面都是正面,从罐中随机取出一个硬币,把它连掷两次,记下结果,但不去查看它属于哪种硬币,如此重复 $n$ 次,若掷出 $0$ 次,$1$ 次,$2$ 次正面的次数分别为 $n_0,n_1,n_2$,利用矩法和最大似然法分别求参数 $\theta$ 的点估计.

【解析】设 $X$ 为连掷两次正面出现的次数,$A=$ "取出的硬币为普通均匀硬币",则

$$P(X=0)=P(A)P(X=0\mid A)+P(\overline{A})P(X=0\mid \overline{A})=\frac{\theta}{N}\left(\frac{1}{2}\right)^2=\frac{\theta}{4N},$$

$$P(X=1)=P(A)P(X=1\mid A)+P(\overline{A})P(X=1\mid \overline{A})=\frac{\theta}{N}\cdot C_2^1\left(\frac{1}{2}\right)^2=\frac{\theta}{2N},$$

$$P(X=2)=P(A)P(X=2\mid A)+P(\overline{A})P(X=2\mid \overline{A})=\frac{\theta}{N}\left(\frac{1}{2}\right)^2+\frac{N-\theta}{N}=\frac{4N-3\theta}{4N}.$$

(1) 参数 $\theta$ 的矩估计:

由矩估计法思想建立方程 $\overline{X}=\frac{\theta}{2N}+\frac{4N-3\theta}{2N}$,从中解参数 $\theta$ 的矩估计为

$$\hat{\theta}=N(2-\overline{X})=N\left[2-\frac{1}{n}(n_1+2n_2)\right]=\frac{N}{n}(2n-n_1-2n_2)=\frac{N}{n}(2n_0+n_1).$$

(2) 参数 $\theta$ 的最大似然估计:

似然函数 $$L(\theta)=\left(\frac{\theta}{4N}\right)^{n_0}\left(\frac{\theta}{2N}\right)^{n_1}\left(\frac{4N-3\theta}{4N}\right)^{n_2},$$

$$\ln L(\theta)=n_0\left[\ln\theta-\ln(4N)\right]+n_1\left[\ln\theta-\ln(2N)\right]+n_2\left[\ln(4N-3\theta)-\ln(4N)\right],$$

$$\frac{\mathrm{d}\ln L(\theta)}{\mathrm{d}\theta}=\frac{n_0}{\theta}+\frac{n_1}{\theta}-\frac{3n_2}{4N-3\theta}=\frac{n_0+n_1}{\theta}-\frac{3n_2}{4N-3\theta},$$

令 $\frac{\mathrm{d}\ln L(\theta)}{\mathrm{d}\theta}=0$,得方程 $\frac{n_0+n_1}{\theta}=\frac{3n_2}{4N-3\theta}$,从中解得参数 $\theta$ 的最大似然估计为

$$\hat{\theta}=\frac{4N}{3n}(n_0+n_1).$$

**例6** 设总体 $X$ 的概率密度函数为 $f(x;\alpha,\beta)=\begin{cases}\alpha, & -1<x<0, \\ \beta, & 0\leqslant x<1, \\ 0, & \text{其他},\end{cases}$ 其中 $\alpha,\beta$ 是未知参数,利用总体 $X$ 的如下样本值:$-0.5,0.3,-0.2,-0.6,-0.1,0.4,0.5,-0.8$.求 $\alpha$ 的最大似然估计值.

【解析】似然函数 $L(\alpha)=\prod_{i=1}^{n}f(x_i;\alpha,\beta)=\alpha^5(1-\alpha)^3$,

取对数,求导整理得到

$$\frac{\mathrm{d}\ln L(\alpha)}{\mathrm{d}\alpha}=\frac{5}{\alpha}-\frac{3}{1-\alpha}=0,$$

驻点为 $\alpha=\frac{5}{8}$,则 $\alpha$ 的最大似然估计值为 $\hat{\alpha}=\frac{5}{8}$.

**2. 估计量的无偏性、一致性、有效性(仅数学一要求)**

这部分内容实质为求估计量(统计量)的数字特征问题,利用分布或者性质.

**例7** (仅数学一要求)设 $X_1,X_2,\cdots,X_n$ 是来自正态总体 $N(\mu,\sigma^2)$ 的简单随机样本,$\overline{X}$ 为样本均值.

(1) 若 $\mu$ 已知，$\hat{\sigma_1} = k_1 \sum\limits_{i=1}^{n} |X_i - \mu|$ 是 $\sigma$ 的无偏估计量，则 $k_1 = $ _____ ;

(2) 若 $\mu$ 未知，$\hat{\sigma_2} = k_2 \sum\limits_{i=1}^{n} |X_i - \overline{X}|$ 是 $\sigma$ 的无偏估计量，则 $k_2 = $ _____ .

【解析】(1) $X_i \sim N(\mu, \sigma^2)$，则 $Y_i = \dfrac{X_i - \mu}{\sigma} \sim N(0, 1)$，故 $X_i - \mu = \sigma Y_i$.

$$E(|Y_i|) = \int_{-\infty}^{+\infty} |y| \cdot \frac{1}{\sqrt{2\pi}} e^{-\frac{y^2}{2}} \mathrm{d}y = \frac{2}{\sqrt{2\pi}} \int_{0}^{+\infty} y e^{-\frac{y^2}{2}} \mathrm{d}y = \sqrt{\frac{2}{\pi}},$$

所以

$$E\hat{\sigma_1} = E\left(k_1 \sum_{i=1}^{n} |X_i - \mu|\right) = k_1 \sigma \sum_{i=1}^{n} E(|Y_i|) = k_1 n \cdot \sigma \sqrt{\frac{2}{\pi}} = \sigma,$$

从而解得 $k_1 = \dfrac{1}{n} \sqrt{\dfrac{\pi}{2}}$.

(2) 由(1) 同样的方法可求出 $k_2$. 事实上，随机变量 $X_i \sim N(\mu, \sigma^2)$ 且相互独立，则

$$E(X_i - \overline{X}) = EX_i - E(\overline{X}) = 0,$$

$$D(X_i - \overline{X}) = D\left[\left(1 - \frac{1}{n}\right)X_i - \frac{1}{n}\sum_{j \neq i} X_j\right] = \left(1 - \frac{1}{n}\right)^2 DX_i + \frac{1}{n^2}\sum_{j \neq i} DX_j$$

$$= \frac{(n-1)^2}{n^2}\sigma^2 + \frac{n-1}{n^2}\sigma^2 = \frac{n-1}{n}\sigma^2,$$

故 $X_i - \overline{X} \sim N\left(0, \dfrac{n-1}{n}\sigma^2\right)$，$Z_i = \dfrac{X_i - \overline{X}}{\sigma \sqrt{\dfrac{n-1}{n}}} \sim N(0, 1)$.

由(1) 中的计算可得

$$E(|X_i - \overline{X}|) = E\left(\left|Z_i \sigma \sqrt{\frac{n-1}{n}}\right|\right) = \sigma \sqrt{\frac{n-1}{n}} E(|Z_i|) = \sigma \sqrt{\frac{n-1}{n}} \sqrt{\frac{2}{\pi}}.$$

$$E\hat{\sigma_2} = E\left(k_2 \sum_{i=1}^{n} |X_i - \overline{X}|\right) = k_2 \sum_{i=1}^{n} E(|X_i - \overline{X}|) = k_2 n \sigma \sqrt{\frac{2(n-1)}{n\pi}} = \sigma,$$

从而得到 $k_2 = \sqrt{\dfrac{\pi}{2n(n-1)}}$.

**例 8** （仅数学一要求）设总体 $X$ 的概率密度为 $f(x, \theta) = \begin{cases} e^{-(x-\theta)}, & x \geqslant \theta, \\ 0, & x < \theta, \end{cases}$ $X_1, X_2, \cdots, X_n$ 为来

自总体 $X$ 的简单随机样本，证明：$\hat{\theta}_1 = \dfrac{1}{n}\sum\limits_{i=1}^{n} X_i - 1$，$\hat{\theta}_2 = \min\{X_1, \cdots, X_n\} - \dfrac{1}{n}$ 是 $\theta$ 的两个无偏估

计量.

【证明】$EX = \theta + 1$. $E\hat{\theta}_1 = E(\overline{X}) - 1 = EX - 1 = \theta$，则 $\hat{\theta}_1 = \dfrac{1}{n}\sum\limits_{i=1}^{n} X_i - 1$ 是 $\theta$ 的无偏估计量.

$Y = \min\{X_1, \cdots, X_n\}$，则分布函数为 $F_Y(y) = 1 - [1 - F(y)]^n$，

概率密度为 $\qquad f_Y(y) = F'_Y(y) = n[1 - F(y)]^{n-1} f(y) = \begin{cases} n e^{n(\theta - y)}, & y \geqslant \theta, \\ 0, & y < \theta. \end{cases}$

$$E\hat{\theta}_2 = EY - \frac{1}{n} = \theta + \frac{1}{n} - \frac{1}{n} = \theta,$$

则 $\hat{\theta}_2 = \min\{X_1, \cdots, X_n\} - \dfrac{1}{n}$ 是 $\theta$ 的无偏估计量.

【注】若 $X_1, X_2, \cdots, X_n$ 相互独立且服从相同的分布,分布函数为 $F(x)$,概率密度为 $f(x)$,则 $Y = \min\{X_1, X_2, \cdots, X_n\}$ 的分布函数为 $F_Y(y) = 1 - [1 - F(y)]^n$,概率密度为

$$f_Y(y) = F_Y'(y) = n[1 - F(y)]^{n-1} f(y).$$

$Z = \max\{X_1, X_2, \cdots, X_n\}$ 的分布函数为 $F_Z(z) = F^n(z)$,概率密度为

$$f_Z(z) = nF^{n-1}(z)f(z).$$

### 3. 区间估计(仅数学一要求)

理解区间估计的定义,即落在一个随机区间上的概率为 $1 - \alpha$.

**例9** (仅数学一要求)设总体 $X \sim N(\mu, 8)$,$\mu$ 为未知参数,$X_1, X_2, \cdots, X_{36}$ 是取自总体 $X$ 的一个简单随机样本,如果以区间 $[\overline{X} - 1, \overline{X} + 1]$ 作为 $\mu$ 的置信区间,那么置信水平应是多少?

**【解析】** $\overline{X} \sim N\left(\mu, \dfrac{2}{9}\right)$,标准化 $\dfrac{\overline{X} - \mu}{\sqrt{2}/3} \sim N(0, 1)$,$P\{\overline{X} - 1 \leqslant \mu \leqslant \overline{X} + 1\} = 1 - \alpha$.

$$P\{\mu - 1 \leqslant \overline{X} \leqslant \mu + 1\} = P\left\{-\dfrac{3}{\sqrt{2}} \leqslant \dfrac{\overline{X} - \mu}{\sqrt{2}/3} \leqslant \dfrac{3}{\sqrt{2}}\right\} = 2\Phi\left(\dfrac{3}{\sqrt{2}}\right) - 1 = 2\Phi(2.12) - 1 = 0.966,$$

因此,所求置信水平为 $96.6\%$.

**例10** (仅数学一要求)设总体 $X$ 的密度函数为 $f(x) = \dfrac{2}{\theta^2}(\theta - x), 0 < x < \theta, \theta$ 是未知参数. 假定 $X_1$ 是总体 $X$ 的一个样本容量为 1 的一个简单随机样本,试求 $\theta$ 的置信水平为 $1 - \alpha$ 的置信区间.

**【解析】** 令 $Y_1 = \dfrac{X_1}{\theta}$,易知 $Y_1$ 的密度函数与分布函数分别为

$$f_{Y_1}(y) = 2(1 - y), \quad F_{Y_1}(y) = 2y - y^2, 0 < y < 1,$$

则 $Y_1 = \dfrac{X_1}{\theta}$ 为一枢轴量,且对 $\theta$ 单调下降.

对给定置信水平 $1 - \alpha$, $\qquad P\left\{\lambda_1 \leqslant \dfrac{X_1}{\theta} \leqslant \lambda_2\right\} = 1 - \alpha,$

其中 $\lambda_1, \lambda_2$ 分别满足 $(1 - \lambda_1)^2 = 1 - \dfrac{\alpha}{2}, (1 - \lambda_2)^2 = \dfrac{\alpha}{2}$,即 $\lambda_1 = 1 - \sqrt{1 - \alpha/2}, \lambda_2 = 1 - \sqrt{\alpha/2}$,

于是有 $\qquad P\left\{\dfrac{X_1}{\lambda_2} \leqslant \theta \leqslant \dfrac{X_1}{\lambda_1}\right\} = P\left\{\dfrac{X_1}{1 - \sqrt{\alpha/2}} \leqslant \theta \leqslant \dfrac{X_1}{1 - \sqrt{1 - \alpha/2}}\right\} = 1 - \alpha,$

所以,$\theta$ 的置信水平为 $1 - \alpha$ 的置信区间为 $\left[\dfrac{X_1}{1 - \sqrt{\alpha/2}}, \dfrac{X_1}{1 - \sqrt{1 - \alpha/2}}\right]$.

# 第八章 假设检验（仅数学一要求）

## ▓ 章节同步导学

| 章节 | 教材内容 | 考纲要求 | 必做例题 | 必做习题（P218－223） |
|---|---|---|---|---|
| §8.1假设检验 | 假设检验的基本思想：实际推断原理 | 理解 | | |
| | 显著性水平、检验统计量 | 了解 | | |
| | 原假设、备择假设、拒绝域、临界点的概念 | 了解 | | |
| | 第 I 类错误:弃真;第 II 类错误:取伪 | 了解【难点】 | | |
| | 显著性检验、双边假设检验、单边检验的概念 | 了解【难点】 | | |
| | 处理参数的假设检验问题的步骤 | 掌握 | | |
| §8.2正态总体均值的假设检验 | 单个正态总体均值 $\mu$ 的假设检验:$\sigma^2$已知—$Z$检验(表8－1第1行),$\sigma^2$未知—$t$检验(表8－1第2行) | 掌握【重点】 | 例1 | 习题1,2,3 |
| | 两个正态总体均值差的假设检验—$t$检验（表8－1第3、4行） | 掌握(教材中(三)"基于成对数据的检验"考研不作要求) | 例2 | 习题6 |
| §8.3正态总体方差的假设检验 | 单个正态总体方差的假设检验—$\chi^2$检验(表8－1第5行) | 掌握【重点】 | 例1 | 习题11,12 |
| | 两个正态总体方差的假设检验—$F$检验(表8－1第6行) | 掌握 | 例2 | 习题16 |
| §8.4起之后章节 | | 考研不作要求 | | |

# 知识结构网图

假设检验
- 基本思想:对原假设提出检验
- 基本原理:随机试验中小概率事件一般不会发生
- 基本步骤:提出假设⇒构建统计量⇒写出拒绝域⇒检验
- 主要检验:双边检验或单边检验
- 显著性检验:仅考虑控制第一类错误的假设检验

单个正态总体
- 总体均值
  - 总体方差已知,$Z$ 检验
  - 总体方差未知,$t$ 检验
- 总体方差
  - 总体均值已知,$\chi^2(n)$ 检验
  - 总体均值未知,$\chi^2(n-1)$ 检验

两个正态总体区间估计 $(X \sim N(\mu_1, \sigma_1^2), Y \sim N(\mu_2, \sigma_2^2))$
- 总体均值差 $(\mu_1 - \mu_2)$
  - $\sigma_1^2 = \sigma_2^2 = \sigma^2$ 已知,$Z$ 检验
  - $\sigma_1^2 = \sigma_2^2 = \sigma^2$ 未知,$t$ 检验
- 总体方差比 $\left(\dfrac{\sigma_1^2}{\sigma_2^2}\right)$
  - $\mu_1 = \mu_2 = \mu$ 已知,$F_\alpha(n_1, n_2)$ 检验
  - $\mu_1 = \mu_2 = \mu$ 未知,$F_\alpha(n_1-1, n_2-1)$ 检验

# 课后习题全解

1. 某批矿砂的 5 个样品中的镍含量,经测定为(％)

$$3.25 \quad 3.27 \quad 3.24 \quad 3.26 \quad 3.24$$

设测定值总体服从正态分布,但参数均未知,问在 $\alpha = 0.01$ 下能否接受假设:这批矿砂的镍含量的均值是 3.25.

【解析】首先提出假设　　　$H_0 : \mu = 3.25$,　　$H_1 : \mu \neq 3.25$,

选用统计量

$$\frac{\overline{X} - \mu}{S/\sqrt{n}} \sim t(n-1),$$

拒绝域为

$$|t| = \left| \frac{\overline{x} - \mu}{s/\sqrt{n}} \right| \geqslant t_{\frac{\alpha}{2}}(n-1),$$

现将 $n = 5, \overline{x} = 3.252, s = 0.013, t_{0.005}(4) = 4.604$ 代入统计量中得 $|t| = 0.344 < 4.604$,所以在 $\alpha = 0.01$ 下接受原假设 $H_0$,认为这批矿砂的镍含量的均值是 3.25.

2. 如果一个矩形的宽度 $w$ 与长度 $l$ 的比 $\dfrac{w}{l} = \dfrac{1}{2}(\sqrt{5}-1) \approx 0.618$,这样的矩形称为黄金矩形,这种尺寸的矩形使人们看起来有良好的感觉. 现代的建筑构件(如窗架)、工艺品(如图片镜框)、甚至司机的执照、商业的信用卡等常常都是采用黄金矩形. 下面列出某工艺品工厂随机取的 20 个矩形的宽度与长度的比值:

| 0.693 | 0.749 | 0.654 | 0.670 | 0.662 | 0.672 | 0.615 | 0.606 | 0.690 | 0.628 |
| 0.668 | 0.611 | 0.606 | 0.609 | 0.601 | 0.553 | 0.570 | 0.844 | 0.576 | 0.933 |

设这一工厂生产的矩形的宽度与长度的比值总体服从正态分布,其均值为 $\mu$,方差为 $\sigma^2$,$\mu, \sigma^2$ 均未知. 试检验假设(取 $\alpha = 0.05$)

$$H_0 : \mu = 0.618, \quad H_1 : \mu \neq 0.618.$$

【解析】首先提出假设 $\quad H_0: \mu = 0.618, \quad H_1: \mu \neq 0.618,$

选用统计量 $$\frac{\overline{X} - \mu}{S/\sqrt{n}} \sim t(n-1),$$

拒绝域为 $$|t| = \left| \frac{\overline{x} - \mu}{s/\sqrt{n}} \right| \geqslant t_{\frac{\alpha}{2}}(n-1),$$

现将 $n=20, \overline{x}=0.6605, s=0.0925, t_{0.025}(19)=2.093$ 代入统计量中得
$$|t| = 2.055 < 2.093,$$

所以在 $\alpha=0.05$ 下接受原假设 $H_0: \mu = 0.618$.

3. 要求一种元件平均使用寿命不得低于 1 000 h,生产者从一批这种元件中随机抽取 25 件,测得其寿命的平均值为 950 h,已知这种元件寿命服从标准差为 $\sigma=100$ h 的正态分布. 试在显著性水平 $\alpha=0.05$ 下判断这批元件是否合格? 设总体均值为 $\mu, \mu$ 未知. 即需检验假设 $H_0: \mu \geqslant 1\,000,$ $H_1: \mu < 1\,000.$

【解析】首先提出假设 $\quad H_0: \mu \geqslant 1\,000, \quad H_1: \mu < 1\,000,$

选用统计量 $$\frac{\overline{X} - \mu}{\sigma/\sqrt{n}} \sim N(0,1),$$

拒绝域为 $$z \leqslant -z_\alpha,$$

现将 $n=25, \overline{x}=950, \sigma=100, z_{0.05}=1.645$ 代入统计量得 $z=-2.5 < -1.645,$ 所以在 $\alpha=0.05$ 下拒绝原假设 $H_0: \mu \geqslant 1\,000,$ 认为这批元件不合格.

4. 下面列出的是某工厂随机选取的 20 只部件的装配时间(min):

$$9.8 \quad 10.4 \quad 10.6 \quad 9.6 \quad 9.7 \quad 9.9 \quad 10.9 \quad 11.1 \quad 9.6 \quad 10.2$$
$$10.3 \quad 9.6 \quad 9.9 \quad 11.2 \quad 10.6 \quad 9.8 \quad 10.5 \quad 10.1 \quad 10.5 \quad 9.7$$

设装配时间的总体服从正态分布 $N(\mu, \sigma^2), \mu, \sigma^2$ 均未知. 是否可以认为装配时间的均值显著大于 10 $(\alpha=0.05)$?

【解析】首先提出假设 $\quad H_0: \mu \leqslant 10, \quad H_1: \mu > 10.$

选用统计量 $$\frac{\overline{X} - \mu}{S/\sqrt{n}} \sim t(n-1),$$

拒绝域为 $$t \geqslant t_\alpha(n-1),$$

现将 $n=20, \overline{x}=10.2, s=0.510, t_{0.05}(19)=1.729$ 代入统计量得 $t=1.754 > 1.729,$ 所以在 $\alpha=0.05$ 下拒绝原假设,认为装配时间的均值显著大于 10.

5. 按规定,100 g 罐头番茄汁中的平均维生素 C 含量不得少于 21 mg/g. 现从工厂的产品中抽取 17 个罐头,其 100 g 番茄汁中,测得维生素 C 含量(mg/g)记录如下:

$$16 \quad 25 \quad 21 \quad 20 \quad 23 \quad 21 \quad 19 \quad 15 \quad 13 \quad 23 \quad 17 \quad 20 \quad 29 \quad 18 \quad 22 \quad 16 \quad 22$$

设维生素含量服从正态分布 $N(\mu, \sigma^2), \mu, \sigma^2$ 均未知,问这批罐头是否符合要求(取显著性水平 $\alpha=0.05$)?

【解析】首先提出假设 $\quad H_0: \mu \geqslant 21, \quad H_1: \mu < 21.$

选用统计量 $$\frac{\overline{X} - \mu}{S/\sqrt{n}} \sim t(n-1),$$

拒绝域为 $$t \leqslant -t_\alpha(n-1),$$

现将 $n=17, \overline{x}=20, s=3.984, t_{0.05}(16)=1.746$ 代入统计量得 $t=-1.035 > -1.746,$ 所以在 $\alpha=0.05$

下接受原假设,认为这批罐头符合要求.

6. 下表分别给出两位文学家马克·吐温(Mark Twain)的 8 篇小品文以及斯诺特格拉斯(Snodgrass)的 10 篇小品文中由 3 个字母组成的单字的比例:

| 马克·吐温 | 0.225 | 0.262 | 0.217 | 0.240 | 0.230 | 0.229 | 0.235 | 0.217 | | |
|---|---|---|---|---|---|---|---|---|---|---|
| 斯诺特格拉斯 | 0.209 | 0.205 | 0.196 | 0.210 | 0.202 | 0.207 | 0.224 | 0.223 | 0.220 | 0.201 |

设两组数据分别来自正态总体,且两总体方差相等,但参数均未知,两样本相互独立.问两位作家所写的小品文中包含由 3 个字母组成的单字的比例是否有显著的差异($\alpha=0.05$)?

**【解析】** 首先提出假设 $\quad H_0:\mu_1=\mu_2, \quad H_1:\mu_1\neq\mu_2,$

选用统计量 $\qquad \dfrac{\overline{X}-\overline{Y}}{S_w\sqrt{\dfrac{1}{n_1}+\dfrac{1}{n_2}}}\sim t(n_1+n_2-2).$

拒绝域为 $\qquad |t|\geqslant t_{\frac{\alpha}{2}}(n_1+n_2-2),$

利用公式

$$s_w=\sqrt{\frac{(n_1-1)s_1^2+(n_2-1)s_2^2}{n_1+n_2-2}},$$

求解得 $s_w^2=1.45\times10^{-4}$,查表可得 $t_{0.025}(16)=2.12$,现将 $n_1=8, n_2=10, \overline{x}=0.232, \overline{y}=0.210, s_1^2=2.12\times10^{-4}, s_2^2=0.93\times10^{-4}$ 代入统计量得 $|t|=3.85>2.12$,所以在 $\alpha=0.05$ 下拒绝原假设,认为两位作家所写的小品文中包含由 3 个字母组成的单字的比例有显著的差异.

7. 在 20 世纪 70 年代后期人们发现,在酿造啤酒时,在麦芽干燥过程中形成致癌物质亚硝基二甲胺(NDMA). 到了 20 世纪 80 年代初期开发了一种新的麦芽干燥过程,下面给出分别在新老两种过程中形成的 NDMA 含量(以 10 亿份中的份数计):

| 老过程 | 6 | 4 | 5 | 5 | 6 | 5 | 5 | 6 | 4 | 6 | 7 | 4 |
|---|---|---|---|---|---|---|---|---|---|---|---|---|
| 新过程 | 2 | 1 | 2 | 2 | 1 | 0 | 3 | 2 | 1 | 0 | 1 | 3 |

设两样本分别来自正态总体,且两总体的方差相等,但参数均未知. 两样本独立,分别以 $\mu_1, \mu_2$ 记对应于老、新过程的总体的均值,试检验假设($\alpha=0.05$)

$$H_0:\mu_1-\mu_2\leqslant2, \quad H_1:\mu_1-\mu_2>2.$$

**【解析】** 首先提出假设 $\quad H_0:\mu_1-\mu_2\leqslant2, \quad H_1:\mu_1-\mu_2>2,$

选用统计量 $\qquad \dfrac{\overline{X}-\overline{Y}-2}{S_w\sqrt{\dfrac{1}{n_1}+\dfrac{1}{n_2}}}\sim t(n_1+n_2-2),$

拒绝域为 $\qquad t\geqslant t_\alpha(n_1+n_2-2),$

利用公式

$$s_w=\sqrt{\frac{(n_1-1)s_1^2+(n_2-1)s_2^2}{n_1+n_2-2}}$$

求解得 $s_w=\sqrt{0.966}=0.983$,查表可得 $t_{0.05}(22)=1.717$,现将 $n_1=n_2=12, \overline{x}=5.25, \overline{y}=1.5, s_1^2=0.932, s_2^2=1$ 代入统计量得 $|t|=4.361>1.717$,所以在 $\alpha=0.05$ 下拒绝原假设,认为老、新过程的总体的均值差大于 2.

8. 随机地选了 8 个人,分别测量了他们在早晨起床时和晚上就寝时的身高(cm),得到以下数据:

| 序号 | 1 | 2 | 3 | 4 | 5 | 6 | 7 | 8 |
|------|-----|-----|-----|-----|-----|-----|-----|-----|
| 早上$(x_i)$ | 172 | 168 | 180 | 181 | 160 | 163 | 165 | 177 |
| 晚上$(y_i)$ | 172 | 167 | 177 | 179 | 159 | 161 | 166 | 175 |

设各对数据的差 $D_i = X_i - Y_i (i=1,2,\cdots,8)$ 是来自正态总体 $N(\mu_D,\sigma_D^2)$ 的样本 $\mu_D,\sigma_D^2$ 均未知. 问是否可以认为早晨的身高比晚上的身高要高(取 $\alpha=0.05$)?

**【解析】**首先提出假设 $\qquad H_0:\mu_D\leqslant 0, \quad H_1:\mu_D>0,$

选用统计量 $$\frac{\overline{D}-\mu_D}{S_D/\sqrt{n}}\sim t(n-1),$$

拒绝域为 $$t\geqslant t_\alpha(n-1),$$

各对数据差观测值 $d_i = x_i - y_i(i=1,2,\cdots,8)$ 如下:

| 序号 | 1 | 2 | 3 | 4 | 5 | 6 | 7 | 8 |
|------|---|---|---|---|---|---|----|---|
| 数据差$(d_i)$ | 0 | 1 | 3 | 2 | 1 | 2 | $-1$ | 2 |

查表可得 $t_{0.05}(7)=1.895$, 现将 $n=8, \overline{d}=\frac{1}{8}\sum\limits_{i=1}^{8}d_i=1.25, s_D^2=\frac{1}{7}\sum\limits_{i=1}^{8}(d_i-\overline{d})^2=1.64$ 代入统计量得 $t=2.762>1.895$, 所以在 $\alpha=0.05$ 下拒绝原假设, 即认为早晨的身高比晚上的身高要高.

9. 为了比较用来做鞋子后跟的两种材料的质量, 选取了 15 名男子(他们的生活条件各不相同), 每人穿一双新鞋, 其中一只是以材料 $A$ 做后跟, 另一只以材料 $B$ 做后跟, 其厚度均为 10 mm. 过了一个月再测量厚度, 得到数据如下:

| 男子 | 1 | 2 | 3 | 4 | 5 | 6 | 7 | 8 | 9 | 10 | 11 | 12 | 13 | 14 | 15 |
|------|-----|-----|-----|-----|-----|-----|-----|-----|-----|-----|-----|-----|-----|-----|-----|
| 材料 $x_i$ | 6.6 | 7.0 | 8.3 | 8.2 | 5.2 | 9.3 | 7.9 | 8.5 | 7.8 | 7.5 | 6.1 | 8.9 | 6.1 | 9.4 | 9.1 |
| 材料 $y_i$ | 7.4 | 5.4 | 8.8 | 8.0 | 6.8 | 9.1 | 6.3 | 7.5 | 7.0 | 6.5 | 4.4 | 7.7 | 4.2 | 9.4 | 9.1 |

设 $D_i = X_i - Y_i(i=1,2,\cdots,15)$ 是来自正态总体 $N(\mu_D,\sigma_D^2)$ 的样本, $\mu_D,\sigma_D^2$ 均未知. 问是否可以认为以材料 $A$ 制成的后跟比材料 $B$ 的耐穿(取 $\alpha=0.05$)?

**【解析】**首先提出假设 $\qquad H_0:\mu_D\leqslant 0, \quad H_1:\mu_D>0,$

选用统计量 $$\frac{\overline{D}-\mu_D}{S_D/\sqrt{n}}\sim t(n-1),$$

拒绝域为 $$t\geqslant t_\alpha(n-1),$$

各对数据差观测值 $d_i = x_i - y_i(i=1,2,\cdots,15)$ 如下:

| 男子 | 1 | 2 | 3 | 4 | 5 | 6 | 7 | 8 | 9 | 10 | 11 | 12 | 13 | 14 | 15 |
|------|------|-----|------|-----|------|-----|-----|-----|-----|-----|-----|-----|-----|---|---|
| $d_i$ | $-0.8$ | 1.6 | $-0.5$ | 0.2 | $-1.6$ | 0.2 | 1.6 | 1.0 | 0.8 | 1.0 | 1.7 | 1.2 | 1.9 | 0 | 0 |

查表可得 $t_{0.05}(14)=1.761$, 现将 $n=15, \overline{d}=\frac{1}{15}\sum\limits_{i=1}^{15}d_i=0.553, s_D^2=\frac{1}{14}\sum\limits_{i=1}^{15}(d_i-\overline{d})^2=1.046$ 代入统计量得 $t=2.094>1.761$, 所以在 $\alpha=0.05$ 下拒绝原假设, 认为以材料 $A$ 制成的后跟比材料 $B$ 的耐穿.

10. 为了试验两种不同的某谷物的种子的优劣, 选取了 10 块土质不同的土地, 并将每块土地分为面积相同的两部分, 分别种植这两种种子. 设在每块土地的两部分人工管理等条件完全一样. 下面给出各块土地上的单位面积产量:

| 土地编号 $i$ | 1 | 2 | 3 | 4 | 5 | 6 | 7 | 8 | 9 | 10 |
|---|---|---|---|---|---|---|---|---|---|---|
| 种子 $A(x_i)$ | 23 | 35 | 29 | 42 | 39 | 29 | 37 | 34 | 35 | 28 |
| 种子 $B(y_i)$ | 26 | 39 | 35 | 40 | 38 | 24 | 36 | 27 | 41 | 27 |

设 $D_i = X_i - Y_i (i = 1, 2, \cdots, 10)$ 是来自正态总体 $N(\mu_D, \sigma_D^2)$ 的样本，$\mu_D$，$\sigma_D^2$ 均未知. 问以这两种种子种植的谷物的产量是否有显著的差异(取 $\alpha = 0.05$)?

【解析】首先提出假设　　　　　$H_0 : \mu_D = 0$,　　$H_1 : \mu_D \neq 0$,

选用统计量
$$\frac{\overline{D} - \mu_D}{S_D / \sqrt{n}} \sim t(n-1),$$

拒绝域为
$$|t| \geqslant t_{\frac{\alpha}{2}}(n-1),$$

各对数据差观测值 $d_i = x_i - y_i (i = 1, 2, \cdots, 10)$ 如下：

| 土地编号 | 1 | 2 | 3 | 4 | 5 | 6 | 7 | 8 | 9 | 10 |
|---|---|---|---|---|---|---|---|---|---|---|
| $d_i$ | −3 | −4 | −6 | 2 | 1 | 5 | 1 | 7 | −6 | 1 |

查表可得 $t_{0.025}(9) = 2.262$,现将 $n = 10, \overline{d} = \frac{1}{10} \sum\limits_{i=1}^{10} d_i = -0.2, s_D^2 = \frac{1}{9} \sum\limits_{i=1}^{10} (d_i - \overline{d})^2 = 19.73$ 代入统计量得 $t = 0.412 < 2.262$,所以在 $\alpha = 0.05$ 下接受原假设,认为这两种种子种植的谷物的产量无显著的差异.

11. 一种混杂的小麦品种,株高的标准差为 $\sigma_0 = 14$ cm,经提纯后随机抽取 10 株,它们的株高(以 cm 计)为

$$90 \quad 105 \quad 101 \quad 95 \quad 100 \quad 100 \quad 101 \quad 105 \quad 93 \quad 97$$

考查提纯后群体是否比原群体整齐? 取显著性水平 $\alpha = 0.01$,并设小麦株高服从 $N(\mu, \sigma^2)$.

【解析】考查群体整齐的指标为方差.

首先提出假设　　　　　$H_0 : \sigma \geqslant \sigma_0$,　　$H_1 : \sigma < \sigma_0$,

选用统计量
$$\frac{(n-1)S^2}{\sigma_0^2} \sim \chi^2(n-1),$$

拒绝域为
$$\chi^2 \leqslant \chi_{1-\alpha}^2(n-1),$$

查表可得 $\chi_{0.99}^2(9) = 2.088$,现将 $n = 10, \overline{x} = \frac{1}{10} \sum\limits_{i=1}^{10} x_i = 98.7, s^2 = \frac{1}{9} \sum\limits_{i=1}^{10} (x_i - \overline{x})^2 = 24.233$ 代入统计量得 $\chi^2 = 1.11 < 2.088$,所以在 $\alpha = 0.01$ 下拒绝原假设,认为提纯后群体比原群体整齐.

12. 某种导线,要求其电阻的标准差不得超过 $0.005$ Ω,今在生产的一批导线中取样品 9 根,测得 $s = 0.007$ Ω,设总体为正态分布,参数均未知. 问在显著性水平 $\alpha = 0.05$ 下能否认为这批导线的标准差显著地偏大?

【解析】首先提出假设　　　　　$H_0 : \sigma \leqslant 0.005$,　　$H_1 : \sigma > 0.005$,

选用统计量
$$\frac{(n-1)S^2}{\sigma^2} \sim \chi^2(n-1),$$

拒绝域为
$$\chi^2 \geqslant \chi_{\alpha}^2(n-1),$$

现将 $n = 9, s = 0.007$ 查表可 $\chi_{0.05}^2(8) = 15.507$,代入统计量得 $\chi^2 = 15.68 > 15.507$,所以在 $\alpha = 0.05$ 下拒绝原假设,认为这批导线的标准差显著地偏大.

13. 在第 2 题中记总体的标准差为 $\sigma$,试检验假设(取 $\alpha = 0.05$)

$$H_0 : \sigma^2 = 0.11^2, \quad H_1 : \sigma^2 \neq 0.11^2.$$

**【解析】**首先提出假设　　$H_0: \sigma^2 = 0.11^2$, $\quad H_1: \sigma^2 \neq 0.11^2$,

选用统计量　　　　　　　　　$\dfrac{(n-1)S^2}{\sigma^2} \sim \chi^2(n-1)$,

拒绝域为　　　　　　　　$\chi^2 \geqslant \chi^2_{\frac{a}{2}}(n-1)$或$\chi^2 \leqslant \chi^2_{1-\frac{a}{2}}(n-1)$,

现将$n=20, s^2 = 0.008\ 6$查表可得$\chi^2_{0.025}(19) = 32.852, \chi^2_{0.975}(19) = 8.906$,代入统计量得

$$8.906 < \chi^2 = 13.44 < 32.852,$$

所以在$\alpha = 0.05$下接受原假设,认为$\sigma^2 = 0.11^2$.

14. 测定某种溶液中的水分,它的 10 个测定值给出 $s = 0.037\%$,设测定值总体为正态分布,$\sigma^2$ 为总体方差,$\sigma^2$ 未知. 试在显著性水平 $\alpha = 0.05$ 检验假设

$$H_0: \sigma \geqslant 0.04\%, \quad H_1: \sigma < 0.04\%.$$

**【解析】**选用统计量　　　　　$\dfrac{(n-1)S^2}{\sigma^2} \sim \chi^2(n-1)$,

拒绝域为

$$\chi^2 \leqslant \chi^2_{1-\alpha}(n-1),$$

现将$n=20, s = 0.037\%$代入统计量得 $\chi^2 = 7.701 > 3.325$,查表可得 $\chi^2_{0.95}(9) = 3.325$,所以在 $\alpha = 0.05$下接受原假设,认为$\sigma \geqslant 0.04\%$.

15. 在第 6 题中分别记两个总体的方差为 $\sigma_1^2$ 和 $\sigma_2^2$. 试检验假设(取 $\alpha = 0.05$)

$$H_0: \sigma_1^2 = \sigma_2^2, \quad H_1: \sigma_1^2 \neq \sigma_2^2,$$

以说明在第 6 题中假设 $\sigma_1^2 = \sigma_2^2$ 是合理的.

**【解析】**首先提出假设　　　　$H_0: \sigma_1^2 = \sigma_2^2, \quad H_1: \sigma_1^2 \neq \sigma_2^2$,

选用统计量　　　　　　　　　$\dfrac{S_1^2}{S_2^2} \sim F(n_1 - 1, n_2 - 1)$,

拒绝域为　　　　　　$F \geqslant F_{\frac{a}{2}}(n_1 - 1, n_2 - 1)$或$F \leqslant F_{1-a/2}(n_1 - 1, n_2 - 1)$,

现将$n_1 = 8, n_2 = 10, \bar{x} = 0.232, \bar{y} = 0.210, s_1^2 = 2.12 \times 10^{-4}, s_2^2 = 0.93 \times 10^{-4}$代入统计量得 $F = 2.28$,查表可得

$$F_{0.025}(7,9) = 4.20, F_{0.975}(7,9) = \frac{1}{F_{0.025}(9,7)} = \frac{1}{4.82} = 0.207,$$

所以 $0.207 < F < 4.2$,所以在 $\alpha = 0.05$下接受原假设,认为两总体方差相等 $\sigma_1^2 = \sigma_2^2$.

16. 在第 7 中分别记两个总体的方差为 $\sigma_1^2$ 和 $\sigma_2^2$. 试检验假设(取 $\alpha = 0.05$)

$$H_0: \sigma_1^2 = \sigma_2^2, \quad H_1: \sigma_1^2 \neq \sigma_2^2.$$

以说明在第 7 题中假设 $\sigma_1^2 = \sigma_2^2$ 是合理的.

**【解析】**首先提出假设　　　　$H_0: \sigma_1^2 = \sigma_2^2, \quad H_1: \sigma_1^2 \neq \sigma_2^2$,

选用统计量　　　　　　　　　$\dfrac{S_1^2}{S_2^2} \sim F(n_1 - 1, n_2 - 1)$,

拒绝域为　　　　　　$F \geqslant F_{\frac{a}{2}}(n_1 - 1, n_2 - 1)$或$F \leqslant F_{1-\frac{a}{2}}(n_1 - 1, n_2 - 1)$,

现将$n_1 = n_2 = 12, \bar{x} = 5.25, \bar{y} = 1.5, s_1^2 = 0.932, s_2^2 = 1$代入统计量得 $F = 0.932$,查表可得

$$F_{0.025}(11,11) = 3.48, F_{0.975}(11,11) = \frac{1}{F_{0.025}(11,11)} = \frac{1}{3.48} = 0.287,$$

所以 $0.287 < F < 3.84$,所以在 $\alpha = 0.05$下接受原假设,认为两总体方差相等 $\sigma_1^2 = \sigma_2^2$.

17. 两种小麦品种从播种到抽穗所需的天数如下:

| x | 101 | 100 | 99 | 99 | 98 | 100 | 98 | 99 | 99 | 99 |
|---|-----|-----|-----|-----|-----|-----|-----|-----|-----|-----|
| y | 100 | 98 | 100 | 99 | 98 | 99 | 98 | 98 | 99 | 100 |

设两样本依次来自正态总体 $N(\mu_1,\sigma_1^2)$，$N(\mu_2,\sigma_2^2)$，$\mu_i,\sigma_i^2(i=1,2)$ 均未知，两样本相互独立.

(1)设检验假设 $H_0:\sigma_1^2=\sigma_2^2$，$H_1:\sigma_1^2\neq\sigma_2^2$（取 $\alpha=0.05$）；

(2)若能接受 $H_0$，接着检验假设 $H_0':\mu_1=\mu_2$，$H_1':\mu_1\neq\mu_2$（取 $\alpha=0.05$）.

【解析】(1)首先提出假设 $\quad H_0:\sigma_1^2=\sigma_2^2,\quad H_1:\sigma_1^2\neq\sigma_2^2,$

选用统计量 $\qquad\qquad \dfrac{S_1^2}{S_2^2}\sim F(n_1-1,n_2-1),$

拒绝域为 $\qquad F\geqslant F_{\frac{\alpha}{2}}(n_1-1,n_2-1)$ 或 $F\leqslant F_{1-\frac{\alpha}{2}}(n_1-1,n_2-1),$

现将 $n_1=n_2=10,\overline{x}=99.2,\overline{y}=98.9,s_1^2=0.84,s_2^2=0.77$ 代入统计量得 $F=1.09$，查表可得

$$F_{0.025}(9,9)=4.03, F_{0.975}(9,9)=\frac{1}{F_{0.025}(9,9)}=\frac{1}{4.03}=0.248,$$

所以 $0.248<F<4.03$，所以在 $\alpha=0.05$ 下接受原假设，认为两总体方差相等 $\sigma_1^2=\sigma_2^2$.

(2)首先提出假设 $\qquad H_0':\mu_1=\mu_2,\quad H_1':\mu_1\neq\mu_2,$

选用统计量 $\qquad\qquad \dfrac{\overline{X}-\overline{Y}}{S_w\sqrt{\dfrac{1}{n_1}+\dfrac{1}{n_2}}}\sim t(n_1+n_2-2),$

拒绝域为 $\qquad\qquad |t|\geqslant t_{\frac{\alpha}{2}}(n_1+n_2-2),$

利用公式 $s_w=\sqrt{\dfrac{(n_1-1)s_1^2+(n_2-1)s_2^2}{n_1+n_2-2}}$ 可得 $s_w^2=0.805$，查表可得 $t_{0.025}(18)=2.10$，代入统计量得 $t=0.748<2.10$，所以在 $\alpha=0.05$ 下接受原假设，认为所需天数一样.

18. 用一种叫"混乱指标"的尺度去衡量工程师的英语文章的可理解性，对混乱指标的打分越低表示可理解性越高. 分别随机抽取 13 篇刊载在工程杂志上的论文，以及 10 篇未出版的学术报告，对它们的打分列于下表：

| 工程杂志上的论文（数据Ⅰ） | | | 未出版的学术报告（数据Ⅱ） | | |
|---|---|---|---|---|---|
| 1.79 | 1.75 | 1.67 1.65 | 2.39 | 2.51 | 2.86 |
| 1.87 | 1.74 | 1.94 | 2.56 | 2.29 | 2.49 |
| 1.62 | 2.06 | 1.33 | 2.36 | 2.58 | |
| 1.96 | 1.69 | 1.70 | 2.62 | 2.41 | |

设数据Ⅰ，Ⅱ分别来自正态总体 $N(\mu_1,\sigma_1^2)$，$N(\mu_2,\sigma_2^2)$，$\mu_1,\mu_2,\sigma_1^2,\sigma_2^2$ 均未知，两样本独立.

(1)试检验假设 $H_0:\sigma_1^2=\sigma_2^2$，$H_1:\sigma_1^2\neq\sigma_2^2$（取 $\alpha=0.1$）；

(2)若能接受 $H_0$，接着检验假设 $H_0':\mu_1=\mu_2$，$H_1':\mu_1\neq\mu_2$（取 $\alpha=0.1$）.

【解析】(1)首先提出假设 $\qquad H_0:\sigma_1^2=\sigma_2^2,\quad H_1:\sigma_1^2\neq\sigma_2^2,$

选用统计量 $\qquad\qquad \dfrac{S_1^2}{S_2^2}\sim F(n_1-1,n_2-1),$

拒绝域为 $\qquad F\geqslant F_{\frac{\alpha}{2}}(n_1-1,n_2-1)$ 或 $F\leqslant F_{1-\frac{\alpha}{2}}(n_1-1,n_2-1),$

现将 $n_1=13,n_2=10,\overline{x}=1.752,\overline{y}=2.507,s_1^2=0.034,s_2^2=0.026$ 代入统计量得 $F=1.308$，查表可得

$$F_{0.05}(12,9)=3.07, F_{0.95}(12,9)=\frac{1}{F_{0.05}(9,12)}=\frac{1}{2.80}=0.357,$$

所以 $0.357<F<3.07$，所以在 $\alpha=0.1$ 下接受原假设，认为两总体方差相等 $\sigma_1^2=\sigma_2^2$.

（2）首先提出假设 $\qquad H'_0:\mu_1=\mu_2,\qquad H'_1:\mu_1\neq\mu_2$，

选用统计量 $\qquad\dfrac{\overline{X}-\overline{Y}}{S_w\sqrt{\dfrac{1}{n_1}+\dfrac{1}{n_2}}}\sim t(n_1+n_2-2)$，

拒绝域为 $\qquad\qquad |t|\geqslant t_{\frac{\alpha}{2}}(n_1+n_2-2)$，

利用公式 $s_w=\sqrt{\dfrac{(n_1-1)s_1^2+(n_2-1)s_2^2}{n_1+n_2-2}}$ 可得 $s_w^2=0.0306$，查表可得 $t_{0.05}(21)=1.721$，代入统计量得 $|t|=10.26>1.721$，所以在 $\alpha=0.1$ 下拒绝原假设，认为杂志上刊载的论文与未出版的学术报告的可理解性有显著差别.

19. 有两台机器生产金属部件. 分别在两台机器所生产的部件中各取一容量 $n_1=60$，$n_2=40$ 的样本，测得部件重量（以 kg 计）的样本方差分别为 $s_1^2=15.46$，$s_2^2=9.66$. 设两样本相互独立. 两总体分别服从 $N(\mu_1,\sigma_1^2)$，$N(\mu_2,\sigma_2^2)$ 分布. $\mu_i,\sigma_i^2(i=1,2)$ 均未知. 试在显著性水平为 $\alpha=0.05$ 下检验假设

$$H_0:\sigma_1^2\leqslant\sigma_2^2,\qquad H_1:\sigma_1^2>\sigma_2^2.$$

【解析】首先提出假设 $\qquad H_0:\sigma_1^2\leqslant\sigma_2^2,\qquad H_1:\sigma_1^2>\sigma_2^2$，

选用统计量 $\qquad\dfrac{S_1^2}{S_2^2}\sim F(n_1-1,n_2-1)$，

拒绝域为 $\qquad F\geqslant F_\alpha(n_1-1,n_2-1)$，

现将 $n_1=60$，$n_2=40$，$s_1^2=15.46$，$s_2^2=9.66$ 代入统计量得 $F=1.60$，查表可得 $F_{0.05}(59,39)=1.64$，所以 $F<F_{0.05}$，所以在 $\alpha=0.05$ 下接受原假设，认为 $\sigma_1^2\leqslant\sigma_2^2$.

20. 设需要对某一正态总体的均值进行假设检验

$$H_0:\mu\geqslant15,\qquad H_1:\mu<15.$$

已知 $\sigma^2=2.5$. 取 $\alpha=0.05$. 若要求当 $H_1$ 中的 $\mu\leqslant13$ 时犯第 II 类错误的概率不超过 $\beta=0.05$，求所需的样本容量.

【解析】由公式（5.3）确定样本容量 $n$ 满足的关系式为 $\sqrt{n}\geqslant\dfrac{(z_\alpha+z_\beta)\cdot\sigma}{\delta}$，这里 $\alpha=\beta=0.05$，$\delta=2$，$\sigma=1.581$. 经查表可得 $z_\alpha=z_\beta=z_{0.05}=1.645$，解得 $n\geqslant6.765$. 所以样本容量满足 $n\geqslant7$.

21. 电池在货架上滞留的时间不能太长. 下面给出某商店随机选取的 8 只电池的货架滞留时间（以天计）：

$$108\quad124\quad124\quad106\quad138\quad163\quad159\quad134$$

设数据来自正态总体 $N(\mu,\sigma^2)$，$\mu,\sigma^2$ 未知.

（1）试检验假设 $H_0:\mu\leqslant125,H_1:\mu>125$，取 $\alpha=0.05$；

（2）若要求在上述 $H_1$ 中 $\dfrac{(\mu-125)}{\sigma}\geqslant1.4$ 时，犯第 II 类错误的概率不超过 $\beta=0.1$，求所需的样本容量.

【解析】（1）首先提出假设 $\qquad H_0:\mu\leqslant125,\qquad H_1:\mu>125$，

选用统计量 $\qquad\dfrac{\overline{X}-\mu}{S/\sqrt{n}}\sim t(n-1)$，

拒绝域为 $\qquad\qquad t\geqslant t_\alpha(n-1)$，

现将 $n=8$，$\overline{x}=132$，$s=21.08$，$t_{0.05}(7)=1.895$ 代入统计量得 $t=0.939<1.895$，所以在 $\alpha=0.05$ 下接受原假设，认为 $H_0:\mu\leqslant125$.

（2）经查表可得 $n\geqslant7$.

22. 一药厂生产一种新的止痛片,厂方希望验证服用新药片后至开始起作用的时间间隔较原有止痛片至少缩短一半,因此厂方提出需检验假设

$$H_0:\mu_1 \leqslant 2\mu_2, \quad H_1:\mu_1 > 2\mu_2.$$

此处 $\mu_1,\mu_2$ 分别是服用原有止痛片和新止痛片后至起作用的时间间隔的总体的均值. 设两总体均为正态且方差分别为已知值 $\sigma_1^2,\sigma_2^2$. 现分别在两总体中取一样本 $X_1,X_2,\cdots,X_{n_1}$ 和 $Y_1,Y_2,\cdots,Y_{n_2}$,设两个样本相互独立. 试给出上述假设 $H_0$ 的拒绝域,取显著性水平为 $\alpha$.

【解析】$\overline{X} \sim N\left(\mu_1,\dfrac{\sigma_1^2}{n_1}\right)$,$\overline{Y} \sim N\left(\mu_2,\dfrac{\sigma_2^2}{n_2}\right)$,两样本独立,即得

$$\overline{X}-2\overline{Y} \sim N\left(\mu_1-2\mu_2,\frac{\sigma_1^2}{n_1}+\frac{4\sigma_2^2}{n_2}\right).$$

在原假设 $H_0:\mu_1 \leqslant 2\mu_2$ 条件下,拒绝域为

$$\frac{\overline{x}-2\overline{y}}{\sqrt{\dfrac{\sigma_1^2}{n_1}+\dfrac{4\sigma_1^2}{n_2}}} \geqslant Z_\alpha.$$

23. 检查了一本书的 100 页,记录各页中印刷错误的个数,其结果为

| 错误个数 $f_i$ | 0 | 1 | 2 | 3 | 4 | 5 | 6 | $\geqslant 7$ |
|---|---|---|---|---|---|---|---|---|
| 含 $f_i$ 个错误的页数 | 36 | 40 | 19 | 2 | 0 | 2 | 1 | 0 |

问能否认为一页的印刷错误的个数服从泊松分布(取 $\alpha=0.05$).

【解析】(1)提出假设:

$H_0$:设印刷错误的个数为 $X$,即 $X \sim P(\lambda)$,　$H_1$:$X$ 不服从泊松分布,其中参数 $\lambda$ 未知;

(2)当 $H_0$ 成立,估计参数值 $\lambda$,利用最大似然估计来估计未知参数 $\lambda$,泊松分布的未知参数的最大似然估计值为 $\hat{\lambda}=\overline{x}$,经计算得 $\overline{x}=1$,所以参数 $\lambda$ 的最大似然估计值为 1,即得

$$P\{X=k\}=\frac{\mathrm{e}^{-1}}{k!}(k=0,1,\cdots);$$

(3)$H_0$ 的拒绝域为 $\sum\left[\dfrac{\hat{f}_i^2}{n\hat{p}_i}\right]-n > \chi_\alpha^2(k-r-1)$;

(4)当 $n=100$,计算得

$$\hat{p}_0=P\{X=0\}=\frac{\mathrm{e}^{-1}}{0!}=0.3679;\hat{p}_1=P\{X=1\}=\frac{\mathrm{e}^{-1}}{1!}=0.3679;$$

$$\hat{p}_2=P\{X=2\}=\frac{\mathrm{e}^{-1}}{2!}=0.1839;\hat{p}_3=P\{X=3\}=\frac{\mathrm{e}^{-1}}{3!}=0.0613;$$

$$\hat{p}_4=P\{X=4\}=\frac{\mathrm{e}^{-1}}{4!}=0.0153;\hat{p}_5=P\{X=5\}=\frac{\mathrm{e}^{-1}}{5!}=0.0031;$$

$$\hat{p}_6=P\{X=6\}=\frac{\mathrm{e}^{-1}}{6!}=0.0005;\hat{p}_7=P\{X>6\}=1-\sum_{k=0}^{6}P\{X=k\}=0.0001.$$

对于,$n\hat{p}_i<5$,且 $\sum_{i=3}^{7} n\hat{p}_i=8.03$,合并得 $k=4,r=1$,查表可得

$$\chi_\alpha^2(k-r-1)=\chi_{0.05}^2(2)=5.911,$$

计算可得

$$\chi^2=\frac{36^2}{36.79}+\frac{40^2}{36.79}+\frac{19^2}{18.39}+\frac{5^2}{8.023}-100=1.46<5.911.$$

(5)接受原假设 $H_0$,即认为一页的印刷错误的个数服从泊松分布.

24. 在一批灯泡中抽取 300 只作寿命试验,其结果如下:

| 寿命 $t$(h) | $0 \leqslant t \leqslant 100$ | $100 < t \leqslant 200$ | $200 < t \leqslant 300$ | $t > 300$ |
|---|---|---|---|---|
| 灯泡数 | 121 | 78 | 43 | 58 |

取 $\alpha = 0.05$,试检验假设

$H_0$:灯泡寿命服从指数分布

$$f(t) = \begin{cases} 0.005\mathrm{e}^{-0.005t}, & t \geqslant 0, \\ 0, & t < 0. \end{cases}$$

**【解析】**(1)提出假设 $H_0$:设灯泡寿命为 $X$,即 $X \sim E(0.005)$,$H_1$:$X$ 不服从指数分布;

(2)当 $H_0$ 成立,$\lambda = 0.005$;

(3)$H_0$ 的拒绝域为 $\sum \left[ \dfrac{\hat{f}_i^2}{n\hat{p}} \right] - n > \chi_\alpha^2(k-r-1)$;

(4)当 $n = 300$,计算得

$$\hat{p}_1 = P\{0 \leqslant t \leqslant 100\} = 1 - \mathrm{e}^{-0.5} = 0.393\,5;$$

$$\hat{p}_2 = P\{100 < t \leqslant 200\} = \mathrm{e}^{-0.5} - \mathrm{e}^{-1} = 0.238\,7;$$

$$\hat{p}_3 = P\{200 < t \leqslant 300\} = \mathrm{e}^{-1} - \mathrm{e}^{-1.5} = 0.144\,7;$$

$$\hat{p}_4 = P\{t > 300\} = 1 - \sum_{i=1}^{3} p_i = 0.223\,1.$$

其中 $k = 4$,$r = 0$,查表可得

$$\chi_\alpha^2(k-r-1) = \chi_{0.05}^2(3) = 7.815,$$

计算可得

$$\chi^2 = \frac{121^2}{118.05} + \frac{78^2}{84.96} + \frac{43^2}{42.59} + \frac{58^2}{50.26} - 300 = 1.839 < 7.815.$$

(5)接受原假设 $H_0$,即认为灯泡寿命服从指数分布。

25. 下面给出了随机选取的某大学一年级学生(200 名)一次数学考试的成绩。

(1)画出数据的直方图;

(2)试取 $\alpha = 0.1$ 检验数据来自正态分布总体 $N(60, 15^2)$。

| 分数 $x$ | $20 \leqslant t \leqslant 30$ | $30 < t \leqslant 40$ | $40 < t \leqslant 50$ | $50 < t \leqslant 60$ |
|---|---|---|---|---|
| 学生数 | 5 | 15 | 30 | 51 |

| 分数 $x$ | $60 < t \leqslant 70$ | $70 < t \leqslant 80$ | $80 < t \leqslant 90$ | $90 < t \leqslant 100$ |
|---|---|---|---|---|
| 学生数 | 60 | 23 | 10 | 6 |

**【解析】**(1)将区间分为 8 个子区间,区间长度为 $\Delta = 10$,记 $f_i$ 为频数,$\dfrac{f_i}{n}$ 为频率,用 $\dfrac{\left( \dfrac{f_i}{n} \right)}{\Delta}$ 为直方图各个区间上的高,列表、直方图如下:

| 组限 | $f_i$ | $\dfrac{f_i}{n}$ | 累计频率 |
|---|---|---|---|
| $20 \leqslant t \leqslant 30$ | 5 | 0.025 | 0.025 |
| $30 < t \leqslant 40$ | 15 | 0.075 | 0.1 |
| $40 < t \leqslant 50$ | 30 | 0.15 | 0.25 |
| $50 < t \leqslant 60$ | 51 | 0.255 | 0.505 |
| $60 < t \leqslant 70$ | 60 | 0.3 | 0.805 |
| $70 < t \leqslant 80$ | 23 | 0.115 | 0.920 |
| $80 < t \leqslant 90$ | 10 | 0.05 | 0.97 |
| $90 < t \leqslant 100$ | 6 | 0.03 | 1 |

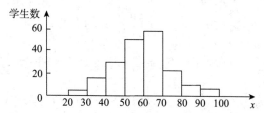

(2)提出假设 $H_0$:设 $X \sim N(60,15^2)$, $H_1: X$ 不服从正态分布.

① 当 $H_0$ 成立, $\mu = 60$, $\sigma = 15$;

② $H_0$ 的拒绝域为 $\sum \left[\dfrac{\hat{f_i^2}}{n\hat{p_i}}\right] - n > \chi_\alpha^2(k-r-1)$;

③ 当 $n = 200$,计算得

$p_1 = P\{-\infty < X \leqslant 30\} = \Phi(-2) = 1 - \Phi(2) = 0.022\,8;$

$p_2 = P\{30 < X \leqslant 40\} = \Phi(-1.33) - \Phi(-2) = \Phi(2) - \Phi(1.33) = 0.069\,0;$

$p_3 = P\{40 < X \leqslant 50\} = \Phi(-0.67) - \Phi(-1.33) = \Phi(1.33) - \Phi(0.67) = 0.159\,6;$

$p_4 = P\{50 < X \leqslant 60\} = 0.5 - \Phi(-0.67) = \Phi(0.67) - 0.5 = 0.248\,6;$

$p_5 = P\{60 < X \leqslant 70\} = \Phi(0.67) - 0.5 = 0.248\,6;$

$p_6 = P\{70 < X \leqslant 80\} = \Phi(1.33) - \Phi(0.67) = 0.159\,6;$

$p_7 = P\{80 < X \leqslant 90\} = \Phi(2) - \Phi(1.33) = 0.069\,0;$

$p_8 = P\{90 < X < +\infty\} = 0.022\,8.$

对于 $np_i < 5$,且 $\sum\limits_{i=1}^{2} np_i = 18.36$, $\sum\limits_{i=7}^{8} np_i = 18.36$,其中 $\alpha = 0.1$, $k = 6$, $r = 0$,查表可得

$$\chi_\alpha^2(k-r-1) = \chi_{0.1}^2(5) = 9.236,$$

计算可得

$$\chi^2 = \frac{20^2}{18.36} + \frac{30^2}{31.92} + \cdots + \frac{23^2}{31.92} + \frac{16^2}{18.36} - 200 = 5.217 < 9.236;$$

④ 接受原假设 $H_0$,即认为总体服从 $X \sim N(60,15^2)$.

26. 袋中装有 8 只球,其中红球数未知. 在其中任取 3 只,记录红球的只数 $X$,然后放回,再任取 3 只,记录红球的只数,然后放回. 如此重复进行了 112 次,其结果如下:

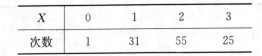

| X | 0 | 1 | 2 | 3 |
|---|---|---|---|---|
| 次数 | 1 | 31 | 55 | 25 |

试取 $\alpha = 0.05$ 检验假设

$H_0 : X$ 服从超几何分布

$$P\{X=k\} = \binom{5}{k}\binom{3}{3-k} \Big/ \binom{8}{3}, (k=0,1,2,3).$$

即检验假设 $H_0$:红球的只数为 5.

【解析】(1)提出假设 $H_0$:设 $X$ 服从超几何分布, $H_1 : X$ 不服从超几何分布;

(2) $H_0$ 的拒绝域为 $\sum\left[\dfrac{f_i^2}{np_i}\right] - n > \chi_\alpha^2(k-r-1)$;

(3)当 $H_0$ 成立, $n=200$, 计算得

$$p_1 = P\{X=0\} = \frac{1}{56}; \quad p_2 = P\{X=1\} = \frac{15}{56};$$

$$p_3 = P\{X=2\} = \frac{30}{56}; \quad p_4 = P\{X=3\} = \frac{10}{56}.$$

对于 $np_i < 5$, 且 $\sum\limits_{i=1}^{2} np_i = 32$, 其中 $\alpha = 0.05, k=3, r=0$, 查表可得

$$\chi_\alpha^2(k-r-1) = \chi_{0.05}^2(2) = 5.991.$$

计算可得

$$\chi^2 = \frac{32^2}{32} + \frac{55^2}{60} + \frac{25^2}{20} - 112 = 1.667 < 5.991;$$

(4)接受原假设 $H_0$, 即认为总体服从超几何分布.

27. 一农场 10 年前在一鱼塘中按比例 20∶15∶40∶25 投放了四种鱼:鲑鱼、鲈鱼、竹夹鱼和鲇鱼的鱼苗,现在在鱼塘里获得一样本如下:

| 序号 | 1 | 2 | 3 | 4 | |
|---|---|---|---|---|---|
| 种类 | 鲑鱼 | 鲈鱼 | 竹夹鱼 | 鲇鱼 | |
| 数量(条) | 132 | 100 | 200 | 168 | $\sum = 600$ |

试取 $\alpha = 0.05$, 检验各类鱼数量的比例较 10 年前是否有显著的改变.

【解析】(1)设 $H_0 : X$ 的分布律为

| X | 1 | 2 | 3 | 4 |
|---|---|---|---|---|
| $p_k$ | 0.20 | 0.15 | 0.40 | 0.25 |

(2) $H_0$ 的拒绝域为 $\sum\left[\dfrac{f_i^2}{np_i}\right] - n > \chi_\alpha^2(k-r-1)$.

(3)当 $H_0$ 成立, $n=600$, 计算得

$$p_1 = 0.2, p_2 = 0.15, p_3 = 0.4, p_4 = 0.25.$$

(4)这里 $\alpha = 0.05, k=4, r=0$, 查表可得

$$\chi_\alpha^2(k-r-1) = \chi_{0.05}^2(3) = 7.815.$$

计算可得

$$\chi^2 = \frac{132^2}{120} + \frac{100^2}{90} + \frac{200^2}{240} + \frac{168^2}{150} - 600 = 11.14 > 7.815.$$

(5)拒绝原假设 $H_0$,即认为各鱼类数量之比相对于 10 年之前有显著的改变.

**28.** 某种鸟在起飞前,双足齐跳的次数 $X$ 服从几何分布,其分布律为

$$P\{X=x\}=p^{x-1}(1-p),x=1,2,\cdots.$$

今获得一样本如下:

| $x$ | 1 | 2 | 3 | 4 | 5 | 6 | 7 | 8 | 9 | 10 | 11 | 12 | $\geqslant 13$ |
|---|---|---|---|---|---|---|---|---|---|---|---|---|---|
| 观察到 $x$ 的次数 | 48 | 31 | 20 | 9 | 6 | 5 | 4 | 2 | 1 | 1 | 2 | 1 | 0 |

(1)求 $p$ 的最大似然估计值;

(2)取 $\alpha=0.05$,检验假设 $H_0$:数据来自总体 $P\{X=x\}=p^{x-1}(1-p),x=1,2,\cdots$.

**【解析】**(1)设 $x_1,x_2,\cdots,x_n$ 为样本值,于是似然函数为

$$L(p)=p^{\sum_{i=1}^{n}x_i-n}(1-p)^n,$$

两边同时取对数得

$$\ln L(p)=\Big(\sum_{i=1}^{n}x_i-n\Big)\cdot\ln p+n\ln(1-p),$$

再求导,令 $\dfrac{\mathrm{d}\ln L(p)}{\mathrm{d}p}=0$,解得

$$\hat{p}=1-\frac{1}{\bar{x}}.$$

代入观测值可得

$$\bar{x}=\frac{363}{130},\hat{p}=1-\frac{1}{\bar{x}}=0.641\ 9.$$

(2)设 $H_0$:数据来自总体 $P\{X=x\}=p^{x-1}(1-p),x=1,2,\cdots$,设 $A_1=\{1\}$,$A_2=\{2\}$,$A_3=\{3\}$,$A_4=\{4\}$,$A_5=\{5\}$,$A_6=\{6\}$,$A_7=\{7,8,\cdots\}$,利用原假设来估计

$$\hat{p}_1=0.358\ 1,\hat{p}_2=0.229\ 9,\hat{p}_3=0.147\ 5,\hat{p}_4=0.094\ 7,$$

$$\hat{p}_5=0.060\ 8,\hat{p}_6=0.039\ 0,\hat{p}_7=1-\sum_{i=1}^{6}\hat{p}_i=0.070\ 0.$$

其中 $n=130,\alpha=0.05,k=7,r=1$,查表可得

$$\chi_\alpha^2(k-r-1)=\chi_{0.05}^2(5)=11.071,$$

计算可得

$$\chi^2=\frac{48^2}{46.553}+\frac{31^2}{29.887}+\cdots+\frac{5^2}{5.07}+\frac{11^2}{9.1}-130=1.868<11.071.$$

从而接受 $H_0$.

**29.** 分别抽查了两球队部分队员行李的重量(kg)为:

| 1 队 | 34 | 39 | 41 | 28 | 33 | |
|---|---|---|---|---|---|---|
| 2 队 | 36 | 40 | 35 | 31 | 39 | 36 |

设两样本独立且 1,2 两队队员行李重量总体的概率密度至多差一个平移.记两总体的均值分别为 $\mu_1,\mu_2$,且 $\mu_1,\mu_2$ 均未知,试检验假设:$H_0:\mu_1=\mu_2$,$H_1:\mu_1<\mu_2$(取 $\alpha=0.05$).

**【解析】**利用秩和检验法在显著性水平 $\alpha=0.05$ 下检验假设

$$H_0:\mu_1=\mu_2,\quad H_1:\mu_1<\mu_2.$$

为此将两队行李的重量放在一起自小到大排队,在 1 队的数据下加"__"表示之,得到

| 数据 | <u>28</u> | 31 | <u>33</u> | <u>34</u> | 35 | 36 | 36 | <u>39</u> | 39 | 40 | <u>41</u> |
|------|------|----|------|------|----|----|----|------|----|----|------|
| 秩 | 1 | 2 | 3 | 4 | 5 | 6.5 | 6.5 | 8.5 | 8.5 | 10 | 11 |

此时 $n_1=5, n_2=6, \alpha=0.05$,由附表 9 知,当 $(n_1,n_2)=(5,6)$,有 $C_U(5,6)=20$. 拒绝域为 $r_1 \leqslant 20$,其中 $R_1$ 的观测值 $r_1=27.5 > 20$,不落在拒绝域内,所以接受 $H_0$.

30. 下面给出两种型号的计算器充电以后所能使用的时间(h):

| 型号 $A$ | 5.5 | 5.6 | 6.3 | 4.6 | 5.3 | 5.0 | 6.2 | 5.8 | 5.1 | 5.2 | 5.9 |
|---------|-----|-----|-----|-----|-----|-----|-----|-----|-----|-----|-----|
| 型号 $B$ | 3.8 | 4.3 | 4.2 | 4.0 | 4.9 | 4.5 | 5.2 | 4.8 | 4.5 | 3.9 | 3.7 | 4.6 |

设两样本独立且数据所属的两总体的概率密度至多差一个平移,试问能否认为型号 $A$ 的计算器平均使用时间比型号 $B$ 来得长($\alpha=0.01$)?

【解析】利用秩和检验法在显著性水平 $\alpha=0.01$ 下检验假设

$$H_0: \mu_A = \mu_B, \quad H_1: \mu_A > \mu_B.$$

为此将数据自小到大排列,在型号 $A$ 的数据下加"___"表示之,得到

| 数据 | 3.7 | 3.8 | 3.9 | 4.0 | 4.2 | 4.3 | 4.5 | 4.5 | <u>4.6</u> | 4.6 | 4.8 | 4.9 |
|------|-----|-----|-----|-----|-----|-----|-----|-----|------|-----|-----|-----|
| 秩 | 1 | 2 | 3 | 4 | 5 | 6 | 7.5 | 7.5 | 9.5 | 9.5 | 11 | 12 |

| 数据 | <u>5.0</u> | <u>5.1</u> | <u>5.2</u> | 5.2 | <u>5.3</u> | <u>5.5</u> | <u>5.6</u> | <u>5.8</u> | <u>5.9</u> | <u>6.2</u> | <u>6.3</u> |
|------|------|------|------|-----|------|------|------|------|------|------|------|
| 秩 | 13 | 14 | 15.5 | 15.5 | 17 | 18 | 19 | 20 | 21 | 22 | 23 |

$n_1=11, n_2=12, r_1=192, \mu_{R_1}=\dfrac{1}{2}n_1(n_1+n_2+1)=132$. 经计算可得 $\sigma_{R_1}^2=16.236^2$. 当 $H_0$ 为真时,

$R_1 \sim N(132, 16.236^2)$,拒绝域为 $\dfrac{r_1-132}{16.236} \geqslant z_{0.01}=2.327$. 观测值计算得

$$\frac{r_1-132}{16.236}=3.695 > 2.327.$$

故在显著性 $\alpha=0.01$ 下拒绝 $H_0$,认为 $\mu_A > \mu_B$.

31. 下面给出两个工人五天生产同一种产品每天生产的件数:

| 工人 $A$ | 49 | 52 | 53 | 47 | 50 |
|---------|----|----|----|----|----|
| 工人 $B$ | 56 | 48 | 58 | 46 | 55 |

设两样本独立且数据所属的两总体的概率密度至多差一个平移,问能否认为工人 $A$、工人 $B$ 平均每天完成的件数没有显著差异($\alpha=0.1$)?

【解析】设 $\mu_A, \mu_B$ 分别记为工人 $A$、工人 $B$ 的平均每天完成的产品件数,利用秩和检验法在显著性水平 $\alpha=0.1$ 下检验假设

$$H_0: \mu_A = \mu_B, \quad H_1: \mu_A \neq \mu_B.$$

将数据混合自小到大次序排列,在工人 $A$ 的数据下加"___"表示之,

| 数据 | 46 | <u>47</u> | 48 | <u>49</u> | <u>50</u> | <u>52</u> | <u>53</u> | 55 | 56 | 58 |
|------|----|------|----|------|------|------|------|----|----|----|
| 秩 | 1 | 2 | 3 | 4 | 5 | 6 | 7 | 8 | 9 | 10 |

$n_1=5, n_2=5, \alpha=0.1$,由附表 9 知,当 $(n_1,n_2)=(5,5)$,有 $C_U\left(\dfrac{\alpha}{2}\right)=19, C_L\left(\dfrac{\alpha}{2}\right)=36$. 拒绝域为

$$r_1 \leqslant 19 \text{ 或 } r_1 \geqslant 36,$$

其中 $R_1$ 的观测值 $19 < r_1=24 < 36$,不落在拒绝域内,所以接受 $H_0$,认为差异不显著.

32. (1)设总体服从 $N(\mu,100)$, $\mu$ 未知, 现有样本: $n=16$, $\bar{x}=13.5$, 试检验假设 $H_0:\mu\leqslant10$, $H_1$: $\mu>10$, (i)取 $\alpha=0.05$, (ii)取 $\alpha=0.10$, (iii) $H_0$ 可被拒绝的最小显著性水平;

(2)考察生长在老鼠身上的肿块的大小. 以 $X$ 表示老鼠身上生长了 15 天的肿块的直径(以 mm 计), 设 $X\sim N(\mu,\sigma^2)$, $\mu,\sigma^2$ 均未知. 今随机地取 9 只老鼠(在它们身上的肿块都长了 15 天), 测得 $\bar{x}=4.3$, $s=1.2$, 试取 $\alpha=0.05$, 用 $p$ 值法检验假设 $H_0:\mu=4.0$, $H_1:\mu\neq4.0$, 求出 $p$ 值;

(3)用 $p$ 值法检验§2 例 4 的检验问题;

(4)用 $p$ 值法检验第 27 题中的检验问题.

**【解析】**(1)用 $Z$ 值法检验, 检验的拒绝域为 $Z=\dfrac{\bar{X}-\mu}{\sigma/\sqrt{n}}\geqslant Z_\alpha$, 现在

$$n=16, \mu_0=10, \bar{x}=13.5, \sigma=10,$$

经计算得拒绝域为 $1.4\geqslant Z_\alpha$.

(i)$\alpha=0.05$, $Z_\alpha=1.645>1.4$, 接受 $H_0$;

(ii)$\alpha=0.10$, $Z_\alpha=1.28<1.4$, 拒绝 $H_0$;

(iii)$p=P\{Z\geqslant1.4\}=1-\Phi(1.4)=0.080\ 8$. 所以 $H_0$ 可被拒绝的最小显著性水平为 0.080 8.

(2)用 $t$ 检验法, 当 $H_0$ 为真时, 验证统计量为 $t=\dfrac{\bar{X}-\mu}{S/\sqrt{n}}\sim t(n-1)$, $\bar{x}=4.3$, $s=1.2$,

计算得 $t_0=0.75$, 由双边检验可得

$$p=2\times P\{t>0.75\}=0.474\ 7>0.05,$$

故接受 $H_0$.

(3)用 $t$ 检验法, 当 $H_0$ 为真时, 验证统计量为 $t=\dfrac{\bar{D}-0}{S_D/\sqrt{n}}\sim t(n-1)$, $n=8$, $\bar{d}=-0.062\ 5$,

$s_d=0.076\ 5$, 计算得 $t_0=-2.311$, 由单边检验可得

$$p=P\{t<-2.311\}=P\{t>2.311\}=0.027\ 1<0.05,$$

故拒绝 $H_0$.

(4)用 $\chi^2$ 检验法, 当 $H_0$ 为真时, 验证统计量为 $\chi^2=\sum\limits_{i=1}^{4}\dfrac{f_i^2}{np_i}-n\sim\chi^2(3)$, 计算得 $\chi_0^2=11.14$.

由右侧检验可得

$$p=P\{\chi^2\geqslant11.14\}=0.011<0.05,$$

故拒绝 $H_0$.

## 经典例题选讲

**例 1** 市级历史名建筑国际饭店为了要大修而重新测量. 建筑学院的 6 名同学对该大厦的高度进行测量, 结果如下(单位: 米)

$$87.4 \quad 87.0 \quad 86.9 \quad 86.8 \quad 87.5 \quad 87.0$$

据记载大厦的高度为 87.4. 设大厦的高度服从正态分布, 问: (1) 你认为该大厦的高度是否要修改?(2) 若测量的方差不得超过 0.04, 那么你是否认为这次测量的方差偏大?($\alpha=0.01$)

$$\left[\begin{array}{l}t_{0.005}(5)=4.032\ 2, t_{0.005}(6)=3.707\ 4, t_{0.01}(5)=3.364\ 9, t_{0.01}(6)=3.142\ 7,\\ \chi_{0.005}^2(5)=16.750, \chi_{0.005}^2(6)=18.548, \chi_{0.01}^2(5)=15.086, \chi_{0.01}^2(6)=16.812\end{array}\right]$$

**【解析】**设总体 $X\sim N(\mu,\sigma^2)$, 当 $\sigma^2$ 未知时, 对于双边假设检验

$$H_0:\mu=\mu_0, \quad H_1:\mu\neq\mu_0.$$

可取统计量 $T = \dfrac{\overline{X} - \mu_0}{\dfrac{S}{\sqrt{n}}}$,当 $H_0$ 为真时,$T = \dfrac{\overline{X} - \mu_0}{\dfrac{S}{\sqrt{n}}} \sim t(n-1)$,

对给定检验水平 $\alpha$,$P\{|T| \geqslant t_{\frac{\alpha}{2}}(n-1)\} = \alpha$,从而拒绝域为
$$W = (-\infty, -t_{\frac{\alpha}{2}}(n-1)] \bigcup [t_{\frac{\alpha}{2}}(n-1), +\infty).$$

对于单边假设检验 $H_0 : \sigma^2 \leqslant \sigma_0^2, H_1 : \sigma^2 > \sigma_0^2$,当 $\mu$ 未知时,

取 $\chi^2 = \dfrac{(n-1)S^2}{\sigma_0^2}, \chi_1^2 = \dfrac{(n-1)S^2}{\sigma^2}$,当 $H_0$ 为真时,$\chi^2 \leqslant \chi_1^2, \chi_1^2 \sim \chi^2(n-1)$,由于

$P\{\chi^2 > \chi_\alpha^2(n-1)\} \leqslant P\{\chi_1^2, \chi_1^2 > \chi_\alpha^2(n-1)\} = \alpha$,从而得拒绝域为
$$W = [\chi_\alpha^2(n-1), +\infty).$$

对于本题,已知 $\mu_0 = 87.4, \sigma_0^2 = 0.04, n = 6, \alpha = 0.01$,经计算得 $\overline{x} = 87.1, s^2 = 0.08$.

(1) 检验该大厦的高度是否要修改,即检验 $\mu = \mu_0$,故可作假设
$$H_0 : \mu = 87.4, \quad H_1 : \mu \neq 87.4.$$

当 $H_0$ 为真时,$T = \dfrac{\overline{X} - \mu_0}{\dfrac{S}{\sqrt{n}}} \sim t(n-1), W = (-\infty, -t_{\frac{\alpha}{2}}(n-1)] \bigcup [t_{\frac{\alpha}{2}}(n-1), +\infty)$,

$t_{0.005}(5) = 4.032\,2$,得拒绝域 $W = (-\infty, -4.032\,2] \bigcup [4.032\,2, +\infty)$,
$$T_0 = \frac{\overline{x} - \mu_0}{\dfrac{s}{\sqrt{n}}} = \frac{87.1 - 87.4}{\sqrt{\dfrac{0.08}{6}}} = -2.598 \notin W,$$

接受 $H_0$,即该大厦的高度是不需要修改.

(2) 依题可作单侧假设检验
$$H_0 : \sigma^2 \leqslant 0.04^2, \quad H_1 : \sigma^2 > 0.04^2.$$

拒绝域为 $W = [\chi_\alpha^2(n-1), +\infty)$,由于 $\chi_{0.01}^2(5) = 15.086$,从而 $W = [15.086, +\infty)$
$$\chi_0^2 = \frac{5 \times 0.08}{0.04} = 10 \notin W,$$

接受 $H_0$,即不认为这次测量的方差偏大.

**例 2** 某厂生产的一种零件,标准要求长度是 68 mm,实际生产的产品,其长度服从正态分布 $N(\mu, 3.6^2)$,考虑假设检验问题:$H_0 : \mu = 68, H_1 : \mu \neq 68$.设 $\overline{X}$ 为样本均值,按下列方式进行假设检验:当 $|\overline{X} - 68| > 1$ 时,拒绝假设 $H_0$;当 $|\overline{X} - 68| < 1$,接受假设 $H_0$.

(1) 当样本容量 $n = 36$ 时,求犯第一类错误的概率 $\alpha$;

(2) 当样本容量 $n = 64$ 时,求犯第一类错误的概率 $\alpha$;

(3) 当 $H_0$ 不成立(设 $\mu = 70$),又 $n = 64$ 时,按上述检验法,求犯第二类错误的概率 $\beta$;若 $n = 64$,$\mu = 66$;$n = 64$,$\mu = 68.5$ 时,求犯第二类错误的概率 $\beta$.

【解析】(1) 当 $n = 36$ 时,$\overline{X} \sim N(\mu, 3.6^2/36)$ 即 $\overline{X} \sim N(\mu, 0.6^2)$

$\alpha = P\{|\overline{X} - 68| > 1 \mid H_0 \text{ 成立}\} = P\{\overline{X} < 67 \mid H_0 \text{ 成立}\} + P\{\overline{X} > 69 \mid H_0 \text{ 成立}\}$

$= \Phi\left(\dfrac{67 - 68}{0.6}\right) + \left[1 - \Phi\left(\dfrac{69 - 68}{0.6}\right)\right] = \Phi(-1.67) + [1 - \Phi(1.67)]$

$= 2[1 - \Phi(1.67)] = 2(1 - 0.952\,5) = 0.095\,0$.

(2) 当 $n = 64$ 时,$\overline{X} \sim N(68, 0.45^2)$,

$\alpha = P\{\overline{X} < 67 \mid H_0 \text{ 成立}\} + P\{\overline{X} > 69 \mid H_0 \text{ 成立}\}$

$$= \Phi\left(\frac{67-68}{0.45}\right) + \left[1 - \Phi\left(\frac{69-68}{0.45}\right)\right] = 2[1 - \Phi(2.22)] = 2(1 - 0.986\,8) = 0.026\,4.$$

(3) 当 $n = 64, \mu = 70$ 时，$\overline{X} \sim N(70, 0.45^2)$，这时，犯第二类错误的概率

$$\beta = P\{67 \leqslant \overline{X} \leqslant 69 \mid \mu = 70\} = \Phi\left(\frac{69-70}{0.45}\right) - \Phi\left(\frac{67-70}{0.45}\right)$$

$$= \Phi(-2.22) - \Phi(-6.67) = \Phi(6.67) - \Phi(2.22) = 0.013\,2.$$

当 $n = 64, \mu = 66$ 时，$\overline{X} \sim N(66, 0.45^2)$，这时，犯第二类错误的概率

$$\beta = P\{67 \leqslant \overline{X} \leqslant 69 \mid \mu = 66\} = \Phi\left(\frac{69-66}{0.45}\right) - \Phi\left(\frac{67-66}{0.45}\right)$$

$$= \Phi(6.67) - \Phi(2.22) = 0.013\,2.$$

当 $n = 64, \mu = 68.5$ 时，$\overline{X} \sim N(68.5, 0.45^2)$，

$$\beta = P\{67 \leqslant \overline{X} \leqslant 69 \mid \mu = 68.5\} = \Phi\left(\frac{69-68.5}{0.45}\right) - \Phi\left(\frac{67-68.5}{0.45}\right)$$

$$= \Phi(1.11) - \Phi(-3.33) = 0.866\,5 - (1 - 0.999\,5) = 0.866\,0.$$

# 第十五章 选做习题

## 概率论部分

**1.** 一打靶场备有 5 支某种型号的枪,其中 3 支已经校正,2 支未经校正.某人使用已校正的枪击中目标的概率为 $p_1$,使用未经校正的枪击中目标的概率为 $p_2$.他随机地取一支枪进行射击,已知他射击了 5 次都未击中,求他使用的是已校正的枪的概率(设各次射击的结果相互独立).

**【解析】** 以 $M$ 表示事件"射击 5 次均未击中",以 $C$ 表示事件"取得的枪是已经校正的",则 $P(C)=\dfrac{3}{5}$,$P(\overline{C})=\dfrac{2}{5}$,由题意知 $P(M|C)=(1-p_1)^5$,$P(M|\overline{C})=(1-p_2)^5$,则由贝叶斯公式

$$P(C|M)=\frac{P(MC)}{P(M)}=\frac{P(M|C)P(C)}{P(M|C)P(C)+P(M|\overline{C})P(\overline{C})}$$

$$=\frac{(1-p_1)^5\times\dfrac{3}{5}}{(1-p_1)^5\times\dfrac{3}{5}+(1-p_2)^5\times\dfrac{2}{5}}$$

$$=\frac{3(1-p_1)^5}{3(1-p_1)^5+2(1-p_2)^5}.$$

**2.** 某人共买了 11 个水果,其中有 3 个是二级品,8 个是一级品.随机地将水果分给 $A$,$B$,$C$ 三人,各人分别得到 4 个、6 个、1 个.

(1)求 $C$ 未拿到二级品的概率;

(2)已知 $C$ 未拿到二级品,求 $A$,$B$ 均拿到二级品的概率;

(3)求 $A$,$B$ 均拿到二级品而 $C$ 未拿到二级品的概率.

**【解析】** 以 $A$,$B$,$C$ 分别表示事件"$A$,$B$,$C$ 取到二级品",则 $\overline{A}$,$\overline{B}$,$\overline{C}$ 分别表示事件"$A$,$B$,$C$ 未取到二级品".

(1)$P(\overline{C})=\dfrac{8}{11}$.

(2)题目即求 $P(AB|\overline{C})$.已知 $C$ 未取到二级品,这时 $A$,$B$ 将 7 个一级品和 3 个二级品全部分掉.而 $A$,$B$ 均取到二级品,只需 $A$ 取到 1 个至 2 个二级品,其他的为一级品.于是

$$P(AB|\overline{C})=\frac{C_3^1C_7^3+C_3^2C_7^2}{C_{10}^4}=\frac{4}{5}.$$

(3)$P(AB\overline{C})=P(AB|\overline{C})P(\overline{C})=\dfrac{32}{55}.$

**3.** 一系统 $L$ 由两个只能传输字符 0 和 1 的独立工作的子系统 $L_1$ 与 $L_2$ 串联而成(如图 15-1 所示),每个子系统输入为 0 输出为 0 的概率为 $p(0<p<1)$;而输入为 1 输出为 1 的概率也是 $p$.今在图中 $a$ 端输入字符 1,求系统 $L$ 的 $b$ 端输出字符 0 的概率.

图 15-1

【解析】"系统 $L$ 的输入为 1 输出为 0"这一事件(记为 $L(1\to0)$)是两个不相容事件之和,即
$$L(1\to0)=L_1(1\to1)L_2(1\to0)\bigcup L_1(1\to0)L_2(0\to0),$$
这里的记号"$L_1(1\to1)$"表示事件"子系统 $L_1$ 的输入为 1 输出为 1". 其余 3 个记号的含义类似. 于是由子系统工作的独立性得
$$\begin{aligned}P\{L(1\to0)\}&=P\{L_1(1\to1)L_2(1\to0)\}+P\{L_1(1\to0)L_2(0\to0)\}\\&=P\{L_1(1\to1)\}P\{L_2(1\to0)\}+P\{L_1(1\to0)\}P\{L_2(0\to0)\}\\&=p(1-p)+(1-p)p=2p(1-p).\end{aligned}$$

4. 甲乙两人轮流掷一颗骰子,每轮掷一次,谁先掷得 6 点谁得胜,从甲开始掷,问甲、乙得胜的概率各为多少?

【解析】以 $A_i$ 表示事件"第 $i$ 次投掷时投掷者才得 6 点",事件 $A_i$ 发生,表示在前 $i-1$ 次甲或乙均未得 6 点,而在第 $i$ 次投掷时甲或乙得 6 点. 因各次投掷相互独立,故有
$$P(A_i)=\left(\frac{5}{6}\right)^{i-1}\frac{1}{6}.$$

因从甲开始掷,故甲掷奇数轮次,从而甲胜的概率为
$$\begin{aligned}P\{甲胜\}&=P\{A_1\bigcup A_3\bigcup A_5\bigcup\cdots\}\\&=P(A_1)+P(A_3)+P(A_5)+\cdots(因 A_1,A_3,\cdots,两两不相容)\\&=\frac{1}{6}\left[1+\left(\frac{5}{6}\right)^2+\left(\frac{5}{6}\right)^4+\cdots\right]=\frac{1}{6}\frac{1}{1-\left(\frac{5}{6}\right)^2}=\frac{6}{11}.\end{aligned}$$

同理,乙胜的概率为
$$\begin{aligned}P\{乙胜\}&=P\{A_2\bigcup A_4\bigcup A_6\bigcup\cdots\}=P(A_2)+P(A_4)+P(A_6)+\cdots\\&=\frac{1}{6}\left[\frac{5}{6}+\left(\frac{5}{6}\right)^3+\left(\frac{5}{6}\right)^5+\cdots\right]=\frac{5}{11}.\end{aligned}$$

5. 将一颗骰子掷两次,考虑事件:$A=$"第一次掷得点数 2 或 5",$B=$"两次点数之和至少为 7",求 $P(A),P(B)$,并问事件 $A,B$ 是否相互独立.

【解析】将骰子掷一次共有 6 种等可能结果,故 $P(A)=\frac{2}{6}=\frac{1}{3}$. 设以 $X_i$ 表示第 $i$ 次掷出的骰子的点数,则
$$P(B)=P\{X_1+X_2\geqslant7\}=1-P\{X_1+X_2\leqslant6\}.$$

因将骰子掷两次共有 36 个样本点,其中 $X_1+X_2\leqslant6$ 有 $X_1+X_2=2,3,4,5,6$ 共 5 种情况,这 5 种情况分别含有 $1,2,3,4,5$ 个样本点,故
$$P(B)=1-\frac{1+2+3+4+5}{36}=1-\frac{5}{12}=\frac{7}{12}.$$

以 $(X_1,X_2)$ 记两次投掷的结果,则 $AB$ 共有 $(2,5),(2,6),(5,2),(5,3),(5,4),(5,5),(5,6)$ 这 7 个样本点,故 $P(AB)=\frac{7}{36}$. 由于
$$P(A)P(B)=\frac{1}{3}\times\frac{7}{12}=\frac{7}{36}=P(AB),$$
故由定义知 $A,B$ 相互独立.

6. $A,B$ 两人轮流射击,每人每次射击一枪,射击的次序为 $A,B,A,B,A,\cdots$,射击直至击中两枪为止. 设各人击中的概率均为 $p$,且各次击中与否相互独立. 求击中的两枪是由同一人射击的概率.

【解析】$A$ 总是在奇数轮射击,$B$ 在偶数轮射击. 先考虑 $A$ 击中两枪的情况. 以 $A_{2n+1}$ 表示事件"$A$

在第 $2n+1$ 轮 $(n=1,2,\cdots)$ 射击时又一次击中,射击在此时结束". $A_{2n+1}$ 发生表示"前 $2n$ 轮中 $A$ 共射击 $n$ 枪而其中击中一枪,且 $A$ 在第 $2n+1$ 轮时击中第二枪"(这一事件记为 $C$),同时"$B$ 在前 $2n$ 轮中共射击 $n$ 枪但一枪未中"(这一事件记为 $D$),因此

$$P(A_{2n+1})=P(CD)=P(C)P(D)=[C_n^1 p(1-p)^{n-1}p](1-p)^n$$
$$=np^2(1-p)^{2n-1}.$$

注意到 $A_3,A_5,A_7,\cdots$ 两两互不相容,故由 $A$ 击中了两枪而结束射击(这一事件仍记为 $A$)的概率为

$$P(A)=P(\bigcup_{n=1}^{\infty}A_{2n+1})=\sum_{n=1}^{\infty}P(A_{2n+1})=\sum_{n=1}^{\infty}np^2(1-p)^{2n-1}$$

$$=p^2(1-p)\sum_{n=1}^{\infty}n[(1-p)^2]^{n-1}$$

$$=p^2(1-p)\frac{1}{[1-(1-p)^2]^2}=\frac{1-p}{(2-p)^2}.$$

(此处级数求和用到公式 $\dfrac{1}{(1-x)^2}=\sum\limits_{n=1}^{\infty}nx^{n-1}$,$|x|<1$.这一公式可由等比级数 $\dfrac{1}{1-x}=\sum\limits_{n=0}^{\infty}x^n$,$|x|<1$ 两边求导而得到)

若两枪均由 $B$ 击中,以 $B_{2(n+1)}$ 表示事件"$B$ 在第 $2(n+1)$ 轮 $(n=1,2,\cdots)$ 射击时又一次击中,射击在此时结束". $B_{2(n+1)}$ 发生表示在前 $2n+1$ 轮中 $B$ 射击 $n$ 枪其中击中一枪,用 $B$ 在第 $2(n+1)$ 轮时击中第 2 枪,同时 $A$ 在前 $2n+1$ 轮中共射击 $n+1$ 枪,但一枪未中.注意到 $B_4,B_6,B_8,\cdots$ 两两互不相容,故 $B$ 击中了两枪而结束射击(这一事件仍记为 $B$)的概率为

$$P(B)=P(\bigcup_{n=1}^{\infty}B_{2(n+1)})=\sum_{n=1}^{\infty}C_n^1 p(1-p)^{n-1}p(1-p)^{n+1}$$

$$=\sum_{n=1}^{\infty}np^2(1-p)^{2n}=p^2(1-p)^2\sum_{n=1}^{\infty}n[(1-p)^2]^{n-1}$$

$$=p^2(1-p)^2\frac{1}{[1-(1-p)^2]^2}=\frac{(1-p)^2}{(2-p)^2}.$$

因此由一人击中两枪的概率为

$$P(A\bigcup B)=P(A)+P(B)=\frac{1-p}{(2-p)^2}+\frac{(1-p)^2}{(2-p)^2}=\frac{1-p}{2-p}.$$

7. 有 3 个独立工作的元件 1,元件 2,元件 3,它们的可靠性分别为 $p_1,p_2,p_3$.设由它们组成一个"3 个元件取 2 个元件的表决系统",记为 $2/3[G]$.这一系统的运行方式是当且仅当 3 个元件中至少有 2 个正常工作时这一系统正常工作.求这一 $2/3[G]$ 系统的可靠性.

【解析】以 $A_i$ 表示事件"第 $i$ 个元件正常工作",以 $G$ 表示事件"$2/3[G]$ 系统正常工作",则 $G$ 可表示为下述两两互不相容的事件之和:

$$G=A_1A_2\overline{A}_3\bigcup A_1\overline{A}_2A_3\bigcup\overline{A}_1A_2A_3\bigcup A_1A_2A_3.$$

因 $A_1,A_2,A_3$ 相互独立,故有

$$P(G)=P(A_1A_2\overline{A}_3)+P(A_1\overline{A}_2A_3)+P(\overline{A}_1A_2A_3)+P(A_1A_2A_3)$$
$$=P(A_1)P(A_2)P(\overline{A}_3)+P(A_1)P(\overline{A}_2)P(A_3)+P(\overline{A}_1)P(A_2)P(A_3)+P(A_1)P(A_2)P(A_3)$$
$$=p_1p_2(1-p_3)+p_1(1-p_2)p_3+(1-p_1)p_2p_3+p_1p_2p_3.$$

8. 在图 15-2 所示的桥式结构的电路中,第 $i$ 个继电器触点闭合的概率为 $p_i$,$i=1,2,3,4,5$.各继

电器工作相互独立.求：

(1)以继电器触点1是否闭合为条件，求$A$到$B$之间为通路的概率；

(2)已知$A$到$B$为通路的条件下，继电器触点3是闭合的概率.

图15-2

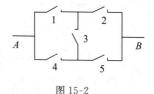

【解析】以$F$表示事件"$A$点到$B$点为通路"，以$C_i$表示事件"继电器触点$i$闭合"，$i=1,2,3,4,5$，各继电器工作相互独立.

(1)即求$P(F)=P(F|C_1)P(C_1)+P(F|\overline{C}_1)P(\overline{C}_1)$.

而
$$\begin{aligned}P(F|C_1)&=P(C_2\cup C_3C_5\cup C_4C_5)\\&=P(C_2)+P(C_3C_5)+P(C_4C_5)-P(C_2C_3C_5)-P(C_2C_4C_5)-\\&\quad P(C_3C_4C_5)+P(C_2C_3C_4C_5)\\&=p_2+p_3p_5+p_4p_5-p_2p_3p_5-p_2p_4p_5-p_3p_4p_5+p_2p_3p_4p_5,\end{aligned}$$
$$P(F|\overline{C}_1)=P(C_4C_5\cup C_2C_3C_4)=p_4p_5+p_2p_3p_4-p_2p_3p_4p_5,$$
故
$$P(F)=P(F|C_1)p_1+P(F|\overline{C}_1)(1-p_1),$$
其中
$$P(F|C_1)=p_2+p_3p_5+p_4p_5-p_2p_3p_5-p_2p_4p_5-p_3p_4p_5+p_2p_3p_4p_5,$$
$$P(F|\overline{C}_1)=p_4p_5+p_2p_3p_4-p_2p_3p_4p_5.$$

(2)令$q_i=1-p_i$，则
$$\begin{aligned}P(C_3|F)&=\frac{P(F|C_3)P(C_3)}{P(F)}=\frac{[1-P(\overline{C}_1\overline{C}_4)\cup P(\overline{C}_2\overline{C}_5)]P(C_3)}{P(F)},\\&=\frac{(1-q_1q_4-q_2q_5+q_1q_2q_4q_5)p_3}{P(F)},\end{aligned}$$
其中，$P(F)$的表达式由(1)确定.

9.进行非学历考试，规定考甲、乙两门课程，每门课程考试第一次未通过都只允许考第二次.考生仅在课程甲通过后才能考课程乙，如两门课程都通过可获得一张资格证书.设某考生通过课程甲的各次考试的概率为$p_1$，通过课程乙的各次考试的概率为$p_2$，设各次考试的结果相互独立.又设考生参加考试直至获得资格证书或者不准予再考为止.以$X$表示考生总共需考试的次数.求$X$的分布律.

【解析】由题意知，考生总共至少需考2次而最多只能考4次.以$A_i$表示事件"课程甲在考第$i$次时通过"，$i=1,2$；以$B_i$表示事件"课程乙在考第$i$次时通过"，$i=1,2$.

事件$\{X=2\}$表示考生总共考2次，这一事件只在下列两种互不相容的情况下发生，一种是课程甲、乙都在第一次考试时通过，亦即$A_1B_1$发生(此时他得到证书)；另一种是课程甲在第一次、第二次考试均未通过，亦即$\overline{A}_1\overline{A}_2$发生(此时他不准再考).故
$$\{X=2\}=A_1B_1\cup\overline{A}_1\overline{A}_2,$$
同理可得
$$\{X=3\}=A_1\overline{B}_1B_2\cup\overline{A}_1A_2B_1\cup A_1\overline{B}_1\overline{B}_2,$$
$$\{X=4\}=\overline{A}_1A_2\overline{B}_1B_2\cup\overline{A}_1A_2\overline{B}_1\overline{B}_2.$$
故$X$的分布律为
$$\begin{aligned}P\{X=2\}&=P(A_1B_1\cup\overline{A}_1\overline{A}_2)=P(A_1B_1)+P(\overline{A}_1\overline{A}_2)\\&=P(A_1)P(B_1)+P(\overline{A}_1)P(\overline{A}_2)=p_1p_2+(1-p_1)^2;\\P\{X=3\}&=P(A_1\overline{B}_1B_2\cup\overline{A}_1A_2B_1\cup A_1\overline{B}_1\overline{B}_2)\\&=P(A_1\overline{B}_1\cup\overline{A}_1A_2B_1)=p_1(1-p_2)+(1-p_1)p_1p_2;\\P\{X=4\}&=P(\overline{A}_1A_2\overline{B}_1B_2\cup\overline{A}_1A_2\overline{B}_1\overline{B}_2)\\&=P(\overline{A}_1A_2\overline{B}_1)=(1-p_1)p_1(1-p_2).\end{aligned}$$

则考生总共需考试的次数 $X$ 的分布律为

| $X$ | 2 | 3 | 4 |
|---|---|---|---|
| $p_k$ | $p_1 p_2 + (1-p_1)^2$ | $p_1(1-p_2)+(1-p_1)p_1 p_2$ | $(1-p_1)p_1(1-p_2)$ |

例如,若 $p_1 = \dfrac{3}{4}, p_2 = \dfrac{1}{2}$,则有分布律如下:

| $X$ | 2 | 3 | 4 |
|---|---|---|---|
| $p_k$ | $\dfrac{14}{32}$ | $\dfrac{15}{32}$ | $\dfrac{3}{32}$ |

10.(1)5 只电池,其中有 2 只是次品,每次取一只测试,直到将 2 只次品都找到.设第 2 只次品在第 $X(X=2,3,4,5)$ 次找到,求 $X$ 的分布律(注:在实际上第 5 次检测可无需进行);

(2)5 只电池,其中 2 只是次品,每次取一只,直到找出 2 只次品或 3 只正品为止.写出需要测试的次数的分布律.

【解析】(1)$X$ 可能取的值为 $2,3,4,5$,又

$$P\{X=2\}=P\{\text{第 1 次、第 2 次都取到一只次品}\}=\frac{2}{5}\times\frac{1}{4}=\frac{1}{10};$$

$$P\{X=3\}=P\{(\text{前两次取到一只次品})\bigcap(\text{第 3 取到一只次品})\}$$
$$=P\{(\text{第 3 次取到一只次品 })|(\text{ 前两次取到一只次品})\}\times$$
$$P\{\text{前两次取到一只次品}\}$$
$$=\frac{1}{3}\times\left(\frac{2}{5}\times\frac{3}{4}+\frac{3}{5}\times\frac{2}{4}\right)=\frac{2}{10};$$

$$P\{X=4\}=P\{(\text{前 3 次取到一只次品})\bigcap(\text{第 4 次取到一只次品})\}$$
$$=P\{(\text{第 4 次取到一只次品})|(\text{前 3 次取到一只次品})\}\times$$
$$P\{\text{前 3 次取到一只次品}\}$$
$$=\frac{1}{2}\times\left(\frac{2}{5}\times\frac{3}{4}\times\frac{2}{3}+\frac{3}{5}\times\frac{2}{4}\times\frac{2}{3}+\frac{3}{5}\times\frac{2}{4}\times\frac{2}{3}\right)=\frac{3}{10};$$

$$P\{X=5\}=1-P\{X=2\}-P\{X=3\}-P\{X=4\}=\frac{4}{10}.$$

于是 $X$ 的分布律为

| $X$ | 2 | 3 | 4 | 5 |
|---|---|---|---|---|
| $p_k$ | $\dfrac{1}{10}$ | $\dfrac{2}{10}$ | $\dfrac{3}{10}$ | $\dfrac{4}{10}$ |

(2)以 $Y$ 表示所需测试的次数,则 $Y$ 的可能取值为 $2,3,4$.

$$P\{Y=2\}=P\{X=2\}=\frac{1}{10},$$

$\{Y=3\}$ 表示"前 3 次取到都是正品"或"第二只次品在第 3 次取到",故

$$P\{Y=3\}=P\{\text{前 3 次取到的都是正品}\}+P\{X=3\}$$
$$=\frac{3}{5}\times\frac{2}{4}\times\frac{1}{3}+\frac{2}{10}=\frac{3}{10},$$

$$P\{Y=4\}=1-P\{Y=2\}-P\{Y=3\}=\frac{6}{10}.$$

$Y$ 的分布律为

| $Y$ | 2 | 3 | 4 |
|-----|-----|-----|-----|
| $p_k$ | $\frac{1}{10}$ | $\frac{3}{10}$ | $\frac{6}{10}$ |

11. 向某一目标发射炮弹,设炮弹弹着点离目标的距离为 $R$(单位:10 m), $R$ 服从瑞利分布,其概率密度为

$$f_R(r)=\begin{cases}\dfrac{2r}{25}\mathrm{e}^{-r^2/25}, & r>0,\\ 0, & r\leqslant 0,\end{cases}$$

若弹着点离目标不超过 5 个单位时,目标被摧毁.

(1)求发射一枚炮弹能摧毁目标的概率;

(2)为使至少有一枚炮弹能摧毁目标的概率不小于 0.94,问最少需要独立发射多少枚炮弹.

**【解析】**(1)所求概率为

$$P\{R\leqslant 5\}=\int_{-\infty}^{5}f_R(r)\mathrm{d}r=\int_{0}^{5}\frac{2r}{25}\mathrm{e}^{-\frac{r^2}{25}}\mathrm{d}r=-\left.\mathrm{e}^{-\frac{r^2}{25}}\right|_{0}^{5}=1-\mathrm{e}^{-1}=0.632.$$

(2)设发射 $n$ 枚炮弹,则这 $n$ 枚炮弹都不能摧毁目标的概率为 $(1-0.632)^n$,故至少有一枚炮弹能摧毁目标的概率为 $1-(1-0.632)^n$. 按题意需求最小的 $n$ 使得

$$1-(1-0.632)^n\geqslant 0.94,$$

即 $0.368^n\leqslant 0.06$,解得 $n\geqslant\dfrac{\ln 0.06}{\ln 0.368}=2.81.$

故最少需要独立发射 3 枚炮弹.

12. 设一枚深水炸弹击沉一潜水艇的概率为 $\frac{1}{3}$,击伤的概率为 $\frac{1}{2}$,击不中的概率为 $\frac{1}{6}$. 并设击伤两次也会导致潜水艇下沉.求施放 4 枚深水炸弹能击沉潜水艇的概率.(提示:先求出击不沉的概率.)

**【解析】**"击沉"的逆事件为"击不沉".击不沉潜艇仅出现于下述两种互不相容的情况:①4 枚深水炸弹全击不中潜艇(这一事件记为 $A$);②一枚击伤潜艇而另三枚击不中潜艇(这一事件记为 $B$).各枚炸弹袭击效果被认为是相互独立的,故有

$$P(A)=\left(\frac{1}{6}\right)^4, \quad P(B)=\mathrm{C}_4^1\frac{1}{2}\times\left(\frac{1}{6}\right)^3.$$

(因击伤潜艇的炸弹可以是 4 枚中的任一枚)

又 $A,B$ 是互不相容的,于是,击不沉潜艇的概率为

$$P(A\bigcup B)=P(A)+P(B)=\frac{13}{6^4},$$

因此,击沉潜艇的概率为

$$p=1-P(A\bigcup B)=1-\frac{13}{6^4}=0.989\ 97.$$

13. 一盒中装有 4 只白球,8 只黑球,从中取 3 只球,每次一只,作不放回抽样.

(1)求第 1 次和第 3 次都取到白球的概率;(提示:考虑第二次的抽取.)

(2)求在第 1 次取到白球的条件下,前 3 次都取到白球的概率.

**【解析】**以 $A_1,A_2,A_3$ 分别表示第 1,2,3 次取到白球.

(1) $$P(A_1 A_3) = P[A_1 A_3 (A_2 \bigcup \overline{A_2})] = P(A_1 A_2 A_3) + P(A_1 \overline{A_2} A_3)$$
$$= P(A_3 \mid A_1 A_2) P(A_2 \mid A_1) P(A_1) + P(A_3 \mid A_1 \overline{A_2}) P(\overline{A_2} \mid A_1) P(A_1)$$
$$= \frac{2}{10} \times \frac{3}{11} \times \frac{4}{12} + \frac{3}{10} \times \frac{8}{11} \times \frac{4}{12} = \frac{1}{11}.$$

(2) $$P(A_1 A_2 A_3 \mid A_1) = \frac{P(A_1 A_2 A_3)}{P(A_1)} = \frac{\frac{4}{12} \times \frac{3}{11} \times \frac{2}{10}}{\frac{4}{12}} = \frac{6}{110} = \frac{3}{55}.$$

14. 设元件的寿命 $T$(以小时计)服从指数分布,分布函数为

$$F(t) = \begin{cases} 1 - e^{-0.03t}, & t > 0, \\ 0, & t \leqslant 0. \end{cases}$$

(1)已知元件至少工作了 30 小时,求它能再至少工作 20 小时的概率;

(2)由 3 个独立工作的此种元件组成一个 2/3[G] 系统(参见第 7 题).求这一系统的寿命 $X > 20$ 的概率.

【解析】(1)由指数分布的无记忆性知所求概率为
$$p = P\{T > 50 \mid T > 30\} = P\{T > 20\} = 1 - F(20) = e^{-0.6} = 0.548\ 8.$$

(2)由第 7 题知 2/3[G]系统的寿命 $X > 20$ 的概率为
$$P\{X > 20\} = 3p^2(1 - p) + p^3 = p^2(3 - 2p) = 0.573\ 0.$$

15. (1)已知随机变量 $X$ 的概率密度为 $f_X(x) = \frac{1}{2} e^{-|x|}$, $-\infty < x < +\infty$,求 $X$ 的分布函数;

(2)已知随机变量 $X$ 的分布函数为 $F_X(x)$,另有随机变量

$$Y = \begin{cases} 1, & X > 0, \\ -1, & X \leqslant 0, \end{cases}$$

试求 $Y$ 的分布律和分布函数.

【解析】(1)由于 $f_X(x) = \begin{cases} \frac{1}{2} e^x, & -\infty < x < 0, \\ \frac{1}{2} e^{-x}, & 0 \leqslant x < +\infty, \end{cases}$ 故

当 $x < 0$ 时,分布函数
$$F_X(x) = \int_{-\infty}^x f_X(t)\mathrm{d}t = \int_{-\infty}^x \frac{1}{2} e^t \mathrm{d}t = \frac{1}{2} e^t \Big|_{-\infty}^x = \frac{1}{2} e^x;$$

当 $x \geqslant 0$ 时,分布函数
$$F_X(x) = \int_{-\infty}^x f_X(t)\mathrm{d}t = \int_{-\infty}^0 \frac{1}{2} e^t \mathrm{d}t + \int_0^x \frac{1}{2} e^{-t} \mathrm{d}t$$
$$= \frac{1}{2} + \frac{1}{2} - \frac{1}{2} e^{-x} = 1 - \frac{1}{2} e^{-x}.$$

故所求分布函数为
$$F_X(x) = \begin{cases} \frac{1}{2} e^x, & x < 0, \\ 1 - \frac{1}{2} e^{-x}, & x \geqslant 0. \end{cases}$$

(2) $$P\{Y = -1\} = P\{X \leqslant 0\} = F_X(0) = \frac{1}{2},$$

$$P\{Y=1\}=1-P\{Y=-1\}=1-\frac{1}{2}=\frac{1}{2}.$$

分布律为

| $Y$ | $-1$ | $1$ |
|---|---|---|
| $p_k$ | $\frac{1}{2}$ | $\frac{1}{2}$ |

分布函数为
$$F_Y(y)=\begin{cases}0, & y<-1,\\ \dfrac{1}{2}, & -1\leqslant y<1,\\ 1, & y\geqslant 1.\end{cases}$$

16.(1)设随机变量 $X$ 服从泊松分布,其分布律为
$$P\{X=k\}=\frac{\lambda^k \mathrm{e}^{-\lambda}}{k!}, k=0,1,2,\cdots,$$

问当 $k$ 取何值时 $P\{X=k\}$ 为最大;

(2)设随机变量 $X$ 服从二项分布,其分布律为
$$P\{X=k\}=\binom{n}{k}p^k(1-p)^{n-k}, k=0,1,2,\cdots n,$$

问当 $k$ 取何值时 $P\{X=k\}$ 为最大.

【解析】(1)由
$$\frac{P\{X=k\}}{P\{X=k-1\}}=\frac{\lambda^k \mathrm{e}^{-\lambda}}{k!}\times\frac{(k-1)!}{\lambda^{k-1}\mathrm{e}^{-\lambda}}=\frac{\lambda}{k}\begin{cases}>1, & k<\lambda,\\ =1, & k=\lambda, \quad k=1,2,\cdots,\\ <1, & k>\lambda,\end{cases}$$

可知,当 $k<\lambda$ 时,$P\{X=k\}$ 随 $k$ 增大而增大;当 $k>\lambda$ 时,$P\{X=k\}$ 随 $k$ 增大而减小.

从而,若 $\lambda$ 为正整数,则当 $k=\lambda$ 时,$P\{X=\lambda\}=P\{X=\lambda-1\}$ 为概率的最大值,即当 $k=\lambda$ 或 $k=\lambda-1$ 时概率都取到最大值.若 $\lambda$ 不是正整数,令 $k_0=[\lambda]$(即 $k_0$ 是 $\lambda$ 的整数部分),则 $k_0<\lambda<k_0+1$,此时有
$$P\{X=k_0-1\}<P\{X=k_0\}, \quad P\{X=k_0\}>P\{X=k_0+1\},$$
由此可推得 $P\{X=k_0\}=P\{X=[\lambda]\}$ 为概率的最大值.

(2)由
$$\frac{P\{X=k\}}{P\{X=k-1\}}=\frac{(n-k+1)p}{k(1-p)}=1+\frac{(n+1)p-k}{k(1-p)}$$
$$\begin{cases}>1, & k<(n+1)p,\\ =1, & k=(n+1)p, \quad k=1,2,\cdots,n.\\ <1, & k>(n+1)p,\end{cases}$$

可知,当 $k<(n+1)p$ 时,$P\{X=k\}$ 随 $k$ 增大而增大;当 $k>(n+1)p$ 时,$P\{X=k\}$ 随 $k$ 增大而减小.从而,若 $(n+1)p$ 为正整数,则当 $k=(n+1)p$ 时,$P\{X=(n+1)p\}=P\{X=(n+1)p-1\}$ 为概率的最大值,即当 $k=(n+1)p$ 或 $k=(n+1)p-1$ 时概率都取到最大值.若 $(n+1)p$ 不是正整数,令 $k_0=[(n+1)p]$,则 $k_0<(n+1)p<k_0+1$,此时有
$$P\{X=k_0-1\}<P\{X=k_0\}, \quad P\{X=k_0\}>P\{X=k_0+1\},$$
可推得 $P\{X=k_0\}=P\{X=[(n+1)p]\}$ 为概率的最大值.

17.若离散型随机变量 $X$ 具有分布律

| $X$ | 1 | 2 | $\cdots$ | $n$ |
|---|---|---|---|---|
| $p_k$ | $\frac{1}{n}$ | $\frac{1}{n}$ | $\cdots$ | $\frac{1}{n}$ |

称 $X$ 服从取值为 $1,2,\cdots,n$ 的离散型均匀分布. 对于任意非负实数 $x$, 记 $[x]$ 为不超过 $x$ 的最大整数. 设 $U\sim U(0,1)$, 证明 $X=[nU]+1$ 服从取值为 $1,2,\cdots,n$ 的离散型均匀分布.

【证明】对于 $i=1,2,\cdots,n$,

$$P\{X=i\}=P\{[nU]+1=i\}=P\{[nU]=i-1\}$$
$$=P\{i-1\leqslant nU<i\}=P\left\{\frac{i-1}{n}\leqslant U<\frac{i}{n}\right\}=\frac{1}{n}.$$

18. 设随机变量 $X\sim U(-1,2)$, 求 $Y=|X|$ 的概率密度.

【解析】$X$ 的概率密度为

$$f_X(x)=\begin{cases}\frac{1}{3}, & -1<x<2,\\ 0, & \text{其他}.\end{cases}$$

记 $X$ 的分布函数为 $F_X(x)$. 先来求 $Y$ 的分布函数 $F_Y(y)$.

当 $y<0$ 时, $F_Y(y)=P\{Y\leqslant y\}=0$;

当 $y\geqslant0$ 时, $F_Y(y)=P\{|X|\leqslant y\}=P\{-y\leqslant X\leqslant y\}=F_X(y)-F_X(-y)$.

将 $F_Y(y)$ 关于 $y$ 求导数可得 $Y$ 的概率密度 $f_Y(y)$:

$$f_Y(y)=\begin{cases}f_X(y)+f_X(-y), & y>0,\\ 0, & \text{其他}.\end{cases}$$

当 $0\leqslant y<1$ 时, $-1<-y\leqslant0$, 因而 $f_X(y)=\frac{1}{3}, f_X(-y)=\frac{1}{3}$, 此时

$$f_Y(y)=\frac{1}{3}+\frac{1}{3}=\frac{2}{3};$$

当 $1\leqslant y<2$ 时, $-2<-y\leqslant-1$, 因而 $f_X(y)=\frac{1}{3}, f_X(-y)=0$, 此时

$$f_Y(y)=\frac{1}{3};$$

当 $y\geqslant2$ 时, $f_X(y)=0, f_X(-y)=0$, 因而 $f_Y(y)=0$. 故

$$f_Y(y)=\begin{cases}\frac{2}{3}, & 0\leqslant y<1,\\ \frac{1}{3}, & 1\leqslant y<2,\\ 0, & \text{其他}.\end{cases}$$

19. 设随机变量 $X$ 的概率密度

$$f_X(x)=\begin{cases}0, & x<0,\\ \frac{1}{2}, & 0\leqslant x<1,\\ \frac{1}{2x^2}, & 1\leqslant x<+\infty,\end{cases}$$

求 $Y=\frac{1}{X}$ 的概率密度.

【解析】因函数 $y=g(x)=\frac{1}{x}$ 严格单调递减, 它的反函数 $h(y)=\frac{1}{y}$. 当 $0<x<+\infty$ 时, $0<y<+\infty$. 由第二章公式 (5.2) 得 $Y$ 的概率密度为

$$f_Y(y) = \begin{cases} f_X[h(y)] \cdot |h'(y)|, & 0<y<+\infty, \\ 0, & \text{其他} \end{cases} = \begin{cases} f_X\left(\dfrac{1}{y}\right)\dfrac{1}{y^2}, & 0<y<+\infty, \\ 0, & \text{其他}. \end{cases}$$

因而 
$$f_Y(y) = \begin{cases} 0, & \text{其他}, \\ \dfrac{1}{2}\dfrac{1}{y^2}, & 0<\dfrac{1}{y}<1, \\ \dfrac{1}{2}\dfrac{1}{\left(\dfrac{1}{y}\right)^2}\dfrac{1}{y^2}, & 1\leqslant\dfrac{1}{y}<+\infty \end{cases} = \begin{cases} 0, & \text{其他}, \\ \dfrac{1}{2}, & 0<y\leqslant1, \\ \dfrac{1}{2y^2}, & 1<y<+\infty. \end{cases}$$

20.设随机变量 $X$ 服从以均值为 $\dfrac{1}{\lambda}$ 的指数分布,验证随机变量 $Y=[X]$ 服从以参数为 $1-\mathrm{e}^{-\lambda}$ 的几何分布.这一事实表明连续型随机变量的函数可以是离散型随机变量.

【证明】$X$ 的概率密度为 $f_X(x) = \begin{cases} \lambda\mathrm{e}^{-\lambda x}, & x>0, \\ 0, & \text{其他} \end{cases}$,$X$ 的有效取值范围为 $(0,+\infty)$,故 $Y=[X]$ 的值域是 $\{0,1,2,\cdots\}$,$Y$ 是离散型随机变量.对于任意非负整数 $y$,有

$$\begin{aligned} P\{Y=y\} &= P\{[X]=y\} = P\{y\leqslant X<y+1\} \\ &= \int_y^{y+1}\lambda\mathrm{e}^{-\lambda x}\mathrm{d}x = \mathrm{e}^{-\lambda y}-\mathrm{e}^{-\lambda(y+1)} = (1-\mathrm{e}^{-\lambda})(\mathrm{e}^{-\lambda})^y \\ &= (1-\mathrm{e}^{-\lambda})[1-(1-\mathrm{e}^{-\lambda})]^y, \quad y=0,1,2,\cdots. \end{aligned}$$

这就是说,$Y$ 服从以 $1-\mathrm{e}^{-\lambda}$ 为参数的几何分布.这表示一个连续型随机变量经变换变成了离散型随机变量.

【注】几何分布 $X$ 的分布律为 $P\{X=x\}=p(1-p)^{x-1}$,$x=1,2,\cdots$.令 $Y=X-1$,分布律又可写成 $P\{Y=y\}=p(1-p)^y$,$y=0,1,2,\cdots$.

21.投掷一硬币直至正面出现为止,引入随机变量

$$X=\text{投掷总次数}, \qquad Y = \begin{cases} 1, & \text{若首次投掷得到正面}, \\ 0, & \text{若首次投掷得到反面}. \end{cases}$$

(1)求 $X$ 和 $Y$ 的联合分布律及边缘分布律;

(2)求条件概率 $P\{X=1|Y=1\}$,$P\{Y=2|X=1\}$.

【解析】(1)$Y$ 的可能值是 $0,1$,$X$ 的可能值是 $1,2,3,\cdots$.

$$P\{X=1,Y=1\} = P\{Y=1|X=1\}P\{X=1\} = 1\times\dfrac{1}{2} = \dfrac{1}{2}.$$

(因 $X=1$,必定首次得正面,故 $P\{Y=1|X=1\}=1$)

若 $k>1$,$P\{X=k,Y=1\} = P\{Y=1|X=k\}P\{X=k\} = 0\times\dfrac{1}{2^k} = 0.$

(因 $X=k>1$,首次得正面是不可能的,故 $P\{Y=1|X=k\}=0$,$k=2,3,\cdots$)

$$P\{X=1,Y=0\} = P\{Y=0|X=1\}P\{X=1\} = 0\times\dfrac{1}{2} = 0.$$

(因 $X=1$,必须首次得正面,故 $P\{Y=0|X=1\}=0$)

当 $k>1$,$P\{X=k,Y=0\} = P\{Y=0|X=k\}P\{X=k\} = 1\times\dfrac{1}{2^k}$,$k=2,3,\cdots$.

(因 $X=k>1$,必定首次得反面,故 $P\{Y=0|X=k\}=1$)

综上,得 $(X,Y)$ 的分布律及边缘分布律如下:

| $Y$＼$X$ | 1 | 2 | 3 | 4 | $\cdots$ | $P\{Y=j\}$ |
|---|---|---|---|---|---|---|
| 0 | 0 | $\dfrac{1}{2^2}$ | $\dfrac{1}{2^3}$ | $\dfrac{1}{2^4}$ | $\cdots$ | $\dfrac{1}{2}$ |
| 1 | $\dfrac{1}{2}$ | 0 | 0 | 0 | $\cdots$ | $\dfrac{1}{2}$ |
| $P\{X=i\}$ | $\dfrac{1}{2}$ | $\dfrac{1}{2^2}$ | $\dfrac{1}{2^3}$ | $\dfrac{1}{2^4}$ | $\cdots$ | 1 |

(2)
$$P\{X=1\,|\,Y=1\}=\frac{P\{X=1,Y=1\}}{P\{Y=1\}}=\frac{1/2}{1/2}=1,$$

$$P\{Y=2\,|\,X=1\}=\frac{P\{X=1,Y=2\}}{P\{X=1\}}=0.$$

22. 设随机变量 $X\sim\pi(\lambda)$,随机变量 $Y=\max\{X,2\}$.试求 $X$ 和 $Y$ 的联合分布律及边缘分布律.

【解析】$X$ 的分布律为

$$P\{X=k\}=\frac{\lambda^k e^{-\lambda}}{k!},\ k=0,1,2,\cdots.$$

$X$ 的可能值是 $0,1,2,\cdots$;$Y$ 的可能值为 $2,3,4,\cdots$.

$$P\{X=0,Y=2\}=P\{Y=2\mid X=0\}P\{X=0\}=1\cdot P\{X=0\}=e^{-\lambda},$$

$$P\{X=1,Y=2\}=P\{Y=2\mid X=1\}P\{X=1\}=1\cdot P\{X=1\}=\lambda e^{-\lambda}.$$

当 $i\geqslant2$ 时,

$$P\{X=i,Y=j\}=P\{Y=j\mid X=i\}P\{X=i\}$$

$$=\begin{cases}1\cdot P\{X=i\}, & j=i,\\ 0\cdot P\{X=i\}, & j\neq i,\end{cases}=\begin{cases}\dfrac{\lambda^i e^{-\lambda}}{i!}, & j=i,\\ 0, & j\neq i,\end{cases}\quad j=2,3,4,\cdots.$$

即得 $X,Y$ 的联合分布律及边缘分布律为

| $Y$＼$X$ | 0 | 1 | 2 | 3 | 4 | 5 | $\cdots$ | $P\{Y=j\}$ |
|---|---|---|---|---|---|---|---|---|
| 2 | $e^{-\lambda}$ | $\lambda e^{-\lambda}$ | $\dfrac{\lambda^2 e^{-\lambda}}{2!}$ | 0 | 0 | 0 | $\cdots$ | $\displaystyle\sum_{i=0}^{2}\dfrac{\lambda^i e^{-\lambda}}{i!}$ |
| 3 | 0 | 0 | 0 | $\dfrac{\lambda^3 e^{-\lambda}}{3!}$ | 0 | 0 | $\cdots$ | $\dfrac{\lambda^3 e^{-\lambda}}{3!}$ |
| 4 | 0 | 0 | 0 | 0 | $\dfrac{\lambda^4 e^{-\lambda}}{4!}$ | 0 | $\cdots$ | $\dfrac{\lambda^4 e^{-\lambda}}{4!}$ |
| $\vdots$ | $\vdots$ | $\vdots$ | $\vdots$ | $\vdots$ | $\vdots$ | $\vdots$ | $\vdots$ | $\vdots$ |
| $P\{X=i\}$ | $e^{-\lambda}$ | $\lambda e^{-\lambda}$ | $\dfrac{\lambda^2 e^{-\lambda}}{2!}$ | $\dfrac{\lambda^3 e^{-\lambda}}{3!}$ | $\dfrac{\lambda^4 e^{-\lambda}}{4!}$ | $\cdots$ | $\cdots$ | 1 |

23. 设 $X,Y$ 是相互独立的泊松随机变量,参数分别为 $\lambda_1,\lambda_2$,求给定 $X+Y=n$ 的条件下 $X$ 的条件分布.

【解析】$P\{X=k\,|\,X+Y=n\}=\dfrac{P\{X=k,X+Y=n\}}{P\{X+Y=n\}}=\dfrac{P\{X=k,Y=n-k\}}{P\{X+Y=n\}}$

$$\xrightarrow{\text{由独立性}}\frac{P\{X=k\}P\{Y=n-k\}}{P\{X+Y=n\}}$$

$$=\frac{\lambda_1^k e^{-\lambda_1}}{k!}\cdot\frac{\lambda_2^{n-k} e^{-\lambda_2}}{(n-k)!}\left[\frac{(\lambda_1+\lambda_2)^n e^{-(\lambda_1+\lambda_2)}}{n!}\right]^{-1}$$

$$= \frac{n!}{(n-k)!k!} \frac{\lambda_1^k \lambda_2^{n-k}}{(\lambda_1+\lambda_2)^n}$$

$$= C_n^k \frac{\lambda_1^k \lambda_2^{n-k}}{(\lambda_1+\lambda_2)^n} = C_n^k \left(\frac{\lambda_1}{\lambda_1+\lambda_2}\right)^k \left(\frac{\lambda_2}{\lambda_1+\lambda_2}\right)^{n-k}.$$

这就是说,给定条件 $X+Y=n$ 下,$X$ 的条件分布为以 $n, \dfrac{\lambda_1}{\lambda_1+\lambda_2}$ 为参数的二项分布.

24. 一教授将两篇论文分别交给两个打字员打印,以 $X, Y$ 分别表示第一篇和第二篇论文的印刷错误. 设 $X \sim \pi(\lambda), Y \sim \pi(\mu), X, Y$ 相互独立.

(1) 求 $X, Y$ 的联合分布律;

(2) 求两篇论文总共至多 1 个错误的概率.

【解析】(1) $X, Y$ 的联合分布律为

$$P\{X=x, Y=y\} = \frac{\lambda^x e^{-\lambda}}{x!} \cdot \frac{\mu^y e^{-\mu}}{y!} = \frac{\lambda^x \mu^y e^{-(\lambda+\mu)}}{x!y!}, x, y = 0, 1, 2, \cdots.$$

(2) 两篇论文总共至多 1 个错误的概率为

$$P\{X+Y \leqslant 1\} = P(\{X+Y=0\} \cup \{X+Y=1\})$$
$$= P\{X=0, Y=0\} + P\{X=1, Y=0\} + P\{X=0, Y=1\}$$
$$= e^{-(\lambda+\mu)} + \lambda e^{-(\lambda+\mu)} + \mu e^{-(\lambda+\mu)} = e^{-(\lambda+\mu)}(1+\lambda+\mu).$$

25. 一等边三角形 $ROT$(如图 15-3 所示)的边长为 1,在三角形内随机地取点 $Q(X, Y)$(意指随机点 $(X, Y)$ 在三角形 $ROT$ 内均匀分布).

(1) 写出随机变量 $(X, Y)$ 的概率密度;

(2) 求点 $Q$ 到底边 $OT$ 的距离的分布函数.

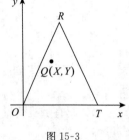

图 15-3

【解析】(1) 因三角形 $\triangle ROT$ 的面积为 $\dfrac{\sqrt{3}}{4}$,故 $(X, Y)$ 的概率密度为

$$f(x, y) = \begin{cases} \dfrac{4}{\sqrt{3}}, & \dfrac{y}{\sqrt{3}} \leqslant x \leqslant 1 - \dfrac{y}{\sqrt{3}}, 0 \leqslant y \leqslant \dfrac{\sqrt{3}}{2}, \\ 0, & \text{其他}. \end{cases}$$

(2) 点 $Q(X, Y)$ 到底边 $OT$ 的距离就是 $Y$,因而求 $Q$ 到 $OT$ 的距离的分布函数,就是求 $(X, Y)$ 关于 $Y$ 的边缘分布函数,现在

$$f_Y(y) = \int_{\frac{y}{\sqrt{3}}}^{1-\frac{y}{\sqrt{3}}} f(x, y) \, dx = \frac{4}{\sqrt{3}}\left(1 - \frac{2y}{\sqrt{3}}\right), \quad 0 < y < \frac{\sqrt{3}}{2},$$

从而 $f_Y(y) = \begin{cases} \dfrac{4}{\sqrt{3}}\left(1 - \dfrac{2y}{\sqrt{3}}\right), & 0 < y < \dfrac{\sqrt{3}}{2}, \\ 0, & \text{其他}. \end{cases}$

所以 $Y$ 的分布函数为 $F_Y(y) = \begin{cases} 0, & y < 0, \\ \dfrac{4}{\sqrt{3}}y - \dfrac{4}{3}y^2, & 0 \leqslant y < \dfrac{\sqrt{3}}{2}, \\ 1, & y \geqslant \dfrac{\sqrt{3}}{2}. \end{cases}$

26. 设随机变量 $(X, Y)$ 具有概率密度

$$f(x, y) = \begin{cases} xe^{-x(y+1)}, & x > 0, y > 0, \\ 0, & \text{其他}. \end{cases}$$

(1)求边缘概率密度 $f_X(x),f_Y(y)$;

(2)求条件概率密度 $f_{X|Y}(x\,|\,y),f_{Y|X}(y\,|\,x)$.

**【解析】**(1)边缘概率密度:

当 $x>0$ 时,

$$f_X(x)=\int_0^{+\infty}xe^{-x(y+1)}\mathrm{d}y=e^{-x}(-e^{-xy})\Big|_{y=0}^{y=+\infty}=e^{-x};$$

当 $y>0$ 时,

$$f_Y(y)=\int_0^{+\infty}xe^{-x(y+1)}\mathrm{d}x=\frac{-xe^{-x(y+1)}}{y+1}\Big|_{x=0}^{x=+\infty}+\frac{1}{y+1}\int_0^{+\infty}e^{-x(y+1)}\mathrm{d}x$$

$$=\frac{-e^{-x(y+1)}}{(y+1)^2}\Big|_{x=0}^{x=+\infty}=\frac{1}{(y+1)^2}.$$

故边缘概率密度 $f_X(x),f_Y(y)$ 分别为

$$f_X(x)=\begin{cases}e^{-x},&x>0,\\0,&\text{其他};\end{cases}\qquad f_Y(y)=\begin{cases}\dfrac{1}{(y+1)^2},&y>0,\\0,&\text{其他}.\end{cases}$$

(2)条件概率密度:

当 $x>0$ 时,

$$f_{Y|X}(y\,|\,x)=\begin{cases}\dfrac{xe^{-x(y+1)}}{e^{-x}},&y>0,\\0,&\text{其他}\end{cases}=\begin{cases}xe^{-xy},&y>0,\\0,&\text{其他};\end{cases}$$

当 $y>0$ 时,

$$f_{X|Y}(x\,|\,y)=\begin{cases}\dfrac{xe^{-x(y+1)}}{1/(y+1)^2},&x>0,\\0,&\text{其他}\end{cases}=\begin{cases}x(y+1)^2e^{-x(y+1)},&x>0,\\0,&\text{其他}.\end{cases}$$

27. 设有随机变量 $U$ 和 $V$,它们都仅取 $1,-1$ 两个值.已知

$$P\{U=1\}=\frac{1}{2},\quad P\{V=1\,|\,U=1\}=\frac{1}{3}=P\{V=-1\,|\,U=-1\}.$$

(1)求 $U$ 和 $V$ 的联合分布律;

(2)求 $x$ 的方程 $x^2+Ux+V=0$ 至少有一个实根的概率;

(3)求 $x$ 的方程 $x^2+(U+V)x+U+V=0$ 至少有一个实根的概率.

**【解析】**(1) $\quad P\{U=1,V=1\}=P\{V=1|U=1\}P\{U=1\}=\frac{1}{3}\times\frac{1}{2}=\frac{1}{6}.$

$$P\{U=-1,V=-1\}=P\{V=-1\,|\,U=-1\}P\{U=-1\}$$

$$=\frac{1}{3}\times[1-P\{U=1\}]=\frac{1}{3}\times\frac{1}{2}=\frac{1}{6}.$$

$$P\{U=1,V=-1\}=P\{V=-1\,|\,U=1\}P\{U=1\}$$

$$=[1-P\{V=1\,|\,U=1\}]P\{U=1\}=\frac{2}{3}\times\frac{1}{2}=\frac{1}{3}.$$

$$P\{U=-1,V=1\}=P\{V=1\,|\,U=-1\}P\{U=-1\}$$

$$=[1-P\{V=-1\,|\,U=-1\}]P\{U=-1\}$$

$$=\frac{2}{3}\times\frac{1}{2}=\frac{1}{3}.$$

则 $U,V$ 的联合分布律为

| U<br>V | $-1$ | $1$ |
|---|---|---|
| $-1$ | $\dfrac{1}{6}$ | $\dfrac{1}{3}$ |
| $1$ | $\dfrac{1}{3}$ | $\dfrac{1}{6}$ |

(2)方程 $x^2+Ux+V=0$ 当且仅当在 $\Delta=U^2-4V\geqslant 0$ 时至少有一个实根,因而所求的概率为

$$P\{\Delta\geqslant 0\}=P\{U^2-4V\geqslant 0\}=P\{V=-1\}=\frac{1}{2}.$$

(3)方程 $x^2+(U+V)x+U+V=0$ 当且仅当在 $\Delta=(U+V)^2-4(U+V)\geqslant 0$ 时至少有一实根,因而所求的概率为

$$P\{\Delta\geqslant 0\}=P\{U=-1,V=-1\}+P\{U=-1,V=1\}+P\{U=1,V=-1\}$$
$$=\frac{5}{6}.$$

28. 某图书馆一天的读者人数 $X\sim\pi(\lambda)$,任一读者借书的概率为 $p$,各读者借书与否相互独立. 记一天读者借书的人数为 $Y$,求 $X$ 和 $Y$ 的联合分布律.

【解析】读者借书人数的可能值为 $Y=0,1,2,\cdots,Y\leqslant X$,

$$P\{X=k,Y=i\}=P\{Y=i\mid X=k\}P\{X=k\}$$
$$=C_k^i p^i(1-p)^{k-i}\frac{\lambda^k e^{-\lambda}}{k!},\quad k=0,1,2,\cdots;i=0,1,2,\cdots,k.$$

29. 设随机变量 $X,Y$ 相互独立,且都服从均匀分布 $U(0,1)$,求两变量之一至少为另一变量之值的两倍的概率.

【解析】按题意知,$(X,Y)$ 所在区域:$G=\{(x,y)\mid 0<x<1,0<y<1\}$ 服从均匀分布,其概率密度为

$$f(x,y)=\begin{cases}1,&0<x<1,0<y<1,\\0,&\text{其他.}\end{cases}$$

所求概率为
$$p=P\{Y>2X\}+P\{X>2Y\}$$
$$=\iint\limits_{G_1}f(x,y)\mathrm{d}x\mathrm{d}y+\iint\limits_{G_2}f(x,y)\mathrm{d}x\mathrm{d}y$$
$$=G_1\text{ 的面积}+G_2\text{ 的面积}=\frac{1}{2},$$

其中 $G_1,G_2$ 如图 15-4 所示.

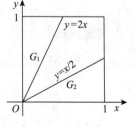

图 15-4

30. 一家公司有一份保单招标,两家保险公司竞标,规定标书的保险必须在 20 万元至 22 万元之间. 若两份标书保险费相差 2 千或 2 千以上,招标公司将选择报价低者,否则就重新招标. 设两家保险公司的报价是相互独立的,且都在 20 万至 22 万之间均匀分布. 试求招标公司需重新招标的概率.

【解析】设以 $X,Y$ 分别表示两家保险公司提出的保费. 由题意假设 $X$ 和 $Y$ 的概率密度均为

$$f(u)=\begin{cases}\dfrac{1}{2},&20<u<22,\\0,&\text{其他.}\end{cases}$$

因 $X,Y$ 相互独立,故 $(X,Y)$ 的概率密度为

$$f(x,y) = f_X(x)f_Y(y) = \begin{cases} \dfrac{1}{4}, & 20 < x < 22, 20 < y < 22, \\ 0, & \text{其他.} \end{cases}$$

按题意需求概率 $P\{|X-Y| \leqslant 0.2\}$. 画出区域:

$\{(x,y) \mid |x-y| < 0.2\}$ 以及矩形 $\{(x,y) \mid 20 < x < 22, 20 < y < 22\}$,

如图 15-5 所示,它们公共部分的面积 $G$ 为

$$G = 正方形面积 - 2 \times 三角形面积$$
$$= 4 - 1.8 \times 1.8 = 0.76.$$

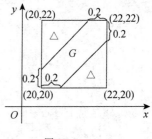

图 15-5

故所求概率 $= \dfrac{0.76}{2 \times 2} = 0.19$.

31. 设随机变量 $X \sim N(0, \sigma_1^2)$, $Y \sim N(0, \sigma_2^2)$, 且 $X, Y$ 相互独立,求概率
$$P\{0 < \sigma_2 X - \sigma_1 Y < 2\sigma_1\sigma_2\}.$$

【解析】因 $X, Y$ 相互独立,其线性组合 $\sigma_2 X - \sigma_1 Y$ 仍服从正态分布,而

$$E(\sigma_2 X - \sigma_1 Y) = \sigma_2 EX - \sigma_1 EY = 0,$$
$$D(\sigma_2 X - \sigma_1 Y) = \sigma_2^2 DX + \sigma_1^2 DY = 2\sigma_1^2\sigma_2^2,$$

故 $\sigma_2 X - \sigma_1 Y \sim N(0, 2\sigma_1^2\sigma_2^2)$. 因而

$$P\{0 < \sigma_2 X - \sigma_1 Y < 2\sigma_1\sigma_2\} = P\left\{0 < \frac{\sigma_2 X - \sigma_1 Y - 0}{\sqrt{2\sigma_1^2\sigma_2^2}} \leqslant \frac{2\sigma_1\sigma_2 - 0}{\sqrt{2\sigma_1^2\sigma_2^2}}\right\}$$

$$= \Phi\left(\frac{2\sigma_1\sigma_2}{\sqrt{2\sigma_1^2\sigma_2^2}}\right) - \Phi(0) = \Phi(\sqrt{2}) - 0.5$$

$$= 0.920\,7 - 0.5 = 0.420\,7.$$

32. NBA 篮球赛中有这样的规律,两支实力相当的球队比赛时,每节主队得分与客队得分之差为正态随机变量,均值为 1.5,方差为 6,并且假设四节的比分差是相互独立的.问:

(1)主队胜的概率有多大?

(2)在前半场主队落后 5 分的情况下,主队得胜的概率有多大?

(3)在第一节主队赢 5 分的情况下,主队得胜的概率有多大?

【解析】以 $X_i (i=1,2,3,4)$ 记主队在第 $i$ 节的得分与客队在第 $i$ 节的得分之差,则有 $X_i \sim N(1.5,6)$, $\sum\limits_{i=1}^{4} X_i \sim N(4 \times 1.5, 4 \times 6)$, 记 $Z$ 为标准正态随机变量.

(1) $P\left\{\sum\limits_{i=1}^{4} X_i > 0\right\} = P\left\{\dfrac{\sum\limits_{i=1}^{4} X_i - 4 \times 1.5}{\sqrt{4 \times 6}} > \dfrac{-4 \times 1.5}{\sqrt{4 \times 6}}\right\} = P\{Z > -1.224\,7\} = 0.889\,7.$

(2)由独立性

$$P\left\{\sum_{i=1}^{4} X_i > 0 \,\Big|\, \sum_{i=1}^{2} X_i = -5\right\} = P\{X_3 + X_4 > 5\}$$

$$= P\left\{\frac{X_3 + X_4 - 3}{\sqrt{2 \times 6}} > \frac{5-3}{\sqrt{12}}\right\} = P\left\{Z > \frac{\sqrt{3}}{3}\right\}$$

$$= P\{Z > 0.577\,5\} = 0.281\,8.$$

(3) $$P\left\{\sum_{i=1}^{4} X_i > 0 \,\Big|\, X_1 = 5\right\} = P\{5 + X_2 + X_3 + X_4 > 0\}$$

$$= P\{X_2 + X_3 + X_4 > -5\}$$

$$=P\left\{\frac{X_2+X_3+X_4-4.5}{\sqrt{3\times6}}>\frac{-5-4.5}{\sqrt{18}}\right\}$$

$$=P\left\{Z>\frac{-9.5}{\sqrt{18}}\right\}=P\{Z>-2.239\}=0.9874.$$

33. 产品的某种性能指标的测量值 $X$ 是随机变量,设 $X$ 的概率密度为

$$f_X(x)=\begin{cases}xe^{-\frac{1}{2}x^2},&x>0,\\0,&\text{其他,}\end{cases}$$

测量误差 $Y\sim U(-\varepsilon,\varepsilon)$,$X,Y$ 相互独立,求 $Z=X+Y$ 的概率密度 $f_Z(z)$,并验证

$$P\{Z>\varepsilon\}=\frac{1}{2\varepsilon}\int_0^{2\varepsilon}e^{-u^2/2}du.$$

【解析】$Y$ 的概率密度为

$$f_Y(y)=\begin{cases}\dfrac{1}{2\varepsilon},&-\varepsilon<y<\varepsilon,\\0,&\text{其他,}\end{cases}$$

故 $Z=X+Y$ 的概率密度为

$$f_Z(z)=\int_{-\infty}^{+\infty}f_X(x)f_Y(z-x)dx,$$

仅当 $\begin{cases}x>0,\\-\varepsilon<z-x<\varepsilon,\end{cases}$ 即 $\begin{cases}x>0,\\z-\varepsilon<x<z+\varepsilon,\end{cases}$ 时上述积分的被积函数不等于零,如图 15-6 所示,得

$$f_Z(z)=\begin{cases}\dfrac{1}{2\varepsilon}\displaystyle\int_0^{z+\varepsilon}xe^{-\frac{1}{2}x^2}dx,&-\varepsilon<z<\varepsilon,\\[2mm]\dfrac{1}{2\varepsilon}\displaystyle\int_{z-\varepsilon}^{z+\varepsilon}xe^{-\frac{1}{2}x^2}dx,&z\geqslant\varepsilon,\\[2mm]0,&\text{其他}\end{cases}$$

$$=\begin{cases}\dfrac{1}{2\varepsilon}\left[1-e^{-\frac{1}{2}(z+\varepsilon)^2}\right],&-\varepsilon<z<\varepsilon,\\[2mm]\dfrac{1}{2\varepsilon}\left[e^{-\frac{1}{2}(z-\varepsilon)^2}-e^{-\frac{1}{2}(z+\varepsilon)^2}\right],&z\geqslant\varepsilon,\\[2mm]0,&\text{其他.}\end{cases}$$

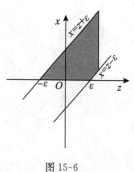

图 15-6

$$P\{Z>\varepsilon\}=\int_\varepsilon^{+\infty}f_Z(z)dx=\frac{1}{2\varepsilon}\left[\int_\varepsilon^{+\infty}e^{-\frac{1}{2}(z-\varepsilon)^2}dz-\int_\varepsilon^{+\infty}e^{-\frac{1}{2}(z+\varepsilon)^2}dz\right]\xlongequal{\text{记成}}\frac{1}{2\varepsilon}(\text{I}+\text{II}),$$

其中

$$\text{I}=\int_\varepsilon^{+\infty}e^{-\frac{1}{2}(z-\varepsilon)^2}dz\xlongequal{\text{令}z-\varepsilon=u}\int_0^{+\infty}e^{-\frac{1}{2}u^2}du,$$

$$\text{II}=-\int_\varepsilon^{+\infty}e^{-\frac{1}{2}(z+\varepsilon)^2}dz\xlongequal{\text{令}z+\varepsilon=u}-\int_{2\varepsilon}^{+\infty}e^{-\frac{1}{2}u^2}du,$$

于是 $P\{Z>\varepsilon\}=\dfrac{1}{2\varepsilon}(\text{I}+\text{II})=\dfrac{1}{2\varepsilon}\displaystyle\int_0^{2\varepsilon}e^{-\frac{1}{2}u^2}du.$

34. 在一化学过程中,产品中有份额 $X$ 为杂质,而在杂质中有份额 $Y$ 是有害的,而其余部分不影响产品的质量. 设 $X\sim U(0,0.1)$,$Y\sim U(0,0.5)$,且 $X$ 和 $Y$ 相互独立,求产品中有害杂质份额 $Z$ 的概率密度.

【解析】由于 $Z=XY$,$X\sim U(0,0.1)$,$Y\sim U(0,0.5)$ 且 $X,Y$ 相互独立. 于是 $Z$ 的概率密度为

$$f_Z(z) = \int_{-\infty}^{+\infty} \frac{1}{|x|} f_X(x) f_Y\left(\frac{z}{x}\right) \mathrm{d}x, \qquad ①$$

图 15-7

其中 $f_X(x) = \begin{cases} 10, & 0 < x < 0.1, \\ 0, & \text{其他}, \end{cases}$ $f_Y(y) = \begin{cases} 2, & 0 < y < 0.5, \\ 0, & \text{其他}. \end{cases}$

易知仅当 $\begin{cases} 0 < x < 0.1, \\ 0 < z/x < 0.5, \end{cases}$ 即 $\begin{cases} 0 < x < 0.1, \\ 0 < 2z < x \end{cases}$ 时①式中的被积函数不等于零,

如图 15-7 所示, 即得

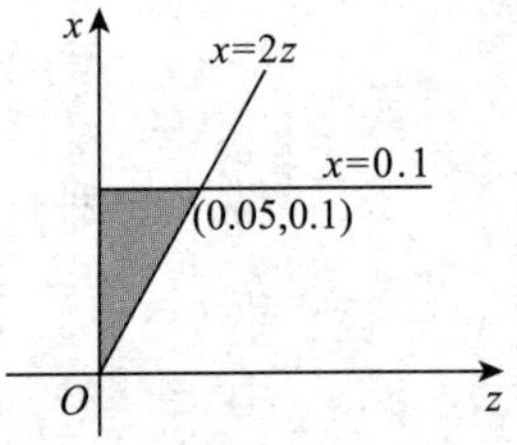

$$f(z) = \begin{cases} \int_{2z}^{0.1} 10 \times 2 \cdot \frac{1}{x} \mathrm{d}x, & 0 < z < 0.05, \\ 0, & \text{其他} \end{cases}$$

$$= \begin{cases} 20\ln x \Big|_{2z}^{0.1}, & 0 < z < 0.05, \\ 0, & \text{其他} \end{cases} = \begin{cases} -20\ln(20z), & 0 < z < 0.05, \\ 0, & \text{其他}. \end{cases}$$

35. 设随机变量 $(X,Y)$ 的概率密度为

$$f(x,y) = \begin{cases} \mathrm{e}^{-y}, & 0 < x < y, \\ 0, & \text{其他}. \end{cases}$$

(1) 求 $(X,Y)$ 的边缘概率密度;      (2) 问 $X,Y$ 是否相互独立;

(3) 求 $X+Y$ 的概率密度 $f_{X+Y}(z)$;      (4) 求条件概率密度 $f_{X|Y}(x|y)$;

(5) 求条件概率 $P\{X>3 | Y<5\}$;      (6) 求条件概率 $P\{X>3 | Y=5\}$.

【解析】(1) $f_X(x) = \begin{cases} \int_x^{+\infty} \mathrm{e}^{-y} \mathrm{d}y = \mathrm{e}^{-x}, & x > 0, \\ 0, & \text{其他}, \end{cases}$ $f_Y(y) = \begin{cases} \int_0^y \mathrm{e}^{-y} \mathrm{d}x = y\mathrm{e}^{-y}, & y > 0, \\ 0, & \text{其他}. \end{cases}$

(2) 因为 $f(x,y) \neq f_X(x) \cdot f_Y(y) = y\mathrm{e}^{-(x+y)}$, 所以 $X,Y$ 不是相互独立的.

(3) $f_{X+Y}(z) = \int_{-\infty}^{+\infty} f(z-y,y) \mathrm{d}y$. 仅当 $0 < z-y < y$, 即 $\begin{cases} 2y > z, \\ y > 0, \\ y < z \end{cases}$ 时被积函数不为零. 如图 15-8

所示, 得

$$f_{X+Y}(z) = \begin{cases} \int_{\frac{z}{2}}^{z} \mathrm{e}^{-y} \mathrm{d}y = \mathrm{e}^{-\frac{z}{2}} - \mathrm{e}^{-z}, & z > 0, \\ 0, & \text{其他}. \end{cases}$$

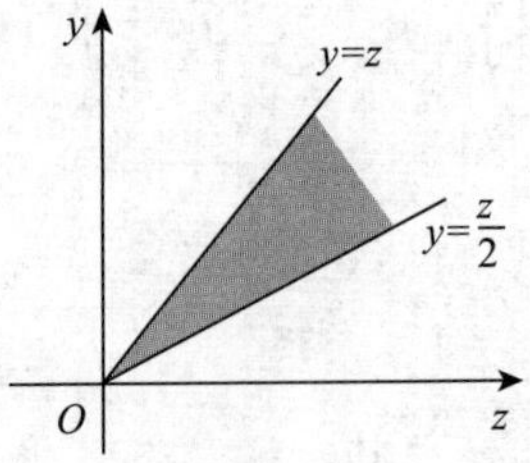

图 15-8

(4) 对于 $y > 0$,

$$f_{X|Y}(x|y) = \begin{cases} \dfrac{\mathrm{e}^{-y}}{y\mathrm{e}^{-y}} = \dfrac{1}{y}, & 0 < x < y, \\ 0, & \text{其他}, \end{cases}$$

即对于固定的 $y(y>0)$, $X$ 的条件分布是区间 $(0,y)$ 上的均匀分布.

(5) 如图 15-9 所示,条件概率为

$$P\{X > 3 \mid Y < 5\} = \frac{P\{X > 3, Y < 5\}}{P\{Y < 5\}} = \frac{\iint\limits_{D} e^{-y} dx dy}{\int_{0}^{5} f_Y(y) dy},$$

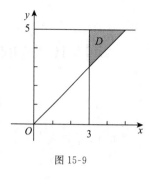

图 15-9

其中 $\iint\limits_{D} e^{-y} dx dy = \int_{3}^{5} \int_{x}^{5} e^{-y} dy dx$

$$= \int_{3}^{5} (-e^{-y}) \Big|_{x}^{5} dx = \int_{3}^{5} (-e^{-5} + e^{-x}) dx$$

$$= -3e^{-5} + e^{-3},$$

$$\int_{0}^{5} f_Y(y) dy = \int_{0}^{5} y e^{-y} dy = -y e^{-y} \Big|_{0}^{5} + \int_{0}^{5} e^{-y} dy = -6e^{-5} + 1,$$

故 $P\{X > 3 \mid Y < 5\} = 0.030\,82.$

(6) $f_{X|Y}(x \mid 5) = \begin{cases} \dfrac{1}{5}, & 0 < x < 5, \\ 0, & \text{其他}, \end{cases}$ 于是 $P\{X > 3 \mid Y = 5\} = \int_{3}^{5} \dfrac{1}{5} dx = \dfrac{2}{5}.$

36. 设某图书馆的读者借阅甲种图书的概率为 $p$,借阅乙种图书的概率为 $\alpha$,设每人借阅甲、乙图书的行动相互独立,读者之间的行动也相互独立.

(1) 某天恰有 $n$ 个读者,求借阅甲种图书的人数的数学期望;

(2) 某天恰有 $n$ 个读者,求甲、乙两种图书中至少借阅一种的人数的数学期望.

【解析】(1) 以 $X$ 表示某天读者中借阅甲种图书的人数,因各人借阅甲种图书的概率均为 $p$,且由题设各人是否借阅相互独立,故 $X \sim b(n, p)$,因此 $EX = np.$

(2) 以 $A$ 表示事件"读者借阅甲种图书",以 $B$ 表示事件"读者借阅乙种图书",则就该读者而言,有

$$P(A \cup B) = P(A) + P(B) - P(AB).$$

借阅两种图书的行动相互独立,故 $P(AB) = P(A)P(B)$,按题设

$$P(A \cup B) = P(A) + P(B) - P(A)P(B) = p + \alpha - p\alpha.$$

以 $Y$ 表示至少借阅一种图书的人数,由题设各人是否借阅相互独立,知 $Y \sim b(n, p + \alpha - p\alpha)$,故

$$EY = n(p + \alpha - p\alpha).$$

37. 某种鸟在某时间区间 $(0, t_0]$ 下蛋数为 1~5 只,下 $r$ 只蛋的概率与 $r$ 成正比. 一个收拾鸟蛋的人在 $t_0$ 时去收集鸟蛋,但他仅当鸟窝中多于 3 只蛋时他从中取走一只蛋. 在某处有这样鸟的鸟窝 6 个(每个鸟窝保存完好,各鸟窝中蛋的个数相互独立).

(1) 写出一个鸟窝中鸟蛋只数 $X$ 的分布律;

(2) 对于指定的一只鸟窝,求拾蛋人在该鸟窝中拾到一只蛋的概率;

(3) 求拾蛋人在 6 只鸟窝中拾到蛋的总数 $Y$ 的分布律及数学期望;

(4) 求 $P\{Y < 4\}, P\{Y > 4\};$

(5) 如一个拾蛋人在这 6 只鸟窝中拾过蛋后,紧接着又有一个拾蛋人到这些鸟窝中拾蛋,也仅当鸟窝中多于 3 只蛋时,拾取一只蛋,求第二个拾蛋人拾得蛋数 $Z$ 的数学期望.

【解析】(1) 设该种鸟在 $(0, t_0]$ 内下蛋数为 $X$,按题意 $P\{X = r\} = Cr, r = 1, 2, 3, 4, 5$,其中 $C$ 为特定常数. 因 $\sum\limits_{r=1}^{5} P\{X = r\} = 1$,即有 $\sum\limits_{r=1}^{5} Cr = 15C = 1$,所以 $C = \dfrac{1}{15}$,因此 $X$ 的分布律为

$$P\{X=r\}=\frac{1}{15}r,r=1,2,3,4,5.$$

(2)因当且仅当窝中蛋数多于 3 时,某人从中取走一只蛋,故拾蛋人在该窝中拾取一只蛋的概率为

$$P\{X>3\}=P\{X=4\}+P\{X=5\}=\frac{4}{15}+\frac{5}{15}=\frac{3}{5}.$$

(3)记拾蛋人在 6 个鸟窝中拾到蛋的总数为 $Y$,则 $Y\sim b\left(6,\frac{3}{5}\right)$,故

$$EY=6\times\frac{3}{5}=\frac{18}{5}.$$

(4)

$$P\{Y<4\}=1-P\{Y=4\}-P\{Y=5\}-P\{Y=6\}$$

$$=1-C_6^4\left(\frac{3}{5}\right)^4\left(\frac{2}{5}\right)^2-C_6^5\left(\frac{3}{5}\right)^5\left(\frac{2}{5}\right)-\left(\frac{3}{5}\right)^6=0.456,$$

$$P\{Y>4\}=P\{Y=5\}+P\{Y=6\}=0.233.$$

(5)第 2 个拾蛋人仅当鸟窝中最初有 5 只蛋时,他才能从该窝中拾到一只蛋,故他在一个鸟窝中拾到一只蛋的概率为 $p=P\{X=5\}=\frac{1}{3}$.以 $Z$ 记第 2 个拾蛋人拾到蛋的总数,则 $Z\sim b\left(6,\frac{1}{3}\right)$,故有

$$EZ=6\times\frac{1}{3}=2.$$

38.设袋中有 $r$ 只白球,$N-r$ 只黑球.在袋中取球 $n(n\leqslant r)$ 次,每次任取一只作不放回抽样,以 $Y$ 表示取到白球的个数,求 $EY$.

**【解析】** 引入随机变量 $X_i$:

$$X_i=\begin{cases}1,&\text{若第 }i\text{ 次取球得到白球,}\\0,&\text{若第 }i\text{ 次取球得到不是白球,}\end{cases}\quad i=1,2,\cdots,n,$$

则 $n$ 次取球得到的白球数 $Y=X_1+X_2+\cdots+X_n$.

而 $P\{X_i=1\}=P\{$第 $i$ 次取球得到白球$\}=\frac{r}{N}$,则 $X_i$ 的分布律为

| $X_i$ | 0 | 1 |
|---|---|---|
| $p_k$ | $1-\dfrac{r}{N}$ | $\dfrac{r}{N}$ |

$,i=1,2,\cdots,n.$

即知 $X_i$ 的数学期望为 $EX_i=\frac{r}{N}$.于是得 $Y$ 的数学期望为

$$EY=E\left(\sum_{i=1}^n X_i\right)=\sum_{i=1}^n EX_i=n\times\frac{r}{N}=\frac{nr}{N}.$$

39.抛一颗骰子直到所有点数全部出现为止,求所需投掷次数 $Y$ 的数学期望.

**【解析】** 引入随机变量 $X_i,i=1,2,3,4,5,6$,如下:

$X_1=1$;

$X_2=$第一点得到后,等待第二个不同点所需等待次数;

$X_3=$第一、第二两点得到后,等待第三个不同点所需等待次数;

$X_4,X_5,X_6$ 的意义类似.则所需投掷的总次数为

$$Y=X_1+X_2+\cdots+X_6.$$

因第一点得到后,掷一次得第二个不相同的点的概率为 $\frac{5}{6}$,因此 $X_2$ 的分布律为

将这些结果代入（＊）式,得

$$E\left[(\overline{X}S^2)^2\right]=\left(\frac{\sigma^2}{n}+\mu^2\right)\left(\frac{2\sigma^4}{n-1}+\sigma^4\right).$$

48. 设总体 $X$ 具有概率密度

$$f(x)=\begin{cases}\dfrac{1}{\theta^2}x\mathrm{e}^{-\frac{x}{\theta}}, & x>0,\\[2mm]0, & x\leqslant 0,\end{cases}$$

其中 $\theta>0$ 为未知参数,$X_1,X_2,\cdots,X_n$ 是来自 $X$ 的样本,$x_1,x_2,\cdots,x_n$ 是相应的样本观察值.

(1)求 $\theta$ 的最大似然估计量；

(2)求 $\theta$ 的矩估计量；

(3)(仅数一)问求得的估计量是否是无偏估计量.

【解析】(1)由 $X$ 的样本观察值 $x_1,x_2,\cdots,x_n$ 以及 $X$ 的概率密度的形式,可知当 $x_i>0(i=1,2,\cdots,n)$ 时,得似然函数为

$$L=L(x_1,x_2,\cdots,x_n;\theta)=\prod_{i=1}^{n}\left(\frac{1}{\theta^2}x_i\mathrm{e}^{-\frac{x_i}{\theta}}\right)=\frac{1}{\theta^{2n}}\left(\prod_{i=1}^{n}x_i\right)\mathrm{e}^{-\sum\limits_{i=1}^{n}\frac{x_i}{\theta}},$$

故

$$\ln L=-2n\ln\theta+\ln\left(\prod_{i=1}^{n}x_i\right)-\frac{1}{\theta}\sum_{i=1}^{n}x_i,$$

令 $\dfrac{\mathrm{d}}{\mathrm{d}\theta}\ln L=\dfrac{-2n}{\theta}+\dfrac{1}{\theta^2}\sum\limits_{i=1}^{n}x_i=0$,得 $\theta$ 的最大似然估计值为

$$\hat{\theta}=\frac{1}{2n}\sum_{i=1}^{n}x_i=\frac{1}{2}\overline{x}.$$

从而 $\theta$ 的最大似然估计量为 $\hat{\theta}=\dfrac{1}{2}\overline{X}$.

$$(2)\qquad \mu_1=EX=\int_{-\infty}^{+\infty}xf(x)\mathrm{d}x=\int_{0}^{+\infty}\frac{1}{\theta^2}x^2\mathrm{e}^{-\frac{x}{\theta}}\mathrm{d}x\xlongequal{\text{令}\frac{x}{\theta}=u}\theta\int_{0}^{+\infty}u^2\mathrm{e}^{-u}\mathrm{d}u=\theta\Gamma(3)$$

$$=\theta\cdot 2\Gamma(2)=\theta\cdot 2\cdot 1\cdot\Gamma(1)=2\theta,$$

得 $\theta=\dfrac{1}{2}\mu_1$.

以 $A_1$ 代替上式中的 $\mu_1$,得 $\theta$ 的矩估计量为 $\hat{\theta}=\dfrac{1}{2}A_1=\dfrac{1}{2}\overline{X}$,它与最大似然估计量相一致.

(3)因 $E(\hat{\theta})=\dfrac{1}{2}E(\overline{X})=\dfrac{1}{2}EX=\dfrac{1}{2}\times 2\theta=\theta$,故 $\hat{\theta}=\dfrac{1}{2}\overline{X}$ 是 $\theta$ 的无偏估计量.

49. 设 $X_1,X_2,\cdots,X_{n_1}$ 以及 $Y_1,Y_2,\cdots,Y_{n_2}$ 为分别来自总体 $N(\mu_1,\sigma^2)$ 与 $N(\mu_2,\sigma^2)$ 的样本,且它们相互独立.$\mu_1,\mu_2,\sigma^2$ 均未知,试求 $\mu_1,\mu_2,\sigma^2$ 的最大似然估计量.

【解析】设给定的两独立样本的相应样本值分别为 $x_1,x_2,\cdots,x_{n_1};y_1,y_2,\cdots,y_{n_2}$,将它们代入相应的概率密度,然后相乘,得似然函数为

$$L(x_1,x_2,\cdots,x_{n_1},y_1,y_2,\cdots,y_{n_2};\mu_1,\mu_2,\sigma^2)$$

$$=\left[\prod_{i=1}^{n_1}\frac{1}{\sqrt{2\pi}\sigma}\mathrm{e}^{-\frac{(x_i-\mu_1)^2}{2\sigma^2}}\right]\left[\prod_{j=1}^{n_2}\frac{1}{\sqrt{2\pi}\sigma}\mathrm{e}^{-\frac{(y_j-\mu_2)^2}{2\sigma^2}}\right],$$

$$\ln L=(n_1+n_2)\ln\frac{1}{\sqrt{2\pi}}-\frac{n_1+n_2}{2}\ln\sigma^2-\frac{1}{2\sigma^2}\left[\sum_{i=1}^{n_1}(x_i-\mu_1)^2+\sum_{j=1}^{n_2}(y_j-\mu_2)^2\right],$$

令
$$
\begin{cases}
\dfrac{\partial \ln L}{\partial \mu_1} = \dfrac{1}{\sigma^2} \sum\limits_{i=1}^{n_1} (x_i - \mu_1) = 0, \\[3mm]
\dfrac{\partial \ln L}{\partial \mu_2} = \dfrac{1}{\sigma_2} \sum\limits_{j=1}^{n_2} (y_j - \mu_2) = 0, \\[3mm]
\dfrac{\partial \ln L}{\partial \sigma^2} = -\dfrac{n_1+n_2}{2} \dfrac{1}{\sigma^2} + \dfrac{1}{2(\sigma^2)^2} \Big[ \sum\limits_{i=1}^{n_1} (x_i - \mu_1)^2 + \sum\limits_{j=1}^{n_2} (y_j - \mu_2)^2 \Big] = 0,
\end{cases}
$$

得 $\mu_1, \mu_2, \sigma^2$ 的最大似然估计值分别为

$$
\hat{\mu}_1 = \frac{1}{n_1} \sum_{i=1}^{n_1} x_i = \overline{x}, \quad \hat{\mu}_2 = \frac{1}{n_2} \sum_{j=1}^{n_2} y_j = \overline{y},
$$

$$
\sigma^2 = \frac{\sum\limits_{i=1}^{n_1} (x_i - \overline{x})^2 + \sum\limits_{j=1}^{n_2} (y_j - \overline{y})^2}{n_1 + n_2}.
$$

$\mu_1, \mu_2, \sigma^2$ 的最大似然估计量分别为

$$
\hat{\mu}_1 = \overline{X}, \quad \hat{\mu}_2 = \overline{Y}, \quad \sigma^2 = \frac{\sum\limits_{i=1}^{n_1} (X_i - \overline{X})^2 + \sum\limits_{j=1}^{n_2} (Y_j - \overline{Y})^2}{n_1 + n_2}.
$$

50. 为了研究一批贮存着的产品的可靠性,在产品投入贮存时,即在时刻 $t_0 = 0$ 时,随机地选定 $n$ 件产品,然后在预先规定的时刻 $t_1, t_2, \cdots, t_k$ 取出来进行检测(检测时确定已失效的去掉,将未失效的继续投入贮存),得到以下的寿命试验数据:

| 检测时刻(月) | $t_1$ | $t_2$ | $\cdots$ | $t_k$ | | |
|---|---|---|---|---|---|---|
| 区间 $(t_{i-1}, t_i]$ | $(0, t_1]$ | $(t_1, t_2]$ | $\cdots$ | $(t_{k-1}, t_k]$ | $(t_k, +\infty)$ | |
| 在 $(t_{i-1}, t_i]$ 的失效数 | $d_1$ | $d_2$ | $\cdots$ | $d_k$ | $s$ | $\sum\limits_{i=1}^{k} d_i + s = n$ |

这种数据称为区间数据. 设产品寿命 $T$ 服从指数分布,其概率密度为

$$
f(t) = \begin{cases} \lambda e^{-\lambda t}, & t > 0, \\ 0, & \text{其他}, \end{cases} \quad \lambda > 0 \text{ 未知}.
$$

(1)试基于上述数据写出 $\lambda$ 的对数似然方程;

(2)设 $d_1 < n, s < n$. 我们可以用数值解法求得 $\lambda$ 的最大似然估计值. 在计算机上计算是容易的. 特别地,取检测时间是等间隔的,即取 $t_i = i t_1, i = 1, 2, \cdots, k$. 验证,此时可得 $\lambda$ 的最大似然估计为 $\hat{\lambda} = \dfrac{1}{t_1} \ln \left[ 1 + \dfrac{n-s}{\sum\limits_{i=2}^{k} (i-1) d_i + sk} \right]$.

【解析】(1)由假设产品寿命 $T$ 服从指数分布,其分布函数为

$$
F(t) = \begin{cases} 1 - e^{-\lambda t}, & t > 0, \\ 0, & t \leqslant 0. \end{cases}
$$

则产品在区间 $(t_{i-1}, t_i]$ 失效的概率为

$$
P\{t_{i-1} < T \leqslant t_i\} = F(t_i) - F(t_{i-1}) = e^{-\lambda t_{i-1}} - e^{-\lambda t_i},
$$

其中 $t_0 = 0, i = 1, 2, \cdots, k$. 产品直至 $t_k$ 未失效的概率为 $P\{T > t_k\} = 1 - F(t_k) = e^{-\lambda t_k}$.

因而事件"$n$ 件产品分别在区间 $(0, t_1], (t_1, t_2], \cdots, (t_{k-1}, t_k]$ 失效 $d_1, d_2, \cdots, d_k$ 件,而直至 $t_k$ 还

有 $s$ 件未失效"的概率为

$$L(\lambda) = \left\{ \prod_{i=1}^{k} \left[ F(t_i) - F(t_{i-1}) \right]^{d_i} \right\} \left[ 1 - F(t_k) \right]^s$$

$$= \left\{ \prod_{i=1}^{k} (e^{-\lambda t_{i-1}} - e^{-\lambda t_i})^{d_i} \right\} (e^{-\lambda t_k})^s,$$

这就是样本的似然函数. 取对数得

$$\ln L(\lambda) = \sum_{i=1}^{k} d_i \ln(e^{-\lambda t_{i-1}} - e^{-\lambda t_i}) - st_k \lambda.$$

令 $\dfrac{\mathrm{d}}{\mathrm{d}\lambda} \ln L(\lambda) = 0$, 即为

$$\frac{\mathrm{d}}{\mathrm{d}\lambda} \ln L(\lambda) = \sum_{i=1}^{k} \frac{d_i \left[ e^{-\lambda t_{i-1}}(-t_{i-1}) - e^{-\lambda t_i}(-t_i) \right]}{e^{-\lambda t_{i-1}} - e^{-\lambda t_i}} - st_k = 0.$$

上式右边第一项即为

$$\sum_{i=1}^{k} \frac{d_i \left[ t_i - t_{i-1} e^{\lambda(t_i - t_{i-1})} \right]}{e^{\lambda(t_i - t_{i-1})} - 1} = \sum_{i=1}^{k} \frac{d_i \left[ t_i - t_{i-1} \right] - d_i t_{i-1} \left[ e^{\lambda(t_i - t_{i-1})} - 1 \right]}{e^{\lambda(t_i - t_{i-1})} - 1}$$

$$= \sum_{i=1}^{k} \frac{d_i (t_i - t_{i-1})}{e^{\lambda(t_i - t_{i-1})} - 1} - \sum_{i=2}^{k} d_i t_{i-1},$$

于是得对数似然方程为

$$\sum_{i=1}^{k} \frac{d_i (t_i - t_{i-1})}{e^{\lambda(t_i - t_{i-1})} - 1} - \sum_{i=2}^{k} d_i t_{i-1} - st_k = 0.$$

(2) 若 $t_i = it_1$, $i = 1, 2, \cdots, k$, 则上述方程化成

$$\sum_{i=1}^{k} \frac{d_i}{e^{\lambda t_1} - 1} - \sum_{i=2}^{k} (i-1) d_i - sk = 0,$$

即

$$\frac{1}{e^{\lambda t_1} - 1} \sum_{i=1}^{k} d_i - \sum_{i=2}^{k} (i-1) d_i - sk = 0,$$

则

$$e^{\lambda t_1} = 1 + \frac{\displaystyle\sum_{i=1}^{k} d_i}{\displaystyle\sum_{i=2}^{k} (i-1) d_i + sk} = 1 + \frac{n-s}{\displaystyle\sum_{i=2}^{k} (i-1) d_i + sk}.$$

从而得 $\lambda$ 的最大似然估计为

$$\hat{\lambda} = \frac{1}{t_1} \ln \left[ 1 + \frac{n-s}{\displaystyle\sum_{i=2}^{k} (i-1) d_i + sk} \right].$$

51. 设某种电子器件的寿命(以小时计) $T$ 服从指数分布, 概率密度为

$$f(t) = \begin{cases} \lambda e^{-\lambda t}, & t > 0, \\ 0, & \text{其他}, \end{cases}$$

其中 $\lambda > 0$ 未知. 从这批器件中任取 $n$ 只在时刻 $t = 0$ 时投入独立寿命试验. 试验进行到预定时间 $T_0$ 结束. 此时, 有 $k(0 < k < n)$ 只器件失效, 求 $\lambda$ 的最大似然估计.

**【解析】** 考虑事件 $A$: "试验直至时间 $T_0$ 为止, 有 $k$ 只器件失效, 而有 $n-k$ 只未失效"的概率. 记 $T$ 的分布函数为 $F(t)$,

$$F(t) = \begin{cases} 1 - e^{-\lambda t}, & t > 0, \\ 0, & t \leqslant 0. \end{cases}$$

一只器件在 $t=0$ 投入试验,在时间 $T_0$ 以前失效的概率为 $P\{T\leqslant T_0\}=F(T_0)=1-\mathrm{e}^{-\lambda T_0}$;而在时间 $T_0$ 未失效的概率为 $P\{T>T_0\}=1-F(T_0)=\mathrm{e}^{-\lambda T_0}$. 由于各只器件的试验是相互独立的,因此事件 $A$ 的概率为

$$L(\lambda)=C_n^k(1-\mathrm{e}^{-\lambda T_0})^k(\mathrm{e}^{-\lambda T_0})^{n-k},$$

这就是所求的似然函数. 取对数得

$$\ln L(\lambda)=\ln C_n^k+k\ln(1-\mathrm{e}^{-\lambda T_0})+(n-k)(-\lambda T_0).$$

令 $\dfrac{\mathrm{d}\ln L(\lambda)}{\mathrm{d}\lambda}=\dfrac{kT_0\mathrm{e}^{-\lambda T_0}}{1-\mathrm{e}^{-\lambda T_0}}-(n-k)T_0=0$,得 $n\mathrm{e}^{-\lambda T_0}=n-k.$

解得 $\lambda$ 的最大似然估计为

$$\hat{\lambda}=\frac{1}{T_0}\ln\frac{n}{n-k}.$$

52. 设系统由两个独立工作的成败型元件串联而成(成败型元件只有两种状态:正常工作或失效).元件1、元件2的可靠性分别为 $p_1,p_2$,它们均未知.随机地取 $N$ 个系统投入试验,当系统中至少有一个元件失效时系统失败,现得到以下的试验数据:$n_1$——仅元件1失效的系统数;$n_2$——仅元件2失效的系统数;$n_{12}$——元件1,元件2至少有一个失效的系统数;$s$——未失效的系统数.$n_1+n_2+n_{12}+s=N$.这里 $n_{12}$ 为隐蔽数据,也就是只知系统失效,但不能知道是由元件1还是由元件2单独失效引起的,还是由元件1,2均失效引起的,设隐蔽与系统失效的真正原因独立.

(1)试写出 $p_1,p_2$ 的似然函数;

(2)设有系统寿命试验数据 $N=20,n_1=5,n_2=3,n_{12}=1,s=11$. 试求 $p_1,p_2$ 的最大似然估计.

**【解析】**(1)为了写出似然函数,现在来求取到现有样本的概率.因共有 $N$ 个系统,因而似然函数是 $N$ 个因子的乘积,其中

对应于 $n_1$ 个仅元件1失效的系统有 $n_1$ 个因子:$[(1-p_1)p_2]^{n_1}$;

对应于 $n_2$ 个仅元件2失效的系统有 $n_2$ 个因子:$[(1-p_2)p_1]^{n_2}$;

对应于 $n_{12}$ 个元件1、2至少有一个失效的系统有 $n_{12}$ 个因子:$(1-p_1p_2)^{n_{12}}$;

对应于 $s$ 个未失效的系统有 $s$ 个因子:$(p_1p_2)^s$.

故得似然函数为

$$L(p_1,p_2)=[(1-p_1)p_2]^{n_1}[(1-p_2)p_1]^{n_2}[1-p_1p_2]^{n_{12}}(p_1p_2)^s$$
$$=(1-p_1)^{n_1}(1-p_2)^{n_2}(1-p_1p_2)^{n_{12}}p_1^{n_2+s}p_2^{n_1+s}.$$

(2)以 $N=20,n_1=5,n_2=3,n_{12}=1,s=11$ 代入上式,得似然函数为

$$L(p_1,p_2)=(1-p_1)^5(1-p_2)^3(1-p_1p_2)^1p_1^{14}p_2^{16},$$

$$\ln L(p_1,p_2)=5\ln(1-p_1)+3\ln(1-p_2)+\ln(1-p_1p_2)+14\ln p_1+16\ln p_2,$$

令
$$\begin{cases}\dfrac{\partial\ln L}{\partial p_1}=\dfrac{-5}{1-p_1}+\dfrac{14}{p_1}-\dfrac{p_2}{1-p_1p_2}=0, & \text{①}\\[3mm]\dfrac{\partial\ln L}{\partial p_2}=\dfrac{-3}{1-p_2}+\dfrac{16}{p_2}-\dfrac{p_1}{1-p_1p_2}=0, & \text{②}\end{cases}$$

①$\times p_1$-②$\times p_2$,得

$$\frac{14-19p_1}{1-p_1}=\frac{16-19p_2}{1-p_2},$$

则 $-5p_2=-3p_1-2$,即 $p_2=\dfrac{3p_1+2}{5}.$

将 $p_2$ 代入①式,经化简得 $12p_1^3 - p_1^2 - 25p_1 + 14 = 0$,即 $(p_1 - 1)(12p_1^2 + 11p_1 - 14) = 0$.

解得 $p_1 = 1$(不合理,舍去), $p_1 = 0.715\,0$,于是 $p_2 = \dfrac{1}{5}(2 + 3p_1) = 0.829\,0$.

即得 $p_1, p_2$ 的最大似然估计值为

$$\hat{p}_1 = 0.715\,0, \quad \hat{p}_2 = 0.829\,0.$$

**53.** (1)设总体 $X$ 具有分布律

| $X$ | 1 | 2 | 3 |
|---|---|---|---|
| $p_k$ | $\theta$ | $\theta$ | $1 - 2\theta$ |

$\theta > 0$ 未知,今有样本 1,1,1,3,2,1,3,2,2,1,2,2,3,1,1,2. 试求 $\theta$ 的最大似然估计值和矩估计值;

(2)设总体 $X$ 服从 $\Gamma$ 分布,其概率密度为

$$f(x) = \begin{cases} \dfrac{1}{\beta^{\alpha}\Gamma(\alpha)} x^{\alpha-1} \mathrm{e}^{-\frac{x}{\beta}}, & x > 0, \\ 0, & \text{其他}, \end{cases}$$

其形状参数 $\alpha > 0$ 为已知,尺度参数 $\beta > 0$ 未知. 今有样本值 $x_1, x_2, \cdots, x_n$,求 $\beta$ 的最大似然估计值.

**【解析】** (1) $n = 16$,样本值 1 出现 7 次,2 出现 6 次,3 出现 3 次,故似然函数为

$$L = \theta^7 \cdot \theta^6 \cdot (1 - 2\theta)^3 = \theta^{13}(1 - 2\theta)^3,$$
$$\ln L = 13\ln\theta + 3\ln(1 - 2\theta),$$

令 $\dfrac{\mathrm{d}}{\mathrm{d}\theta}\ln L = \dfrac{13}{\theta} - \dfrac{6}{1 - 2\theta} = 0$,解得 $\theta$ 的最大似然估计值为 $\hat{\theta} = \dfrac{13}{32}$.

下面来求矩估计值,由

$$\mu_1 = EX = 1 \cdot \theta + 2 \cdot \theta + 3 \cdot (1 - 2\theta) = 3 - 3\theta,$$

解得 $\theta = 1 - \dfrac{1}{3}\mu_1$. 于是 $\theta$ 的矩估计值为 $\hat{\theta} = 1 - \dfrac{1}{3}\bar{x} = 1 - \dfrac{1}{3} \times \dfrac{7}{4} = \dfrac{5}{12}$.

(2)对于样本值 $x_1, x_2, \cdots, x_n, x_i > 0 (i = 1, 2, \cdots, n)$ 时似然函数为

$$L = L(x_1, x_2, \cdots, x_n; \beta) = \prod_{i=1}^{n} \dfrac{1}{\beta^{\alpha}\Gamma(\alpha)} x_i^{\alpha-1} \mathrm{e}^{-\frac{x_i}{\beta}}$$

$$= \dfrac{1}{\beta^{n\alpha}[\Gamma(\alpha)]^n} \left(\prod_{i=1}^{n} x_i\right)^{\alpha-1} \mathrm{e}^{-\frac{1}{\beta}\sum_{i=1}^{n} x_i},$$

$$\ln L = -n\alpha\ln\beta - n\ln\Gamma(\alpha) + (\alpha - 1)\ln\prod_{i=1}^{n} x_i - \dfrac{1}{\beta}\sum_{i=1}^{n} x_i,$$

令 $\dfrac{\mathrm{d}\ln L}{\mathrm{d}\beta} = \dfrac{-n\alpha}{\beta} + \dfrac{1}{\beta^2}\sum_{i=1}^{n} x_i = 0$,得参数 $\beta$ 的最大似然估计值为 $\hat{\beta} = \dfrac{1}{\alpha n}\sum_{i=1}^{n} x_i = \dfrac{\bar{x}}{\alpha}$.

**54.** (1)设 $Z = \ln X \sim N(\mu, \sigma^2)$,即 $X$ 服从对数正态分布,验证 $EX = \exp\left\{\mu + \dfrac{1}{2}\sigma^2\right\}$;

(2)设自(1)中总体 $X$ 中取一容量为 $n$ 的样本 $x_1, x_2, \cdots, x_n$. 求 $EX$ 的最大似然估计. 此处设 $\mu$, $\sigma^2$ 均为未知;

(3)已知在文学家萧伯纳的《An Intelligent Woman's Guide To Socialism》一书中,一个句子的单词数近似地服从对数正态分布,设 $\mu$ 及 $\sigma^2$ 为未知. 今自该书中随机地取 20 个句子. 这些句子中的单词数分别为

52　24　15　67　15　22　63　26　16　32

7　33　28　14　7　29　10　6　59　30

问这本书中,一个句子单词数均值的最大似然估计值等于多少?

(1)【证明】由 $Z=\ln X$,得 $X=\mathrm{e}^Z$,而 $Z\sim N(\mu,\sigma^2)$,故

$$EX=E(\mathrm{e}^Z)=\int_{-\infty}^{+\infty}\mathrm{e}^z\frac{1}{\sqrt{2\pi}\sigma}\mathrm{e}^{-\frac{(z-\mu)^2}{2\sigma^2}}\mathrm{d}z=\frac{1}{\sqrt{2\pi}\sigma}\int_{-\infty}^{+\infty}\mathrm{e}^{-\frac{(z-\mu)^2}{2\sigma^2}+z}\mathrm{d}z.$$

由于

$$\frac{-(z-\mu)^2}{2\sigma^2}+z=-\frac{1}{2\sigma^2}(z^2-2\mu z+\mu^2-2\sigma^2 z)=-\frac{1}{2\sigma^2}[z^2-2(\mu+\sigma^2)z+\mu^2]$$

$$=-\frac{1}{2\sigma^2}[(z-\mu-\sigma^2)^2+\mu^2-(\mu+\sigma^2)^2]$$

$$=-\frac{1}{2\sigma^2}(z-\mu-\sigma^2)^2+\mu+\frac{\sigma^2}{2},$$

故有

$$EX=\frac{1}{\sqrt{2\pi}\sigma}\int_{-\infty}^{+\infty}\mathrm{e}^{-(z-\mu-\sigma^2)^2/(2\sigma^2)}\cdot\mathrm{e}^{\mu+\sigma^2/2}\mathrm{d}z$$

$$=\mathrm{e}^{\mu+\sigma^2/2}\frac{1}{\sqrt{2\pi}\sigma}\int_{-\infty}^{+\infty}\mathrm{e}^{-(z-\mu-\sigma^2)^2/(2\sigma^2)}\mathrm{d}z=\mathrm{e}^{\mu+\sigma^2/2}.$$

(2)【解析】为求 $EX=\mathrm{e}^{\mu+\sigma^2/2}$ 的最大似然估计,需先求 $\mu,\sigma^2$ 的最大似然估计.为此,先来求 $X$ 的概率密度.

由于 $X=\mathrm{e}^Z$,且 $Z\sim N(\mu,\sigma^2)$.记 $Z$ 的概率密度为 $f_Z(z)$,由于函数 $x=\mathrm{e}^z$ 严格单调增加,其反函数为 $z=\ln x$,故由教材第二章公式(5.2)知,$X$ 的概率密度为

$$f_X(x)=\begin{cases}f_Z(\ln x)\cdot|(\ln x)'|, & x>0,\\0, & \text{其他}\end{cases}$$

$$=\begin{cases}\dfrac{1}{\sqrt{2\pi}\sigma}\dfrac{1}{x}\exp\left\{-\dfrac{1}{2\sigma^2}(\ln x-\mu)^2\right\}, & x>0,\\0, & \text{其他}.\end{cases}$$

接着来求 $\mu$ 和 $\sigma^2$ 的最大似然估计.对于样本值 $x_1,x_2,\cdots,x_n$,似然函数为

$$L=\left(\frac{1}{\sqrt{2\pi}\sigma}\right)^n\left(\prod_{i=1}^{n}\frac{1}{x_i}\right)\exp\left\{-\frac{1}{2\sigma^2}\sum_{i=1}^{n}(\ln x_i-\mu)^2\right\},$$

$$\ln L=n\ln\frac{1}{\sqrt{2\pi}}-\frac{n}{2}\ln\sigma^2+\ln\left(\prod_{i=1}^{n}\frac{1}{x_i}\right)-\frac{1}{2\sigma^2}\sum_{i=1}^{n}(\ln x_i-\mu)^2,$$

令
$$\begin{cases}\dfrac{\partial}{\partial\mu}\ln L=\dfrac{1}{\sigma^2}\sum_{i=1}^{n}(\ln x_i-\mu)=0,\\[2mm]\dfrac{\partial}{\partial\sigma^2}\ln L=-\dfrac{n}{2\sigma^2}+\dfrac{1}{2(\sigma^2)^2}\sum_{i=1}^{n}(\ln x_i-\mu)^2=0,\end{cases}$$

得 $\mu,\sigma^2$ 的最大似然估计值分别为

$$\begin{cases}\hat\mu=\dfrac{1}{n}\sum_{i=1}^{n}\ln x_i,\\[2mm]\hat\sigma^2=\dfrac{1}{n}\sum_{i=1}^{n}(\ln x_i-\hat\mu)^2.\end{cases}$$

注意到 $EX=\mathrm{e}^{\mu+\sigma^2/2}$,由最大似然估计量的不变性知 $EX$ 的最大似然估计为

$$\widehat{EX}=\mathrm{e}^{\hat\mu+\hat\sigma^2/2}=\exp\left\{\frac{1}{n}\sum_{i=1}^{n}\ln x_i+\frac{1}{2n}\sum_{i=1}^{n}\left(\ln x_i-\frac{1}{n}\sum_{j=1}^{n}\ln x_j\right)^2\right\}.$$

(3)【解析】将所给的 20 个数取对数,经计算得到 $\hat{\mu}$ 和 $\hat{\sigma}^2$ 分别为

$$\hat{\mu} = 3.089\,033, \qquad \hat{\sigma}^2 = 0.508\,131.$$

故 $\hat{EX} = \exp\left\{3.089\,033 + \dfrac{1}{2} \times 0.508\,131\right\} = 28.306\,7.$

55. 考虑进行定数截尾寿命试验,假设将随机抽取的 $n$ 件产品在时间 $t = 0$ 时同时投入试验. 试验进行到 $m$ 件$(m < n)$产品失效时停止,$m$ 件失效产品的失效时间分别为

$$0 \leqslant t_1 \leqslant t_2 \leqslant \cdots \leqslant t_m,$$

$t_m$ 是第 $m$ 件产品的失效时间. 设产品的寿命分布为韦布尔分布,其概率密度为

$$f(x) = \begin{cases} \dfrac{\beta}{\eta^\beta} x^{\beta-1} \mathrm{e}^{-\left(\frac{x}{\eta}\right)^\beta}, & x > 0, \\ 0, & \text{其他}, \end{cases}$$

其中参数 $\beta$ 已知. 求参数 $\eta$ 的最大似数估计.

【解析】依题意,使用定数截尾数据,截尾数为 $m(m < n)$,则似然方程为

$$L = \left[ \mathrm{C}_n^m \prod_{i=1}^{m} \frac{\beta}{\eta^\beta} x_i^{\beta-1} \mathrm{e}^{-\left(\frac{x_i}{\eta}\right)^\beta} \right] \mathrm{e}^{-\left(\frac{x_m}{\eta}\right)^\beta (n-m)}$$

$$= \mathrm{C}_n^m \left(\frac{\beta}{\eta^\beta}\right)^m \left(\prod_{i=1}^{m} x_i^{\beta-1}\right) \exp\left\{ -\sum_{i=1}^{m} \left(\frac{x_i}{\eta}\right)^\beta - \left(\frac{x_m}{\eta}\right)^\beta (n-m) \right\}.$$

$$\ln L = \ln\left( \mathrm{C}_n^m \beta^m \prod_{i=1}^{m} x_i^{\beta-1} \right) - m\beta \ln \eta - \frac{1}{\eta^\beta} \left[ \sum_{i=1}^{m} x_i^\beta - (n-m) x_m^\beta \right]$$

$$= \ln\left( \mathrm{C}_n^m \beta^m \prod_{i=1}^{m} x_i^{\beta-1} \right) - m\beta \ln \eta - \frac{T_m}{\eta^\beta},$$

其中 $T_m = \sum\limits_{i=1}^{m} x_i^\beta + (n-m) x_m^\beta$. 令 $\dfrac{\mathrm{d}\ln L}{\mathrm{d}\eta} = -\dfrac{m\beta}{\eta} + \dfrac{\beta T_m}{\eta^{\beta+1}} = 0$,得 $\eta^\beta = \dfrac{T_m}{m}$.

于是得 $\eta$ 的最大似然估计为

$$\hat{\eta} = \left(\frac{T_m}{m}\right)^{\frac{1}{\beta}},$$

其中 $T_m = \sum\limits_{i=1}^{m} x_i^\beta + (n-m) x_m^\beta$.

56. 设某大城市郊区的一条林荫道两旁开设了许多小商店,这些商店的开设延续时间(以月计)是一个随机变量,现随机地取 30 家商店,将它们的延续时间按自小到大排序,选其中前 8 家商店,它们的延续时间分别是

$$3.2 \quad 3.9 \quad 5.9 \quad 6.5 \quad 16.5 \quad 20.3 \quad 40.4 \quad 50.9$$

假设商店开设延续时间的长度是韦布尔随机变量,其概率密度为

$$f(x) = \begin{cases} \dfrac{\beta}{\eta^\beta} x^{\beta-1} \mathrm{e}^{-\left(\frac{x}{\eta}\right)^\beta}, & x > 0, \\ 0, & \text{其他}, \end{cases}$$

其中,$\beta = 0.8$.

(1)试用上题结果,写出 $\eta$ 的最大似然估计;

(2)按(1)的结果求商店开设延续时间至少为 2 年的概率的估计.

【解析】(1)现在 $n = 30, m = 8, \beta = 0.8, x_m = 50.9.$

$$T_m = \sum_{i=1}^{8} x_i^{0.8} + 22 \times (50.9)^{0.8}$$

$$= 2.536 + 2.971 + 4.137 + 4.470 + 9.419 + 11.117 + 19.280 + 23.194 + 22 \times (50.9)^{0.8}$$

$$= 77.124 + 22 \times 23.194 = 587.392,$$

于是

$$\hat{\eta} = \left(\frac{T_m}{m}\right)^{\frac{1}{0.8}} = \left(\frac{587.392}{8}\right)^{\frac{1}{0.8}} = 214.930.$$

(2)2 年 $=24$ 月,韦布尔分布的分布函数为

$$F(x) = \begin{cases} 1 - e^{-\left(\frac{x}{\eta}\right)^{\beta}}, & x > 0, \\ 0, & x \leqslant 0, \end{cases}$$

于是商店开设延续时间至少为 24 个月的概率为

$$p = P\{X > 24\} = 1 - F(24) = e^{-\left(\frac{x}{\eta}\right)^{\beta}}\Big|_{x=24} = e^{-\left(\frac{24}{214.93}\right)^{0.8}} = 0.841.$$

57.(仅数一)设分别自总体 $N(\mu_1, \sigma^2)$ 和 $N(\mu_2, \sigma^2)$ 中抽取容量 $n_1, n_2$ 的两独立样本.其样本方差分别为 $S_1^2, S_2^2$.试证,对于任意常数 $a, b$ $(a+b=1)$,$Z = aS_1^2 + bS_2^2$ 都是 $\sigma^2$ 的无偏估计,并确定常数 $a, b$,使 $DZ$ 达到最小.

**【解析】** 因 $E(S_1^2) = \sigma^2, E(S_2^2) = \sigma^2$,且 $a+b=1$,于是

$$E(aS_1^2 + bS_2^2) = aE(S_1^2) + bE(S_2^2) = a\sigma^2 + b\sigma^2 = \sigma^2(a+b) = \sigma^2.$$

故对任意常数 $a, b$,只要 $a+b=1$,$Z = aS_1^2 + bS_2^2$ 都是 $\sigma^2$ 的无偏估计.

因 $S_1^2$ 与 $S_2^2$ 相互独立,故

$$DZ = D(aS_1^2 + bS_2^2) = D(aS_1^2) + D(bS_2^2)$$

$$= D\left(\frac{a\sigma^2}{n_1-1} \cdot \frac{(n_1-1)S_1^2}{\sigma^2}\right) + D\left(\frac{b\sigma^2}{n_2-1} \cdot \frac{(n_2-1)S_2^2}{\sigma^2}\right)$$

$$= \left(\frac{a\sigma^2}{n_1-1}\right)^2 D\left(\frac{(n_1-1)S_1^2}{\sigma^2}\right) + \left(\frac{b\sigma^2}{n_2-1}\right)^2 D\left(\frac{(n_2-1)S_2^2}{\sigma^2}\right)$$

$$= \frac{a^2\sigma^4}{(n_1-1)^2} \cdot 2(n_1-1) + \frac{b^2\sigma^4}{(n_2-1)^2} \cdot 2(n_2-1)$$

$$= 2\sigma^4\left(\frac{a^2}{n_1-1} + \frac{b^2}{n_2-1}\right).$$

(因为正态总体 $N(\mu, \sigma^2)$ 的样本方差 $S^2 = \frac{1}{n-1}\sum_{i=1}^{n}(X_i - \bar{x})^2$ 有,$(n-1)S^2/\sigma^2 \sim \chi^2(n-1)$,而 $\chi^2(n-1)$ 变量的方差为 $2(n-1)$)

记 $F(a,b) = \frac{a^2}{n_1-1} + \frac{b^2}{n_2-1}$,由 $a+b=1$,$F(a,b)$ 可化成

$$F(a, 1-a) = \frac{a^2}{n_1-1} + \frac{(1-a)^2}{n_2-1}.$$

令 $\dfrac{\mathrm{d}}{\mathrm{d}a}F(a, 1-a) = \dfrac{2a}{n_1-1} - \dfrac{2(1-a)}{n_2-1} = 0$,

得

$$a = \frac{n_1-1}{n_1+n_2-2}\left(\text{此时 } b = 1-a = \frac{n_2-1}{n_1+n_2-2}\right).$$

而

$$\frac{\mathrm{d}^2}{\mathrm{d}a^2}F(a, 1-a) = \frac{2}{n_1-1} + \frac{2}{n_2-1} > 0,$$

即知当 $a=\dfrac{n_1-1}{n_1+n_2-2}$ 时, $F(a,1-a)$ 取最小值. 这就是说, 当 $a=\dfrac{n_1-1}{n_1+n_2-2}$, $b=\dfrac{n_2-1}{n_1+n_2-2}$ 时, $DZ$ 取到最小值.

58. (仅数一) 设总体 $X\sim N(\mu,\sigma^2)$, $X_1,X_2,\cdots,X_n$ 是来自 $X$ 的样本. 已知样本方差 $S^2=\dfrac{1}{n-1}\sum\limits_{i=1}^{n}(X_i-\overline{X})^2$ 是 $\sigma^2$ 的无偏估计, 验证样本标准差 $S$ 不是标准差 $\sigma$ 的无偏估计.

【证明】因 $Y=\dfrac{(n-1)S^2}{\sigma^2}\sim\chi^2(n-1)$, 且 $S=\dfrac{\sigma}{\sqrt{n-1}}\sqrt{Y}$ 是 $Y$ 的函数, 故

$$ES=E\left(\frac{\sigma}{\sqrt{n-1}}Y^{\frac{1}{2}}\right)=\int_0^{+\infty}\frac{\sigma}{\sqrt{n-1}}y^{\frac{1}{2}}f_{\chi^2(n-1)}(y)\mathrm{d}y,$$

其中 $f_{\chi^2(n-1)}(y)$ 是 $\chi^2(n-1)$ 分布的概率密度. 将 $f_{\chi^2(n-1)}(y)$ 的表达式代入上式右边, 得到

$$ES=\frac{\sigma}{\sqrt{n-1}}\int_0^{+\infty}y^{\frac{1}{2}}\frac{1}{2^{\frac{n-1}{2}}\Gamma\left(\frac{n-1}{2}\right)}y^{\frac{n-1}{2}-1}\mathrm{e}^{-\frac{y}{2}}\mathrm{d}y$$

$$=\frac{\sigma}{\sqrt{n-1}\,\Gamma\left(\frac{n-1}{2}\right)2^{\frac{n-1}{2}}}\int_0^{+\infty}y^{\frac{n}{2}-1}\mathrm{e}^{-\frac{y}{2}}\mathrm{d}y$$

$$\xlongequal{\diamondsuit\frac{y}{2}=t}\frac{\sqrt{2}\sigma}{\sqrt{n-1}\,\Gamma\left(\frac{n-1}{2}\right)}\int_0^{+\infty}t^{\frac{n}{2}-1}\mathrm{e}^{-t}\mathrm{d}t$$

$$=\sqrt{\frac{2}{n-1}}\frac{\Gamma\left(\frac{n}{2}\right)}{\Gamma\left(\frac{n-1}{2}\right)}\sigma\quad\left(因\int_0^{+\infty}t^{\frac{n}{2}-1}\mathrm{e}^{-t}\mathrm{d}t=\Gamma\left(\frac{n}{2}\right)\right).$$

因此, $ES\neq\sigma$, 即 $S$ 不是 $\sigma$ 的无偏估计.

59. (仅数一) 设总体 $X$ 服从指数分布, 其概率密度为

$$f(x)=\begin{cases}\dfrac{1}{\theta}\mathrm{e}^{-x/\theta}, & x>0,\\ 0, & 其他,\end{cases}$$

$\theta>0$ 未知, 从总体中抽取一容量为 $n$ 的样本 $X_1,X_2,\cdots,X_n$.

(1) 证明 $\dfrac{2n\overline{X}}{\theta}\sim\chi^2(2n)$;

(2) 求 $\theta$ 的置信水平为 $1-\alpha$ 的单侧置信下限;

(3) 某种元件的寿命(以小时计)服从上述指数分布, 现从中抽得一容量 $n=16$ 的样本, 测得样本均值为 $5\,010$(小时), 试求元件的平均寿命的置信水平为 $0.90$ 的单侧置信下限.

(1)【证明】令 $Z=\dfrac{2X}{\theta}$, 因 $z=\dfrac{2x}{\theta}$ 为严格单调函数, 其反函数为 $x=\dfrac{\theta}{2}z$, 故由教材第二章公式(5.2), 知 $Z$ 的概率密度为

$$f_Z(z)=\begin{cases}f\left(\dfrac{\theta}{2}z\right)\left|\left(\dfrac{\theta}{2}z\right)'\right|=\dfrac{1}{2}\mathrm{e}^{-\frac{z}{2}}, & z>0,\\ 0, & 其他.\end{cases}$$

它是 $\chi^2(2)$ 分布的概率密度, 也就是说, $2\dfrac{X}{\theta}\sim\chi^2(2)$.

$X_1, X_2, \cdots, X_n$ 是来自 $X$ 的样本,因此 $X_1, X_2, \cdots, X_n$ 相互独立,且都与 $X$ 有相同的分布. 这样就有

$$\frac{2X_i}{\theta} \sim \chi^2(2), i = 1, 2, \cdots, n.$$

再由 $\chi^2$ 分布的可加性,得

$$\frac{2n\overline{X}}{\theta} = \sum_{i=1}^{n} \frac{2X_i}{\theta} \sim \chi^2(2n).$$

(2)【解析】因 $P\left\{\dfrac{2n\overline{X}}{\theta} < \chi_\alpha^2(2n)\right\} = 1 - \alpha$,即有 $P\left\{\dfrac{2n\overline{X}}{\chi_\alpha^2(2n)} < \theta\right\} = 1 - \alpha$,故 $\theta$ 的置信水平为 $1 -$ $\alpha$ 的单侧置信下限是 $\underline{\theta} = \dfrac{2n\overline{X}}{\chi_\alpha^2(2n)}$.

(3)【解析】现 $n = 16, \overline{x} = 5\ 010, 1 - \alpha = 0.90, \alpha = 0.10, \chi_\alpha^2(2n) = \chi_{0.1}^2(32) = 42.585.$ 故

$$\underline{\theta} = 2 \times 16 \times \frac{5\ 010}{42.585} = 3\ 764.7.$$

60. (仅数一) 设总体 $X \sim U(0, \theta), X_1, X_2, \cdots, X_n$ 是来自 $X$ 的样本.

(1) 验证 $Y = \max\{X_1, X_2, \cdots, X_n\}$ 的分布函数为

$$F_Y(y) = \begin{cases} 0, & y < 0, \\ \dfrac{y^n}{\theta^n}, & 0 \leqslant y < \theta, \\ 1, & y \geqslant \theta; \end{cases}$$

(2) 验证 $U = \dfrac{Y}{\theta}$ 的概率密度为

$$f_U(u) = \begin{cases} nu^{n-1}, & 0 \leqslant u \leqslant 1, \\ 0, & \text{其他}; \end{cases}$$

(3) 给定正数 $\alpha, 0 < \alpha < 1$,求 $U$ 的分布的上 $\dfrac{\alpha}{2}$ 分位点 $h_{\frac{\alpha}{2}}$ 以及上 $1 - \dfrac{\alpha}{2}$ 分位点 $h_{1-\frac{\alpha}{2}}$;

(4) 利用(2),(3)求参数 $\theta$ 的置信水平为 $1 - \alpha$ 的置信区间;

(5) 设某人上班的等车时间 $X \sim U(0, \theta), \theta$ 未知,现在有样本 $x_1 = 4.2, x_2 = 3.5, x_3 = 1.7,$ $x_4 = 1.2, x_5 = 2.4$,求 $\theta$ 的置信水平为 0.95 的置信区间.

(1)【证明】$X \sim U(0, \theta)$,它的分布函数为

$$F(x) = \begin{cases} 0, & x < 0, \\ \dfrac{x}{\theta}, & 0 \leqslant x < \theta, \\ 1, & x \geqslant \theta. \end{cases}$$

因 $X_1, X_2, \cdots, X_n$ 是来自 $X$ 的样本,故它们相互独立,且都与 $X$ 有相同的分布. 从而 $Y = \max\{X_1, X_2, \cdots, X_n\}$ 的分布函数为

$$F_Y(y) = [F(y)]^n = \begin{cases} 0, & y < 0, \\ \dfrac{y^n}{\theta^n}, & 0 \leqslant y < \theta, \\ 1, & y \geqslant \theta. \end{cases}$$

(2)【证明】$U = \dfrac{Y}{\theta}$ 的分布函数为

$$F_U(u) = P\{U \leqslant u\} = P\{Y \leqslant \theta u\} = F_Y(\theta u) = \begin{cases} 0, & u < 0, \\ u^n, & 0 \leqslant u < 1, \\ 1, & u \geqslant 1. \end{cases}$$

将 $F_U(u)$ 关于 $u$ 求导得 $U$ 概率密度为

$$f_U(u) = \begin{cases} nu^{n-1}, & 0 \leqslant u < 1, \\ 0, & 其他. \end{cases}$$

(3)【解析】如图 15-12 所示,上 $\frac{\alpha}{2}$ 分位点 $h_{\frac{\alpha}{2}}$ 应满足

$$P\{U > h_{\frac{\alpha}{2}}\} = \frac{\alpha}{2}$$

即 $1 - F_U(h_{\frac{\alpha}{2}}) = \frac{\alpha}{2}$,或 $1 - (h_{\frac{\alpha}{2}})^n = \frac{\alpha}{2}$,因而 $h_{\frac{\alpha}{2}} = \left(1 - \frac{\alpha}{2}\right)^{\frac{1}{n}}$.

同样,$h_{1-\frac{\alpha}{2}}$ 应满足

$$P\{U < h_{1-\frac{\alpha}{2}}\} = \frac{\alpha}{2},$$

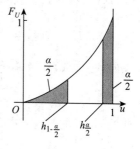

图 15-12

即 $F_U(h_{1-\frac{\alpha}{2}}) = \frac{\alpha}{2}$,或 $(h_{1-\frac{\alpha}{2}})^n = \frac{\alpha}{2}$,因而 $h_{1-\frac{\alpha}{2}} = \left(\frac{\alpha}{2}\right)^{\frac{1}{n}}$.

(4)【解析】考虑到 $P\{|h_{1-\frac{\alpha}{2}} < U < h_{\frac{\alpha}{2}}|\} = 1 - \alpha$,即 $P\{h_{1-\frac{\alpha}{2}} < \frac{Y}{\theta} < h_{\frac{\alpha}{2}}\} = 1 - \alpha$,

因此

$$P\left\{\frac{Y}{h_{\frac{\alpha}{2}}} < \theta < \frac{Y}{h_{1-\frac{\alpha}{2}}}\right\} = 1 - \alpha,$$

即

$$P\left\{\frac{\max\{X_1, X_2, \cdots, X_n\}}{(1-\alpha/2)^{\frac{1}{n}}} < \theta < \frac{\max\{X_1, X_2, \cdots, X_n\}}{(\alpha/2)^{\frac{1}{n}}}\right\} = 1 - \alpha.$$

故得总体 $X \sim U(0, \theta)$ 的未知参数 $\theta$ 的一个置信水平为 $1-\alpha$ 的置信区间为

$$\left(\left(1 - \frac{\alpha}{2}\right)^{-\frac{1}{n}} \max\{X_1, X_2, \cdots, X_n\}, \left(\frac{\alpha}{2}\right)^{-\frac{1}{n}} \max\{X_1, X_2, \cdots, X_n\}\right).$$

(5)【解析】现在 $n = 5, \max\{x_1, x_2, x_3, x_4, x_5\} = 4.2, 1-\alpha = 0.95, \frac{\alpha}{2} = 0.025$,所求 $\theta$ 的置信水平为 $0.95$ 的置信区间为

$$((0.975)^{-\frac{1}{5}} \times 4.2, (0.025)^{-\frac{1}{5}} \times 4.2) = (4.22, 8.78).$$

61.(仅数一)设总体 $X$ 服从指数分布,概率密度为

$$f(x) = \begin{cases} \dfrac{1}{\theta} e^{-\frac{x}{\theta}}, & x > 0, \\ 0, & 其他, \end{cases} \quad \theta > 0.$$

设 $X_1, X_2, \cdots, X_n$ 是来自 $X$ 的一个样本.试取 59 题中当 $\theta = \theta_0$ 时的统计量 $X^2 = \dfrac{2n\overline{X}}{\theta_0}$ 作为检验统计量,检验假设 $H_0: \theta = \theta_0, H_1: \theta \neq \theta_0$. 取显著性水平为 $\alpha$(注意:$E(\overline{X}) = \theta$).

设某种电子元件的寿命(以小时计)服从均值为 $\theta$ 的指数分布,随机取 12 只元件测得它们的寿命分别为 340, 430, 560, 920, 1 380, 1 520, 1 660, 1 770, 2 100, 2 320, 2 350, 2 650.试取显著性水平 $\alpha = 0.05$.检验假设 $H_0: \theta = 1 450, H_1: \theta \neq 1 450$.

【解析】按题设,总体 $X$ 服从指数分布,其概率密度为

$$f(x) = \begin{cases} \dfrac{1}{\theta} e^{-\frac{x}{\theta}}, & x > 0, \\ 0, & \text{其他}, \end{cases} \quad \theta > 0,$$

$X_1, X_2, \cdots, X_n$ 是来自 $X$ 的样本. 现在来检验假设(取显著性水平为 $\alpha$)

$$H_0 : \theta = \theta_0, \quad H_1 : \theta \neq \theta_0.$$

取检验统计量 $\chi^2 = \dfrac{2n\overline{X}}{\theta_0}$.

当 $H_0$ 为真时,由于 $E(\overline{X}) = EX = \theta_0$,$\chi^2 = \dfrac{2n\overline{X}}{\theta_0}$ 与 $2n$ 接近,而当 $H_1$ 为真时,$\chi^2 = \dfrac{2n\overline{X}}{\theta_0}$,倾向于偏离 $2n$,因此拒绝域具有以下的形式

$$\dfrac{2n\overline{X}}{\theta_0} \leqslant k_1 \text{ 或} \dfrac{2n\overline{X}}{\theta_0} \geqslant k_2,$$

此处 $k_1, k_2$ 的值由下式确定:

$$P\{\text{当 } H_0 \text{ 为真拒绝 } H_0\} = P_{\theta_0}\left\{\left(\dfrac{2n\overline{X}}{\theta_0} \leqslant k_1\right) \cup \left(\dfrac{2n\overline{X}}{\theta_0} \geqslant k_2\right)\right\} = \alpha,$$

取 $$P_{\theta_0}\left\{\dfrac{2n\overline{X}}{\theta_0} \leqslant k_1\right\} = \dfrac{\alpha}{2}, P_{\theta_0}\left\{\dfrac{2n\overline{X}}{\theta_0} \geqslant k_2\right\} = \dfrac{\alpha}{2},$$

由 59 题,当 $H_0$ 为真时,$\dfrac{2n\overline{X}}{\theta_0} \sim \chi^2(2n)$,故得 $k_1 = \chi^2_{1-\frac{\alpha}{2}}(2n)$,$k_2 = \chi^2_{\frac{\alpha}{2}}(2n)$. 于是得拒绝域为

$$\chi^2 = \dfrac{2n\overline{X}}{\theta_0} \leqslant \chi^2_{1-\frac{\alpha}{2}}(2n) \text{ 或 } \chi^2 = \dfrac{2n\overline{X}}{\theta_0} \geqslant \chi^2_{\frac{\alpha}{2}}(2n).$$

现在要检验假设

$$H_0 : \theta = \theta_0 = 1\,450, \quad H_1 : \theta \neq 1\,450.$$

现 $\alpha = 0.05$,$n = 12$,$\bar{x} = 1\,500$,$\chi^2_{\frac{\alpha}{2}} = \chi^2_{0.025}(24) = 39.364$,$\chi^2_{1-\frac{\alpha}{2}}(24) = \chi^2_{0.975}(24) = 12.401$,$\dfrac{2n\bar{x}}{\theta_0} = 2 \times 12 \times \dfrac{1\,500}{1\,450} = 24.828$. 即有 $12.401 < 24.828 < 39.364$. 故接受 $H_0$. 认为这批电子元件寿命的均值 $\theta = 1\,450$ 小时.

62.(仅数一) 经过十一年的试验,达尔文于 1876 年得到 15 对玉米样品的数据如下表,每对作物除授粉方式不同外,其他条件都是相同的. 试用逐对比较法检验不同授粉方式对玉米高度是否有显著的影响($\alpha = 0.05$). 问应增设什么条件才能用逐对比较法进行检验?

| 授粉方式 | 1 | 2 | 3 | 4 | 5 | 6 |
|---|---|---|---|---|---|---|
| 异株授粉的作物高度($x_i$) | $23\frac{1}{8}$ | 12 | $20\frac{3}{8}$ | 22 | $19\frac{1}{8}$ | $21\frac{4}{8}$ |
| 同株授粉的作物高度($y_i$) | $27\frac{3}{8}$ | 21 | 20 | 20 | $19\frac{3}{8}$ | $18\frac{5}{8}$ |

| 7 | 8 | 9 | 10 | 11 | 12 | 13 | 14 | 15 |
|---|---|---|---|---|---|---|---|---|
| $22\frac{1}{8}$ | $20\frac{3}{8}$ | $18\frac{2}{8}$ | $21\frac{5}{8}$ | $23\frac{2}{8}$ | 21 | $22\frac{1}{8}$ | 23 | 12 |
| $18\frac{5}{8}$ | $15\frac{2}{8}$ | $16\frac{4}{8}$ | 18 | $16\frac{2}{8}$ | 18 | $12\frac{6}{8}$ | $15\frac{4}{8}$ | 18 |

【解析】本题用逐对比较法来检验,计算 $x_i$ 与 $y_i$ 的差:$d_i = x_i - y_i$,得到

$-4.25, -9, 0.375, 2, -0.25, 2.875, 3.5, 5.125, 1.75, 3.625, 7, 3, 9.375, 7.5, -6.$

要求在显著性水平 $\alpha = 0.05$ 下检验假设

$$H_0 : \mu_D = 0, \quad H_1 : \mu_D \neq 0.$$

由于 $n = 15, \alpha = 0.05, t_{\frac{\alpha}{2}}(n-1) = t_{0.025}(14) = 2.144\,8$，由所给的数据得 $\overline{d} = 1.775, s_D = 5.051$，由于

$$|t| = \left| \frac{\overline{d}}{s_D/\sqrt{n}} \right| = 1.361\,0 < 2.144\,8 = t_{0.025}(14),$$

故接受 $H_0$，即认为两种授粉方式对玉米高度无显著影响.

用逐对比较法做检验时，一般应假定各对数据之差 $D_1, D_2, \cdots, D_n$ 构成正态总体的一个样本. 不过这种假定, 通常体现于做对比试验的要求上.

63.（仅数一）一内科医生声称, 如果病人每天傍晚聆听一种特殊的轻音乐会降低血压(舒张压, 以 mmHg 计). 今选取了 10 个病人在试验之前和试验之后分别测量了血压, 得到以下的数据:

| 病人 | 1 | 2 | 3 | 4 | 5 | 6 | 7 | 8 | 9 | 10 |
|---|---|---|---|---|---|---|---|---|---|---|
| 试验之前($x_i$) | 86 | 92 | 95 | 84 | 80 | 78 | 98 | 95 | 94 | 96 |
| 试验之后($y_i$) | 84 | 83 | 81 | 78 | 82 | 74 | 86 | 85 | 80 | 82 |

设 $D_i = X_i - Y_i (i = 1, 2, \cdots, 10)$ 为来自正态总体 $N(\mu_D, \sigma_D^2)$ 的样本，$\mu_D, \sigma_D^2$ 均未知. 试检验是否可以认为医生的意见是对的(取 $\alpha = 0.05$).

【解析】本题宜采用逐对比较法. 即在显著性水平 $\alpha = 0.05$ 下检验假设 $H_0 : \mu_D \leqslant 0, H_1 : \mu_D > 0$. 检验统计量为 $t = \dfrac{\overline{d}}{S_D/\sqrt{n}}$，当 $t$ 的观察值 $t \geqslant t_\alpha(n-1)$ 时拒绝 $H_0$. 现 $n = 10, D_i = X_i - Y_i$ 的观察值为

$$2, \quad 9, \quad 14, \quad 6, \quad -2, \quad 4, \quad 12, \quad 10, \quad 14, \quad 14,$$

得 $\overline{d} = 8.3, s_D = 5.618\,4$，查表 $t_\alpha(n-1) = t_{0.05}(9) = 1.833\,1$，检验统计量 $t$ 的观察值

$$t = \frac{8.3}{5.618\,4/\sqrt{10}} = 4.67 > t_\alpha(n-1) = 1.833\,1.$$

从而在显著性水平 0.05 下拒绝 $H_0$，认为医生的意见是对的.

64.（仅数一）以下是各种颜色的汽车的销售情况:

| 颜色 | 红 | 黄 | 蓝 | 绿 | 棕 |
|---|---|---|---|---|---|
| 车辆数 | 40 | 64 | 46 | 36 | 14 |

试检验顾客对这些颜色是否有偏爱, 即检验销售情况是否是均匀的(取 $\alpha = 0.05$).

【解析】以 $P(\times)$ 表示一顾客买一辆 $\times$ 色的汽车的概率. 本题要求根据销售记录, 在显著性水平 $\alpha = 0.05$ 下检验假设

$$H_0 : P(红) = P(黄) = P(蓝) = P(绿) = P(棕) = 0.2.$$

由于 $n = 200$，所需计算列表如下:

| 车辆颜色 | $f_i$ | $p_i$ | $np_i$ | $\dfrac{f_i^2}{np_i}$ |
|---|---|---|---|---|
| 红 | 40 | 0.2 | 40 | 40 |
| 黄 | 64 | 0.2 | 40 | 102.4 |
| 蓝 | 46 | 0.2 | 40 | 52.9 |
| 绿 | 36 | 0.2 | 40 | 32.4 |
| 棕 | 14 | 0.2 | 40 | 4.9 |

$\chi_\alpha^2(k-r-1) = \chi_{0.05}^2 = \chi_{0.05}^2(5-0-1) = \chi_{0.05}^2(4) = 9.488.$ 而观察值 $\chi^2 = 232.6 - 200 = 32.5 >$ 9.488, 故在 $\alpha = 0.05$ 下拒绝 $H_0$, 认为顾客对颜色有偏爱的.

65.(仅数一)某种闪光灯,每盏灯含4个电池,随机地取150盏灯,经验测得到以下的数据:

| 一盏灯损坏的电池数 $x$ | 0 | 1 | 2 | 3 | 4 |
|---|---|---|---|---|---|
| 灯的盏数 | 26 | 51 | 47 | 16 | 10 |

试取 $\alpha = 0.05$ 检验一盏灯损坏的电池数 $X \sim b(4, \theta)$ ($\theta$ 未知).

【解析】本题要求在显著性水平 $\alpha = 0.05$ 下检验假设

$$H_0: X \sim b(4, \theta), \quad H_1: X \text{ 不服从参数为 } 4, \theta \text{ 的二项分布}.$$

此处 $\theta$ 为未知, 故需在 $H_0$ 下用最大似然估计法估计 $\theta$. 由 $X \sim b(4, \theta)$ 知 $\theta$ 的最大似然估计值为 $\hat{\theta} = \dfrac{\bar{x}}{4}$ (见第七章题3), 即有

$$\hat{\theta} = \frac{1}{4} \times \frac{0 \times 26 + 1 \times 51 + 2 \times 47 + 3 \times 16 + 4 \times 10}{150} = \frac{233}{600}.$$

其余所需的计算列表如下:

| $A_i$ | $f_i$ | $\bar{p}_i$ | $n\hat{p}_i$ | $\dfrac{f_i^2}{n\hat{p}_i}$ |
|---|---|---|---|---|
| $X = 0$ | 26 | 0.139 978 | 20.996 7 | 32.195 6 |
| $X = 1$ | 51 | 0.355 475 | 53.321 25 | 48.779 8 |
| $X = 2$ | 47 | 0.338 524 | 50.778 6 | 43.502 6 |
| $X = 3$ | 16 ⎫ | 0.143 281 | 21.492 15 ⎫ | 27.145 0 |
| $X = 4$ | 10 ⎭ | 0.022 741 | 3.411 15 ⎭ | |

$\chi_\alpha^2(k-r-1) = \chi_{0.05}^2(4-1-1) = \chi_{0.05}^2(2) = 5.992$, 而观察值 $\chi^2 = 151.623 - 150 = 1.623 < 5.992$, 故接受 $H_0$, 认为 $X \sim b(4, \theta)$.

66.(仅数一)下面分别给出了某城市在春季(9周)和秋季(10周)发生的案件数.

| 春季 | 51 | 42 | 57 | 53 | 43 | 37 | 45 | 49 | 46 | |
|---|---|---|---|---|---|---|---|---|---|---|
| 秋季 | 40 | 35 | 30 | 44 | 33 | 50 | 41 | 39 | 36 | 38 |

试取 $\alpha = 0.03$ 用秩和检验法检验春季发生的案件数的均值是否较秋季的为多.

【解析】本题要求在显著性水平 $\alpha = 0.03$ 下, 检验假设 $H_0: \mu_1 = \mu_2, H_1: \mu_1 > \mu_2$, 将两组共 $9 + 10 = 19$ 个数据排序如下:

| 数据 | 30 | 33 | 35 | 36 | 37 | 38 | 39 | 40 | 41 | 42 | 43 | 44 | 45 | 46 | 49 | 50 | 51 | 53 | 57 |
|---|---|---|---|---|---|---|---|---|---|---|---|---|---|---|---|---|---|---|---|
| 秩 | 1 | 2 | 3 | 4 | 5 | 6 | 7 | 8 | 9 | 10 | 11 | 12 | 13 | 14 | 15 | 16 | 17 | 18 | 19 |

(对于来自第1个总体 ($n_1 = 9$) 的数据下面加"_"表示), 故 $r_1 = 5 + 10 + 11 + 13 + 14 + 15 + 17 + 18 + 19 = 122$, 查教材附表9知拒绝域为 $r_1 \geq 114$. 现在 $r_1 = 122$ 落在拒绝域内, 故拒绝 $H_0$, 认为春季发生的案件数的均值较秋季的为多.